de Gruyter Lehrbuch

Deuflhard / Hohmann · Numerische Mathematk I

Peter Deuflhard
Andreas Hohmann

Numerische Mathematik I

Eine algorithmisch orientierte Einführung

3., überarbeitete und erweiterte Auflage

Walter de Gruyter
Berlin · New York 2002

Professor Dr. Peter Deuflhard
Konrad-Zuse-Zentrum für
Informationstechnik Berlin (ZIB)
Takustr. 7
14195 Berlin
und
Freie Universität Berlin
Fachbereich Mathematik und
Informatik

Dr. Andreas Hohmann
Max-Planck-Str. 3
40670 Meerbusch

Mathematics Subject Classification 2000: Primary: 65-01
Secondary: 65 Bxx, 65 Cxx, 65 Dxx, 65 Fxx, 65 Gxx

∞ Gedruckt auf säurefreiem Papier, das die US-ANSI-Norm über Haltbarkeit erfüllt.

Die Deutsche Bibliothek – CIP-Einheitsaufnahme

Numerische Mathematik / Peter Deuflhard ; Folkmar Bornemann. – Berlin ; New York : de Gruyter
(De-Gruyter-Lehrbuch)
Engl. Ausg. u.d.T.: Numerical analysis
1. Eine algorithmisch orientierte Einführung. – 3., überarb. und erw. Aufl. – 2002
ISBN 3-11-017182-1

Printed in Germany.
Umschlaggestaltung: Hansbernd Lindemann, Berlin.
Konvertierung von LATEX-Dateien der Autoren: I. Zimmermann, Freiburg.
Druck und Bindung: Hubert & Co. GmbH & Co. KG, Göttingen.

Vorwort

Numerische Mathematik in ihrer algorithmisch orientierten Ausprägung beinhaltet die Konstruktion und das mathematische Verständnis von numerischen Algorithmen, also von Rechenmethoden zur zahlenmäßigen Lösung mathematischer Probleme. Die meisten mathematischen Probleme kommen in unseren Tagen aus vielfältigen Anwendungsgebieten außerhalb der Mathematik. In der Tat haben sich *mathematische Modelle* zur näherungsweisen Beschreibung der Wirklichkeit in den letzten Jahren derart verfeinert, dass ihre Computersimulation die Realität zunehmend genauer widerspiegelt. Treibende Kraft dieser Entwicklung ist der gleichermaßen stürmische Fortschritt bei Computern und Algorithmen. Dabei hat sich gezeigt: nicht nur die Verfügbarkeit immer besserer Computer, sondern mehr noch die Entwicklung immer besserer Algorithmen macht heute immer komplexere Probleme lösbar. Bisher verschlossene Bereiche der Natur- und Ingenieurwissenschaften öffnen sich mehr und mehr einer mathematischen Modellierung und damit der Simulation auf dem Rechner.

Angesichts dieser Entwicklung versteht sich Numerische Mathematik heute als Teil des übergeordneten Gebietes *Scientific Computing*, zu deutsch oft auch als *Wissenschaftliches Rechnen* übersetzt. Dieses Gebiet im interdisziplinären Spannungsfeld von Mathematik, Informatik, Natur- und Ingenieurwissenschaften ist erst in jüngerer Zeit zusammengewachsen. Es wirkt in zahlreiche Zweige der Industrie (Chemie, Elektronik, Robotik, Fahrzeugbau, Luft- und Raumfahrt etc.) hinein und leistet bei wichtigen gesellschaftlichen Fragen (sparsamer und zugleich umweltverträglicher Umgang mit Primärenergie, globale Klimamodelle, Verbreitung von Epidemien etc.) einen unverzichtbaren Beitrag. Als Konsequenz davon haben sich tiefgreifende Änderungen der Stoffauswahl und der Darstellungsweise in Vorlesungen und Seminaren der Numerischen Mathematik zwingend ergeben, und dies bereits in einführenden Veranstaltungen: manches früher für wichtig Gehaltene fällt ersatzlos weg, anderes kommt neu hinzu. Die hier getroffene Auswahl ist natürlich vom fachlichen Geschmack der Autoren geprägt, hat sich allerdings nun bereits in der dritten Auflage dieses erfreulich verbreiteten Lehrbuches bewährt.

Das vorliegende Buch richtet sich in erster Linie an Studierende der Mathematik, Informatik, Natur- und Ingenieurwissenschaften. In zweiter Linie wollen wir aber auch bereits im Beruf stehende Kollegen (und Kolleginnen – hier ein für alle Mal) oder Quereinsteiger erreichen, die sich mit den etablierten modernen Konzepten der Numerischen Mathematik auf elementarer Ebene im Selbststudium vertraut machen wollen. Der Stoff setzt lediglich Grundkenntnisse der Mathematik voraus, wie sie an deutschsprachigen Universitäten in den Grundvorlesungen „Lineare Algebra I/II“ und „Analysis I/II“ üblicherweise vermittelt werden. Weitergehende Kenntnisse werden in diesem einführenden Lehrbuch nicht verlangt. In einer Reihe von Einzelthemen (wie Interpolation oder Integration) haben wir uns bewusst auf den *eindimensionalen* Fall beschränkt. Durchgängiges Muster dieser Einführung ist, wesentliche Konzepte der modernen Numerik, die später auch bei gewöhnlichen und partiellen Differentialgleichungen eine Rolle spielen, bereits hier am einfachst möglichen Problemtyp zu behandeln.

Oberstes Ziel des Buches ist die Förderung des *algorithmischen Denkens*, das ja historisch eine der Wurzeln unserer heutigen Mathematik ist. Es ist kein Zufall, dass neben heutigen Namen auch historische Namen wie Gauß, Newton und Tschebyscheff an zahlreichen Stellen des Textes auftauchen. Die Orientierung auf Algorithmen sollte jedoch nicht missverstanden werden: gerade effektive Algorithmen erfordern ein gerüttelt Maß an mathematischer Theorie, die innerhalb des Textes auch aufgebaut wird. Die Argumentation ist in der Regel mathematisch elementar; wo immer sinnvoll, wird *geometrische Anschauung* herangezogen – was auch die hohe Anzahl an Abbildungen erklärt. Begriffe wie Skalarprodukt und Orthogonalität finden durchgängig Verwendung, bei endlicher Dimension ebenso wie in Funktionenräumen. Trotz der elementaren Darstellung enthält das Buch zahlreiche Resultate, die ansonsten unpubliziert sind. Darüber hinaus unterscheidet sich auch bei eher klassischen Themen unsere Herleitung von der in herkömmlichen Lehrbüchern.

Der Erstautor hat seit 1978 Vorlesungen zur Numerischen Mathematik gehalten – u.a. an der Technischen Universität München, der Universiät Heidelberg und der Freien Universität Berlin. Er hat die Entwicklung des Gebietes Scientific Computing durch seine wissenschaftliche Tätigkeit über Jahre weltweit mit beeinflusst. Der Zweitautor hatte zunächst seine Ausbildung mit Schwerpunkt Reine Mathematik an der Universität Bonn und ist erst anschließend in das Gebiet der Numerischen Mathematik übergewechselt. Diese Kombination hat dem vorliegenden Buch sicher gutgetan, wie die unveränderte Aktualität der Themen auch in dieser dritten Auflage zeigt.

Gegenüber der zweiten Auflage ist im wesentlichen nur das Kapitel 5.5 über stochastische Eigenwertprobleme hinzugekommen, da diese Problemklasse in den letzten Jahren zunehmend an Bedeutung gewonnen hat und sich für eine elementare Darstellung im Rahmen unseres Gesamtkonzeptes eignet. Darüber hinaus liegt der auf diesem ersten Band aufbauende zweite Band über die Numerik von gewöhnlichen Differentialgleichungen inzwischen bereits in einer überarbeiteten und erweiterten zweiten Auflage [23] vor.

An dieser Stelle nehmen wir gerne die Gelegenheit wahr, eine Reihe von Kollegen zu bedenken, die uns bei diesem Buch auf die eine oder andere Weise besonders unterstützt haben. Der Erstautor blickt dankbar zurück auf seine Zeit als Assistent von R. Bulirsch (TU München, emeritiert seit 2001), in dessen Tradition sich sein heutiger Begriff von Scientific Computing geformt hat. Intensive Diskussionen und vielfältige Anregungen zahlreicher Kollegen sind in unsere Darstellung mit eingeflossen. Einigen Kollegen wollen wir hier zu folgenden Einzelthemen besonders danken: Ernst Hairer und Gerhard Wanner (Universität Genf) zur Diskussion des Gesamtkonzepts des Buches; Wolfgang Dahmen (RWTH Aachen) zu Kapitel 7; Folkmar Bornemann (TU München) zur Darstellung der Fehlertheorie, der verschiedenen Konditionsbegriffe sowie zur Definition des Stabilitätsindikators in Kapitel 2; Dietrich Braess (Ruhruniversität Bochum) zur rekursiven Darstellung der schnellen Fourier-Transformation in Kapitel 7.2. Für die vorliegende dritte Auflage geht unser besonders herzlicher Dank an Rainer Roitzsch (ZIB), ohne dessen in die Tiefe gehende TEX-Kenntnisse dieses Buch nicht hätte erscheinen können, sowie an Erlinda Körnig und Sigrid Wacker für vielfältige Hilfe.

Berlin und Düsseldorf, Januar 2002

Peter Deuflhard
Andreas Hohmann

Inhaltsverzeichnis

Überblick

Dieses einführende Lehrbuch richtet sich in erster Linie an Studierende der Mathematik, der Informatik, der Natur- und Ingenieurwissenschaften. In zweiter Linie wendet es sich jedoch ausdrücklich auch an bereits im Beruf stehende Kollegen oder Quereinsteiger aus anderen Disziplinen, die sich mit den moderneren Konzepten der Numerischen Mathematik auf elementarer Ebene im Selbststudium vertraut machen wollen.

Das Buch gliedert sich in neun Kapitel mit dazugehörigen Übungsaufgaben, ein Softwareverzeichnis, ein Literaturverzeichnis und einen Index. Die ersten fünf und die letzten vier Kapitel sind inhaltlich eng verknüpft.

In **Kapitel 1** beginnen wir mit der *Gauß-Elimination* für lineare Gleichungssysteme als dem klassischen Musterfall eines Algorithmus. Über die elementare Elimination hinaus diskutieren wir Pivotstrategien und Nachiteration als Zusatzelemente. **Kapitel 2** enthält die unverzichtbare *Fehleranalyse*, fußend auf den Grundgedanken von Wilkinson. Kondition eines Problems und Stabilität eines Algorithmus werden einheitlich dargestellt, sauber auseinandergehalten und zunächst an einfachen Beispielen illustriert. Die leider noch allzu oft übliche ε-Schlacht im Rahmen der linearisierten Fehlertheorie können wir vermeiden – was zu einer drastischen Vereinfachung in der Darstellung und im Verständnis führt. Als Besonderheit ergibt sich ein Stabilitätsindikator, der eine kompakte Klassifikation der numerischen Stabilität gestattet. Mit diesem Rüstzeug können wir schließlich die Frage, wann eine gegebene Näherungslösung eines linearen Gleichungssystems akzeptabel ist, algorithmisch beantworten. In **Kapitel 3** behandeln wir Orthogonalisierungsverfahren im Zusammenhang mit der Gauß'schen *linearen Ausgleichsrechnung* und führen den äußerst nützlichen Kalkül der Pseudoinversen ein. Er findet im anschließenden **Kapitel 4** unmittelbar Anwendung. Dort stellen wir Interationsverfahren für nichtlineare Gleichungssysteme (*Newton-Verfahren*), nichtlineare Ausgleichsprobleme (*Gauß-Newton-Verfahren*) und parameterabhängige Probleme (*Fortsetzungsmethoden*) in engem inneren Zusammenhang dar. Besondere Aufmerksamkeit widmen wir der modernen affin-invarianten Form von Konvergenztheorie und iterativen Algorithmen. **Kapitel 5** beginnt mit der Konditionsanalyse des *linearen Eigenwertproblems* für allgemeine Matrizen. Dies richtet das Augenmerk zunächst in natürlicher weise auf den reell-symmetrischen Fall: für diesen Fall stellen wir Vektoriteration und *QR*-Algorithmus im Detail vor. In den gleichen Zusammenhang passt auch die in den Anwendungen so wichtige Singulärwertzerlegung für allgemeine Matrizen. Abschließend betrachten wir stochastische Eigenwertprobleme, die in der dritten Auflage neu hinzugekommen sind. Sie spielen insbesondere in der sogenannten Clusteranalyse in letzter Zeit eine zunehmend wichtige Rolle.

Die zweite inhaltlich gechlossene Sequenz beginnt in **Kapitel 6** mit einer ausführlichen Behandlung der Theorie von *Drei-Term-Rekursionen*, die bei der Realisierung von Orthogonalprojektionen in Funktionenräumen eine Schlüsselrolle spielen. Die Kondition von Drei-Term-Rekursionen stellen wir anhand der diskreten Greenschen Funktionen dar und bereiten so eine mathematische Struktur vor, die in Anfangs- und Randwertproblemen bei Differentialgleichungen wiederkehrt. Mit dem verstärkten Aufkommen des symbolischen Rechnens hat sich gerade in letzter Zeit das Interesse an *Speziellen Funktionen* auch in der Numerik wiederbelebt. Numerische Algorithmen für ihre effiziente Summation über die zugehörigen Drei-Term-Rekursionen illustrieren wir am Beispiel der Kugel- und Besselfunktionen. In **Kapitel 7** behandeln wir zunächst die klassische polynomielle *Interpolation* und *Approximation* im eindimensionalen Fall. Wir führen sie sodann weiter über Bézier-Technik und Splines bis hin zu Methoden, die heute im CAD (Computer Aided Design) oder CAGD (Computer Aided Geometric Design), also in Disziplinen der Computergraphik, von zentraler Bedeutung sind. Unsere Darstellung in **Kapitel 8** über *iterative* Methoden zur Lösung von *großen* symmetrischen Gleichungssystemen stützt sich in bequemer Weise auf Kapitel 6 (Drei-Term-Rekursion) und Kapitel 7 (Minimaxeigenschaft von Tschebyscheff-Polynomen). Das gleiche gilt für den Lanczos-Algorithmus für große symmetrische Eigenwertprobleme.

Das abschließende **Kapitel 9** ist mit voller Absicht etwas länger geraten: Es trägt den Hauptteil der Last, Prinzipien der numerischen Lösung von gewöhnlichen und partiellen Differentialgleichungen vorab ohne technischen Ballast am einfachst möglichen Problemtyp vorzustellen, hier also an der numerischen Quadratur. Nach den historischen Newton-Cotes-Formeln und der Gauß-Quadratur stellen wir die klassische Romberg-Quadratur als einen ersten adaptiven Algorithmus dar, bei dem jedoch nur die Approximationsordnung variabel ist. Die Formulierung des Quadraturproblems als *Anfangswertproblem* bietet uns sodann die Möglichkeit, eine *adaptive Romberg-Quadratur* mit Ordnungs- *und* Schrittweitensteuerung auszuarbeiten; dies liefert uns zugleich den didaktischen Einstieg in adaptive *Extrapolationsverfahren*, die bei der Lösung gewöhnlicher Differentialgleichungen eine tragende Rolle spielen. Die alternative Formulierung des Quadraturproblems als *Randwertproblem* nutzen wir zur Herleitung einer *adaptiven Mehrgitter-Quadratur*; auf diese Weise stellen wir das adaptive Prinzip bei Mehrgittermethoden für partielle Differentialgleichungen separiert vom Prinzip der schnellen Lösung am einfachsten Modellfall dar.

1 Lineare Gleichungssysteme

In diesem Kapitel behandeln wir die numerische Lösung eines Systems von n linearen Gleichungen

$$\begin{array}{ccccccccc} a_{11}x_1 & + & a_{12}x_2 & + & \cdots & + & a_{1n}x_n & = & b_1 \\ a_{21}x_1 & + & a_{22}x_2 & + & \cdots & + & a_{2n}x_n & = & b_2 \\ \vdots & & & & & & \vdots & & \vdots \\ a_{n1}x_1 & + & a_{n2}x_2 & + & \cdots & + & a_{nn}x_n & = & b_n \end{array}$$

oder kurz

$$Ax = b,$$

wobei $A \in \operatorname{Mat}_n(\mathbb{R})$ eine reelle (n, n)-Matrix ist und $b, x \in \mathbb{R}^n$ reelle n-Vektoren sind. Bevor wir mit der Berechnung der Lösung x beginnen, stellen wir uns die Frage:

Wann ist ein lineares Gleichungssystem überhaupt lösbar?

Aus der linearen Algebra kennen wir das folgende Resultat, das die Lösbarkeit mit Hilfe der Determinante der Matrix A charakterisiert.

Satz 1.1. *Sei* $A \in \operatorname{Mat}_n(\mathbb{R})$ *eine reelle quadratische Matrix mit* $\det A \neq 0$ *und* $b \in \mathbb{R}^n$. *Dann existiert genau ein* $x \in \mathbb{R}^n$, *so dass* $Ax = b$.

Falls $\det A \neq 0$, so lässt sich die Lösung $x = A^{-1}b$ mit der Cramerschen Regel berechnen, zumindest im Prinzip. Offenbar gibt es hier eine direkte Verbindung von Existenz- und Eindeutigkeitsaussagen zum Rechenverfahren. Allgemein werden wir fordern: falls das Problem keine Lösung hat, darf ein verlässlicher Algorithmus auch keine „ausrechnen“. Das ist nicht selbstverständlich, es gibt Gegenbeispiele. *Verlässlichkeit* ist also ein erste wichtige Eigenschaft eines „guten“ Algorithmus.

Allerdings kann die Cramersche Regel noch nicht das endgültige Ziel unserer Überlegungen zu sein: Wenn wir nämlich die Determinante in der Leibnizschen Darstellung

$$\det A = \sum_{\sigma \in S_n} \operatorname{sgn} \sigma \cdot a_{1,\sigma(1)} \cdots a_{n,\sigma(n)}$$

als Summe über alle Permutationen $\sigma \in S_n$ der Menge $\{1, \ldots, n\}$ berechnen, beträgt der *Aufwand* zur Berechnung von $\det A$ immerhin $n \cdot n!$ Operationen. Selbst mit der rekursiven Bestimmung über Unterdeterminanten nach dem Laplaceschen Entwicklungssatz

$$\det A = \sum_{i=1}^{n} (-1)^{i+1} a_{1i} \det A_{1i}$$

sind 2^n Operationen auszuführen, wobei $A_{1i} \in \mathrm{Mat}_{n-1}(\mathbb{R})$ die Matrix bezeichnet, die aus A durch Streichen der ersten Zeile und der i-ten Spalte entsteht. Wie wir sehen werden, sind alle im folgenden beschriebenen Verfahren bereits für $n \geq 3$ effektiver als die Cramersche Regel. *Schnelligkeit* bei der Lösung des gewünschten Problems ist also sicher eine zweite wichtige Eigenschaft eines „guten" Algorithmus.

Bemerkung 1.2. Von einem guten Rechenverfahren erwarten wir sicherlich, dass es die gestellte Aufgabe mit möglichst geringem Aufwand (an Rechenoperationen) löst. Intuitiv gibt es zu jedem Problem einen minimal nötigen Aufwand, den wir als *Komplexität* des Problems bezeichnen. Ein Algorithmus ist umso effektiver, je näher der benötigte Rechenaufwand an der Komplexität des Problems liegt. Der Rechenaufwand eines konkreten Algorithmus ist also immer eine *obere* Schranke für die Komplexität eines Problems. Die Berechnung *unterer* Schranken ist im allgemeinen wesentlich schwieriger – für Details sei das Buch von J. Traub und H. Wozniakowski [83] genannt.

Die Schreibweise $x = A^{-1}b$ könnte den Gedanken aufkommen lassen, zur Berechnung der Lösung von $Ax = b$ zunächst die inverse Matrix A^{-1} zu berechnen und diese dann auf b anzuwenden. Die Berechnung von A^{-1} beinhaltet jedoch die Schwierigkeiten der Lösung von $Ax = b$ für *sämtliche* rechten Seiten b. Wir werden im zweiten Kapitel sehen, dass die Berechnung von A^{-1} „bösartig" sein kann, auch wenn sie für spezielle b „gutartig" ist. Bei der Notation $x = A^{-1}b$ handelt es sich daher nur um eine formale Schreibweise, die nichts mit der tatsächlichen Berechnung der Lösung x zu tun hat. Man sollte deshalb tunlichst vermeiden, von der „Invertierung von Matrizen" zu reden, wenn eigentlich die „Lösung linearer Gleichungssysteme" gemeint ist.

Bemerkung 1.3. Es gab über lange Zeit die offene Wette eines wissenschaftlich hochkarätigen Kollegen, der eine hohe Summe darauf setzte, dass in praktischen Fragestellungen niemals das Problem der „Invertierung einer Matrix" unvermeidbar auftritt. Soweit bekannt, hat er seine Wette in allen Einzelfällen gewonnen.

Auf der Suche nach einem effektiven Lösungsverfahren für beliebige lineare Gleichungssysteme werden wir im folgenden zunächst besonders einfach zu lösenden Spezialfälle studieren. Der einfachste ist sicherlich der Fall einer *diagonalen* Matrix A: dabei zerfällt das Gleichungssystem in n voneinander unabhängige skalare Gleichungen. Die Idee, ein allgemeines System in ein diagonales umzuformen, liegt dem *Gauß-Jordan-Verfahren* zugrunde. Da es jedoch weniger effektiv als das in

Kapitel 1.2 beschriebene Verfahren ist, lassen wir es hier weg. Der nächst schwierigere Fall ist der eines *gestaffelten Gleichungssystems*, den wir unmittelbar anschließend behandeln wollen.

1.1 Auflösung gestaffelter Systeme

Hier betrachten wir den Fall eines *gestaffelten Gleichungssystems*

$$\begin{aligned} r_{11}x_1 + r_{12}x_2 + \cdots + r_{1n}x_n &= z_1 \\ r_{22}x_2 + \cdots + r_{2n}x_n &= z_2 \\ \ddots \qquad \vdots \quad &\quad \vdots \\ r_{nn}x_n &= z_n , \end{aligned}$$

in Matrix-Vektor-Notation kurz

$$Rx = z, \tag{1.1}$$

wobei R eine *obere Dreiecksmatrix* ist, d. h. $r_{ij} = 0$ für alle $i > j$. Offenbar erhalten wir x durch rekursive Auflösung, beginnend mit der Zeile n:

$$\begin{aligned} x_n &:= z_n / r_{nn}, && \text{falls } r_{nn} \neq 0, \\ x_{n-1} &:= (z_{n-1} - r_{n-1,n}x_n)/r_{n-1,n-1}, && \text{falls } r_{n-1,n-1} \neq 0, \\ &\vdots \\ x_1 &:= (z_1 - r_{12}x_2 - \cdots - r_{1n}x_n)/r_{11}, && \text{falls } r_{11} \neq 0, \end{aligned}$$

Nun gilt für die obere Dreiecksmatrix R, dass $\det R = r_{11} \cdots r_{nn}$ und daher

$$\det R \neq 0 \iff r_{ii} \neq 0 \quad \text{für alle } i = 1, \ldots, n.$$

Der angegebene Algorithmus ist also wiederum (wie bei der Cramerschen Regel) genau dann anwendbar, wenn $\det R \neq 0$, also unter der Bedingung des Existenz- und Eindeutigkeitssatzes. Für den Rechenaufwand ergibt sich:

a) für die i-te Zeile: je $n - i$ Additionen und Multiplikationen, eine Division

b) insgesamt für die Zeilen n bis 1:

$$\sum_{i=1}^{n} (i-1) = \frac{n(n-1)}{2} \doteq \frac{n^2}{2}$$

Multiplikationen und ebenso viele Additionen.

Dabei steht das Zeichen „$\doteq$“ für „gleich bis auf Terme niedrigerer Ordnung“, d. h. wir betrachten nur den für große n entscheidenden Term mit dem größten Exponenten.

Vollkommen analog lässt sich ein gestaffeltes Gleichungssystem der Form

$$Lx = z \tag{1.2}$$

mit einer *unteren Dreiecksmatrix* L lösen, indem man jetzt in der ersten Zeile beginnt und sich bis zur letzten Zeile durcharbeitet.

Diese Auflösung gestaffelter Systeme heißt im Fall von (1.1) *Rückwärtssubstitution* und im Fall von (1.2) *Vorwärtssubstitution*. Der Name Substitution, d. h. Ersetzung, rührt daher, dass der Vektor der rechten Seite jeweils komponentenweise durch die Lösung ersetzt werden kann, wie wir es in dem folgenden Speicherschema für die Rückwärtssubstitution andeuten wollen:

$$\begin{gathered}
(z_1, z_2, \dots, z_{n-1}, z_n)\\
(z_1, z_2, \dots, z_{n-1}, x_n)\\
\vdots\\
(z_1, x_2, \dots, x_{n-1}, x_n)\\
(x_1, x_2, \dots, x_{n-1}, x_n).
\end{gathered}$$

Der Fall der Vorwärtssubstitution ist gerade umgekehrt.

1.2 Gaußsche Eliminationsmethode

Wir wenden uns nun dem effizientesten der klassischen Verfahren zur Auflösung eines linearen Gleichungssystems zu, der *Gaußschen Eliminationsmethode*. Carl Friedrich Gauß (1777 – 1855) beschreibt sie 1809 in seiner Arbeit über Himmelsmechanik „Theoria Motus Corporum Coelestium“ [36] mit den Worten „die Werte können mit der üblichen Methode der Elimination erhalten werden“. Er benutzte dort das Verfahren im Zusammenhang mit der Methode der kleinsten Fehlerquadrate (siehe Kapitel 3). Allerdings hatte Lagrange die Eliminationsmethode bereits 1759 vorweggenommen und in China war sie bereits im ersten Jahrhundert vor Christus bekannt.

Kehren wir also wieder zurück zum allgemeinen Fall eines linearen Gleichungssystems

$$\begin{array}{ccccccc}
a_{11}x_1 & + & a_{12}x_2 & + \cdots + & a_{1n}x_n & = & b_1\\
a_{21}x_1 & + & a_{22}x_2 & + \cdots + & a_{2n}x_n & = & b_2\\
\vdots & & \vdots & & \vdots & & \vdots\\
a_{n1}x_1 & + & a_{n2}x_2 & + \cdots + & a_{nn}x_n & = & b_n
\end{array} \tag{1.3}$$

und versuchen, es in ein gestaffeltes umzuformen. Zielen wir auf eine obere Dreiecksmatrix ab, so muss die erste Zeile nicht verändert werden. Die restlichen Zeilen wollen wir so behandeln, dass die Koeffizienten vor x_1 verschwinden, d. h. die Variable x_1 aus den Zeilen 2 bis n *eliminiert* wird. So entsteht ein System der Art

$$\begin{aligned} a_{11}x_1 + a_{12}x_2 + \cdots + a_{1n}x_n &= b_1 \\ a'_{22}x_2 + \cdots + a'_{2n}x_n &= b'_2 \\ \vdots \qquad\qquad & \quad \vdots \\ a'_{n2}x_2 + \cdots + a'_{nn}x_n &= b'_n . \end{aligned} \tag{1.4}$$

Haben wir das erreicht, so können wir dasselbe Verfahren auf die letzten $n-1$ Zeilen anwenden und so rekursiv ein gestaffeltes System erhalten. Es genügt daher, den ersten Eliminationsschritt von (1.3) nach (1.4) zu untersuchen. Wir setzen voraus, dass $a_{11} \neq 0$. Um den Term $a_{i1}x_1$ in Zeile i $(i = 2, \ldots, n)$ zu eliminieren, subtrahieren wir von der Zeile i ein Vielfaches der unveränderten Zeile 1, d. h.

$$\text{Zeile } i \text{ neu} := \text{Zeile } i - l_{i1} \cdot \text{Zeile } 1$$

oder explizit

$$\underbrace{(a_{i1} - l_{i1}a_{11})}_{=0} x_1 + \underbrace{(a_{i2} - l_{i1}a_{12})}_{=a'_{i2}} x_2 + \cdots + \underbrace{(a_{in} - l_{i1}a_{1n})}_{=a'_{in}} x_n = \underbrace{b_i - l_{i1}b_1}_{=b'_i} .$$

Aus $a_{i1} - l_{i1}a_{11} = 0$ folgt sofort $l_{i1} = a_{i1}/a_{11}$. Damit ist der erste Eliminationsschritt unter der Annahme $a_{11} \neq 0$ ausführbar. Das Element a_{11} heißt *Pivotelement*, die erste Zeile *Pivotzeile*. (Der aus dem Englischen stammende Begriff „pivot“ lässt sich dabei am besten mit „Dreh- und Angelpunkt“ übersetzen.) In den Zeilen 2 bis n bleibt nach diesem ersten Eliminationsschritt eine $(n-1, n-1)$-Restmatrix stehen. Wir sind damit in einer Situation wie zu Beginn, allerdings um eine Dimension kleiner.

Wenden wir auf diese Restmatrix die Eliminationsvorschrift erneut an, so erhalten wir eine Folge

$$A = A^{(1)} \to A^{(2)} \to \cdots \to A^{(n)} =: R$$

von Matrizen der speziellen Gestalt

$$A^{(k)} = \begin{bmatrix} a_{11}^{(1)} & a_{12}^{(1)} & \cdots & \cdots & \cdots & a_{1n}^{(1)} \\ & a_{22}^{(2)} & \cdots & \cdots & \cdots & a_{2n}^{(2)} \\ & & \ddots & & & \vdots \\ & & & a_{kk}^{(k)} & \cdots & a_{kn}^{(k)} \\ & & & \vdots & & \vdots \\ & & & a_{nk}^{(k)} & \cdots & a_{nn}^{(k)} \end{bmatrix} \tag{1.5}$$

mit einer $(n-k+1, n-k+1)$-Restmatrix rechts unten. Auf jeder Restmatrix können wir den Eliminationsschritt

$$\begin{aligned} l_{ik} &:= a_{ik}^{(k)}/a_{kk}^{(k)} && \text{für } i = k+1, \dots, n \\ a_{ij}^{(k+1)} &:= a_{ij}^{(k)} - l_{ik}a_{kj}^{(k)} && \text{für } i, j = k+1, \dots, n \\ b_i^{(k+1)} &:= b_i^{(k)} - l_{ik}b_k^{(k)} && \text{für } i = k+1, \dots, n \end{aligned}$$

ausführen, falls das *Pivotelement* $a_{kk}^{(k)}$ nicht verschwindet, was wir nicht von Anfang an wissen können. Da jeder Eliminationsschritt eine lineare Operation auf den *Zeilen* von A ist, lässt sich der Übergang von $A^{(k)}$ und $b^{(k)}$ zu $A^{(k+1)}$ und $b^{(k+1)}$ als Multiplikation mit eine Matrix $L_k \in \mathrm{Mat}_n(\mathbb{R})$ von *links* darstellen, d. h.

$$A^{(k+1)} = L_k A^{(k)} \quad \text{und} \quad b^{(k+1)} = L_k b^{(k)}.$$

(Bei Spaltenoperationen erhielte man analog eine Multiplikation von rechts.) Die Matrix

$$L_k = \begin{bmatrix} 1 & & & & \\ & \ddots & & & \\ & & 1 & & \\ & & -l_{k+1,k} & 1 & \\ & & \vdots & & \ddots & \\ & & -l_{n,k} & & & 1 \end{bmatrix}$$

ist dabei eine sogenannte *Frobenius-Matrix*. Sie hat die schöne Eigenschaft, dass die Inverse L_k^{-1} aus L_k durch einen Vorzeichenwechsel in den Elementen l_{ik} entsteht.

Darüber hinaus gilt für das Produkt der L_k^{-1}, dass

$$L := L_1^{-1} \dots L_{n-1}^{-1} = \begin{bmatrix} 1 & & & & \\ l_{21} & 1 & & & \\ l_{31} & l_{32} & 1 & & \\ \vdots & & \ddots & \ddots & \\ l_{n1} & \dots & \dots & l_{n,n-1} & 1 \end{bmatrix}, \qquad L^{-1} = L_{n-1} \dots L_1 .$$

Zusammengefasst erhalten wir auf diese Weise das zu $Ax = b$ äquivalente gestaffelte Gleichungssystem $Rx = z$ mit

$$R = L^{-1} A \quad \text{und} \quad z = L^{-1} b.$$

Eine untere oder obere Dreiecksmatrix, deren Diagonalelemente alle gleich eins sind, heißt *unipotent*. Die obige Darstellung $A = LR$ der Matrix A als Produkt einer unipotenten unteren Dreiecksmatrix L und einer oberen Dreiecksmatrix R heißt *Gaußsche Dreieckszerlegung* oder auch *LR-Zerlegung* von A. Falls sie existiert, so sind L und R eindeutig bestimmt (siehe Aufgabe 1.2).

Algorithmus 1.4. Gauß-Elimination.

a) $A = LR$ Dreieckszerlegung, R obere und L untere Dreiecksmatrix;

b) $Lz = b$ Vorwärtssubstitution;

c) $Rx = z$ Rückwärtssubstitution.

Das *Speicherschema* für die Gauß-Elimination orientiert sich an der Darstellung (1.5) der Matrizen $A^{(k)}$. In die verbleibenden Speicherplätze können die l_{ik} eingetragen werden, da Elemente mit den Werten 0 oder 1 natürlich nicht eigens gespeichert werden müssen. Der gesamte Speicheraufwand für die Gauß-Elimination beträgt $n(n+1)$ Speicherplätze, d. h. genauso viel wie für die Eingabe benötigt wird. Für den Rechenaufwand, gezählt in Multiplikationen, ergibt sich

$\sim \sum_{k=1}^{n-1} k^2 \doteq n^3/3$ für a),

$\sim \sum_{k=1}^{n-1} k \doteq n^2/2$ jeweils für b) und c).

Der Hauptaufwand besteht also in der *LR*-Zerlegung, die für verschiedene rechte Seiten $b_1, \dots, b_j$ aber nur einmal durchgeführt werden muss.

1.3 Pivot-Strategien und Nachiteration

Wie man bereits an dem einfachen Beispiel

$$A = \begin{pmatrix} 0 & 1 \\ 1 & 0 \end{pmatrix}, \qquad \det A = -1, \quad a_{11} = 0$$

sieht, gibt es Fälle, bei denen die Dreieckszerlegung versagt, obwohl $\det A \neq 0$. Eine Vertauschung der Zeilen führt jedoch zur denkbar einfachsten *LR*-Zerlegung

$$A = \begin{pmatrix} 0 & 1 \\ 1 & 0 \end{pmatrix} \longrightarrow \bar{A} = \begin{pmatrix} 1 & 0 \\ 0 & 1 \end{pmatrix} = I = LR \quad \text{mit } L = R = I.$$

Bei der rechnerischen Realisierung des Gaußschen Eliminationsverfahrens können Schwierigkeiten nicht nur bei verschwindenden, sondern bereits bei „zu kleinen" Pivotelementen entstehen.

Beispiel 1.5 (siehe [33]). Wir berechnen die Lösung des Gleichungssystems

$$\begin{array}{lrcl} \text{(a)} & 1.00 \cdot 10^{-4}\, x_1 + 1.00\, x_2 &=& 1.00 \\ \text{(b)} & 1.00\, x_1 + 1.00\, x_2 &=& 2.00 \end{array}$$

auf einem Rechner, der der Einfachheit halber mit nur drei Dezimalziffern arbeite. Ergänzen wir die Zahlen durch Nullen, so erhalten wir als „exakte" Lösung auf vier gültige Ziffern

$$x_1 = 1.000, \quad x_2 = 0.9999,$$

auf drei gültige also

$$x_1 = 1.00, \quad x_2 = 1.00.$$

Wir führen nun die Gauß-Elimination mit unserem Rechner, d. h. auf 3 gültige Ziffern, aus:

$$l_{21} = \frac{a_{21}}{a_{11}} = \frac{1.00}{1.00 \cdot 10^{-4}} = 1.00 \cdot 10^4,$$

$$(1.00 - 1.00 \cdot 10^4 \cdot 1.00 \cdot 10^{-4})x_1 + (1.00 - 1.00 \cdot 10^4 \cdot 1.00)x_2$$
$$= 2.00 - 1.00 \cdot 10^4 \cdot 1.00.$$

Damit erhalten wir das gestaffelte System

$$\begin{array}{rcl} 1.00 \cdot 10^{-4}\, x_1 + 1.00\, x_2 &=& 1.00 \\ -1.00 \cdot 10^4\, x_2 &=& -1.00 \cdot 10^4 \end{array}$$

und die „Lösung“

$$x_2 = 1.00 \text{ (richtig)}, \quad x_1 = 0.00 \text{ (falsch!)}.$$

Vertauschen wir jedoch vor der Elimination die beiden Zeilen

$$\begin{aligned} (\tilde{a}) \qquad\qquad 1.00\, x_1 + 1.00\, x_2 &= 2.00 \\ (\tilde{b})\ 1.00 \cdot 10^{-4}\, x_1 + 1.00\, x_2 &= 1.00, \end{aligned}$$

so folgt $\tilde{l}_{21} = 1.00 \cdot 10^{-4}$, und es ergibt sich das gestaffelte System

$$\begin{aligned} 1.00\, x_1 + 1.00\, x_2 &= 2.00 \\ 1.00\, x_2 &= 1.00 \end{aligned}$$

sowie die „richtige Lösung“

$$x_2 = 1.00, \quad x_1 = 1.00.$$

Durch die Vertauschung der Zeilen hat man in obigem Beispiel erreicht, dass

$$|\tilde{l}_{21}| < 1 \quad \text{und} \quad |\tilde{a}_{11}| \geq |\tilde{a}_{21}|.$$

Das neue Pivotelement $\tilde{a}_{11}$ ist also das betragsmäßig größte Element in der ersten Spalte. Aus dieser Überlegung leitet man die sogenannte *Spaltenpivotstrategie* (engl.: *column pivoting* oder *partial pivoting*) ab. Bei jeder Gauß-Elimination wählt man diejenige Zeile als Pivotzeile, die das betragsmäßig größte Element in der Pivotspalte besitzt. Genauer formuliert erhalten wir den folgenden Algorithmus:

Algorithmus 1.6. Gauß-Elimination mit Spaltenpivotstrategie.

a) Wähle im Eliminationsschritt $A^{(k)} \to A^{(k+1)}$ ein $p \in \{k, \ldots, n\}$, so dass

$$|a_{pk}^{(k)}| \geq |a_{jk}^{(k)}| \quad \text{für } j = k, \ldots, n.$$

Die Zeile p soll die Pivotzeile werden.

b) Vertausche die Zeilen p und k

$$A^{(k)} \to \tilde{A}^{(k)} \quad \text{mit } \tilde{a}_{ij}^{(k)} = \begin{cases} a_{kj}^{(k)}, & \text{falls } i = p, \\ a_{pj}^{(k)}, & \text{falls } i = k, \\ a_{ij}^{(k)}, & \text{sonst.} \end{cases}$$

Nun gilt

$$|\tilde{l}_{ik}| = \left| \frac{\tilde{a}_{ik}^{(k)}}{\tilde{a}_{kk}^{(k)}} \right| = \left| \frac{\tilde{a}_{ik}^{(k)}}{a_{pk}^{(k)}} \right| \leq 1.$$

c) Führe den nächsten Eliminationsschritt angewandt auf $\tilde{A}^{(k)}$ aus,

$$\tilde{A}^{(k)} \to A^{(k+1)}.$$

Bemerkung 1.7. Anstelle der Spaltenpivotstrategie mit Zeilentausch kann man auch eine *Zeilenpivotstrategie* mit Spaltentausch durchführen. Beide Strategien erfordern im schlimmsten Fall $O(n^2)$ zusätzliche Operationen. Kombinieren wir beide Möglichkeiten und suchen jeweils die gesamte Restmatrix nach dem betragsgrößten Element ab, so benötigen wir zusätzlich $O(n^3)$ Operationen. Diese teure *vollständige Pivotsuche* (engl.: *total pivoting*) wird so gut wie nie angewandt.

Zur formalen Beschreibung der Dreieckszerlegung mit Spaltenpivotsuche verwenden wir im folgenden sogenannte *Permutationsmatrizen* $P \in \mathrm{Mat}_n(\mathbb{R})$. Jeder Permutation $\pi \in S_n$ aus der symmetrischen Gruppe ordnen wir die Matrix

$$P_\pi = \left[e_{\pi(1)} \cdots e_{\pi(n)}\right]$$

zu, wobei $e_j = (\delta_{1j}, \dots, \delta_{nj})^T$ der j-te Einheitsvektor ist. Eine Permutation π der Zeilen einer Matrix A lässt sich durch die Multiplikation von links mit P_π ausdrücken

$$\text{Zeilenpermutation mit } \pi\colon A \longrightarrow P_\pi A$$

und analog eine Permutation π der Spalten durch die Multiplikation von rechts

$$\text{Spaltenpermutation mit } \pi\colon A \to A P_\pi .$$

Aus der linearen Algebra wissen wir, dass die Zuordnung

$$\pi \longmapsto P_\pi$$

ein Gruppenhomomorphismus $S_n \to \mathrm{O}(n)$ der symmetrischen Gruppe S_n in die orthogonale Gruppe $\mathrm{O}(n)$ ist. Insbesondere gilt

$$P^{-1} = P^T .$$

Die Determinante einer Permutationsmatrix ist gerade das Vorzeichen der zugehörigen Permutation,

$$\det P_\pi = \operatorname{sgn} \pi \in \{\pm 1\},$$

also $+1$, falls π durch eine gerade, und -1, falls π durch eine ungerade Anzahl von Transpositionen erzeugt wird. Der folgende Satz zeigt, dass die Dreieckszerlegung mit Spaltenpivotsuche *theoretisch* nur versagen kann, falls die Matrix A singulär ist.

Satz 1.8. *Für jede invertierbare Matrix A existiert eine Permutationsmatrix P derart, dass eine Dreieckszerlegung*

$$PA = LR$$

möglich ist. Dabei kann P so gewählt werden, dass alle Elemente von L vom Betrag kleiner oder gleich 1 sind, d. h.

$$|L| \leq 1.$$

Beweis. Wir führen den Algorithmus der LR-Zerlegung mit Spaltenpivotsuche aus. Da $\det A \neq 0$, gibt es eine Transposition $\tau_1 \in S_n$ (wobei wir hier auch die Identität zulassen), so dass das erste Diagonalelement $a_{11}^{(1)}$ der Matrix

$$A^{(1)} = P_{\tau_1} A$$

von Null verschieden und das betragsgrößte Element in der ersten Spalte ist, d. h.

$$0 \neq |a_{11}^{(1)}| \geq |a_{i1}^{(1)}| \quad \text{für } i = 1, \ldots, n.$$

Nach der Elimination der restlichen Elemente der ersten Spalte erhalten wir mit der oben eingeführten Notation die Matrix

$$A^{(2)} = L_1 A^{(1)} = L_1 P_{\tau_1} A = \left[\begin{array}{c|ccc} a_{11}^{(1)} & * & \cdots & * \\ \hline 0 & & & \\ \vdots & & B^{(2)} & \\ 0 & & & \end{array}\right],$$

wobei alle Elemente von L_1 betragsmäßig kleiner oder gleich eins sind, d. h. $|L_1| \leq 1$, und $\det L_1 = 1$. Da $|a_{11}^{(1)}| \neq 0$, folgt aus

$$0 \neq \operatorname{sgn}(\tau_1) \det A = \det A^{(2)} = a_{11}^{(1)} \det B^{(2)},$$

dass die Restmatrix $B^{(2)}$ wieder invertierbar ist. Nun können wir induktiv fortfahren und erhalten

$$R = A^{(n)} = L_{n-1} P_{\tau_{n-1}} \ldots L_1 P_{\tau_1} A, \tag{1.6}$$

wobei $|L_k| \leq 1$ und τ_k entweder die Identität ist oder die Transposition zweier Zahlen $\geq k$. Ist $\pi \in S_n$ eine Permutation, die nur Zahlen $\geq k+1$ permutiert, so gilt für die

Frobenius-Matrix

$$L_k = \begin{bmatrix} 1 & & & & & \\ & \ddots & & & & \\ & & 1 & & & \\ & & -l_{k+1,k} & 1 & & \\ & & \vdots & & \ddots & \\ & & -l_{n,k} & & & 1 \end{bmatrix},$$

dass

$$\hat{L}_k = P_\pi L_k P_\pi^{-1} = \begin{bmatrix} 1 & & & & & \\ & \ddots & & & & \\ & & 1 & & & \\ & & -l_{\pi(k+1),k} & 1 & & \\ & & \vdots & & \ddots & \\ & & -l_{\pi(n),k} & & & 1 \end{bmatrix}. \tag{1.7}$$

Wir können damit die Frobenius-Matrizen L_k und die Permutationen P_{τ_k} trennen, indem wir in (1.6) jeweils die Identität $P_{\tau_k}^{-1} P_{\tau_k}$ einschieben, d. h.

$$R = L_{n-1} P_{\tau_{n-1}} L_{n-2} P_{\tau_{n-1}}^{-1} P_{\tau_{n-1}} P_{\tau_{n-2}} L_{n-3} \dots L_1 P_{\tau_1} A.$$

Wir erhalten so

$$R = \hat{L}_{n-1} \dots \hat{L}_1 P_{\pi_0} A \quad \text{mit } \hat{L}_k = P_{\pi_k} L_k P_{\pi_k}^{-1},$$

wobei $\pi_{n-1} :=$ id und $\pi_k = \tau_{n-1} \cdots \tau_{k+1}$ für $k = 0, \dots, n-2$. Die Permutation π_k vertauscht tatsächlich nur Zahlen $\geq k+1$, so dass die Matrizen $\hat{L}_k$ von der Gestalt (1.7) sind. Daher gilt

$$P_{\pi_0} A = LR$$

mit $L := \hat{L}_1^{-1} \cdots \hat{L}_{n-1}^{-1}$ oder explizit

$$L = \begin{bmatrix} 1 & & & & \\ l_{\pi_1(2)1} & 1 & & & \\ l_{\pi_1(3)1} & l_{\pi_2(3)2} & 1 & & \\ \vdots & & \ddots & \ddots & \\ l_{\pi_1(n)1} & & \dots & l_{\pi_{n-1}(n),n-1} & 1 \end{bmatrix},$$

also auch $|L| \leq 1$. □

Man beachte, dass wir den Algorithmus der Gaußschen Dreieckszerlegung mit Spaltenpivotstrategie als konstruktive Beweismethode benutzt haben. Wir haben also auch hier, wie bei der Cramerschen Regel, einen direkten Zusammenhang zwischen Algorithmus und Existenz- und Eindeutigkeitsaussage. Mit anderen Worten: die Gauß-Elimination mit Spaltenpivotsuche ist *verlässlich*.

Bemerkung 1.9. Es sei noch angemerkt, dass wir die *Determinante* von A aus der Zerlegung $PA = LR$ wie in Satz 1.8 leicht mit der Formel

$$\det A = \det(P) \cdot \det(LR) = \operatorname{sgn}(\pi_0) \cdot r_{11} \dots r_{nn}$$

berechnen können.

Vor der allzu naiven Berechnung von Determinanten sei jedoch gewarnt! Bekanntlich ergibt die Multiplikation des linearen Gleichungssystems mit einem beliebigen skalaren Faktor α

$$\det(\alpha A) = \alpha^n \det A .$$

Aus einer „kleinen" Determinante kann man also durch diese triviale Transformation eine beliebig „große" Determinante machen und umgekehrt. Über die ganze Klasse dieser Transformationen betrachtet bleibt von der Determinante nur die invariante Boolesche Größe $\det A = 0$ oder $\det A \neq 0$ übrig, für gerade n zusätzlich noch das Vorzeichen $\operatorname{sgn} \det A$. Weiter unten wird dies zu einer Charakterisierung der Lösbarkeit linearer Gleichungssysteme führen, die nicht auf Determinanten aufbaut. Außerdem zeigt sich hier ein weiteres Kriterium zur Beurteilung von Algorithmen: falls das Problem selbst invariant gegen eine bestimmte Transformation ist, so verlangen wir die gleiche *Invarianz* von einem „guten" Algorithmus, wenn dies realisierbar ist.

Aufmerksamen Beobachtern fällt rasch auf, dass sich die Pivotstrategie beliebig abändern lässt , indem man die verschiedenen Zeilen mit unterschiedlichen statt gleichen Skalaren multipliziert. Diese Beobachtung führt uns zur praktisch enorm wichtigen Frage der *Skalierung*. Unter einer Zeilenskalierung verstehen wir eine Multiplikation von A mit einer Diagonalmatrix von links

$$A \to D_z A, \qquad D_z \text{ Diagonalmatrix,}$$

und analog unter einer Spaltenskalierung eine Multiplikation mit einer Diagonalmatrix von rechts

$$A \to AD_s, \qquad D_s \text{ Diagonalmatrix.}$$

(Wie wir bereits bei der Gauß-Elimination gesehen haben, lässt sich eine lineare Operation auf den Zeilen einer Matrix durch die Multiplikation mit einer geeigneten Matrix von links und entsprechend eine Operation auf den Spalten durch eine Matrizenmultiplikation von rechts beschreiben.) Mathematisch gesprochen ändern wir mit der Skalierung die Länge der Basisvektoren des Bildraumes (Zeilenskalierung) bzw. Urbildraumes (Spaltenskalierung) der durch die Matrix A beschriebenen linearen Abbildung. Modelliert diese Abbildung einen physikalischen Sachverhalt, so kann man sich darunter die Änderung der Einheiten oder Umeichung vorstellen (z. B. von Å auf km). Damit die Lösung des linearen Gleichungssystems $Ax = b$ nicht von dieser Wahl der Einheiten abhängt, muss das System in geeigneter Weise skaliert werden, indem wir die Matrix A von rechts und von links mit geeigneten Diagonalmatrizen multiplizieren:

$$A \to \tilde{A} := D_z A D_s,$$

wobei

$$D_z = \operatorname{diag}(\sigma_1, \dots, \sigma_n) \quad \text{und} \quad D_s = \operatorname{diag}(\tau_1, \dots, \tau_n).$$

Auf den ersten Blick vernünftig erscheinen die folgenden drei Strategien:

a) *Äquilibrierung der Zeilen* von A bzgl. einer Vektornorm $\|\cdot\|$. Sei A^i die i-te Zeile von A, und sei vorausgesetzt, dass keine Zeile eine Nullzeile ist. Setzen wir dann $D_s := I$ und

$$\sigma_i := \|A^i\|^{-1} \quad \text{für } i = 1, \dots, n,$$

so haben alle Zeilen von $\tilde{A}$ die Norm 1.

b) *Äquilibrierung der Spalten.* Seien alle Spalten A_j von A verschieden von Null. Setzen wir $D_z := I$ und

$$\tau_j := \|A_j\|^{-1} \quad \text{für } j = 1, \dots, n,$$

so haben alle Spalten von $\tilde{A}$ die Norm 1.

c) Nach a) und b) ist es ganz natürlich zu fordern, dass sowohl die Zeilen als auch die Spalten von A jeweils untereinander dieselbe Norm haben. Zur Bestimmung der σ_i und τ_j (bis auf jeweils einen gemeinsamen Faktor) hat man dann ein *nichtlineares* Gleichungssystem in $2n-2$ Unbekannten zu lösen. Wie man sich leicht vorstellen kann, erfordert dies bei weitem mehr Aufwand als die Lösung des ursprünglichen Problems. Wie wir im vierten Kapitel sehen werden, muss dafür eine Folge von linearen Gleichungssystemen, jetzt mit $2n-2$ Unbekannten, gelöst werden, für die sich natürlich wieder die Skalierungsfrage stellen würde.

Aufgrund dieses Dilemmas wird die Skalierung in den meisten Programmen (z. B. in der Sammlung LAPACK [4]) dem Benutzer überlassen.

Die oben diskutierten Pivotstrategien lassen offenbar nicht ausschließen, dass die so berechnete Lösung $\tilde{x}$ immer noch „ziemlich ungenau" ist. Wie lässt sich

$\tilde{x}$ ohne großen Aufwand verbessern? Natürlich können wir einfach die Lösung $\tilde{x}$ verwerfen und versuchen, mit einer höheren Maschinengenauigkeit eine „bessere“ Lösung berechnen. Dabei würden jedoch alle Informationen verloren gehen, die wir bei der Berechnung von $\tilde{x}$ gewonnen haben. Dies wird bei der sogenannten *iterativen Verbesserung* oder *Nachiteration* (engl.: *iterative refinement*) vermieden, bei der das *Residuum*

$$r(y) := b - Ay = A(x - y)$$

explizit ausgewertet wird. Offenbar wäre die „exakte“ Lösung x gefunden, falls das Residuum verschwindet. Der absolute Fehler $\Delta x_0 := x - x_0$ von $x_0 := \tilde{x}$ genügt der Gleichung

$$A\Delta x_0 = r(x_0). \tag{1.8}$$

Bei der Lösung dieser *Korrekturgleichung* (1.8) erhalten wir im allgemeinen eine wiederum fehlerbehaftete Korrektur $\tilde{\Delta} x_0 \neq \Delta x_0$. Trotzdem erwarten wir, dass die Näherungslösung

$$x_1 := x_0 + \tilde{\Delta} x_0$$

„besser“ ist als x_0. Die Idee der Nachiteration besteht nun darin, diesen Prozess solange zu wiederholen, bis die Näherungslösung x_i „genau genug“ ist. Dabei beachte man, dass sich das Gleichungssystem (1.8) nur in der rechten Seite von dem ursprünglichen unterscheidet, so dass die Berechnung der Korrekturen Δx_i relativ wenig Aufwand erfordert.

Die Nachiteration arbeitet speziell im Zusammenspiel mit Gauß-Elimination und Spaltenpivotsuche ganz hervorragend: in Kapitel 2.4.3 werden wir das substantielle Resultat von R. D. Skeel [77] formulieren, dass bei Verwendung dieses Algorithmus eine *einzige* Nachiteration ausreicht, um die Lösung „genau genug“ zu erhalten. Dort werden wir auch die bisher vage gehaltenen Begriffe „bessere Näherungslösung“ und „genau genug“ präzisieren.

1.4 Cholesky-Verfahren für symmetrische, positiv definite Matrizen

Wir wollen nun die Gauß-Elimination auf die eingeschränkte Klasse von Gleichungssystemen mit symmetrisch positiv definiten Matrizen anwenden. Es wird sich dabei herausstellen, dass die Dreieckszerlegung in diesem Fall stark vereinfacht werden kann. Wir erinnern daran, dass eine symmetrische Matrix $A = A^T \in \mathrm{Mat}_n(\mathbb{R})$ genau dann *positiv definit* ist, falls

$$\langle x, Ax\rangle > 0 \quad \text{für alle } x \neq 0. \tag{1.9}$$

Wir nennen solche Matrizen auch kurz *spd-Matrizen*.

Satz 1.10. *Für jede spd-Matrix* $A \in \mathrm{Mat}_n(\mathbb{R})$ *gilt:*

(i) *A ist invertierbar*

(ii) $a_{ii} > 0$ *für* $i = 1, \ldots, n$.

(iii) $\max_{i,j=1,\ldots,n} |a_{ij}| = \max_{i=1,\ldots,n} a_{ii}$.

(iv) *Bei der Gauß-Elimination ohne Pivotsuche ist jede Restmatrix wiederum symmetrisch positiv definit.*

Offensichtlich besagen (iii) und (iv), dass eine Spalten- oder Zeilenpivotsuche bei der *LR*-Zerlegung von *A* unnötig, ja sogar unsinnig wäre, da sie evtl. die spezielle Struktur von *A* zerstören würde. Insbesondere besagt (iii), dass sich vollständige Pivotsuche auf diagonale Pivotsuche reduzieren lässt.

Beweis. Die Invertierbarkeit von *A* folgt sofort aus (1.9). Setzen wir in (1.9) für x einen Basisvektor e_i, so folgt gerade $a_{ii} = \langle e_i, Ae_i \rangle > 0$ und daher die zweite Behauptung. Ähnlich zeigt man die dritte Aussage, siehe Aufgabe 1.7. Um die Aussage (iv) zu beweisen, schreiben wir $A = A^{(1)}$ als

$$A^{(1)} = \left[\begin{array}{c|c} a_{11} & z^T \\ \hline z & B^{(1)} \\ & \end{array}\right]$$

wobei $z = (a_{12}, \ldots, a_{1n})^T$ und erhalten nach einem Eliminationsschritt

$$A^{(2)} = L_1 A^{(1)} = \left[\begin{array}{c|c} a_{11} & z^T \\ \hline 0 & B^{(2)} \\ \vdots & \\ 0 & \end{array}\right] \quad \text{mit } L_1 = \begin{bmatrix} 1 & & & \\ -l_{21} & 1 & & \\ \vdots & & \ddots & \\ -l_{n1} & & & 1 \end{bmatrix}.$$

Multiplizieren wir nun $A^{(2)}$ von rechts mit L_1^T, so wird auch z^T in der ersten Zeile eliminiert und die Teilmatrix $B^{(2)}$ bleibt unverändert, d. h.

$$L_1 A^{(1)} L_1^T = \left[\begin{array}{c|c} a_{11} & 0 \;\ldots\; 0 \\ \hline 0 & \\ \vdots & B^{(2)} \\ 0 & \end{array}\right].$$

Die Operation $A \to L_1 A L_1^T$ beschreibt einen Basiswechsel für die durch die symmetrische Matrix A gegebene Bilinearform. Nach dem Trägheitssatz von Sylvester ist daher $L_1 A^{(1)} L_1^T$ und damit auch $B^{(2)}$ wieder symmetrisch positiv definit. □

Zusammen mit dem Satz über die *LR*-Zerlegung können wir jetzt die *rationale Cholesky-Zerlegung* für symmetrische, positiv definite Matrizen herleiten.

Satz 1.11. *Für jede symmetrische, positiv definite Matrix A existiert eine eindeutig bestimmte Zerlegung der Form*

$$A = LDL^T,$$

wobei L eine unipotente untere Dreiecksmatrix und D eine positive Diagonalmatrix ist.

Beweis. Wir setzen die Konstruktion im Beweis von Satz 1.10 für $k = 2, \ldots, n-1$ fort und erhalten so unmittelbar L als Produkt der $L_1^{-1}, \ldots, L_{n-1}^{-1}$ und D als Diagonalmatrix der Pivotelemente. □

Korollar 1.12. *Da* $D = \operatorname{diag}(d_i)$ *positiv ist, existiert* $D^{\frac{1}{2}} = \operatorname{diag}(\sqrt{d_i})$ *und daher die Cholesky-Zerlegung*

$$A = \bar{L}\bar{L}^T, \tag{1.10}$$

wobei $\bar{L}$ *die untere Dreiecksmatrix* $\bar{L} := LD^{\frac{1}{2}}$ *ist.*

Durch Benutzung der Matrix $\bar{L} = (l_{ij})$ erhalten wir somit das klassische *Cholesky-Verfahren*, das sich kompakt wie folgt darstellen lässt:

Algorithmus 1.13. Cholesky-Zerlegung.

for $k := 1$ **to** n **do**
  $l_{kk} := (a_{kk} - \sum_{j=1}^{k-1} l_{kj}^2)^{1/2}$;
  for $i := k+1$ **to** n **do**
    $l_{ik} = (a_{ik} - \sum_{j=1}^{k-1} l_{ij} l_{kj})/l_{kk}$;
  end for
end for

Die Herleitung dieses Algorithmus ist nichts weiter als die elementweise Auswertung der Gleichung (1.10)

$$\begin{bmatrix} l_{11} & & \\ \vdots & \ddots & \\ l_{n1} & \ldots & l_{nn} \end{bmatrix} \begin{bmatrix} l_{11} & \ldots & l_{n1} \\ & \ddots & \vdots \\ & & l_{nn} \end{bmatrix} = \begin{bmatrix} a_{11} & \ldots & a_{1n} \\ \vdots & & \vdots \\ a_{n1} & \ldots & a_{nn} \end{bmatrix}$$

$$
\begin{aligned}
i = k: \quad & a_{kk} = l_{k1}^2 + \cdots + l_{k,k-1}^2 + l_{kk}^2 \\
i > k: \quad & a_{ik} = l_{i1}l_{k1} + \cdots + l_{i,k-1}l_{k,k-1} + l_{ik}l_{kk}.
\end{aligned}
$$

Die Raffinesse der Methode steckt in der Reihenfolge der Berechnung der Elemente von $\bar{L}$. Für den Rechenaufwand zählen wir

$$\sim \frac{1}{6}n^3 \text{ Multiplikationen und } n \text{ Quadratwurzeln.}$$

Im Unterschied dazu kommt die rationale Cholesky-Zerlegung ohne Quadratwurzeln, also nur mit rationalen Operationen aus (daher der Name). Der Aufwand kann auch hier durch geschickte Programmierung auf $\sim \frac{1}{6}n^3$ gehalten werden. Ein Vorteil der rationalen Cholesky-Zerlegung besteht darin, dass fast singuläre Matrizen D erkannt werden können. Auch kann das Verfahren auf symmetrische indefinite Matrizen ($x^T Ax \neq 0$ für alle x) erweitert werden.

Bemerkung 1.14. Die spd-Zusatzstruktur der Matrizen führte offenbar zu einer spürbaren Reduktion des Rechenaufwandes. Sie ist zugleich die Basis für ganz anders gebaute iterative Lösungsverfahren, die wir in Kapitel 8 im Detail beschreiben werden. Solche Verfahren spielen dann eine Rolle, wenn die auftretenden Matrizen besonders groß werden, eventuell sogar noch dünnbesetzt.

Übungsaufgaben

Aufgabe 1.1. Geben Sie eine vollbesetzte, nicht singuläre (3,3)-Matrix an, bei der das Gaußsche Eliminationsverfahren ohne Zeilentausch versagt.

Aufgabe 1.2.

a) Zeigen Sie, dass die unipotenten (nichtsingulären) unteren (oberen) Dreiecksmatrizen jeweils eine Untergruppe von $\mathrm{GL}(n)$ bilden.

b) Zeigen Sie unter Verwendung von a), dass die Darstellung

$$A = LR$$

einer nichtsingulären Matrix $A \in \mathrm{GL}(n)$ als Produkt einer unipotenten unteren Dreiecksmatrix L und einer nichtsingulären oberen Dreiecksmatrix R eindeutig ist, sofern sie existiert.

c) Falls $A = LR$ wie in b), so werden L und R mit der Gaußschen Dreieckszerlegung berechnet. Warum ist dies ein weiterer Beweis für b)?

Hinweis: Induktion.

Aufgabe 1.3. Eine Matrix $A \in \mathrm{Mat}_n(\mathbb{R})$ heißt strikt diagonaldominant, falls

$$|a_{ii}| > \sum_{\substack{i=1\\ j\neq i}}^{n} |a_{ij}| \quad \text{für } i = 1, \ldots, n.$$

Zeigen Sie, dass für eine Matrix $A \in \mathrm{Mat}_n(\mathbb{R})$ mit strikt diagonaldominanter Transponierter A^T die Gaußsche Dreieckszerlegung durchführbar und insbesondere A invertierbar ist.

Hinweis: Induktion.

Aufgabe 1.4. Der *numerische Wertebereich* $\mathrm{W}(A)$ einer Matrix $A \in \mathrm{Mat}_n(\mathbb{R})$ ist definiert als die Menge

$$\mathrm{W}(A) := \left\{\langle Ax, x\rangle : \langle x, x\rangle = 1,\ x \in \mathbb{R}^n\right\}$$

Hierbei ist $\langle\cdot,\cdot\rangle$ das Euklidische Skalarprodukt auf $\mathbb{R}^n$.

a) Zeigen Sie, dass die Matrix $A \in \mathrm{Mat}_n(\mathbb{R})$ eine *LR*-Zerlegung (L unipotente untere, R obere Dreiecksmatrix) besitzt, wenn die Null nicht im Wertebereich von A liegt, d. h.

$$0 \notin \mathrm{W}(A).$$

Hinweis: Induktion.

b) Benutzen Sie a) um zu zeigen, dass die Matrix

$$\begin{bmatrix} 1 & 2 & 3 \\ 2 & 4 & 7 \\ 3 & 5 & 3 \end{bmatrix}$$

keine *LR*-Zcrlegung besitzt.

Aufgabe 1.5. Programmieren Sie die Gaußsche Dreieckszerlegung. Das Programm soll die Daten A und b aus einer Datei einlesen und mit folgenden Beispielen getestet werden:

a) mit der Matrix aus Aufgabe 1.1,

b) mit $n = 1$, $A = 25$ und $b = 4$,

c) mit $a_{ij} = i^{j-1}$ und $b_i = i$ für $n = 7$, 15 und 50.

Vergleichen Sie jeweils die berechneten mit den exakten Lösungen.

Aufgabe 1.6. Die Gauß-Zerlegung mit Spaltenpivotsuche liefere angewandt auf die Matrix A die Zerlegung $PA = LR$, wobei P die sich im Lauf der Elimination ergebende Permutationsmatrix ist. Zeigen Sie:

a) Die Gauß-Elimination mit Spaltenpivotsuche ist invariant gegen

   (i) Permutationen der Zeilen von A (triviale Ausnahme: mehrere betragsgleiche Elemente pro Spalte)

   (ii) Multiplikation der Matrix mit einer Zahl $\sigma \neq 0$, $A \longrightarrow \sigma A$.

b) Ist D eine Diagonalmatrix, so liefert die Gauß-Elimination mit Spaltenpivotsuche angewandt auf $\bar{A} := AD$ die Zerlegung $P\bar{A} = L\bar{R}$ mit $\bar{R} = RD$.

Überlegen Sie sich das entsprechende Verhalten für die Zeilenpivotstrategie mit Spaltentausch sowie für die vollständige Pivotstrategie mit Zeilen- und Spaltentausch.

Aufgabe 1.7. Die Matrix $A \in \mathrm{Mat}_n(\mathbb{R})$ sei symmetrisch positiv definit.

a) Zeigen Sie, dass

$$|a_{ij}| \leq \sqrt{a_{ii}a_{jj}} \leq \frac{1}{2}(a_{ii} + a_{jj}) \quad \text{für alle } i, j = 1, \ldots, n.$$

Hinweis: Zeigen Sie zunächst, dass die Matrix $\begin{pmatrix} a_{ii} & a_{ij} \\ a_{ji} & a_{jj} \end{pmatrix}$ für alle i, j symmetrisch positiv definit ist.

b) Folgern Sie aus a), dass

$$\max_{i,j} |a_{ij}| = \max_i a_{ii}.$$

Interpretieren Sie das Resultat im Zusammenhang mit Pivotstrategien.

Aufgabe 1.8. Zeigen Sie, dass für $u, v \in \mathbb{R}^n$ gilt:

a) $(I + uv^T)^{-1} = I - \frac{uv^T}{1+v^T u}$, falls $u^T v \neq -1$,

b) $I + uv^T$ ist singulär, falls $u^T v = -1$.

Aufgabe 1.9. Zu lösen sei das lineare Gleichungssystem $Ax = b$ mit der Matrix

$$A = \left[\begin{array}{c|c} R & v \\ \hline u^T & 0 \end{array}\right],$$

wobei $R \in \mathrm{Mat}_n(\mathbb{R})$ eine invertierbare obere Dreiecksmatrix ist, $u, v \in \mathbb{R}^n$ und $x, b \in \mathbb{R}^{n+1}$.

a) Geben Sie die Dreieckszerlegung der Matrix A an.

b) Zeigen Sie: A ist nichtsingulär genau dann, wenn

$$u^T R^{-1} v \neq 0.$$

c) Formulieren Sie einen sparsamen Algorithmus zur Lösung des obigen linearen Gleichungssystems (Aufwand?).

Aufgabe 1.10. Im Zusammenhang mit Wahrscheinlichkeitsverteilungen treten Matrizen $A \in \mathrm{Mat}_n(\mathbb{R})$ auf mit den folgenden Eigenschaften:

(i) $\sum_{i=1}^n a_{ij} = 0$ für $j = 1, \ldots, n$,

(ii) $a_{ii} < 0$ und $a_{ij} \geq 0$ für $i = 1, \ldots, n$ und $j \neq i$.

Dabei bezeichne $A = A^{(1)}, A^{(2)}, \ldots, A^{(n)}$ die bei der Gauß-Elimination entstehenden Matrizen. Zeigen Sie:

a) $|a_{11}| \geq |a_{i1}|$ für $i = 2, \ldots, n$,

b) $\sum_{i=2}^n a_{ij}^{(2)} = 0$ für $j = 2, \ldots, n$,

c) $a_{ii}^{(1)} \leq a_{ii}^{(2)} \leq 0$ für $i = 2, \ldots, n$,

d) $a_{ij}^{(2)} \geq a_{ij}^{(1)} \geq 0$ für $i, j = 2, \ldots, n$ und $j \neq i$,

e) Falls die bei den ersten $n-2$ Gauß-Eliminationsschritten nacheinander entstehenden Diagonalelemente alle verschieden von Null sind, d. h. $a_{ii}^{(i)} < 0$ für $i = 1, \ldots, n-1$, so gilt $a_{nn}^{(n)} = 0$.

Aufgabe 1.11. Ein Problem aus der Astrophysik („kosmischer Maser")[1] lässt sich als ein System von $(n+1)$ linearen Gleichungen in n Unbekannten der Form

$$\begin{pmatrix} & & \\ & A & \\ & & \\ 1 & \ldots & 1 \end{pmatrix} \begin{pmatrix} x_1 \\ \vdots \\ x_n \end{pmatrix} = \begin{pmatrix} 0 \\ \vdots \\ 0 \\ 1 \end{pmatrix}$$

formulieren, wobei A die Matrix aus Aufgabe 1.10 ist. Zur Lösung dieses Systems wenden wir auf die Matrix A eine Gauß-Elimination ohne Pivotsuche mit folgenden zwei Zusatzregeln an, wobei wir die entstehenden Matrizen wieder mit $A = A^{(1)}, \ldots, A^{(n-1)}$ und die relative Maschinengenauigkeit mit eps bezeichnen.

[1] *m*icrowave *a*mplification by *s*timulated *e*mission of *r*adiation

a) Falls im Laufe des Algorithmus $|a_{kk}^{(k)}| \leq |a_{kk}|\,\mathrm{eps}$ für ein $k < n$, so schiebe simultan die Zeile k und die Spalte k ans Ende und die übrigen Zeilen und Spalten nach vorne (Rotation der Zeilen und Spalten).

b) Falls $|a_{kk}^{(k)}| \leq |a_{kk}|\,\mathrm{eps}$ für alle noch verbleibenden $k < n - 1$, so breche den Algorithmus ab.

Zeigen Sie:

(i) Der Algorithmus liefert, falls er nicht in b) abbricht, nach $n - 1$ Eliminationsschritten eine Zerlegung von A in $PAP = LR$, wobei P eine Permutation und $R = A^{(n-1)}$ eine obere Dreiecksmatrix mit $r_{nn} = 0$, $r_{ii} < 0$ für $i = 1, \ldots, n - 1$ und $r_{ij} \geq 0$ für $j > i$ ist.

(ii) Das System besitzt in diesem Fall eine eindeutige Lösung x, und alle Komponenten von x sind nicht negativ (Interpretation: Wahrscheinlichkeiten).

Geben Sie eine einfache Vorschrift zur Berechnung von x an.

Aufgabe 1.12. Programmieren Sie den in Aufgabe 1.11 entwickelten Algorithmus zur Lösung des speziellen Gleichungssystems, und testen Sie das Programm an zwei selbstgewählten Beispielen der Dimension $n = 5$ und $n = 7$ sowie mit der Matrix

$$\begin{pmatrix} -2 & 2 & 0 & 0 \\ 2 & -4 & 1 & 1 \\ 0 & 1 & -2 & 1 \\ 1 & 1 & 0 & -2 \end{pmatrix}.$$

Aufgabe 1.13. Gegeben sei das lineare Gleichungssystem $Cx = b$, wobei C eine invertierbare $(2n, 2n)$-Matrix der folgenden speziellen Gestalt ist:

$$C = \begin{bmatrix} A & B \\ B & A \end{bmatrix}, \qquad A,\ B \text{ invertierbar.}$$

a) Sei C^{-1} partitioniert wie C:

$$C^{-1} = \begin{bmatrix} E & F \\ G & H \end{bmatrix}.$$

Beweisen Sie die Identität von I. Schur:

$$E = H = (A - BA^{-1}B)^{-1} \quad \text{und} \quad F = G = (B - AB^{-1}A)^{-1}.$$

b) Seien $x = (x_1, x_2)^T$ und $b = (b_1, b_2)^T$ ebenfalls partitioniert und

$$(A + B)y_1 = b_1 + b_2, \quad (A - B)y_2 = b_1 - b_2.$$

Zeigen Sie, dass

$$x_1 = \frac{1}{2}(y_1 + y_2), \quad x_2 = \frac{1}{2}(y_1 - y_2).$$

Numerischer Vorteil?

2 Fehleranalyse

Im vorigen Kapitel haben wir eine Klasse von Verfahren kennengelernt, um ein lineares Gleichungssystem rechnerisch zu lösen. Formal haben wir dabei aus Eingabegrößen (A, b) das Resultat $f(A, b) = A^{-1}b$ berechnet. Mit diesem Beispiel im Hinterkopf wollen wir nun im vorliegenden Kapitel Algorithmen von einem abstrakteren Gesichtspunkt aus analysieren.

Sei ein Problem abstrakt charakterisiert durch (f, x) mit gegebener Abbildung f und gegebenen Eingabedaten x. Das Problem lösen heißt dann, das Resultat $f(x)$ mit Hilfe eines Algorithmus bestimmen, der evtl. noch Zwischengrößen produziert. Die Situation wird durch das Schema beschrieben:

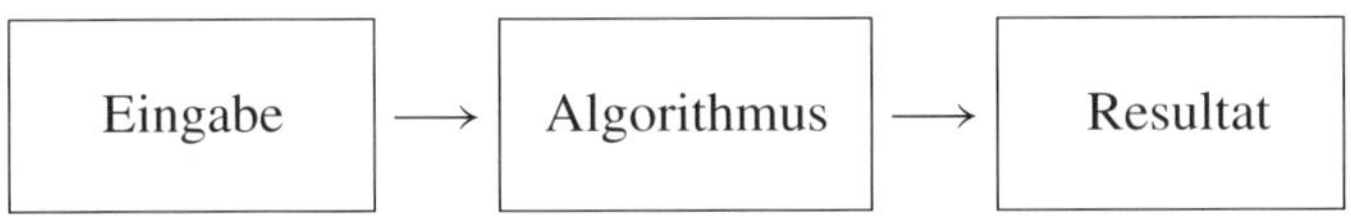

Wir wollen in diesem Kapitel untersuchen, wie sich Fehler auf diesen Vorgang auswirken und nebenbei speziell klären, ob es sich bei der Gauß-Elimination um ein zuverlässiges Verfahren handelt. Fehler im Ergebnis rühren sowohl von *Eingabefehlern* als auch von *Fehlern im Algorithmus* her:

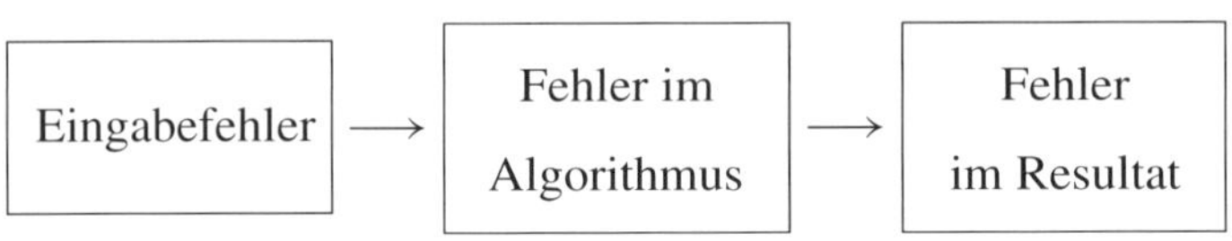

Gegenüber Eingabefehlern sind wir im Prinzip machtlos, sie gehören zum gegebenen Problem und können allenfalls durch eine Änderung der Problemstellung vermieden werden. Anders sieht es mit den vom Algorithmus verursachten Fehlern aus. Hier haben wir die Chance, Fehler zu vermeiden oder zu verringern, indem wir das Verfahren verändern. Die Unterscheidung dieser beiden Arten von Fehlern wird uns im folgenden zu den Begriffen *Kondition eines Problems* und *Stabilität eines Algorithmus* führen. Zunächst wollen wir die möglichen Fehlerquellen eingehender diskutieren.

2.1 Fehlerquellen

Auch wenn die Eingabegrößen als exakt gegeben angesehen werden, treten durch die Darstellung nicht ganzzahliger Zahlen in einem Rechner Eingabefehler auf. Bei der heute üblichen *normalisierten Gleitkommadarstellung* (engl.: *floating point representation*) wird eine Zahl z von „reellem Typ" dargestellt als $z = ad^e$, wobei die *Basis* d eine Zweierpotenz ist (in der Regel 2, 8 oder 16) und der *Exponent* e eine ganze Zahl mit einer vorgegebenen maximalen Binärstellenzahl,

$$e \in \{e_{\min}, \ldots, e_{\max}\} \subset \mathbb{Z}.$$

Die sogenannte *Mantisse* a ist entweder 0 oder eine Zahl mit $d^{-1} \le |a| < 1$ und hat die Form

$$a = v \sum_{i=1}^{l} a_i d^{-i},$$

wobei $v \in \{\pm 1\}$ das *Vorzeichen* ist, $a_i \in \{0, \ldots, d-1\}$ die *Ziffern* mit $a = 0$ oder $a_1 \neq 0$ und l die *Mantissenlänge*. Die so darstellbaren Zahlen bilden eine endliche Teilmenge

$$\mathbb{F} := \{x \in \mathbb{R} : \text{es gibt } a, e \text{ wie oben, so dass } x = ad^e\}$$

der reellen Zahlen. Der Bereich, den der Exponent e überstreichen kann, bestimmt die betragsmäßig größte und kleinste Zahl, die sich auf der Maschine (damit ist immer der Rechner zusammen mit dem benutzten Compiler gemeint) darstellen lässt. Die *Mantissenlänge* l ist für die *relative Genauigkeit* der Darstellung reeller Zahlen in der Maschine verantwortlich. Jede Zahl $x \neq 0$ mit

$$d^{e_{\min}-1} \le |x| \le d^{e_{\max}}(1 - d^{-l})$$

lässt sich (durch Rundung auf die nächstliegende Maschinenzahl) durch eine *Gleitkommazahl* (engl.: *floating point number*) $\mathrm{fl}(x) \in \mathbb{F}$ repräsentieren, deren relativer Fehler sich durch

$$\frac{|x - \mathrm{fl}(x)|}{|x|} \le \mathrm{eps} := d^{1-l}/2$$

abschätzen lässt. Dabei verwenden wir für die Division durch Null die Konvention, dass $0/0 = 0$ und $x/0 = \infty$ für $x > 0$. Falls $|x|$ kleiner als die betragsmäßig kleinste Maschinenzahl $d^{e_{\min}-1}$ ist, spricht man von *Exponentenunterlauf* (engl.: *underflow*), im entgegengesetzten Fall $|x| > d^{e_{\max}}(1-d^{-l})$ von *Exponentenüberlauf* (engl.: *overflow*). Wir nennen eps die *relative Maschinengenauigkeit*, in der Literatur auch häufig mit **u** für „unit roundoff" bezeichnet. Sie liegt bei einfacher Genauigkeit (*single precision* in FORTRAN und *float* in *C*) in der Regel bei $\mathrm{eps} \approx 10^{-7}$.

Stellen wir uns nun vor, wir wollten eine mathematisch exakt zu denkende reelle Zahl x, zum Beispiel

$$x = \pi = 3.141592653589\ldots,$$

in einen Rechner eingeben. Theoretisch ist bekannt, dass sich π als eine irrationale Zahl nicht mit einer endlichen Mantissenlänge darstellen lässt und daher auf jedem Rechner eine fehlerbehaftete Eingabegröße ist, z. B. für eps $= 10^{-7}$

$$\pi \mapsto \mathrm{fl}(\pi) = 3.141593, \qquad |\,\mathrm{fl}(\pi) - \pi\,| \leq \mathrm{eps}\ \pi.$$

Wesentlich ist dabei, dass die Zahl x nach der Eingabe in einen Rechner *ununterscheidbar* ist von allen anderen Zahlen $\tilde{x}$, die auf dieselbe Gleitkommazahl $\mathrm{fl}(x) = \mathrm{fl}(\tilde{x})$ gerundet werden. Insbesondere ist diejenige reelle Zahl, welche durch Anhängen von Nullen an die Maschinenzahl entstünde, in keiner Weise ausgezeichnet. Es ist demnach unsinnig, von einer „exakten" Eingabe auszugehen. Diese Einsicht wird die folgende Fehleranalyse maßgeblich beeinflussen.

Eine weitere wichtige Fehlerquelle bei den Eingabedaten sind *Messfehler*, wenn die Eingabegrößen aus experimentellen Daten gewonnen werden. Solche Daten x werden meist zusammen mit dem *absoluten* Fehler δx, der sogenannten *Toleranz* angegeben: der Abstand von x zum „wahren" Wert $\bar{x}$ lässt sich (komponentenweise) abschätzen durch

$$|x - \bar{x}| \leq \delta x.$$

Die *relative* Genauigkeit $|\delta x / x|$ liegt dabei in vielen praktisch wichtigen Fällen zwischen 10^{-2} und 10^{-3} – eine Größe, die die Rundung der Eingabe im allgemeinen weit überwiegt. Man spricht in diesem Zusammenhang häufig auch von *technischen Genauigkeiten*.

Gehen wir nun über zu der zweiten Gruppe von Fehlerquellen, den *Fehlern im Algorithmus*. Bei der Realisierung einer Elementaroperation

$$\circ \in \{+, -, \cdot, /\}$$

durch die entsprechende Gleitkommaoperation $\hat{\circ} \in \{\hat{+}, \hat{-}, \hat{\cdot}, \hat{/}\}$ lassen sich *Rundungsfehler* nicht vermeiden. Der relative Fehler ist dabei wieder kleiner oder gleich der relativen Maschinengenauigkeit, d. h. für $x, y \in \mathbb{F}$ gilt

$$x \hat{\circ} y = (x \circ y)(1 + \varepsilon) \quad \text{für ein } \varepsilon = \varepsilon(x, y) \text{ mit } |\varepsilon| \leq \mathrm{eps}\,.$$

Dabei beachte man, dass die Operationen $\hat{\circ}$ im allgemeinen nicht assoziativ sind (vgl. Aufgabe 2.1), so dass es in $\mathbb{F}$ sehr wohl auf die Reihenfolge der auszuführenden Operationen ankommt.

Neben den Rundungsfehlern können in einem Algorithmus Näherungsfehler, die sogenannten *Approximationsfehler*, entstehen. Sie treten immer dann auf, wenn eine Funktion nicht exakt (bis auf Rundungsfehler) berechnet werden kann, sondern approximiert werden muss. Dies ist z. B. bei der Berechnung des Sinus durch eine abgebrochene Reihenentwicklung der Fall oder, um ein komplexeres Problem zu nennen, bei der Lösung von Differentialgleichungen. In diesem Kapitel werden wir uns im wesentlichen auf die Behandlung von Rundungsfehlern beschränken. Approximationsfehler werden wir jeweils im Zusammenhang mit der Beschreibung der einzelnen Algorithmen in späteren Kapiteln studieren.

2.2 Kondition eines Problems

Wir stellen uns nun die Frage: Wie wirken sich Störungen der Eingabegrößen auf das Resultat *unabhängig* vom gewählten Algorithmus aus? Wir haben oben bei der Beschreibung der Eingabefehler gesehen, dass die Eingabe x logisch ununterscheidbar ist von allen Eingaben $\tilde{x}$, die sich im Rahmen der vorgegebenen Genauigkeit befinden. Statt der „exakten“ Eingabe x sollten wir daher besser eine *Eingabemenge* E betrachten, die all diese gestörten Eingaben $\tilde{x}$ enthält (siehe Abbildung 2.1).

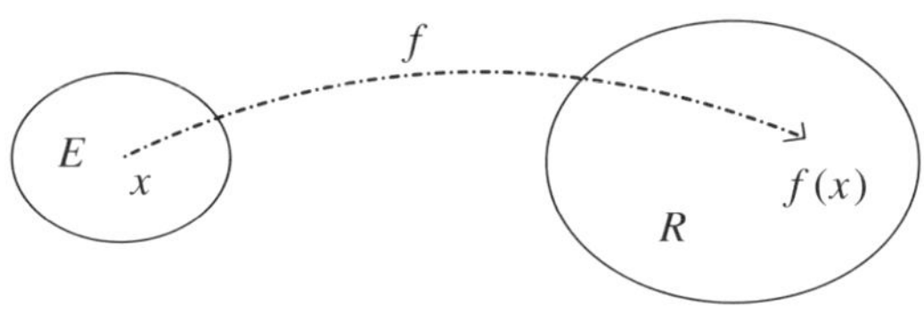

Abbildung 2.1. Eingabe- und Resultatmenge

Eine Maschinenzahl x repräsentiert demnach die Eingabemenge

$$E = \{\tilde{x} \in \mathbb{R} : |\tilde{x} - x| \leq \text{eps}\, |x|\}.$$

Wüßten wir hingegen, dass die Eingabe x mit einer absoluten Toleranz δx vorliegt, so wäre die entscheidende Eingabegröße die Menge

$$E = \{\tilde{x} \in \mathbb{R} : |\tilde{x} - x| \leq \delta x\}.$$

Die Abbildung f, die unser Problem beschreibt, überführt die Eingabemenge E in eine *Resultatmenge* $R = f(E)$. So wie wir von der vermeintlich exakten Eingabe x zur Eingabemenge E geführt wurden, so ist es bei der Analyse von Eingabefehlern daher sinnvoll, statt der *punktweisen* Abbildung $f : x \mapsto f(x)$ die *Mengenabbildung* $f : E \mapsto R = f(E)$ zu untersuchen. Die Auswirkungen von Störungen der Eingabegrößen auf das Resultat lassen sich nun durch das Verhältnis der Eingabemenge zur Resultatmenge ablesen. Eine Charakterisierung des Verhältnisses von E und R nennen wir die *Kondition* des durch (f, x) beschriebenen Problems.

Beispiel 2.1. Um ein Gefühl für diesen noch nicht präzisen Begriff zu entwickeln, betrachten wir vorab das geometrische Problem der zeichnerischen Bestimmung des Schnittpunktes r zweier Geraden g und h in der Ebene (siehe Abbildung 2.2). Schon

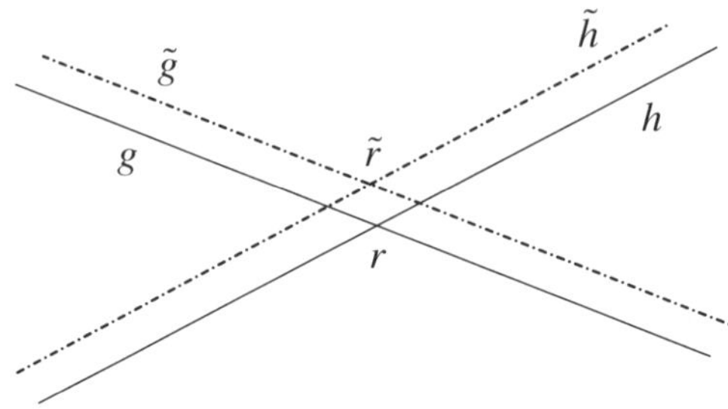

Abbildung 2.2. Schnittpunkt r zweier Geraden g, h (gut konditioniert)

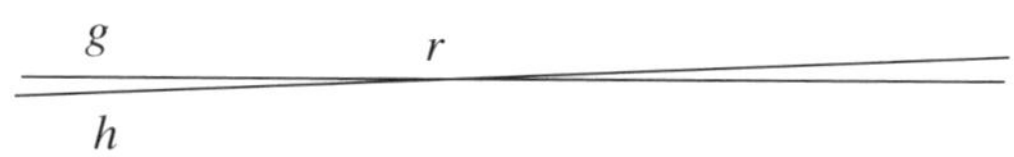

Abbildung 2.3. Schleifender Schnitt (schlecht konditioniert)

bei der zeichnerischen Lösung dieses Problems ist es nicht möglich, die Geraden g und h exakt darzustellen. Die Frage ist nun, wie stark der konstruierte Schnittpunkt r von den Zeichenfehlern (oder: Eingabefehlern) abhängt. Die Eingabemenge E besteht in unserem Beispiel gerade aus allen Geraden $\tilde{g}$ und $\tilde{h}$, die nur innerhalb der Zeichengenauigkeit von g bzw. h abweichen, die Resultatmenge R aus den jeweiligen Schnittpunkten $\tilde{r}$. Wir sehen sofort, dass das Verhältnis der Eingabemenge zur Resultatmenge stark davon abhängt, in welchem Winkel $\sphericalangle(g, h)$ sich die Geraden g und h schneiden. Stehen g und h nahezu senkrecht aufeinander, so variiert der Schnittpunkt $\tilde{r}$ etwa im gleichen Maße wie die Geraden $\tilde{g}$ und $\tilde{h}$. Ist jedoch der Winkel $\sphericalangle(g, h)$ sehr klein, d. h. liegen g und h fast parallel, so hat man bereits mit dem Auge größte Schwierigkeiten, den Schnittpunkt genau zu lokalisieren. Man spricht dann von einem *schleifenden Schnitt* (siehe Abbildung 2.3). Tatsächlich verschiebt sich der Schnittpunkt $\tilde{r}$ schon bei einer kleinen Störung der Geraden um ein Mehrfaches. Wir können daher sagen, dass die Schnittpunktbestimmung im ersten Fall gut, im Fall des schleifenden Schnitts jedoch schlecht konditioniert ist.

Wir kommen nun zur mathematischen Präzisierung des Konditionsbegriffes. Dabei denken wir uns der Einfachheit halber das Problem (f, x) gegeben durch eine

Abbildung
$$f : U \subset \mathbb{R}^n \to \mathbb{R}^m$$
von einer offenen Teilmenge $U \subset \mathbb{R}^n$ in $\mathbb{R}^m$, einen Punkt $x \in U$ und eine (relative oder absolute) Genauigkeit δ der Eingabedaten. Die Genauigkeit δ kann dabei entweder bezüglich einer *Norm* $\|\cdot\|$ auf $\mathbb{R}^n$

$$\|\tilde{x} - x\| \leq \delta \text{ (absolut)} \quad \text{oder} \quad \|\tilde{x} - x\| \leq \delta\|x\| \text{ (relativ)}$$

oder *komponentenweise*

$$|\tilde{x}_i - x_i| \leq \delta \text{ (absolut)} \quad \text{oder} \quad |\tilde{x}_i - x_i| \leq \delta|x_i| \text{ (relativ)}$$

für $i = 1, \ldots, n$ angegeben werden.

Entsprechend messen wir auch die Resultatfehler $f(\tilde{x}) - f(x)$ bezüglich einer Norm oder komponentenweise.

2.2.1 Normweise Konditionsanalyse

Um die Rechnungen bei der quantitativen Konditionsanalyse überschaubar halten zu können, geht man meistens von hinreichend kleinen Eingabefehlern δ aus und betrachtet daher in der sogenannten *linearisierten Fehlertheorie* das asymptotische Verhalten für $\delta \to 0$. Dabei ist folgende verkürzende Schreibweise äußerst hilfreich: Zwei Funktionen $g, h : \mathbb{R}^n \to \mathbb{R}^m$ sind *in erster Näherung* oder *in führender Ordnung gleich für* $x \to x_0$, kurz

$$g(x) \doteq h(x) \quad \text{für } x \to x_0,$$

falls
$$g(x) = h(x) + o(\|h(x)\|) \quad \text{für } x \to x_0,$$
wobei das Landau-Symbol „$o(\|h(x)\|)$ für $x \to x_0$" eine Funktion $\varphi(x)$ mit

$$\lim_{x \to x_0} \frac{\|\varphi(x)\|}{\|h(x)\|} = 0$$

bezeichnet, die nicht näher spezifiziert werden soll. Für eine in x differenzierbare Abbildung f gilt damit

$$f(\tilde{x}) - f(x) \doteq f'(x)(\tilde{x} - x) \quad \text{für } \tilde{x} \to x.$$

In analoger Weise definieren wir „$g(x) \dot{\leq} h(x)$ für $x \to x_0$" (komponentenweise) durch „$g(x) \leq h(x) + o(\|h(x)\|)$ für $x \to x_0$".

Ohne direkten Rückgriff auf die Ableitung von f können wir das Verhältnis von Eingabe- und Resultatmenge in normweiser Sicht durch die folgende *asymptotische Lipschitz-Bedingung* charakterisieren.

Definition 2.2. Die *absolute normweise Kondition* des Problems (f, x) ist die kleinste Zahl $\kappa_{\text{abs}} \geq 0$, so dass

$$\|f(\tilde{x}) - f(x)\| \dot{\leq} \kappa_{\text{abs}} \|\tilde{x} - x\| \quad \text{für } \tilde{x} \to x.$$

Das Problem (f, x) ist *schlecht* oder auch *unsachgemäß gestellt* (engl.: *ill-posed*), falls es keine solche Zahl gibt (formal: $\kappa_{\text{abs}} = \infty$). Analog ist die *relative normweise Kondition* von (f, x) die kleinste Zahl $\kappa_{\text{rel}} \geq 0$, so dass

$$\frac{\|f(\tilde{x}) - f(x)\|}{\|f(x)\|} \dot{\leq} \kappa_{\text{rel}} \frac{\|\tilde{x} - x\|}{\|x\|} \quad \text{für } \tilde{x} \to x.$$

Also beschreibt κ_{abs} gerade die Verstärkung des absoluten und κ_{rel} die des relativen Fehlers. Ein Problem (f, x) ist *gut konditioniert* (engl.: *well-conditioned*), falls seine Kondition klein und *schlecht konditioniert* (engl.: *ill-conditioned*), falls sie groß ist. Über die Begriffe „klein" und „groß" muss man natürlich für jedes Problem gesondert nachdenken. Für die relative Kondition ist die Zahl 1 eine Orientierung: Sie entspricht dem Fall der reinen Rundung des Resultats (siehe die Diskussion in Kapitel 2.1). Weiter unten werden wir in einer Reihe illustrativer Beispiele klären, was jeweils „klein" oder „groß" ist.

Ist f differenzierbar in x, so können wir aufgrund des Mittelwertsatzes die Konditionen über die Ableitung angeben:

$$\kappa_{\text{abs}} = \|f'(x)\| \quad \text{und} \quad \kappa_{\text{rel}} = \frac{\|x\|}{\|f(x)\|} \|f'(x)\|, \tag{2.1}$$

wobei $\|f'(x)\|$ die Norm der Jacobi-Matrix $f'(x) \in \text{Mat}_{m,n}(\mathbb{R})$ in der zugeordneten Matrixnorm

$$\|A\| := \sup_{x \neq 0} \frac{\|Ax\|}{\|x\|} = \sup_{\|x\|=1} \|Ax\| \quad \text{für } A \in \text{Mat}_{m,n}(\mathbb{R})$$

ist. Zur Illustration berechnen wir die Konditionen einiger einfacher Probleme.

Beispiel 2.3. *Kondition der Addition (bzw. Subtraktion).* Die Addition ist eine lineare Abbildung

$$f : \mathbb{R}^2 \to \mathbb{R}, \quad \begin{pmatrix} a \\ b \end{pmatrix} \mapsto f(a, b) := a + b$$

mit der Ableitung $f'(a, b) = (1, 1) \in \text{Mat}_{1,2}(\mathbb{R})$. Wählen wir auf $\mathbb{R}^2$ die 1-Norm

$$\|(a, b)^T\| = |a| + |b|$$

und auf $\mathbb{R}$ den Betrag, so folgt für die Ableitung in der zugeordneten Matrixnorm (siehe Aufgabe 2.8), dass

$$\|f'(a, b)\| = \|(1, 1)\| = 1.$$

Die Konditionszahlen der Addition sind daher

$$\kappa_{\text{abs}} = 1 \quad \text{und} \quad \kappa_{\text{rel}} = \frac{|a| + |b|}{|a + b|}.$$

Für die *Addition* zweier Zahlen mit gleichem Vorzeichen ergibt sich also $\kappa_{\text{rel}} = 1$. Hingegen zeigt sich, dass die *Subtraktion* zweier annähernd gleicher Zahlen bezüglich der relativen Kondition schlecht konditioniert ist, da in diesem Fall gilt

$$|a + b| \ll |a| + |b| \iff \kappa_{\text{rel}} \gg 1.$$

Das Phänomen heißt *Auslöschung führender Ziffern* (engl.: *cancellation of leading digits*).

Beispiel 2.4. *Unvermeidbare Auslöschung.* Zur Illustration geben wir das folgende einfache Beispiel mit eps $= 10^{-7}$:

$$\begin{aligned} a &= 0.\,1234\,67* && \leftarrow \text{Störung an 7. Stelle} \\ b &= 0.\,1234\,56* && \leftarrow \text{Störung an 7. Stelle} \\ a - b &= 0.\underbrace{0000}_{\text{führende Nullen}}11 * \underbrace{000}_{\text{nachgeschobene Nullen}} && \leftarrow \text{Störung an 3. Stelle.} \end{aligned}$$

Ein Fehler in der 7. Dezimalstelle der Eingabedaten a, b führt im Ergebnis $a - b$ zu einem Fehler in der 3. Dezimalstelle, d. h. $\kappa_{\text{rel}} \approx 10^4$.

Man beachte, dass man die Auslöschung dem vom Rechner ausgegebenen dezimalen Ergebnis nicht ansehen kann. Die nachgeschobenen Nullen sind Nullen in der *binären* Darstellung und gehen bei der Umwandlung ins Dezimalsystem verloren. Es gilt deshalb die Regel:

Vermeidbare Subtraktionen annähernd gleicher Zahlen vermeiden!

Für unvermeidbare Subtraktionen werden wir in Kapitel 2.3 eine weitere Regel herleiten.

Beispiel 2.5. *Quadratische Gleichung.* Ein geradezu klassisches Beispiel für eine vermeidbare Auslöschung ist die Lösung einer quadratischen Gleichung (siehe auch Kapitel 4)

$$f(x) := x^2 - 2px + q = 0,$$

deren Lösungen bekanntlich durch

$$x_{1,2} = p \pm \sqrt{p^2 - q}.$$

gegeben sind. In dieser Formel tritt Auslöschung auf, wenn eine Nullstelle in der Nähe von Null liegt. Diese Auslöschung ist jedoch vermeidbar, da nach dem Satz von Vieta q das Produkt der Nullstellen ist und wir daher mit

$$x_1 = p + \operatorname{sgn}(p)\sqrt{p^2 - q}, \quad x_2 = q/x_1,$$

die beiden Lösungen stabil berechnen können.

Beispiel 2.6. Häufig lassen sich Auslöschungen vermeiden, indem man Reihenentwicklungen ausnutzt. Als Beispiel betrachten wir die Funktion

$$\frac{1-\cos(x)}{x} = \frac{1}{x}\left(1 - [1 - \frac{x^2}{2} + \frac{x^4}{24} \pm \cdots]\right) = \frac{x}{2}\left(1 - \frac{x^2}{12} \pm \cdots\right).$$

Für $x = 10^{-4}$ ist $x^2/12 < 10^{-9}$ und daher $x/2$ nach dem Satz von Leibniz über alternierende Reihen eine auf acht Dezimalziffern genaue Näherung für $(1-\cos x)/x$.

Beispiel 2.7. *Kondition eines linearen Gleichungssystems $Ax = b$.* Betrachten wir bei der Lösung des linearen Gleichungssystems $Ax = b$ nur den Vektor $b \in \mathbb{R}^n$ als Eingabegröße, so wird das Problem von der Abbildung

$$f : \mathbb{R}^n \to \mathbb{R}^n, \quad b \mapsto f(b) := A^{-1}b$$

beschrieben. Sie ist bezüglich b linear. Die Ableitung ist daher natürlich $f'(b) = A^{-1}$, so dass sich für die Konditionen des Problems (A^{-1}, b) gerade

$$\kappa_{\text{abs}} = \|A^{-1}\| \quad \text{und} \quad \kappa_{\text{rel}} = \frac{\|b\|}{\|A^{-1}b\|}\|A^{-1}\| = \frac{\|Ax\|}{\|x\|}\|A^{-1}\|$$

ergibt. Es lassen sich aber auch leicht Störungen in A berücksichtigen. Dazu betrachten wir die Matrix A als Eingabegröße

$$f : \mathrm{GL}(n) \subset \mathrm{Mat}_n(\mathbb{R}) \to \mathbb{R}^n, \quad A \mapsto f(A) = A^{-1}b$$

und halten b fest. Diese Abbildung ist nichtlinear in A, aber differenzierbar. Dies folgt beispielsweise aus der Cramerschen Regel und der Tatsache, dass die Determinante einer Matrix ein Polynom in den Einträgen ist (siehe auch Bemerkung 2.9). Zur Berechnung der Ableitung benutzen wir folgendes Lemma.

Lemma 2.8. *Die Abbildung $g : \mathrm{GL}(n) \subset \mathrm{Mat}_n(\mathbb{R}) \to \mathrm{GL}(n)$ mit $g(A) = A^{-1}$ ist differenzierbar, und es gilt*

$$g'(A)C = -A^{-1}CA^{-1} \quad \text{für alle } C \in \mathrm{Mat}_n(\mathbb{R}). \tag{2.2}$$

Beweis. Wir differenzieren die Gleichung $(A+tC)(A+tC)^{-1} = I$ nach t und erhalten

$$0 = C(A+tC)^{-1} + (A+tC)\frac{d}{dt}(A+tC)^{-1}.$$

Daraus folgt speziell für $t = 0$, dass

$$g'(A)C = \frac{d}{dt}(A+tC)^{-1}\big|_{t=0} = -A^{-1}CA^{-1}.$$

□

Bemerkung 2.9. Die Differenzierbarkeit der Inversen folgt auch leicht aus der sogenannten *Neumannschen Reihe*. Ist $C \in \mathrm{Mat}_n(\mathbb{R})$ eine Matrix mit $\|C\| < 1$, so ist $I - C$ invertierbar und

$$(I-C)^{-1} = \sum_{k=0}^{\infty} C^k = I + C + C^2 + \cdots .$$

Dies zeigt man wie bei der Summenformel $\sum_{k=0}^{\infty} q^k = 1/(1-q)$ für $|q| < 1$ einer geometrischen Reihe. Für eine Matrix $C \in \mathrm{Mat}_n(\mathbb{R})$ mit $\|A^{-1}C\| < 1$ folgt daher

$$\begin{aligned}(A+C)^{-1} &= (A(I+A^{-1}C))^{-1} = (I+A^{-1}C)^{-1}A^{-1}\\ &= (I - A^{-1}C + o(\|C\|))\,A^{-1} = A^{-1} - A^{-1}CA^{-1} + o(\|C\|)\end{aligned}$$

für $\|C\| \to 0$ und daher (2.2). Diese Argumentation behält ihre Gültigkeit auch für beschränkte Operatoren in Banach-Räumen.

Aus Lemma 2.8 folgt nun für die Ableitung der Lösung $f(A) = A^{-1}b$ des linearen Gleichungssystem nach A, dass

$$f'(A)\,C = -A^{-1}CA^{-1}b = -A^{-1}Cx \quad \text{für } C \in \mathrm{Mat}_n(\mathbb{R}).$$

Wir erhalten so die Konditionen

$$\begin{aligned}\kappa_{\mathrm{abs}} &= \|f'(A)\| = \sup_{\|C\|=1} \|A^{-1}Cx\| \le \|A^{-1}\|\,\|x\|\\ \kappa_{\mathrm{rel}} &= \frac{\|A\|}{\|x\|}\|f'(A)\| \le \|A\|\,\|A^{-1}\|.\end{aligned}$$

Auch die relative Kondition bezüglich der Eingabe b lässt sich aufgrund der Submultiplikativität $\|Ax\| \le \|A\|\,\|x\|$ der Matrixnorm durch

$$\kappa_{\mathrm{rel}} \le \|A\|\,\|A^{-1}\|$$

abschätzen. Die Größe

$$\kappa(A) := \|A\|\,\|A^{-1}\|$$

wird daher auch *Kondition* der Matrix A genannt. Sie beschreibt insbesondere die relative Kondition eines linearen Gleichungssystems $Ax = b$ für *alle* möglichen rechten Seiten $b \in \mathbb{R}^n$. Eine andere Darstellung für $\kappa(A)$ (siehe Aufgabe 2.12) ist

$$\kappa(A) := \frac{\max\limits_{\|x\|=1} \|Ax\|}{\min\limits_{\|x\|=1} \|Ax\|} \in [0, \infty]. \tag{2.3}$$

Sie hat den Vorteil, dass sie auch für nicht invertierbare und rechteckige Matrizen wohldefiniert ist. Mit dieser Darstellung sind die folgenden drei Eigenschaften von $\kappa(A)$ offensichtlich:

(i) $\kappa(A) \geq 1$

(ii) $\kappa(\alpha A) = \kappa(A)$ für alle $\alpha \in \mathbb{R}, \alpha \neq 0$

(iii) $A \neq 0$ ist genau dann singulär, wenn $\kappa(A) = \infty$.

Wir sehen, dass die Kondition $\kappa(A)$ einer Matrix im Gegensatz zur Determinante $\det A$ *invariant* ist unter den skalaren Transformationen $A \to \alpha A$. Zusammen mit den Eigenschaften (i) und (iii) kann diese Konditionszahl daher eher zur Charakterisierung der Lösbarkeit eines linearen Gleichungssystems herangezogen werden als die Determinante. Wir werden darauf in Kapitel 2.4.1 näher eingehen.

Beispiel 2.10. *Kondition eines nichtlinearen Gleichungssystems.* Angenommen, wir wollen ein nichtlineares Gleichungssystem $f(x) = y$ lösen, wobei $f : \mathbb{R}^n \to \mathbb{R}^n$ eine stetig differenzierbare Funktion und $y \in \mathbb{R}^n$ die Eingabegröße ist (meist $y = 0$). Wir sehen sofort, dass das Problem nur dann wohlgestellt ist, wenn die Ableitung $f'(x)$ invertierbar ist. In diesem Fall ist auch f aufgrund des Satzes von der inversen Funktion lokal in einer Umgebung von y invertierbar, d. h. $x = f^{-1}(y)$. Für die Ableitung gilt

$$(f^{-1})'(y) = f'(x)^{-1}.$$

Die Konditionen des Problems (f^{-1}, y) sind daher

$$\kappa_{\text{abs}} = \|(f^{-1})'(y)\| = \|f'(x)^{-1}\| \quad \text{und} \quad \kappa_{\text{rel}} = \frac{\|f(x)\|}{\|x\|}\|f'(x)^{-1}\|.$$

Anschaulich deckt sich das Ergebnis mit der Analyse der geometrischen Bestimmung des Schnittpunkts zweier Geraden. Falls κ_{abs} oder κ_{rel} groß sind, liegt ein *schleifender Schnitt* vor (vgl. Abbildung 2.4).

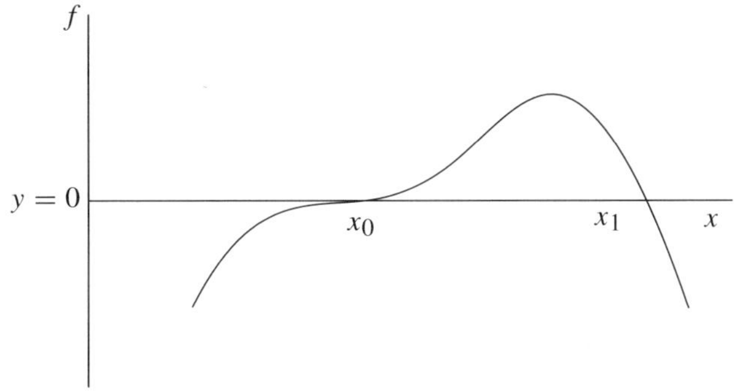

Abbildung 2.4. Schlecht konditionierte Nullstelle bei x_0, gut konditionierte bei x_1

2.2.2 Komponentenweise Konditionsanalyse

Nachdem wir uns von der Schlagkraft der normweisen Konditionsanalyse überzeugt haben, wollen wir nun ähnliche Begriffe für die komponentenweise Fehleranalyse einführen. Sie erweist sich häufig schon deshalb als günstiger, weil alle Eingaben in einen Rechner mit einem relativen Fehler in den einzelnen Komponenten behaftet sind und so einige Phänomene bei der normweisen Betrachtung nicht erklärt werden können. Ferner nimmt die normweise Betrachtung z. B. bei linearen Gleichungssystemen keine Rücksicht auf eventuell vorliegende Spezialstrukturen einer Matrix A, sondern analysiert das Verhalten bezüglich beliebiger Störungen δA, d. h. auch solcher, die diese Spezialstruktur nicht erhalten.

Beispiel 2.11. Die Lösung eines Gleichungssystems $Ax = b$ mit einer Diagonalmatrix

$$A = \begin{pmatrix} 1 & 0 \\ 0 & \varepsilon \end{pmatrix}, \quad A^{-1} = \begin{pmatrix} 1 & 0 \\ 0 & \varepsilon^{-1} \end{pmatrix},$$

ist offensichtlich ein gut konditioniertes Problem, da die Gleichungen vollkommen unabhängig voneinander (man sagt auch *entkoppelt*) sind. Dabei setzen wir natürlich implizit voraus, dass die zugelassenen Störungen die Diagonalgestalt erhalten. Die normweise Kondition $\kappa_\infty(A)$,

$$\kappa_\infty(A) = \|A^{-1}\|_\infty \|A\|_\infty = \frac{1}{\varepsilon},$$

wird für kleine $\varepsilon \leq 1$ jedoch beliebig groß. Sie beschreibt die Kondition für beliebige Störungen der Matrix.

Das Beispiel deutet an, dass der in Kapitel 2.2.1 definierte Konditionsbegriff in manchen Situationen Mängel aufweist. Intuitiv erwarten wir, dass die Kondition einer Diagonalmatrix, d. h. eines vollständig entkoppelten Gleichungssystems, stets 1 ist – wie für eine skalare Gleichung. Auf eine solche Kondition wird die nun folgende komponentenweise Analyse führen.

Wollen wir das normweise Konzept von Kapitel 2.2.1 auf den komponentenweisen Ansatz übertragen, so müssen wir die Normen durch komponentenweise Beträge ersetzen. Wir führen dies nur für das relative Konzept durch.

Definition 2.12. Die (im Urbild) *komponentenweise Kondition* des Problems (f, x) ist die kleinste Zahl $\kappa_{\text{rel}} \geq 0$, so dass

$$\frac{\|f(\tilde{x}) - f(x)\|_\infty}{\|f(x)\|_\infty} \mathrel{\dot{\leq}} \kappa_{\text{rel}} \max_i \frac{|\tilde{x}_i - x_i|}{|x_i|} \quad \text{für } \tilde{x} \to x.$$

Bemerkung 2.13. Alternativ kann man die *relative komponentenweise Kondition* auch durch

$$\max_i \frac{|f_i(\tilde{x}) - f_i(x)|}{|f_i(x)|} \mathrel{\dot{\leq}} \kappa_{\text{rel}} \max_i \frac{|\tilde{x}_i - x_i|}{|x_i|} \quad \text{für } \tilde{x} \to x.$$

definieren. Die so definierte Kondition ist sogar *submultiplikativ*, d. h. es gilt

$$\kappa_{\text{rel}}(g \circ h, x) \leq \kappa_{\text{rel}}(g, h(x)) \cdot \kappa_{\text{rel}}(h, x).$$

In Analogie zu (2.1) lassen sich diese Konditionen für differenzierbare Abbildungen aus der Ableitung an der Stelle x berechnen. Die Anwendung des Mittelwertsatzes

$$f(\tilde{x}) - f(x) = \int_{t=0}^{1} f'(x + t(\tilde{x} - x))(\tilde{x} - x)\,dt$$

liefert komponentenweise

$$|f(\tilde{x}) - f(x)| \leq \int_{t=0}^{1} |f'(x + t(\tilde{x} - x))|\,|(\tilde{x} - x)|\,dt.$$

und daher

$$\kappa_{\text{rel}} = \frac{\|\,|f'(x)|\,|x|\,\|_\infty}{\|f(x)\|_\infty}.$$

Auch die komponentenweise Kondition wollen wir für einige Probleme berechnen.

Beispiel 2.14. *Kondition der Multiplikation.* Die Multiplikation zweier reeller Zahlen x, y wird durch die Abbildung

$$f : \mathbb{R}^2 \to \mathbb{R}, \quad (x, y)^T \mapsto f(x, y) = xy$$

beschrieben. Sie ist differenzierbar mit $f'(x, y) = (y, x)$, und für die relative komponentenweise Kondition ergibt sich

$$\kappa_{\text{rel}} = \frac{\| |f'(x, y)| \, |(x, y)^T| \|_\infty}{\|f(x, y)\|_\infty} = 2\frac{|xy|}{|xy|} = 2.$$

Die Multiplikation ist daher noch gut konditioniert zu nennen.

Beispiel 2.15. *Kondition des Skalarproduktes.* Bei der Berechnung des Skalarproduktes $\langle x, y\rangle = \sum_{i=1}^n x_i y_i$ gilt es, die Abbildung

$$f : \mathbb{R}^{2n} \to \mathbb{R}, \quad (x, y) \mapsto \langle x, y\rangle$$

an der Stelle (x, y) auszuwerten. Da f differenzierbar ist mit $f'(x, y) = (y^T, x^T)$, folgt für die komponentenweise relative Kondition

$$\kappa_{\text{rel}} = \frac{\| |(y^T, x^T)| \, |(x, y)| \|_\infty}{\|\langle x, y\rangle\|_\infty} = 2\frac{\langle |x|, |y|\rangle}{|\langle x, y\rangle|}.$$

Beispiel 2.16. *Komponentenweise Kondition eines linearen Gleichungssystems* (*Skeelsche Kondition*). Betrachten wir wie in Beispiel 2.7 das Problem (A^{-1}, b) eines linearen Gleichungssystems mit b als Eingabegröße, so erhalten wir wegen $L = |A^{-1}|$ für die komponentenweise relative Kondition den Wert

$$\kappa_{\text{rel}} = \frac{\| |A^{-1}| \, |b| \|_\infty}{\|A^{-1}b\|_\infty} = \frac{\| |A^{-1}| \, |b| \|_\infty}{\|x\|_\infty}.$$

Diese Zahl wurde von R.D. Skeel [76] eingeführt. Mit ihr lassen sich die Störungen $\tilde{x} - x$, $\tilde{x} = A^{-1}\tilde{b}$, durch

$$\frac{\|\tilde{x} - x\|_\infty}{\|x\|_\infty} \le \kappa_{\text{rel}}\varepsilon \quad \text{für } |\tilde{b} - b| \le \varepsilon |b|$$

abschätzen.

Analog lassen sich die Überlegungen aus Beispiel 2.7 für Störungen in A übertragen. Wir wissen bereits, dass die Abbildung $f : \mathrm{GL}(n) \to \mathbb{R}^n$, $A \mapsto f(A) = A^{-1}b$, differenzierbar ist mit

$$f'(A)\, C = -A^{-1}CA^{-1}b = -A^{-1}Cx \quad \text{für } C \in \mathrm{Mat}_n(\mathbb{R}).$$

Für die komponentenweise relative Kondition folgt daraus (siehe Aufgabe 2.14)

$$\kappa_{\text{rel}} = \frac{\| |f'(A)| \, |A| \|_\infty}{\|f(A)\|_\infty} = \frac{\| |A^{-1}| \, |A| \, |x| \|_\infty}{\|x\|_\infty}.$$

Fassen wir die Ergebnisse zusammen und betrachten Störungen in A und b, so addieren sich die beiden relativen Konditionen auf, und wir erhalten die Kondition für das Gesamtproblem

$$\kappa_{\text{rel}} = \frac{\| |A^{-1}|\, |A|\, |x| + |A^{-1}|\, |b| \|_\infty}{\|x\|_\infty} \le 2\frac{\| |A^{-1}|\, |A|\, |x| \|_\infty}{\|x\|_\infty}.$$

Setzen wir für x den Vektor $e = (1, \dots, 1)$ ein, so ergibt sich eine Charakterisierung der komponentenweisen Kondition von $Ax = b$ für alle möglichen rechten Seiten b

$$\frac{1}{2}\kappa_{\text{rel}} \le \frac{\| |A^{-1}|\, |A|\, |e| \|_\infty}{\|e\|_\infty} = \| |A^{-1}|\, |A| \|_\infty.$$

mit der sogenannten *Skeelschen Kondition*

$$\kappa_C(A) := \| |A^{-1}|\, |A| \|_\infty \tag{2.4}$$

von A. Diese Kondition $\kappa_C(A)$ erfüllt wie $\kappa(A)$ die Eigenschaften (i) bis (iii) aus Beispiel 2.7. Zusätzlich hat $\kappa_C(A)$ die von uns eingangs intuitiv gewünschte Eigenschaft $\kappa_C(D) = 1$ für jede Diagonalmatrix D. Sie ist sogar invariant unter Zeilenskalierung, d. h.

$$\kappa_C(DA) = \kappa_C(A),$$

da

$$|(DA)^{-1}|\, |DA| = |A^{-1}|\, |D^{-1}|\, |D|\, |A| = |A^{-1}|\, |A|.$$

Beispiel 2.17. *Komponentenweise Kondition eines nichtlinearen Gleichungssystems.* Berechnen wir die komponentenweise Kondition des Problems (f^{-1}, y) eines nichtlinearen Gleichungssystems $f(x) = y$, wobei $f : \mathbb{R}^n \to \mathbb{R}^n$ wie in Beispiel 2.10 eine stetig differenzierbare Funktion ist, so folgt völlig analog

$$\kappa_{\text{rel}} = \frac{\| |f'(x)^{-1}|\, |f(x)| \|_\infty}{\|x\|_\infty}.$$

Der Ausdruck $|f'(x)^{-1}|\, |f(x)|$ ähnelt dabei stark dem Korrekturterm

$$\Delta x = -f'(x)^{-1} f(x)$$

des Newton-Verfahrens zur Lösung eines nichtlinearen Gleichungssystems, das wir in Kapitel 4.2 kennenlernen werden.

2.3 Stabilität eines Algorithmus

Wir wenden uns in diesem Abschnitt der zweiten Gruppe von Fehlern zu, den Fehlern im Algorithmus. Die Abbildung f, die das gegebene Problem (f, x) beschreibt, wird bei der numerischen Lösung durch eine Abbildung $\tilde{f}$ realisiert. Diese Abbildung beinhaltet alle Rundungs- und Approximationsfehler und liefert anstelle von $f(x)$ ein gestörtes Resultat $\tilde{f}(x)$. Die Frage nach der Stabilität eines Algorithmus lautet nun:

Ist das Resultat $\tilde{f}(x)$ anstelle von $f(x)$ akzeptabel ?

Dazu müssen wir uns zunächst überlegen, wie wir die gestörte Abbildung $\tilde{f}$ charakterisieren können. Wir haben oben gesehen, dass sich die Fehler bei der Ausführung einer Gleitkommaoperation $\circ \in \{+, -, \cdot, /\}$ durch

$$a \hat{\circ} b = (a \circ b)(1 + \varepsilon), \quad \varepsilon = \varepsilon(a, b) \text{ mit } |\varepsilon| \leq \text{eps} \tag{2.5}$$

abschätzen lassen. Dabei ist es natürlich wenig sinnvoll (wenn auch prinzipiell möglich), $\varepsilon = \varepsilon(a, b)$ für alle Werte a und b auf einem bestimmten Rechner zu bestimmen. Wir haben es insofern bei unserem Algorithmus nicht mit einer einzigen Abbildung $\tilde{f}$ zu tun, sondern mit einer ganzen Klasse $\{\tilde{f}\}$, die alle durch eine Abschätzung der Art (2.5) in den Zwischenschritten charakterisierten Abbildungen umfasst. Zu dieser Klasse gehört insbesondere auch das gestellte Problem $f \in \{\tilde{f}\}$.

Die Abschätzung (2.5) des Fehlers einer Gleitkommaoperation hatten wir in Kapitel 2.1 nur für Maschinenzahlen hergeleitet. Da wir aber nur das Verhalten der ganzen Klasse von Abbildungen untersuchen wollen, können nun beliebige reelle Zahlen als Argumente zugelassen werden. Damit stehen uns die mathematischen Hilfsmittel der Analysis voll zur Verfügung. Unser Modell einer Algorithmus besteht also aus Abbildungen, die auf reellen Zahlen operieren und Abschätzungen der Form (2.5) genügen.

Damit die Notation nicht unhandlich wird, bezeichnen wir die Familie $\{\tilde{f}\}$ ebenfalls mit $\tilde{f}$, d. h. $\tilde{f}$ steht je nach Kontext für die ganze Familie oder für einen beliebigen Repräsentanten. Aussagen über einen solchen Algorithmus $\tilde{f}$ (wie z. B. Fehlerabschätzungen) sind dementsprechend stets als Aussagen für alle Abbildungen der Familie zu interpretieren. Insbesondere definieren wir das Bild $\tilde{f}(E)$ einer Menge E als die Vereinigung

$$\tilde{f}(E) := \bigcup_{\phi \in \tilde{f}} \phi(E).$$

Es bleibt die Frage, wie wir die Fehler $\tilde{f}(x) - f(x)$ beurteilen wollen. Bei der Konditionsanalyse haben wir gesehen, dass die Eingabegrößen immer (zumindest bei Gleitkommazahlen) mit einem Eingabefehler behaftet sind, der durch die Kondition des Problems zu einem unvermeidbaren Fehler im Resultat führt. Wir können von unserem Algorithmus nicht erwarten, dass er mehr leistet als das Problem erlaubt. Daher sind wir zufrieden, wenn sich der durch den Algorithmus verursachte Fehler $\tilde{f}(x) - f(x)$ im Rahmen der Fehler $f(\tilde{x}) - f(x)$ bewegt, die durch Eingabefehler hervorgerufen werden. Um diese Überlegungen zu präzisieren, gibt es im wesentlichen zwei Ansätze, die *Vorwärtsanalyse* und die *Rückwärtsanalyse*, die im folgenden behandelt werden sollen.

2.3.1 Stabilitätskonzepte

Bei der *Vorwärtsanalyse* (engl.: *forward analysis*) analysieren wir die Menge

$$\tilde{R} := \tilde{f}(E)$$

aller durch Eingabefehler *und* Fehler im Algorithmus gestörten Resultate. Weil $f \in \tilde{f}$ ist, umfasst $\tilde{R}$ insbesondere die Resultatmenge $R = f(E)$. Die Vergrö-

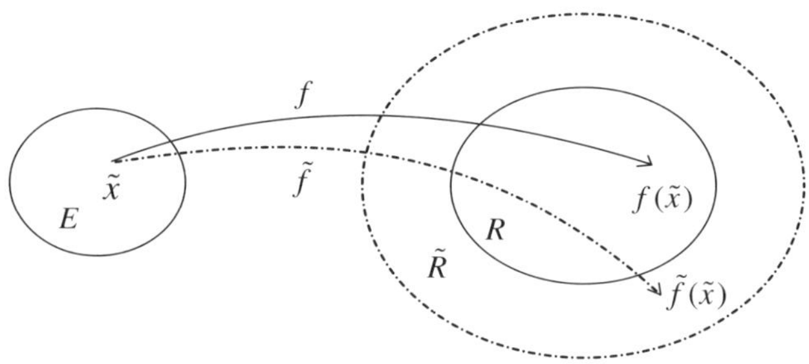

Abbildung 2.5. Eingabemenge und Resultatmengen bei der Vorwärtsanalyse

ßerung von R nach $\tilde{R}$ kennzeichnet die Stabilität im Sinn der Vorwärtsanalyse. Ist $\tilde{R}$ von der gleichen Größenordnung wie R, so nennen wir den Algorithmus *stabil* im Sinn der Vorwärtsanalyse.

Die Idee der von J.H. Wilkinson eingeführten *Rückwärtsanalyse* (engl.: *backward analysis*) besteht darin, die durch den Algorithmus verursachten Fehler auf die Eingabegrößen zurückzuspielen und so als zusätzliche Eingabefehler zu interpretieren. Dazu fassen wir die fehlerbehafteten Resultate $\tilde{y} = \tilde{f}(\tilde{x})$ als exakte Ergebnisse $\tilde{y} = f(\hat{x})$ zu gestörten Eingabegrößen $\hat{x}$ auf. Dies gelingt offenbar nur, falls $\tilde{f}(E)$ im Bild von f liegt. Ist dies nicht der Fall, so ist eine Rückwärtsanalyse nicht möglich und der Algorithmus als *instabil* im Sinn der Rückwärtsanalyse anzusehen. Für nicht injektive Abbildungen f wird es mehr als ein $\hat{x} \in f^{-1}(\tilde{y})$ geben. Im Konzept der Rückwärtsanalyse wählt man dasjenige Element $\hat{x}$ mit der *geringsten* Abweichung von der Eingabe $\tilde{x}$, d. h.

$$\|\hat{x} - \tilde{x}\| = \min .$$

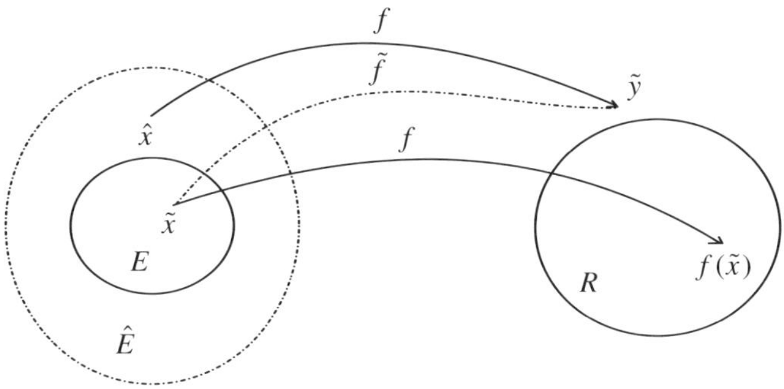

Abbildung 2.6. Eingabemengen und Resultatmenge bei der Rückwärtsanalyse

(Da f zumindest als stetig vorausgesetzt war, existiert mindestens ein solches $\hat{x}$.) Bilden wir die Menge

$$\hat{E} := \left\{\hat{x} : f(\hat{x}) = \tilde{f}(\tilde{x}) \text{ und } \|\hat{x} - \tilde{x}\| = \min \text{ für ein } \tilde{x} \in E\right\}$$

all dieser gestörten Eingabegrößen $\hat{x}$ mit minimalem Abstand, so lässt sich jedes gestörte Resultat $\tilde{y} \in \tilde{f}(E)$ als exaktes Ergebnis $f(\hat{x})$ zu einer Eingabe $\hat{x} \in \hat{E}$ interpretieren. Das Verhältnis von $\hat{E}$ zur Eingabemenge E ist daher ein Maß für die Stabilität des Algorithmus im Sinn der Rückwärtsanalyse.

Bei der nun folgenden quantitativen Beschreibung der Stabilität werden wir uns auf Rundungsfehler sowohl in der Eingabe als auch im Algorithmus beschränken und daher das relative Fehlerkonzept als adäquate Grundlage wählen.

2.3.2 Vorwärtsanalyse

Bei der Vorwärtsanalyse müssen wir den vom Algorithmus verursachten Fehler $\tilde{f}(x) - f(x)$ in Beziehung setzen zum unvermeidbaren Fehler, der sich nach Kapitel 2.2 durch das Produkt κ eps der relativen Kondition κ und des Eingabefehlers eps abschätzen lässt. Wir definieren daher einen *Stabilitätsindikator* σ als denjenigen Faktor, um den der Algorithmus den unvermeidbaren Fehler κ eps verstärkt.

Definition 2.18. Sei $\tilde{f}$ die Gleitkommarealisierung eines Algorithmus zur Lösung des Problems (f, x) der relativen normweisen Kondition κ_{rel}. Der *Stabilitätsindikator der normweisen Vorwärtsanalyse* ist die kleinstmögliche Zahl $\sigma \geq 0$, so dass für alle $\tilde{x} \in E$

$$\frac{\|\tilde{f}(\tilde{x}) - f(\tilde{x})\|}{\|f(\tilde{x})\|} \dot{\leq} \sigma \kappa_{\text{rel}} \,\text{eps} \quad \text{für eps} \to 0.$$

Analog ist der *Stabilitätsindikator der komponentenweisen Vorwärtsanalyse* die kleinstmögliche Zahl $\sigma \geq 0$, so dass

$$\max_i \frac{|\tilde{f}_i(\tilde{x}) - f_i(\tilde{x})|}{|f_i(\tilde{x})|} \dot{\leq} \sigma \bar{\kappa}_{\mathrm{rel}} \,\mathrm{eps} \qquad \text{für eps} \to 0,$$

wobei $\bar{\kappa}_{\mathrm{rel}}$ die komponentenweise relative Kondition von (f, x) ist (siehe Bemerkung 2.13).

Wir nennen den Algorithmus $\tilde{f}$ *stabil* im Sinne der Vorwärtsanalyse, falls σ kleiner als die Anzahl der hintereinander ausgeführten Elementaroperationen ist.

Lemma 2.19. *Für die Elementaroperationen* $\{+, -, *, /\}$ *und ihre Gleitkommarealisierungen* $\{\hat{+}, \hat{-}, \hat{*}, \hat{/}\}$ *gilt*

$$\sigma\kappa \leq 1.$$

Beweis. Für jede elementare Gleitkommaoperation $\hat{\circ} \in \{\hat{+}, \hat{-}, \hat{*}, \hat{/}\}$ gilt $a \,\hat{\circ}\, b = (a \circ b)(1 + \varepsilon)$ für ein ε mit $|\varepsilon| \leq \mathrm{eps}$ und daher

$$\frac{|a \,\hat{\circ}\, b - a \circ b|}{|a \circ b|} = \frac{|(a \circ b)(1 + \varepsilon) - a \circ b|}{|a \circ b|} = |\varepsilon| \leq \mathrm{eps}\,. \qquad \square$$

Beispiel 2.20. *Subtraktion.* Wir sehen insbesondere, dass im Fall der Auslöschung, $\kappa \gg 1$, der Stabilitätsindikator sehr klein ist, $\sigma \ll 1$. Die Subtraktion ist in diesem Fall also hervorragend stabil und bei totaler Auslöschung sogar fehlerfrei, $a \,\hat{-}\, b = a - b$.

Bei der Berechnung des Stabilitätsindikators ist es vorteilhaft, zunächst Teilschritte des Algorithmus zu analysieren und aus diesen rekursiv auf die Stabilität des Gesamtalgorithmus zu schließen. Wir werden uns diesen Vorgang an der Zerlegung in zwei Schritte klarmachen. Dazu teilen wir das Problem (f, x) auf in zwei Teilprobleme (g, x) und $(h, g(x))$, wobei

$$f = h \circ g, \quad \mathbb{R}^n \xrightarrow{g} \mathbb{R}^l \xrightarrow{h} \mathbb{R}^n,$$

und gehen davon aus, dass die Stabilitätsindikatoren σ_g, σ_h für zwei Teilalgorithmen $\tilde{g}$ und $\tilde{h}$ zur Realisierung von g bzw. h bekannt sind. Wie lässt sich daraus die Stabilität des zusammengesetzten Algorithmus

$$\tilde{f} = \tilde{h} \circ \tilde{g} := \{\psi \circ \phi : \phi \in \tilde{g},\ \psi \in \tilde{h}\}$$

beurteilen?

Lemma 2.21. *Sowohl im norm- als auch im komponentenweise Konzept gilt für den Stabilitätsindikator* σ_f *des zusammengesetzten Algorithmus* $\tilde{f}$, *dass*

$$\sigma_f \kappa_f \leq \sigma_h \kappa_h + \sigma_g \kappa_g \, \kappa_h. \tag{2.6}$$

Beweis. Wir führen den Beweis nur für das normweise Konzept aus. Seien $\tilde{g}$ und $\tilde{h}$ beliebige Repräsentanten der Algorithmen für g und h und $\tilde{f} = \tilde{h} \circ \tilde{g}$ sowie $f = h \circ g$. Dann gilt

$$
\begin{aligned}
\|\tilde{f}(x) - f(x)\| &= \|\tilde{h}(\tilde{g}(x)) - h(g(x))\| \\
&\dot{\leq} \|\tilde{h}(\tilde{g}(x)) - h(\tilde{g}(x))\| + \|h(\tilde{g}(x)) - h(g(x))\| \\
&\dot{\leq} \sigma_h \, \kappa_h \,\mathrm{eps}\, \|h(\tilde{g}(x))\| + \kappa_h \frac{\|\tilde{g}(x) - g(x)\|}{\|g(x)\|} \|h(g(x))\| \\
&\dot{\leq} \sigma_h \, \kappa_h \,\mathrm{eps}\, \|h(\tilde{g}(x))\| + \kappa_h \, \sigma_g \, \kappa_g \,\mathrm{eps}\, \|h(g(x))\| \\
&\dot{\leq} (\sigma_h \, \kappa_h + \sigma_g \, \kappa_g \, \kappa_h) \,\mathrm{eps}\, \|f(x)\|
\end{aligned}
$$
□

Zusammen mit Lemma 2.19 können wir daraus bereits die Lehre ableiten (vgl. Seite 33):

> *Unvermeidbare Subtraktionen möglichst an den Anfang des Algorithmus stellen!*

Denn da für jede Elementaroperation $\sigma\kappa \leq 1$ gilt, droht Gefahr für die Stabilität der zusammengesetzten Abbildung $f = h \circ g$ nur, falls es sich bei der zweiten Abbildung h um eine Subtraktion handelt, so dass $\kappa_h \gg 1$. Ein Beispiel dafür ist die Berechnung der Varianz, siehe Aufgabe 2.16.

Wir analysieren nun durch die rekursive Anwendung der Formel (2.6) die Gleitkommarealisierungen der Summation von n reellen Zahlen und das Skalarprodukt.

Beispiel 2.22. *Summation.* Der einfachste Algorithmus für die Summe

$$
s_n : \mathbb{R}^n \longrightarrow \mathbb{R}, \quad (x_1, \ldots, x_n) \longmapsto \sum_{i=1}^{n} x_i
$$

ist ihre rekursive Berechnung gemäß $s_n = s_{n-1} \circ \alpha_n$ für $n > 2$ und $s_2 = \alpha_2$, wobei

$$
\alpha_n : \mathbb{R}^n \longrightarrow \mathbb{R}^{n-1}, \quad (x_1, \ldots, x_n) \longmapsto (x_1 + x_2, x_3 \ldots, x_n)
$$

die Addition der ersten beiden Komponenten bezeichnet. Wir wollen diesen „Algorithmus" komponentenweise untersuchen. Konditionszahl und Stabilitätsindikator von α_n stimmen mit denen der Addition zweier Zahlen überein, d. h. $\kappa_{\alpha_n} = \kappa_+$ und $\sigma_{\alpha_n} = \sigma_+$. Mit den Bezeichnungen $\kappa_j := \kappa_{s_j}$ und $\sigma_j := \sigma_{s_j}$ gilt nach Lemma 2.21, dass

$$
\sigma_n \, \kappa_n \leq (\sigma_{n-1} + \sigma_+ \, \kappa_+)\kappa_{n-1} \leq (1 + \sigma_{n-1})\kappa_{n-1} .
$$

Für die Konditionen κ_n gilt nach Beispiel 2.3, dass

$$
\kappa_n = \frac{\sum_{i=1}^n |x_i|}{\left|\sum_{i=1}^n x_i\right|} \geq 1 \quad \text{und} \quad \kappa_{n-1} = \frac{\sum_{i=3}^n |x_i| + |x_1 + x_2|}{\left|\sum_{i=1}^n x_i\right|} \leq \kappa_n
$$

und daher $\sigma_n \leq 1 + \sigma_{n-1}$. Da $\sigma_2 = \sigma_+ \leq 1/\kappa_+ \leq 1$, erhalten wir für den Stabilitätsindikator

$$\sigma_n \leq n - 1.$$

Bei den benötigten $n-1$ Elementaroperationen ist der naive Algorithmus zur Summenbildung also numerisch stabil.

Beispiel 2.23. *Ausführung des Skalarproduktes.* Die Berechnung des Skalarproduktes $f(x, y) = \langle x, y\rangle$ für $x, y \in \mathbb{R}^n$ unterteilen wir in die komponentenweise Multiplikation

$$p : \mathbb{R}^n \times \mathbb{R}^n \longrightarrow \mathbb{R}^n, \quad ((x_i), (y_i)) \longmapsto (x_i y_i),$$

gefolgt von der im letzten Beispiel analysierten Summenbildung, $f = s_n \circ p$. Nach Lemma 2.21 gilt zusammen mit Lemma 2.19 und der Abschätzung des Stabilitätsindikators σ_n im letzten Beispiel, dass

$$\sigma_f \kappa_f \leq (\sigma_n + \sigma_p \kappa_p)\kappa_n \leq (1 + \sigma_n)\kappa_n \leq n\kappa_n$$

und daher

$$\sigma_f \leq n\frac{\kappa_n}{\kappa_f} = n\frac{\sum_{i=1}^n |x_i y_i| / \left|\sum_{i=1}^n x_i y_i\right|}{2\sum_{i=1}^n |x_i y_i| / \left|\sum_{i=1}^n x_i y_i\right|} = n/2. \tag{2.7}$$

Bei $2n-1$ Elementaroperationen ist dieser Algorithmus für das Skalarprodukt also numerisch stabil.

Tatsächlich erweist sich diese Abschätzung in der Regel als zu pessimistisch. Häufig ist anstelle des Faktors n in (2.7) eher $\sqrt{n}$ zu beobachten.

Bemerkung 2.24. In manchen Rechnern gibt es eine „Skalarproduktfunktion" mit variabler Mantissenlänge, das sogenannte *Dot-Produkt* $\odot$. Hierbei werden die Mantissen derart verlängert, dass die Addition in Festkommaarithmetik ausgeführt werden kann. Damit lässt sich die gleiche Stabilität wie bei der Addition erreichen, d. h. $\sigma \approx 1$.

Im folgenden wollen wir uns ansehen, wie sich die Vorwärtsanalyse bei skalaren Funktionen durchführen lässt. In diesem Spezialfall ergibt sich eine Vereinfachung von Lemma 2.21.

Lemma 2.25. *Sind die Funktionen g und h aus Lemma 2.21 skalar und differenzierbar, so gilt für den Stabilitätsindikator σ_f des zusammengesetzten Algorithmus $\tilde{f} = \tilde{h} \circ \tilde{g}$, dass*

$$\sigma_f \leq \frac{\sigma_h}{\kappa_g} + \sigma_g.$$

Beweis. In diesem Spezialfall ist die Kondition des Gesamtproblems das Produkt der Teilkonditionen, da

$$\kappa_f = \frac{|x||f'(x)|}{|f(x)|} = \frac{|g(x)|\,|h'(g(x))|\,|g'(x)|\,|x|}{|h(g(x))|\,|g(x)|} = \kappa_h\,\kappa_g .$$

Aus Lemma 2.21 folgt daher

$$\sigma_f\,\kappa_h\,\kappa_g \le \sigma_h\,\kappa_h + \sigma_g\,\kappa_h\,\kappa_g . \qquad \square$$

Ist die Kondition κ_g des ersten Teilproblems sehr klein, $\kappa_g \ll 1$, so wird also der Algorithmus instabil. Eine kleine Kondition lässt sich auch als *Informationsverlust* interpretieren: Eine Änderung der Eingabe hat so gut wie keinen Einfluss auf das Resultat. Ein solcher Informationsverlust zu Anfang des Algorithmus hat daher Instabilität zur Folge. Des weiteren sehen wir, dass eine Instabilität zu Beginn des Algorithmus (großes σ_g) voll auf den Gesamtalgorithmus durchschlägt. Als Beispiel dazu analysieren wir eine rekursive Methode zur Berechnung von $\cos mx$ mit einem Zwischenresultat vorab.

Beispiel 2.26. Für die Abbildung $f(x) = \cos x$ gilt

$$\kappa_{\text{abs}} = \sin x \quad \text{und} \quad \kappa_{\text{rel}} = x \tan x .$$

Für $x \to 0$ ergibt sich also $\kappa_{\text{rel}} \doteq x^2 \to 0$. Die Auswertung der Abbildung alleine ist für kleine x extrem gut konditioniert. Wird jedoch die Information von x *anschließend* noch weiter benötigt, so ist sie durch diesen Zwischenschritt unzugänglich geworden. Wir werden darauf im folgenden Beispiel zurückkommen.

Beispiel 2.27. Wir sind nun soweit, die rekursive Berechnung von $\cos mx$ analysieren zu können. Sie ist z. B. von Bedeutung in der *Fourier-Synthese*, d. h. der Auswertung trigonometrischer Polynome der Form

$$f(x) = \sum_{k=1}^{N} a_k \cos kx + b_k \sin kx .$$

Aufgrund des Additionstheorems

$$\cos(k+1)x = 2\cos x \cdot \cos kx - \cos(k-1)x$$

lässt sich $c_m := f(x) := \cos mx$ mit Hilfe einer Drei-Term-Rekursion

$$c_{k+1} = 2\cos x \cdot c_k - c_{k-1} \quad \text{für } k = 1, 2, \ldots \tag{2.8}$$

aus den Werten $c_0 = 1$ und $c_1 = \cos x$ berechnen. Ist dies ein stabiler Algorithmus? Die entscheidende Stelle ist offensichtlich die Auswertung von $g(x) := \cos x$, die in jeden Schritt der *Drei-Term-Rekursion* eingeht. Wir haben in Beispiel 2.26 bereits gesehen, dass für kleine x bei der Auswertung von $\cos x$ Information verloren geht und dies zu Instabilitäten führen kann. In den zugehörigen Stabilitätsindikator geht in jeden Summanden der Faktor

$$\frac{1}{\kappa(x)} = \left|\frac{g(x)}{g'(x)x}\right| = \left|\frac{1}{x\ \tan x}\right|.$$

ein. Da

$$\begin{aligned} x \to 0 &\Rightarrow \frac{1}{\kappa(x)} \longrightarrow \frac{1}{x^2} \to \infty \\ x \to \pi &\Rightarrow \frac{1}{\kappa(x)} \longrightarrow \frac{1}{\pi(x-\pi)} \to \infty, \end{aligned}$$

ist die Rekursion in den beiden Grenzfällen $x \to 0, \pi$ instabil, wobei der erste Fall $x \to 0$ der kritischere ist. Berechnen wir bei einer relativen Maschinengenauigkeit $\text{eps} = 5 \cdot 10^{-12}$ den Wert $\cos mx$ für $m = 1240$ und $x = 10^{-4}$ gemäß (2.8), so ergibt sich zum Beispiel ein relativer Fehler von 10^{-8}. Bei einer Kondition von

$$\kappa = |mx \tan mx| \approx 1.5 \cdot 10^{-2}$$

folgt $\sigma > 1.3 \cdot 10^5$, d. h. die Berechnung ist offensichtlich instabil. Es gibt jedoch eine stabile Rekursion zur Berechnung von $\cos mx$ für kleine x, die von C. Reinsch [70] entwickelt wurde. Dabei führt man die Differenzen $\Delta c_k := c_{k+1} - c_k$ ein und transformiert die Drei-Term-Rekursion (2.8) in ein System von zwei Zwei-Term-Rekursionen

$$\begin{aligned} \Delta c_k &= -4\sin^2(x/2) \cdot c_k + \Delta c_{k-1} \\ c_{k+1} &= c_k + \Delta c_k \end{aligned}$$

für $k = 1, 2, \ldots$ mit den Startwerten $c_0 = 1$ und $\Delta c_0 = -2\sin^2(x/2)$. Die Auswertung von $h(x) := \sin^2(x/2)$ ist wegen

$$\frac{1}{\kappa(h,x)} = \left|\frac{h(x)}{h'(x)x}\right| = \left|\frac{\tan(x/2)}{x}\right| \to \frac{1}{2} \quad \text{für } x \to 0$$

stabil für kleine $x \in [-\pi/2, \pi/2]$. Bei obigem Zahlenbeispiel ergibt die Anwendung dieser Rekursion eine deutlich bessere Lösung mit einem relativen Fehler von $1.5 \cdot 10^{-11}$. Analog lässt sich auch die Rekursion für $x \to \pi$ stabilisieren. Nebenbei sei bemerkt: diese Stabilisierung führt nur deshalb zu brauchbaren numerischen Resultaten, weil die Drei-Term-Rekursion (2.8) gut konditioniert ist – zu Details siehe Kapitel 6.2.1.

2.3.3 Rückwärtsanalyse

Bei der quantitativen Beschreibung der Rückwärtsanalyse nach J. H. Wilkinson müssen wir den auf die Eingabeseite zurückgespielten Fehler des Algorithmus in Beziehung setzen zum Eingabefehler.

Definition 2.28. Der *normweise Rückwärtsfehler* des Algorithmus $\tilde{f}$ zur Lösung des Problems (f, x), ist die kleinste Zahl $\eta \geq 0$, für die für alle $\tilde{x} \in E$ ein $\hat{x}$ existiert, so dass

$$\frac{\|\hat{x} - \tilde{x}\|}{\|\tilde{x}\|} \;\dot{\leq}\; \eta \quad \text{für eps} \to 0.$$

Der *komponentenweise Rückwärtsfehler* ist analog definiert, wobei die Ungleichung durch

$$\max_i \frac{|\hat{x}_i - \tilde{x}_i|}{|\tilde{x}_i|} \;\dot{\leq}\; \eta \quad \text{für eps} \to 0.$$

zu ersetzen ist. Der Algorithmus heißt *stabil* bezüglich des relativen Eingabefehlers δ, falls

$$\eta < \delta.$$

Für den durch Rundung verursachten Eingabefehler $\delta = \text{eps}$ definieren wir den *Stabilitätsindikator der Rückwärtsanalyse* als Quotienten

$$\sigma_R := \eta / \text{eps}.$$

Wie wir sehen, taucht in der Definition die Kondition des Problems nicht auf. Die Rückwärtsanalyse benötigt also im Gegensatz zur Vorwärtsanalyse keine vorhergehende Konditionsanalyse des Problems. Ferner sind die Ergebnisse leicht durch den Vergleich von Eingabefehler und Rückwärtsfehler zu interpretieren. Dank dieser Eigenschaften ist die Rückwärtsanalyse insbesondere bei komplexeren Algorithmen vorzuziehen. Die im nächsten Abschnitt zusammengestellten Stabilitätsresultate für die Gauß-Elimination beziehen sich daher alle auf den Rückwärtsfehler.

Die beiden Stabilitätsindikatoren σ und σ_R sind im allgemeinen nicht identisch. Vielmehr ist die Rückwärtsanalyse das strengere Konzept zur Beurteilung der Stabilität einer Algorithmus, wie das folgende Lemma zeigt.

Lemma 2.29. *Für die Stabilitätsindikatoren σ und σ_R der Vorwärts- bzw. Rückwärtsanalyse gilt*

$$\sigma \leq \sigma_R.$$

Insbesondere folgt aus der Rückwärtsstabilität die Vorwärtsstabilität.

Beweis. Aufgrund der Definition des Rückwärtsfehlers gibt es zu jedem $\tilde{x} \in E$ ein $\hat{x}$, so dass $f(\hat{x}) = \tilde{f}(\tilde{x})$ und

$$\frac{\|\hat{x} - \tilde{x}\|}{\|\tilde{x}\|} \dot{\leq} \eta = \sigma_R \,\mathrm{eps} \quad \text{für eps} \to 0.$$

Daraus folgt für den relativen Fehler im Resultat, dass

$$\frac{\|\tilde{f}(\tilde{x}) - f(\tilde{x})\|}{\|f(\tilde{x})\|} = \frac{\|f(\hat{x}) - f(\tilde{x})\|}{\|f(\tilde{x})\|} \dot{\leq} \kappa \frac{\|\hat{x} - \tilde{x}\|}{\|\tilde{x}\|} \dot{\leq} \kappa \sigma_R \,\mathrm{eps}$$

für eps $\to 0$. □

Als Beispiel für die Rückwärtsanalyse sehen wir uns noch einmal das Skalarprodukt $\langle x, y\rangle$ für $x, y \in \mathbb{R}^n$ in seiner Gleitkommarealisierung an. Wir benutzen diesmal die rekursive Berechnung gemäß

$$\langle x, y\rangle := x_n y_n + \langle x^{n-1}, y^{n-1}\rangle, \tag{2.9}$$

wobei

$$x^{n-1} := (x_1, \ldots, x_{n-1})^T \quad \text{und} \quad y^{n-1} := (y_1, \ldots, y_{n-1})^T.$$

In dieser Form findet es sich meistens auf sequentiell arbeitenden Rechnern. Wir konzentrieren uns auf die Stabilität bezüglich der Eingabe x, da wir diese in Kapitel 2.4.2 für die Analyse der Rückwärtssubstitution benötigen.

Lemma 2.30. *Die Gleitkommarealisierung des Skalarproduktes gemäß* (2.9) *berechnet für $x, y \in \mathbb{R}^n$ eine Lösung $\langle x, y\rangle_{\mathrm{fl}}$, so dass*

$$\langle x, y\rangle_{\mathrm{fl}} = \langle \hat{x}, y\rangle$$

für ein $\hat{x} \in \mathbb{R}^n$ mit

$$|x - \hat{x}| \dot{\leq} n \,\mathrm{eps}\, |x|,$$

d. h. der relative komponentenweise Rückwärtsfehler beträgt

$$\eta \leq n \,\mathrm{eps}$$

und das Skalarprodukt ist (*bei* $2n - 1$ *Elementaroperationen*) *stabil im Sinne der Rückwärtsanalyse.*

Beweis. Die rekursive Formulierung (2.9) des Algorithmus inspiriert natürlich einen induktiven Beweis. Für $n = 1$ ist die Behauptung klar. Sei also $n > 1$ und die Behauptung für $n - 1$ bereits bewiesen. Für die Gleitkommarealisierung der Rekursion (2.9) gilt

$$\langle x, y\rangle_{\mathrm{fl}} = (x_n y_n (1 + \delta) + \langle x^{n-1}, y^{n-1}\rangle_{\mathrm{fl}})(1 + \varepsilon),$$

wobei δ und ε mit $|\delta|, |\varepsilon| \leq \text{eps}$ die relativen Fehler der Multiplikation bzw. Addition charakterisieren. Ferner gilt nach Induktionsvoraussetzung, dass

$$\langle x^{n-1}, y^{n-1}\rangle_{\text{fl}} = \langle z, y^{n-1}\rangle$$

für ein $z \in \mathbb{R}^{n-1}$ mit

$$|x^{n-1} - z| \leq (n-1)\,\text{eps}\,|x^{n-1}|.$$

Setzen wir daher $\hat{x}_n := x_n(1+\delta)(1+\varepsilon)$ und $\hat{x}_k := z_k(1+\varepsilon)$ für $k = 1, \ldots, n-1$, so folgt

$$\langle x, y\rangle = x_n y_n(1+\delta)(1+\varepsilon) + \langle z(1+\varepsilon), y\rangle = \hat{x}_n y_n + \langle \hat{x}^{n-1}, y\rangle = \langle \hat{x}, y\rangle,$$

wobei $|x_n - \hat{x}_n| \mathrel{\dot{\leq}} 2\,\text{eps}\,|x_n| \leq n\,\text{eps}\,|x_n|$ und

$$|x_k - \hat{x}_k| \leq |x_k - z_k| + |z_k - \hat{x}_k| \mathrel{\dot{\leq}} (n-1)\,\text{eps}\,|x_k| + \text{eps}\,|\hat{x}_k| \mathrel{\dot{\leq}} n\,\text{eps}\,|x_k|$$

für $k = 1, \ldots, n-1$, also $|x - \hat{x}| \mathrel{\dot{\leq}} n\,\text{eps}\,|x|$. □

Bemerkung 2.31. Spielen wir die Fehler auf x und y gleichermaßen verteilt zurück, so ergibt sich wie bei der Vorwärtsanalyse für den Stabilitätsindikator $\sigma_R \leq n/2$.

2.4 Anwendung auf lineare Gleichungssysteme

Die obigen Konzepte für Kondition und Stabilität werden im folgenden im Kontext der linearen Gleichungssysteme nochmals diskutiert und vertieft.

2.4.1 Lösbarkeit unter der Lupe

Wir stellen uns hier wie bereits in Kapitel 1.2 nochmals die Frage: Wann ist ein lineares Gleichungssystem $Ax = b$ lösbar? Im Unterschied zu Kapitel 1.2, wo wir diese Frage auf der fiktiven Basis der reellen Zahlen beantwortet hatten, wollen wir hier die oben hergeleitete Fehlertheorie heranziehen. Entsprechend wird die charakteristische Größe $\det A$ durch Konditionszahlen zu ersetzen sein. Aus Kapitel 2.2.1 wiederholen wir das Resultat

$$\frac{\|\tilde{x} - x\|}{\|x\|} \mathrel{\dot{\leq}} \kappa_{\text{rel}}\delta, \tag{2.10}$$

wobei δ der relative Eingabefehler von A (oder b) ist. Als Resultat für die relative Kondition erhielten wir bei normweiser Betrachtung

$$\kappa_{\text{rel}} = \|A^{-1}\|\frac{\|Ax\|}{\|x\|} \leq \|A^{-1}\|\,\|A\| = \kappa(A)$$

und bei komponentenweiser Betrachtung

$$\kappa_{\mathrm{rel}} = \frac{\| |A^{-1}|\,|A|\,|x| \|_\infty}{\|x\|_\infty} \le \| |A^{-1}|\,|A| \|_\infty = \kappa_C(A).$$

Wie wir in Beispiel 2.7 gesehen haben, gilt für eine Matrix $A \in \mathrm{Mat}_n(\mathbb{R})$, die nicht die Nullmatrix ist, dass

$$\det A = 0 \iff \kappa(A) = \infty. \tag{2.11}$$

Falls $\kappa(A) < \infty$, wäre also das lineare Gleichungssystem für jede rechte Seite im Prinzip eindeutig lösbar. Andererseits lässt (2.10) nur ein numerisch brauchbares Resultat erwarten, falls $\kappa_{\mathrm{rel}}\delta$ hinreichend klein ist. Darüberhinaus haben wir gesehen, dass eine Punktbedingung vom Typus (2.11) schon deshalb nicht sinnvoll ist, weil wir anstelle einer einzelnen Matrix A die Menge aller von A nicht zu unterscheidenden Matrizen, also z. B.

$$E := \{\tilde{A} : \|\tilde{A} - A\| \le \delta \|A\|\}$$

zu betrachten haben. Es bietet sich deshalb an, eine Matrix A mit der relativen Genauigkeit δ „fast singulär“ oder „numerisch singulär“ zu nennen, falls die zugehörige Eingabemenge mindestens eine (exakt) singuläre Matrix enthält. Dies führt uns zu der folgenden Definition:

Definition 2.32. Eine Matrix A heißt *fast singulär* oder *numerisch singulär* bzgl. der Kondition $\kappa(A)$, falls

$$\delta\kappa(A) \ge 1,$$

wobei δ die relative Genauigkeit der Matrix A ist.

Für die Rundungsfehler bei der Eingabe von A in einen Rechner nehmen wir z. B. an, dass $\delta = \mathrm{eps}$. Bei experimentellen Daten ist δ entsprechend deren Genauigkeit meist größer anzusetzen.

Es sei jedoch ausdrücklich darauf hingewiesen, dass lineare Gleichungssysteme mit fast singulärer Matrix dennoch numerisch „gutartig“ sein können – was sich ja auch an der x-Abhängigkeit der Kondition κ_{rel} ablesen lässt.

Beispiel 2.33. Als Beispiel betrachten wir das Gleichungssystem $Ax = b_1$,

$$A := \begin{pmatrix} 1 & 1 \\ 0 & \varepsilon \end{pmatrix}, \quad b_1 := \begin{pmatrix} 2 \\ \varepsilon \end{pmatrix},$$

wobei wir $0 < \varepsilon \ll 1$ als Eingabe auffassen. Die Matrix A und die rechte Seite b_1 haben den gemeinsamen Eingabewert ε; sie sind miteinander verkoppelt. Daher ist die Kondition der Matrix

$$\kappa(A) = \|A^{-1}\|_\infty \|A\|_\infty = \frac{1}{\varepsilon} \gg 1$$

nicht aussagekräftig für die Lösung des Problems (f_1, ε),

$$f_1(\varepsilon) = A^{-1}b_1 = \begin{pmatrix} 1 \\ 1 \end{pmatrix}.$$

Die Lösung ist sogar unabhängig von ε, d. h. $f_1'(\varepsilon) = 0$, und somit ist das Problem für alle ε (relativ und absolut) gut konditioniert. Betrachten wir jedoch eine von ε unabhängige rechte Seite $b_2 := (0, 1)^T$, so erhalten wir die Lösung

$$f_2(\varepsilon) = A^{-1}b_2 = x_2 = \begin{pmatrix} 1/\varepsilon \\ 1/\varepsilon \end{pmatrix}$$

und die komponentenweisen Konditionen

$$\kappa_{\text{abs}} = \| f_2'(\varepsilon)\| = \frac{1}{\varepsilon^2} \quad \text{und} \quad \kappa_{\text{rel}} = \frac{\| \, |f_2'(\varepsilon)| \, |\varepsilon| \, \|}{\| f_2(\varepsilon)\|} = 1.$$

In diesem Fall ist nur noch die Richtung der Lösung gut konditioniert, was sich in der relativen Kondition widerspiegelt. Eine derartige Situation wird uns in den Kapiteln 3.1.2 und 5.2 wieder begegnen.

2.4.2 Rückwärtsanalyse der Gauß-Elimination

Wir haben in Lemma 2.30 bereits gesehen, dass die Berechnung des Skalarproduktes $f(x, y) = \langle x, y \rangle$ in Gleitkommaarithmetik stabil im Sinn der Rückwärtsanalyse ist. Die von uns im ersten Kapitel besprochenen Algorithmen zur Lösung eines linearen Gleichungssystems $Ax = b$ erfordern im einzelnen nur die Auswertung von Skalarprodukten bestimmter Zeilen und Spalten von Matrizen, so dass sich auf der Grundlage dieser Überlegung eine Rückwärtsanalyse des Gaußschen Eliminationsverfahrens durchführen lässt. Mit der Komplexität des Algorithmus steigt allerdings auch der beweistechnische Aufwand für die Rückwärtsanalyse, die wir daher noch für die Vorwärtssubstitution explizit nachvollziehen, während wir für die Gaußsche Dreieckszerlegung nur die Ergebnisse angeben, die im wesentlichen in den Büchern [87] und [88] von J.H. Wilkinson zu finden sind. Eine sehr schöne Übersicht bietet auch der Artikel [52] von N.J. Higham.

Satz 2.34. *Die Gleitkommarealisierung der Vorwärtssubstitution zur Lösung eines gestaffelten Gleichungssystems $Lx = b$ berechnet ein Lösung $\hat{x}$, so dass es eine untere Dreiecksmatrix $\hat{L}$ gibt mit*

$$\hat{L}\hat{x} = b \quad \textit{und} \quad |L - \hat{L}| \dot{\leq} n \, \text{eps} \, |L|,$$

d. h. für den komponentenweisen relative Rückwärtsfehler gilt $\eta \leq n \, \text{eps}$ und die Vorwärtssubstitution ist stabil im Sinne der Rückwärtsanalyse.

Beweis. Der Algorithmus für die Vorwärtssubstitution lässt sich wie beim Skalarprodukt (siehe Lemma 2.30) rekursiv formulieren.

$$l_{kk}x_k = b_k - \langle l^{k-1}, x^{k-1}\rangle \tag{2.12}$$

für $k = 1, \dots, n$, wobei

$$x^{k-1} = (x_1, \dots, x_{k-1})^T \quad \text{und} \quad l^{k-1} = (l_{k1}, \dots, l_{k,k-1})^T.$$

Realisiert in Gleitkomma-Arithmetik ergibt sich aus (2.12) die Rekursion

$$l_{kk}(1+\delta_k)(1+\varepsilon_k)\hat{x}_k = b_k - \langle l^{k-1}, \hat{x}^{k-1}\rangle_{fl},$$

wobei die δ_k und ε_k mit $|\delta_k|, |\varepsilon_k| \le$ eps die relativen Fehler der Multiplikation bzw. Addtition beschreiben. Über die Gleitkommarealisierung des Skalarproduktes wissen wir nach Lemma 2.30 bereits, dass

$$\langle l^{k-1}, \hat{x}^{k-1}\rangle_{\mathrm{fl}} = \langle \hat{l}^{k-1}, \hat{x}^{k-1}\rangle$$

für einen Vektor $\hat{l}^{k-1} = (\hat{l}_{k1}, \dots, \hat{l}_{k,k-1})^T$ mit

$$|l^{k-1} - \hat{l}^{k-1}| \le (k-1)\,\mathrm{eps}\,|l^{k-1}|.$$

Setzen wir also noch $\hat{l}_{kk} := l_{kk}(1+\delta_k)(1+\varepsilon_k)$, so gilt wie behauptet

$$\hat{L}x = b \quad \text{und} \quad |L - \hat{L}| \le n\,\mathrm{eps}\,|L|.$$ □

Als erstes Resultat zur Rückwärtsanalyse der Gauß-Elimination beurteilen wir die Qualität der *LR*-Zerlegung.

Lemma 2.35. *A besitze eine LR-Zerlegung. Dann berechnet die Gauß-Elimination $\hat{L}$ und $\hat{R}$, so dass*

$$\hat{L}\hat{R} = \hat{A}$$

für eine Matrix $\hat{A}$ mit

$$|A - \hat{A}| \dot{\le} n|\hat{L}|\,|\hat{R}|\,\mathrm{eps}.$$

Beweis. Einen einfachen induktiven Beweis für die abgeschwächte Aussage mit $4n$ anstelle von n findet man in dem Buch von Golub und van Loan [42], Theorem 3.3.1. □

Die folgende Abschätzung des komponentenweisen Rückwärtsfehlers der Gauß-Elimination wurde von Sautter [74] bewiesen. Die abgeschwächte Aussage mit $3n$ anstelle von $2n$ folgt leicht aus Satz 2.34 und Lemma 2.35.

Satz 2.36. *A besitze eine LR-Zerlegung. Dann berechnet das Gaußsche Eliminationsverfahren für das Gleichungssystem $Ax = b$ eine Lösung $\hat{x}$ mit*

$$\hat{A}\hat{x} = b$$

für eine Matrix $\hat{A}$ mit

$$|A - \hat{A}| \mathrel{\dot{\leq}} 2n|\hat{L}|\,|\hat{R}|\,\mathrm{eps}\,.$$

Daraus können wir die folgende Aussage über den normweisen Rückwärtsfehler der Gauß-Elimination mit Spaltenpivoting ableiten, die auf Wilkinson zurückgeht.

Satz 2.37. *Die Gauß-Elimination mit Spaltenpivoting für das Gleichungssystem $Ax = b$ berechnet ein $\hat{x}$, so dass*

$$\hat{A}\hat{x} = b$$

für eine Matrix $\hat{A}$ mit

$$\frac{\|A - \hat{A}\|_\infty}{\|A\|_\infty} \mathrel{\dot{\leq}} 2n^3 \rho_n(A)\,\mathrm{eps},$$

wobei

$$\rho_n(A) := \frac{\alpha_{\max}}{\max_{i,j} |a_{ij}|}$$

und $\alpha_{\max}$ der größte Betrag $\alpha_{\max}$ eines Elementes ist, welcher im Laufe der Elimination in den Restmatrizen $A^{(1)} = A$ bis $A^{(n)} = R$ auftritt.

Beweis. Wir bezeichnen die im Laufe der Gauß-Elimination mit Spaltenpivoting $PA = LR$ berechneten Größen mit $\hat{P}$, $\hat{L}$, $\hat{R}$ und $\hat{x}$. Dann besitzt $\hat{P}A$ eine *LR*-Zerlegung und nach Satz 2.36 gibt es eine Matrix $\hat{A}$, so dass $\hat{A}\hat{x} = b$ und

$$|A - \hat{A}| \mathrel{\dot{\leq}} 2n\,\hat{P}^T\,|\hat{L}|\,|\hat{R}|\,\mathrm{eps}\,.$$

Wenden wir darauf die Suprenumnorm an, folgt wegen $\|\hat{P}\|_\infty = 1$, dass

$$\|A - \hat{A}\|_\infty \mathrel{\dot{\leq}} 2n\,\|\hat{L}\|_\infty\,\|\hat{R}\|_\infty\,\mathrm{eps}\,. \tag{2.13}$$

Die Spaltenpivotstrategie sorgt dafür, dass alle Komponenten von $\hat{L}$ vom Betrag kleiner oder gleich eins sind, d. h.

$$\|\hat{L}\|_\infty \leq n\,.$$

Die Norm von $\hat{R}$ können wir abschätzen durch

$$\|\hat{R}\|_\infty \leq n \max_{i,j} |\hat{r}_{ij}| \leq n\,\alpha_{\max}\,.$$

Die Behauptung folgt daher aus (2.13), da $\max_{i,j} |a_{ij}| \leq \|A\|_\infty$. □

Wie steht es also um die Stabilität der Gauß-Elimination? Diese Frage lässt sich nach Satz 2.37 nicht eindeutig beantworten. Es hängt offenbar von der Zahl $\rho_n(A)$ ab, ob sich die Matrix für die Gauß-Elimination eignet oder nicht. Im allgemeinen lässt sich diese Größe nur durch

$$\rho_n(A) \leq 2^{n-1}$$

abschätzen, wobei diese Abschätzung scharf ist, da die Grenze für die von Wilkinson angegebene (pathologische) Matrix

$$A_W = \begin{bmatrix} 1 & & & 1 \\ -1 & \ddots & & \vdots \\ \vdots & \ddots & \ddots & \vdots \\ -1 & \dots & -1 & 1 \end{bmatrix}$$

angenommen wird (siehe Aufgabe 2.20). Die Gauß-Elimination mit Spaltenpivoting ist also über die ganze Menge der invertierbaren Matrizen betrachtet nicht stabil. Für spezielle Klassen von Matrizen sieht die Situation jedoch wesentlich besser aus. Wir haben in Tabelle 2.1 einige Klassen von Matrizen und die zugehörigen Abschätzun-

Art der Matrix	Spaltenpivoting	$\rho_n \leq$
invertierbar	ja	2^{n-1}
obere Hessenberg-Matrix	ja	n
A oder A^T strikt diagonaldominant	überflüssig	2
tridiagonal	ja	2
symmetrisch positiv definit	nein	1
Statistik	ja	$n^{2/3}$ (im Mittel)

Tabelle 2.1. Stabilität der Gauß-Elimination für spezielle Matrizen

gen für ρ_n aufgelistet. So ist die Gauß-Elimination für symmetrisch positiv definite (Cholesky-Verfahren) ebenso wie für strikt diagonaldominante Matrizen, d. h.

$$|a_{ii}| > \sum_{\substack{j=1 \\ i \neq j}}^{n} |a_{ij}| \quad \text{für } i = 1, \dots, n,$$

stabil. Ferner kann man mit gutem Gewissen behaupten, dass die Gauß-Elimination „in der Regel“, d. h. für üblicherweise in der Praxis auftretende Matrizen, stabil ist.

Diese Aussage wird auch von statistischen Überlegungen gestützt, die L.N. Trefethen und R.S. Schreiber [84] durchgeführt haben (siehe die letzte Zeile in Tabelle 2.1).

2.4.3 Beurteilung von Näherungslösungen

Wir nehmen nun an, dass wir zu einem gegebenen linearen Gleichungssystem $Ax = b$ eine Näherungslösung $\tilde{x}$ vorliegen haben und wollen die Frage beantworten: Wie gut ist eine Näherungslösung $\tilde{x}$ des Problems $Ax = b$? Nun ist die Tatsache, dass x exakte Lösung der linearen Gleichung $Ax = b$ ist, gleichbedeutend damit, dass das *Residuum* verschwindet, d. h.

$$r(x) := b - Ax = 0.$$

Von einer „guten“ Näherungslösung $\tilde{x}$ wird man daher verlangen, dass das Residuum $r(\tilde{x})$ möglichst „klein“ ist. Die Frage ist nur: Wie klein ist „klein“? Bei der Suche nach einer vernünftigen Grenze stoßen wir auf das Problem, dass die Norm $\|r(\tilde{x})\|$ durch eine Zeilenskalierung

$$Ax = b \to (D_z A)x = D_z b$$

beliebig verändert werden kann, obwohl das Problem selbst dadurch nicht verändert wird. Dies lässt sich auch an der Invarianz der Skeelschen Kondition $\kappa_C(A)$ bezüglich Zeilenskalierung ablesen. Das Residuum kann daher höchstens dann zur Beurteilung der Näherungslösung $\tilde{x}$ herangezogen werden, wenn es eine problemspezifische Bedeutung besitzt. Besser geeignet ist das Konzept des Rückwärtsfehlers, wie wir es in Definition 2.28 kennengelernt haben. Für eine Näherungslösung $\tilde{x}$ eines linearen Gleichungssystems lassen sich die normweisen und komponentenweisen Rückwärtsfehler direkt angeben.

Satz 2.38. *Der normweise relative Rückwärtsfehler einer Näherungslösung $\tilde{x}$ eines linearen Gleichungssystems $f(A, b) = f^{-1}b$ bzgl. $\|(A, b)\| := \|A\| + \|b\|$ ist*

$$\eta_N(\tilde{x}) = \frac{\|A\tilde{x} - b\|}{\|A\|\,\|\tilde{x}\| + \|b\|}.$$

Beweis. Siehe J.L. Rigal und J. Gaches [71]. □

Der folgende Satz geht auf W. Prager und W. Oettli [68] zurück.

Satz 2.39. *Der komponentenweise relative Rückwärtsfehler einer Näherungslösung $\tilde{x}$ von $Ax = b$ ist*

$$\eta_C(\tilde{x}) = \max_i \frac{|A\tilde{x} - b|_i}{(|A|\,|\tilde{x}| + |b|)_i}. \tag{2.14}$$

Beweis. Es ist

$$\eta_C = \min\{w \mid \text{es gibt } \tilde{A}, \tilde{b} \text{ mit } \tilde{A}\tilde{x} = \tilde{b},\ |\tilde{A} - A| \le w|A| \text{ und } |\tilde{b} - b| \le w|b|\}.$$

Wir setzen

$$\Theta := \max_i \frac{|r(\tilde{x})|_i}{(\ |A|\ |\tilde{x}| + \delta b)_i}$$

und haben zu zeigen, dass $\eta_C(\tilde{x}) = \Theta$. Die eine Hälfte der Aussage, $\delta_C(\tilde{x}) \ge \Theta$, folgt aus der Tatsache, dass für jede Lösung $\tilde{A}, \tilde{b}, w$ gilt

$$|A\tilde{x} - b| = |(A - \tilde{A})\tilde{x} - (\tilde{b} - b)| \le |A - \tilde{A}|\ |\tilde{x}| - |\tilde{b} - b| \le w(|A|\ |\tilde{x}| - |b|),$$

und daher $w \ge \Theta$. Für die andere Hälfte der Aussage, $\delta_C(\tilde{x}) \le \Theta$, schreiben wir das Residuum $\tilde{r} = b - A\tilde{x}$ als

$$\tilde{r} = D(|A|\ |\tilde{x}| + |b|) \quad \text{mit } D = \operatorname{diag}(d_1, \ldots, d_n),$$

wobei

$$d_i = \frac{\tilde{r}_i}{(|A|\ |\tilde{x}| + |b|)_i} \le \Theta.$$

Setzen wir nun

$$\tilde{A} := A + D|A|\ \operatorname{diag}(\operatorname{sgn}(\tilde{x})) \quad \text{und} \quad \tilde{b} := b - D|b|,$$

so gilt

$$|\tilde{A} - A| \le \Theta|A|, \quad |\tilde{b} - b| \le \Theta|b|$$

und

$$\tilde{A}\tilde{x} - \tilde{b} = A\tilde{x} + D|A||\tilde{x}| - b + D|b| = -\tilde{r} + D(|A|\ |\tilde{x}| + |b|) = 0. \qquad \square$$

Bemerkung 2.40. Die Formel (2.14) für den Rückwärtsfehler ist in der Praxis natürlich nur brauchbar, wenn die Fehler, die bei ihrer Auswertung entstehen, an der Aussagekraft des Ergebnisses nichts ändern. Von Skeel wurde gezeigt, dass sich der in Gleitkomma-Arithmetik berechnete Rückwärtsfehler $\tilde{\eta}$ von dem tatsächlichen Wert η um höchstens n eps unterscheidet. Die Formel (2.14) kann also wirklich zur Beurteilung einer Näherungslösung $\tilde{x}$ herangezogen werden.

Wir haben in Kapitel 1.2 die Nachiteration als Möglichkeit der „Verbesserung" von Näherungslösungen kennengelernt. Wie effektiv die Nachiteration arbeitet, zeigt das folgende Resultat von R. D. Skeel [77]. Für die Gauß-Elimination impliziert bereits *eine* Nachiteration die komponentenweise Stabilität.

Satz 2.41. *Falls*

$$K_n \kappa_C(A^{-1})\, \sigma(A, x)\, \text{eps} < 1,$$

wobei $\kappa_C(A^{-1}) = \| |A|\, |A^{-1}| \|_\infty$ *die Skeelsche Kondition und*

$$\sigma(A, x) := \frac{\max_i(|A||x|)_i}{\min_i(|A||x|)_i}$$

und K_n *eine Konstante nahe* n *ist, so hat die Gauß-Elimination mit Spaltenpivotsuche und einer Nachiteration einen komponentenweisen Stabilitätsindikator*

$$\sigma \leq n + 1,$$

d. h. diese Form der Gauß-Elimination ist stabil.

Die Größe $\sigma(A, x)$ ist dabei ein Maß für die Güte der Skalierung des Problems (siehe [77]).

Beispiel 2.42. *Beispiel von Hamming.*

$$A = \begin{bmatrix} 3 & 2 & 1 \\ 2 & 2\varepsilon & 2\varepsilon \\ 1 & 2\varepsilon & -\varepsilon \end{bmatrix}, \quad b = \begin{pmatrix} 3 + 3\varepsilon \\ 6\varepsilon \\ 2\varepsilon \end{pmatrix}, \quad x = \begin{pmatrix} \varepsilon \\ 1 \\ 1 \end{pmatrix}.$$

Wir setzen für ε die relative Maschinengenauigkeit, hier $\varepsilon := \text{eps} = 3 \cdot 10^{-10}$ ein. Für die Skeelsche Kondition erhalten wir

$$\kappa_{\text{rel}} = \frac{\| |A^{-1}|\, |A|\, |x| + |A^{-1}|\, |b| \|_\infty}{\|x\|_\infty} \doteq 6,$$

d. h. dieses Gleichungssystem ist gut konditioniert. Bei der Gauß-Elimination mit Spaltenpivotsuche berechnen wir die Lösung

$$\tilde{x} = x_0 = (6.20881717 \cdot 10^{-10}, 1, 1)^T$$

mit dem komponentenweisen Rückwärtsfehler (nach Satz 2.39) $\eta(x_0) = 0.15$. An der Größe $\sigma(A, x) = 2.0 \cdot 10^9$ können wir ablesen, dass das Problem extrem schlecht skaliert ist. Mit einer Nachiteration erhalten wir trotzdem die Lösung $x_1 = x$ mit dem berechneten Rückwärtsfehler $\eta(x_1) = 1 \cdot 10^{-9}$.

Übungsaufgaben

Aufgabe 2.1. Zeigen Sie, dass die Elementaroperation $\hat{+}$ in Gleitkommaarithmetik nicht assoziativ ist.

Aufgabe 2.2. Bestimmen Sie mit einem kurzen Testprogramm die relative Maschinengenauigkeit des von Ihnen benutzten Rechners.

Aufgabe 2.3. Gesucht sei die Nullstelle des kubischen Polynoms

$$z^3 + 3qz - 2r = 0, \quad r, q > 0$$

Nach Cardano-Tartaglia ist ein reelle Wurzel gegeben durch

$$z = \left(r + \sqrt{q^3 + r^2}\right)^{\frac{1}{3}} + \left(r - \sqrt{q^3 + r^2}\right)^{\frac{1}{3}}$$

Diese Formel ist numerisch ungünstig, da zwei Kubikwurzeln berechnet werden müssen und für $r \to 0$ Totalauslöschung auftritt. Geben Sie eine auslöschungsfreie Form für z an, welche nur die Berechnung einer Kubik- und einer Quadratwurzel erfordert.

Aufgabe 2.4. Die Nullstellenbestimmung von Polynomen in Koeffizientendarstellung ist im allgemeinen ein schlecht konditioniertes Problem. Zur Illustration betrachte man das folgende Polynom:

$$P(x) = x^4 - 4x^3 + 6x^2 - 4x + a, \quad a = 1.$$

Wie ändern sich die Nullstellen x_i von P, wenn der Koeffizient a zu $\bar{a} := a - \varepsilon$, $0 < \varepsilon \leq \text{eps}$, verfälscht wird? Man gebe die Kondition des Problems an. Auf wieviele Stellen genau ist die Lösung bei einer relativen Maschinengenauigkeit von $\text{eps} = 10^{-16}$ berechenbar?

Aufgabe 2.5. Bestimmen Sie

$$\alpha = \left(\frac{1 + \frac{1}{2n}}{1 - \frac{1}{2n}}\right)^n - e\left(1 + \frac{1}{12n^2}\right) > 0$$

für $n = 10^6$ auf drei Stellen genau.

Aufgabe 2.6. Berechnen Sie die Kondition der Auswertung eines durch die Koeffizienten $a_0, \ldots, a_n$ gegebenen Polynoms

$$p(x) = a_n x^n + a_{n-1} x^{n-1} + \cdots + a_1 x + a_0$$

an der Stelle x zum einen bezüglich Störungen $a_i \to \tilde{a}_i = a_i(1 + \varepsilon_i)$ der Koeffizienten und zum anderen bezüglich Störungen $x \to \tilde{x} = x(1 + \varepsilon)$ von x. Betrachten Sie insbesondere das Polynom

$$p(x) = 8118x^4 - 11482x^3 + x^2 + 5741x - 2030$$

an der Stelle $x = 0.707107$. Das „exakte“ Resultat ist

$$p(x) = -1.9152732527082 \cdot 10^{-11}.$$

Ein Rechner liefere

$$\tilde{p}(x) = -1.9781509763561 \cdot 10^{-11}.$$

Beurteilen Sie die Lösung anhand der Kondition des Problems.

Aufgabe 2.7. Seien $\|\cdot\|_1$ und $\|\cdot\|_2$ Normen auf dem $\mathbb{R}^n$ bzw. $\mathbb{R}^m$. Zeigen Sie, daß durch

$$\|A\| := \sup_{x \neq 0} \frac{\|Ax\|_2}{\|x\|_1}$$

eine Norm auf dem Raum $\mathrm{Mat}_{m,n}(\mathbb{R})$ der reellen (m, n) Matrizen definiert wird.

Aufgabe 2.8. Die p-Normen auf dem $\mathbb{R}^n$ sind für $1 \leq p < \infty$ definiert durch

$$\|x\|_p := \Big(\sum_{i=1}^{n} |x_i|^p\Big)^{\frac{1}{p}}$$

und für $p = \infty$ durch

$$\|x\|_\infty := \max_{i=1,\ldots,n} |x_i|.$$

Zeigen Sie für die zugeordneten Matrixnormen

$$\|A\|_p := \sup_{x \neq 0} \frac{\|Ax\|_p}{\|x\|_p}$$

die folgenden Aussagen:

a) $\|A\|_1 = \max_{j=1,\ldots,n} \sum_{i=1}^{m} |a_{ij}|$

b) $\|A\|_\infty = \max_{i=1,\ldots,m} \sum_{j=1}^{n} |a_{ij}|$

c) $\|A\|_2 \leq \sqrt{\|A\|_1 \|A\|_\infty}$

d) $\|AB\|_p \leq \|A\|_p \|B\|_p$ für $1 \leq p \leq \infty$.

Aufgabe 2.9 (Spektralnorm und Frobeniusnorm). Sei $A \in \mathrm{Mat}_n(\mathbb{R})$.

a) Zeigen Sie, dass $\|A\|_2 = \|A^T\|_2$.

b) Zeigen Sie, dass $\|A\|_F = \sqrt{\mathrm{tr}(A^T A)} = \|\sigma(A)\|_2$, wobei

$$\sigma(A) = [\sigma_1, \ldots, \sigma_n]^T$$

der Vektor der Singulärwerte von A ist.

c) Folgern Sie aus b), dass $\|A\|_2 \leq \|A\|_F \leq \sqrt{n}\|A\|_2$.

d) Zeigen Sie die Submultiplikativität der Frobeniusnorm $\|\cdot\|_F$.

e) Zeigen Sie, dass die Frobeniusnorm $\|\cdot\|_F$ keine Operatornorm ist.

Aufgabe 2.10. Sei A eine Matrix mit den Spalten A_j, $j = 1, \ldots, n$. Wir definieren eine Matrixnorm durch

$$\|A\|_\Box := \max_j \|A_j\|_2$$

Zeigen Sie:

a) Durch $\|\cdot\|_\Box$ wird tatsächlich eine Norm auf $\mathrm{Mat}_{m,n}(\mathbb{R})$ definiert.

b) $\|Ax\|_2 \leq \|A\|_\Box \|x\|_1$ und $\|A^T x\|_\infty \leq \|A\|_\Box \|x\|_2$.

c) $\|A\|_F \leq \sqrt{n}\|A\|_\Box$ und $\|AB\|_\Box \leq \|A\|_F \|B\|_\Box$.

Aufgabe 2.11. Sei A eine nicht singuläre Matrix, die durch eine kleine Störung δA zu $\tilde{A} := A + \delta A$ verfälscht werde, und $\|\cdot\|$ eine submultiplikative Norm mit $\|I\| = 1$. Zeigen Sie:

a) Falls $\|B\| < 1$, so existiert $(I - B)^{-1} = \sum_{k=0}^{\infty} B^k$, und es gilt

$$\|(I - B)^{-1}\| \leq \frac{1}{1 - \|B\|}.$$

b) Falls $\|A^{-1}\delta A\| \leq \varepsilon < 1$, so gilt

$$\kappa(\tilde{A}) \leq \frac{1 + \varepsilon}{1 - \varepsilon}\kappa(A).$$

Aufgabe 2.12. Zeigen Sie, dass für invertierbare Matrizen $A \in \mathrm{GL}(n)$ gilt

$$\kappa(A) = \|A\|\,\|A^{-1}\| = \frac{\max_{\|x\|=1} \|Ax\|}{\min_{\|x\|=1} \|Ax\|}.$$

Aufgabe 2.13. Sei $A \in \mathrm{GL}(n)$ symmetrisch positiv definit. Zeigen Sie, dass in diesem Fall

$$\kappa(A) = \frac{\lambda_{\max}(A)}{\lambda_{\min}(A)}.$$

Aufgabe 2.14. Zeigen Sie, dass für die Abbildung $f : \mathrm{GL}(n) \to \mathbb{R}^n$, definiert durch $f(A) = A^{-1}b$, gilt

$$|f'(A)|\,|C| = |A^{-1}|\,|C|\,|A^{-1}b|.$$

Aufgabe 2.15. Bestimmen Sie die komponentenweise relative Konditionszahl der Summe $\sum_{i=1}^{n} x_i$ von n reellen Zahlen $x_1, \ldots, x_n$ und vergleichen Sie sie mit der normweisen relativen Konditionszahl bezüglich der 1-Norm $\|\cdot\|_1$.

Aufgabe 2.16. Zur Berechnung der Varianz eines Vektors $x \in \mathbb{R}^n$ liegen zwei Formeln vor:

$$a) \quad S^2 = \frac{1}{n-1} \sum_{i=1}^{n} (x_i - \bar{x})^2$$

$$b) \quad S^2 = \frac{1}{n-1} \Big(\sum_{i=1}^{n} x_i^2 - n\bar{x}^2 \Big),$$

wobei $\bar{x} = \frac{1}{n} \sum_{i=1}^{n} x_i$ der Mittelwert der x_i ist. Welche der beiden Formeln ist zur Berechnung von S^2 numerisch stabiler und daher vorzuziehen? Stützen Sie Ihre Begründung auf den Stabilitätsindikator und illustrieren Sie Ihre Wahl mit einem Zahlenbeispiel.

Aufgabe 2.17. Wir betrachten die Approximation der Exponentialfunktion $\exp(x)$ durch die abgebrochene Taylor-Reihe

$$\exp(x) \approx \sum_{k=0}^{N} \frac{x^k}{k!}. \tag{2.15}$$

Berechnen Sie Näherungswerte von $\exp(x)$ für $x = -5.5$ auf folgende drei Arten mit $N = 3, 6, 9, \ldots, 30$:

a) Mit Hilfe der Formel (2.15).

b) Mit $\exp(-5.5) = 1/\exp(5.5)$ und der Formel (2.15) für $\exp(5.5)$.

c) Mit $\exp(-5.5) = (\exp(0.5))^{-11}$ und der Formel (2.15) für $\exp(0.5)$.

Der „exakte Wert“ beträgt

$$\exp(-5.5) = 0.0040867714\ldots.$$

Wie sind die Ergebnisse zu interpretieren?

Aufgabe 2.18. Gegeben sei die Matrix

$$A_\varepsilon = \begin{pmatrix} 1 & 1 \\ 1 & 1+\varepsilon \end{pmatrix}$$

und die beiden rechten Seiten

$$b_1^T = (1, 1), \quad b_2^T = (-1, 1).$$

Berechnen Sie die beiden Lösungen x_1 und x_2 der Gleichungen $Ax_i = b_i$, die Kondition $\kappa_\infty(A_\varepsilon)$ und die Skeelschen Konditionen $\kappa_{\text{rel}}(A_\varepsilon, x_1)$ und $\kappa_{\text{rel}}(A_\varepsilon, x_2)$. Wie sind diese Ergebnisse zu interpretieren?

Aufgabe 2.19. Gegeben sei das lineare Gleichungssystem $Ax = b$ mit

$$A = \begin{pmatrix} 0.780 & 0.563 \\ 0.913 & 0.659 \end{pmatrix}, \quad b = \begin{pmatrix} 0.217 \\ 0.254 \end{pmatrix}$$

auf die relative Genauigkeit $\text{eps} = 10^{-4}$. Beurteilen Sie mit Hilfe des Satzes von W. Prager und W. Oettli (Satz 2.39) die Genauigkeit der beiden Näherungslösungen

$$\tilde{x}_1 = \begin{pmatrix} 0.999 \\ -1.001 \end{pmatrix} \quad \text{und} \quad \tilde{x}_2 = \begin{pmatrix} 0.341 \\ -0.087 \end{pmatrix}.$$

Aufgabe 2.20. Zeigen Sie, dass sich in dem pathologischen Beispiel von J.H. Wilkinson

$$A = \begin{bmatrix} 1 & & & 1 \\ -1 & \ddots & & \vdots \\ \vdots & \ddots & \ddots & \vdots \\ -1 & \cdots & -1 & 1 \end{bmatrix}$$

bei Spaltenpivotsuche für den Betrag des maximalen Pivotelements

$$|\alpha_{\max}| = 2^{n-1}$$

ergibt.

Aufgabe 2.21. Nach R.D. Skeel (1979) gilt für den komponentenweisen Rückwärtsfehler η der Gaußelimination mit Spaltenpivoting zur Lösung von $Ax = b$, dass

$$\eta \leq \chi_n \, \sigma(A, x) \; \text{eps},$$

wobei die nur von der Dimension n abhängige Konstante χ_n in der Regel bei $\chi_n \approx n$ liegt und

$$\sigma(A, x) = \frac{\max_i (|A|\,|x|)_i}{\min_i (|A|\,|x|)_i}.$$

Geben Sie eine Zeilenskalierung $A \to DA$ der Matrix A mit einer Diagonalmatrix $D = \operatorname{diag}(d_1, \ldots, d_n)$, $d_i > 0$, an, so dass

$$\sigma(DA, x) = 1$$

gilt. Warum ist dies eine unpraktikable Methode der Stabilisierung?

Aufgabe 2.22. Gegeben sei

$$A = \begin{bmatrix} 1 & 1 & -1 & -1 \\ 0 & \varepsilon & 0 & 0 \\ 0 & 0 & \varepsilon & 0 \\ 1 & 0 & 0 & 1 \end{bmatrix}, \quad b = \begin{bmatrix} 0 \\ 1 \\ 1 \\ 2 \end{bmatrix}.$$

Die Lösung des Gleichungssystems $Ax = b$ ist $x = [1, \varepsilon^{-1}, \varepsilon^{-1}, 1]^T$.

a) Zeigen Sie, dass dieses System gut konditioniert, aber schlecht skaliert ist, indem Sie die Kondition $\kappa_C(A) = \| \, |A|^{-1}|A| \, \|_\infty$ und die Skalierungsgröße $\sigma(A, x)$ (siehe Aufgabe 2.21) berechnen. Was erwarten Sie von der Gaußelimination, wenn für ε die relative Maschinengenauigkeit eps eingesetzt wird?

b) Lösen Sie das System mit einem Programm zur Gaußelimination mit Spaltenpivoting für $\varepsilon = \text{eps}$. Wie groß ist der berechnete Rückwärtsfehler $\hat{\eta}$?

c) Überzeugen Sie sich davon, dass eine einzige Nachiteration ein stabiles Resultat liefert.

3 Lineare Ausgleichsprobleme

Inhalt dieses Kapitels ist die Lösung von überbestimmten linearen Gleichungssystemen nach der *Methode der kleinsten Fehlerquadrate*, die auch als *lineare Ausgleichsrechnung im Gaußschen Sinn* (engl.: *linear least squares* oder *maximum-likelihood-method*) bekannt ist. Aufgrund der Invarianzen dieses Problemtyps eignen sich orthogonale Transformationen sehr gut zur Lösung dieser Systeme. Wir fügen daher in Kapitel 3.2 die Beschreibung sogenannter *Orthogonalisierungsverfahren* hinzu, mit deren Hilfe sich lineare Ausgleichsprobleme stabil lösen lassen. Nebenbei fällt dabei auch eine (etwas teurere) Alternative zur Gauß-Elimination für lineare Gleichungssysteme ab.

3.1 Gaußsche Methode der kleinsten Fehlerquadrate

C.F. Gauß beschrieb die Methode erstmals 1809 in „Theoria Motus Corporum Coelestium" (deutsch: Theorie der Bewegungen der Himmelskörper), ebenso wie das im ersten Kapitel besprochene Eliminationsverfahren, das er als Teil des Lösungsalgorithmus angibt (siehe Kapitel 3.1.4). Zugleich studierte er in dieser Arbeit auch wahrscheinlichkeitstheoretische Grundsatzfragen – für eine ausführliche Würdigung der historischen Zusammenhänge verweisen wir auf die jüngst erschienene Abhandlung [1].

3.1.1 Problemstellung

Wir gehen aus von folgender Problemstellung: Gegeben seien m Messpunkte

$$(t_i, b_i), \quad t_i, b_i \in \mathbb{R}, \; i = 1, \ldots, m,$$

die zum Beispiel die Zustände b_i eines Objektes zu den Zeiten t_i beschreiben. Wir nehmen an, dass diesen Messungen eine Gesetzmäßigkeit zugrunde liegt, so dass sich die Abhängigkeit von b von t durch eine *Modellfunktion* φ mit

$$b(t) = \varphi(t; x_1, \ldots, x_n)$$

ausdrücken lässt, wobei in die Modellfunktion n unbekannte Parameter x_i eingehen.

Beispiel 3.1. Als Beispiel betrachten wir das Ohmsche Gesetz $b = xt = \varphi(t; x)$, wobei t die Stromstärke, b die Spannung und x der Ohmsche Widerstand ist. Hier ist die Aufgabe, eine Gerade durch den Nullpunkt zu legen, die dem Verlauf der Messungen „möglichst nahe" kommt.

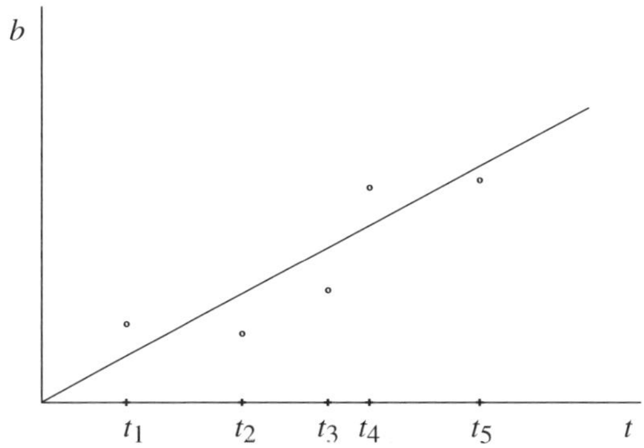

Abbildung 3.1. Lineare Ausgleichsrechnung beim Ohmschen Gesetz

Gäbe es keine Messfehler und würde das Modell exakt die Situation beschreiben, so sollten die Parameter $x_1, \ldots, x_n$ so zu bestimmen sein, dass

$$b_i = b(t_i) = \varphi(t_i; x_1, \ldots, x_n) \quad \text{für } i = 1, \ldots, m.$$

Tatsächlich sind die Messungen jedoch fehlerbehaftet, und auch die Modellfunktionen stellen stets nur eine ungefähre Beschreibung der Wirklichkeit dar. So gilt das Ohmsche Gesetz annähernd nur in einem mittleren Temperaturbereich, was spätestens beim Durchglühen eines Drahtes deutlich wird. Daher können wir nur fordern, dass

$$b_i \approx \varphi(t_i; x_1, \ldots, x_n) \quad \text{für } i = 1, \ldots, m.$$

Nun gibt es mehrere Möglichkeiten, die einzelnen Abweichungen

$$\Delta_i := b_i - \varphi(t_i; x_1, \ldots, x_n) \quad \text{für } i = 1, \ldots, m$$

zu gewichten. Gauß erwog zunächst die Minimierung *geradzahliger Potenzen* der Abweichungen. Aufgrund wahrscheinlichkeitstheoretischer Überlegungen wählte er schließlich die *Quadrate* Δ_i^2 aus. Dies führt zu der Aufgabe, die Parameter $x_1, \ldots, x_n$ so zu bestimmen, dass $\sum_{i=1}^m \Delta_i^2$ minimal wird. Wir schreiben dafür auch einfach

$$\Delta^2 := \sum_{i=1}^{m} \Delta_i^2 = \min . \tag{3.1}$$

Bemerkung 3.2. Der Zusammenhang des linearen Ausgleichsproblems mit der Wahrscheinlichkeitsrechnung zeigt sich in der Äquivalenz des Minimierungsproblems (3.1) mit dem Maximierungsproblem

$$\exp(-\Delta^2) = \max .$$

Der Exponentialterm charakterisiert hierbei eine Wahrscheinlichkeitsverteilung, die sogenannte *Gaußsche Normalverteilung*. Das gesamte Verfahren heißt *Maximum-Likelihood-Methode*. (Die zugehörige sogenannte *Gaußsche Glockenkurve* war auf dem 1991 eingeführten und seit 2002 ungültigen deutschen 10-DM-Schein zu sehen.)

Abbildung 3.2. C.F. Gauß und die Glockenkurve auf dem 10-DM-Schein *

In der Form (3.1) sind die Fehler der einzelnen Messungen alle gleich gewichtet. Normalerweise sind die Messungen (t_i, b_i) jedoch unterschiedlich genau, sei es, weil die Messapparatur in verschiedenen Bereichen unterschiedlich genau arbeitet, sei es, weil die Messungen einmal mit mehr und einmal mit weniger Sorgfalt durchgeführt wurden. Zu jeder einzelnen Messung b_i gehört also in natürlicher Weise eine absolute Messgenauigkeit bzw. Toleranz δb_i. Diese Toleranzen δb_i lassen sich in die Problemformulierung (3.1) einschließen, indem man die einzelnen Fehler mit der Toleranz wichtet, d. h.

$$\sum_{i=1}^{m} \left(\frac{\Delta_i}{\delta b_i} \right)^2 = \min .$$

* Aus: H.-O. Georgii, Stochastik, Einführung in die Wahrscheinlichkeitstheorie und Statistik, Walter de Gruyter, Berlin 2002

Diese Form der Minimierung lässt auch eine vernünftige statistische Interpretation zu (normierte Standardabweichung in allen Komponenten). In manchen Fällen ist das lineare Ausgleichsproblem nur eindeutig lösbar, wenn die problemadäquaten Messgenauigkeiten explizit mit einbezogen werden!

Wir betrachten hier zunächst nur den Spezialfall, dass die Modellfunktion φ *linear* in x ist, d. h.

$$\varphi(t; x_1, \ldots, x_n) = a_1(t)x_1 + \cdots + a_n(t)x_n,$$

wobei $a_1, \ldots, a_n : \mathbb{R} \to \mathbb{R}$ beliebige Funktionen sind. Der nichtlineare Fall wird uns in Kapitel 4.3 beschäftigen. In diesem Kapitel sei $\|\cdot\|$ stets die Euklidische Norm $\|\cdot\|_2$. Im linearen Fall lässt sich das Ausgleichsproblem daher in der Kurzform

$$\|b - Ax\| = \min$$

schreiben, wobei $b = (b_1, \ldots, b_m)^T$, $x = (x_1, \ldots, x_n)^T$ und

$$A = (a_{ij}) \in \mathrm{Mat}_{m,n}(\mathbb{R}) \quad \text{mit } a_{ij} := a_j(t_i).$$

Als weitere Einschränkung betrachten wir hier nur den überbestimmten Fall $m \geq n$, d. h. es liegen mehr Daten vor als Parameter zu bestimmen sind, was im statistischen Sinn vernünftig klingt. Wir erhalten somit die Aufgabenstellung des *linearen Ausgleichsproblems*: Suche zu gegebenem $b \in \mathbb{R}^m$ und $A \in \mathrm{Mat}_{m,n}(\mathbb{R})$ mit $m \geq n$ ein $x \in \mathbb{R}^n$, so dass

$$\|b - Ax\| = \min.$$

Bemerkung 3.3. Ersetzt man die 2-Norm durch die 1-Norm, so ergibt sich das Standardproblem der *linearen Optimierung*, das wir hier jedoch nicht behandeln, da es in den Natur- und Ingenieurwissenschaften eher selten auftritt. Es spielt aber in den Wirtschaftswissenschaften eine wichtige Rolle. Mit der Maximumsnorm anstelle der 2-Norm stoßen wir auf das Problem der sogenannten *Tschebyscheffschen Ausgleichsrechnung*. Dieses Problem kommt in den Naturwissenschaften des öfteren vor, wenn auch nicht so häufig wie das der Gaußschen Ausgleichsrechnung. Da die Euklidische Norm durch ein Skalarprodukt induziert ist, lässt letztere der geometrischen Anschauung mehr Raum.

3.1.2 Normalgleichungen

Geometrisch gesprochen suchen wir bei der Lösung des linearen Ausgleichsproblems nach einem Punkt $z = Ax$ aus dem Bildraum $R(A)$ von A, der den kleinsten Abstand zu dem gegebenen Punkt b hat. Für $m = 2$ und $n = 1$ ist $R(A) \subset \mathbb{R}^2$ entweder nur der Nullpunkt oder eine Gerade durch den Nullpunkt (siehe Abbildung 3.3). Anschaulich

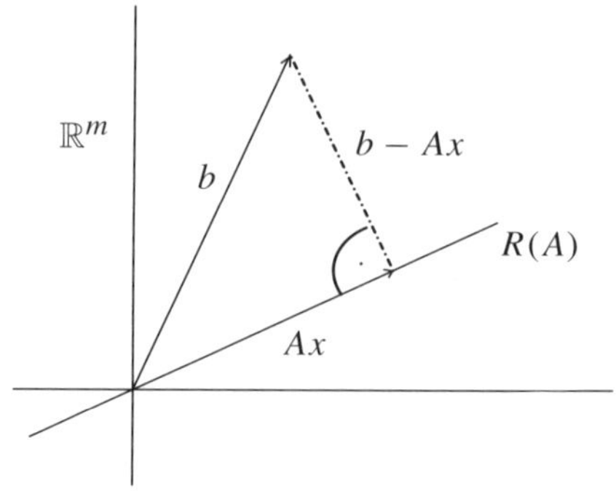

Abbildung 3.3. Projektion auf den Bildraum $R(A)$

ist klar, dass die Differenz $b - Ax$ gerade senkrecht auf dem Unterraum $R(A)$ stehen muss, damit der Abstand $\|b - Ax\|$ minimal ist. Mit anderen Worten: Ax ist die *orthogonale Projektion* von b auf den Unterraum $R(A)$. Da wir auf diese Ergebnisse später in anderem Zusammenhang zurückgreifen wollen, formulieren wir sie in etwas abstrakterer Form.

Satz 3.4. *Sei V ein endlich dimensionaler Euklidischer Vektorraum mit Skalarprodukt $\langle\cdot,\cdot\rangle$, $U \subset V$ ein Unterraum und*

$$U^\perp = \{v \in V : \langle v, u\rangle = 0 \text{ für alle } u \in U\}$$

sein orthogonales Komplement in V. Dann gilt für alle $v \in V$ bezüglich der von dem Skalarprodukt $\langle\cdot,\cdot\rangle$ induzierten Norm $\|v\| = \sqrt{\langle v, v\rangle}$, dass

$$\|v - u\| = \min_{u' \in U} \|v - u'\| \iff v - u \in U^\perp .$$

Beweis. Sei $u \in U$ der (eindeutig bestimmte) Punkt, so dass $v - u \in U^\perp$. Dann gilt für alle $u' \in U$

$$\begin{aligned}\|v - u'\|^2 &= \|v - u\|^2 + 2\langle v - u, u - u'\rangle + \|u - u'\|^2 \\ &= \|v - u\|^2 + \|u - u'\|^2 \;\geq\; \|v - u\|^2,\end{aligned}$$

wobei Gleichheit genau dann gilt, wenn $u = u'$. □

Bemerkung 3.5. Damit ist die Lösung $u \in U$ von $\|v - u\| = \min$ eindeutig bestimmt und heißt *orthogonale Projektion* von v auf U. Die Abbildung

$$P : V \longrightarrow U, \quad v \longmapsto Pv \quad \text{mit } \|v - Pv\| = \min_{u \in U} \|v - u\|$$

ist linear und wird *orthogonale Projektion* von V auf U genannt.

Bemerkung 3.6. Der Satz gilt sinngemäß auch, wenn wir U durch einen *affinen Unterraum* $W = w_0 + U \subset V$ ersetzen, wobei $w_0 \in V$ und U der zu W parallele lineare Unterraum von V ist. Für alle $v \in V$ und $w \in W$ folgt dann

$$\|v - w\| = \min_{w' \in W} \|v - w'\| \iff v - w \in U^{\perp}.$$

Die dadurch wie in Bemerkung 3.5 definierte Abbildung

$$P : V \longrightarrow W, \quad v \longmapsto Pv \quad \text{mit } \|v - Pv\| = \min_{w \in W} \|v - w\|$$

ist affin linear und heißt ebenfalls *orthogonale Projektion* von V auf den affinen Unterraum W. Diese Betrachtung wird uns in Kapitel 8 gute Dienste leisten.

Mit Satz 3.4 können wir nun leicht eine Aussage über die Existenz und Eindeutigkeit einer Lösung des linearen Ausgleichsproblems beweisen.

Satz 3.7. *Der Vektor $x \in \mathbb{R}^n$ ist genau dann Lösung des linearen Ausgleichsproblems $\|b - Ax\| = \min$, falls er die sogenannten* Normalgleichungen

$$A^T Ax = A^T b$$

erfüllt. Insbesondere ist das lineare Ausgleichsproblem genau dann eindeutig lösbar, wenn der Rang von A maximal ist, d. h. Rang $A = n$.

Beweis. Nach Satz 3.4 angewandt auf $V = \mathbb{R}^m$ und $U = R(A)$ gilt

$$\begin{aligned} \|b - Ax\| = \min &\iff \langle b - Ax, Ax' \rangle = 0 \text{ für alle } x' \in \mathbb{R}^n \\ &\iff \langle A^T(b - Ax), x' \rangle = 0 \text{ für alle } x' \in \mathbb{R}^n \\ &\iff A^T(b - Ax) = 0 \\ &\iff A^T Ax = A^T b \end{aligned}$$

und daher die erste Aussage. Der zweite Teil folgt nun aus der Tatsache, dass $A^T A$ genau dann invertierbar ist, wenn Rang $A = n$. □

Bemerkung 3.8. Geometrisch besagen die Normalgleichungen gerade, dass $b - Ax$ eine Normale auf $R(A) \subset \mathbb{R}^m$ ist. Dies gibt ihnen den Namen.

3.1.3 Kondition

Wir beginnen die Konditionsanalyse mit der orthogonalen Projektion $P : \mathbb{R}^m \to V$, $b \mapsto Pb$, auf einen Unterraum V des $\mathbb{R}^m$ (siehe Abbildung 3.4). Die relative Kondition des Projektionsproblems (P, b) bezüglich der Eingabe b hängt offenbar stark von dem Winkel ϑ ab, den b mit dem Unterraum V einschließt. Ist der Winkel klein, d. h.

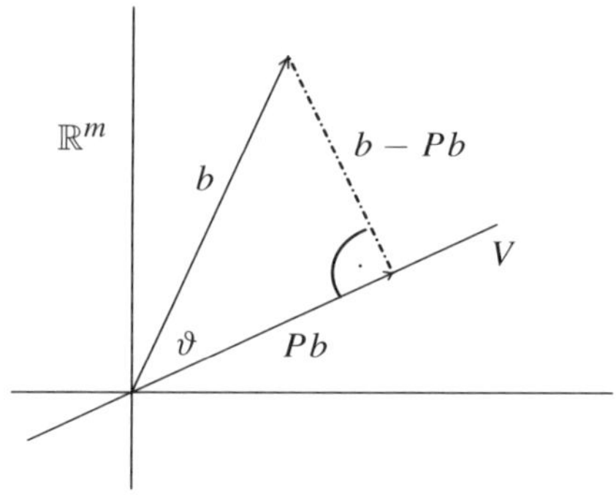

Abbildung 3.4. Projektion auf den Unterraum V

$b \approx Pb$, so finden sich Störungen von b nahezu unverändert im Ergebnis Pb wieder. Andererseits äußert sich eine kleine Störung von b in großen relativen Schwankungen von Pb, wenn b fast senkrecht auf V steht. Diese Beobachtungen spiegeln sich in folgendem Lemma wieder.

Lemma 3.9. *Sei $P : \mathbb{R}^m \to V$ die orthogonale Projektion auf einen Unterraum V des $\mathbb{R}^n$. Für die Eingabe b bezeichne ϑ den Winkel zwischen b und V, d. h.*

$$\sin\vartheta = \frac{\|b - Pb\|_2}{\|b\|_2}.$$

Dann gilt für die relative Kondition des Problems (P, b) bezüglich der Euklidischen Norm, dass

$$\kappa = \frac{1}{\cos\vartheta}\,\|P\|_2.$$

Beweis. Nach Pythagoras gilt $\|Pb\|^2 = \|b\|^2 - \|b - Pb\|^2$ und daher

$$\frac{\|Pb\|^2}{\|b\|^2} = 1 - \sin^2\vartheta = \cos^2\vartheta.$$

Da P linear ist, ergibt sich daraus für die relative Kondition von (P, b) wie behauptet

$$\kappa = \frac{\|b\|}{\|Pb\|}\,\|P'(b)\| = \frac{\|b\|}{\|Pb\|}\,\|P\| = \frac{1}{\cos\vartheta}\,\|P\|.$$ □

Für den nächsten Satz benötigen wir noch folgenden Zusammenhang zwischen den Konditionen von A und $A^T A$ bezüglich der Euklidischen Norm.

Lemma 3.10. *Für eine Matrix $A \in \mathrm{Mat}_{m,n}(\mathbb{R})$ von maximalem Rang $p = n$ gilt*

$$\kappa_2(A^T A) = \kappa_2(A)^2 .$$

Beweis. Nach der Definition (2.3) der Kondition einer rechteckigen Matrix gilt

$$\begin{aligned} \kappa_2(A)^2 &= \frac{\max_{\|x\|_2=1} \|Ax\|^2}{\min_{\|x\|_2=1} \|Ax\|^2} \\ &= \frac{\max_{\|x\|_2=1} \langle A^T Ax, x\rangle}{\min_{\|x\|_2=1} \langle A^T Ax, x\rangle} = \frac{\lambda_{\max}(A^T A)}{\lambda_{\min}(A^T A)} = \kappa_2(A^T A). \end{aligned}$$ □

Mit diesen Vorüberlegungen ist das folgende Ergebnis für die Kondition des linearen Ausgleichproblems keine Überraschung mehr.

Satz 3.11. *Sei $A \in \mathrm{Mat}_{m,n}(\mathbb{R})$, $m \geq n$, eine Matrix von vollem Spaltenrang, $b \in \mathbb{R}^n$, und x die (eindeutige) Lösung des linearen Ausgleichsproblems*

$$\|b - Ax\|_2 = \min .$$

Wir setzen voraus, dass $x \neq 0$ und bezeichnen mit ϑ den Winkel zwischen b und dem Bildraum $R(A)$ von A, d. h.

$$\sin\vartheta = \frac{\|b - Ax\|_2}{\|b\|_2} = \frac{\|r\|_2}{\|b\|_2}$$

mit dem Residuum $r = b - Ax$. Dann gilt für die relative Kondition von x in der Euklidischen Norm

a) *bezüglich Störungen in b*

$$\kappa \leq \frac{\kappa_2(A)}{\cos\vartheta}$$

b) *bezüglich Störungen in A*

$$\kappa \leq \kappa_2(A) + \kappa_2(A)^2 \tan\vartheta. \tag{3.2}$$

Beweis. a) Die Lösung x ist über die Normalgleichungen durch die lineare Abbildung

$$x = \phi(b) = (A^T A)^{-1} A^T b$$

gegeben, so dass

$$\kappa = \frac{\|\phi'(b)\|_2 \, \|b\|_2}{\|x\|_2} = \frac{\|A\|_2 \, \|(A^T A)^{-1} A^T\|_2 \, \|b\|_2}{\|A\|_2 \, \|x\|_2}.$$

Man rechnet leicht nach, dass für eine Matrix A mit vollem Spaltenrang die Kondition $\kappa_2(A)$ gerade

$$\kappa_2(A) = \frac{\max_{\|x\|_2=1} \|Ax\|_2}{\min_{\|x\|_2=1} \|Ax\|_2} = \|A\|_2 \, \|(A^T A)^{-1} A^T\|_2$$

ist. Wie in Lemma 3.9 folgt daher die Behauptung aus

$$\kappa = \frac{\|b\|_2}{\|A\|_2 \, \|x\|_2} \kappa_2(A) \leq \frac{\|b\|_2}{\|Ax\|_2} \kappa_2(A) = \frac{\kappa_2(A)}{\cos\vartheta}.$$

b) Hier betrachten wir die Abbildung $x = \phi(A) = (A^T A)^{-1} A^T b$ in Abhängigkeit von A. Da die Matrizen vom Rang n eine offene Teilmenge in $\mathrm{Mat}_{m,n}(\mathbb{R})$ bilden, ist ϕ in einer Umgebung von A differenzierbar. Wir bilden die Richtungsableitung $\phi'(A)C$ für ein Matrix $C \in \mathrm{Mat}_{m,n}(\mathbb{R})$, indem wir die $\phi(A+tC)$ charakterisierende Gleichung

$$(A + tC)^T (A + tC)\phi(A + tC) = (A + tC)^T b$$

nach t an der Stelle $t = 0$ differenzieren. Daraus folgt

$$C^T Ax + A^T Cx + A^T A\phi'(A)C = C^T b,$$

d. h.

$$\phi'(A)C = (A^T A)^{-1}(C^T(b - Ax) - A^T Cx).$$

Wir können die Ableitung von ϕ daher abschätzen durch

$$\|\phi'(A)\| \leq \|(A^T A)^{-1}\|_2 \, \|r\|_2 + \|(A^T A)^{-1} A^T\|_2 \, \|x\|_2,$$

so dass

$$\kappa = \frac{\|\phi'(A)\|_2 \, \|A\|_2}{\|x\|_2} \leq \underbrace{\|A\|_2 \, \|(A^T A)^{-1} A^T\|_2}_{=\kappa_2(A)} + \underbrace{\|A\|_2^2 \|(A^T A)^{-1}\|_2}_{=\kappa_2(A^T A)=\kappa_2(A)^2} \frac{\|r\|_2}{\|A\|_2 \, \|x\|_2}.$$

Die Behauptung folgt nun wie in b) aus

$$\frac{\|r\|_2}{\|A\|_2 \, \|x\|_2} = \frac{\|r\|_2}{\|b\|_2} \cdot \frac{\|b\|_2}{\|A\|_2 \, \|x\|_2} \leq \sin\vartheta \cdot \frac{1}{\cos\vartheta} = \tan\vartheta.$$

□

Ist das Residuum $r = b - Ax$ des linearen Ausgleichsproblems klein gegenüber der Eingabe b, so gilt $\cos\vartheta \approx 1$ und $\tan\vartheta \approx 0$. In diesem Fall (der den Normalfall für lineare Ausgleichsprobleme darstellen sollte) verhält sich das Problem konditionell wie ein lineares Gleichungssystem. Für große Residuen, d. h. $\cos\vartheta \ll 1$ und $\tan\theta > 1$, tritt in der Abschätzung (3.2) neben der für ein lineares Gleichungssystem relevanten Kondition $\kappa_2(A)$ zusätzlich deren Quadrat $\kappa_2(A)^2$ auf. Für große Residuen verhält sich das lineare Ausgleichsproblem wesentlich anders als lineare Gleichungssysteme.

3.1.4 Lösung der Normalgleichungen

Wir wenden uns nun der numerischen Lösung der Normalgleichungen zu. Gehen wir davon aus, dass das lineare Ausgleichsproblem eindeutig lösbar ist, d. h. Rang $A = n$, so ist $A^T A$ eine spd-Matrix. Nach Kapitel 1.4 bietet sich daher das Cholesky-Verfahren an. Für den Aufwand zur Lösung des linearen Ausgleichsproblems mit Hilfe der Normalgleichungen ergibt sich dann (Anzahl der Multiplikationen):

a) Berechnung von $A^T A$: $\sim \frac{1}{2}n^2 m$

b) Cholesky-Zerlegung von $A^T A$: $\sim \frac{1}{6}n^3$.

Für $m \gg n$ überwiegt der Anteil von a), so dass wir insgesamt einen Aufwand von

$$\sim \frac{1}{2}n^2 m \text{ für } m \gg n \quad \text{und} \quad \sim \frac{2}{3}n^3 \text{ für } m \approx n$$

erhalten.

Die gerade diskutierte numerische Behandlung verlangt im ersten Schritt die Berechnung von $A^T A$, also die Auswertung zahlreicher Skalarprodukte der Spalten von A untereinander. Die im zweiten Kapitel entwickelte numerische Intuition (vgl. Beispiel 2.33) lässt uns diesen Weg jedoch zweifelhaft erscheinen. In jedem zusätzlich eingeführten Schritt können Fehler entstehen, die dann bis zur Lösung propagiert werden. Daher ist es in den meisten Fällen besser, nach einer effizienten *direkten* Methode zu suchen, die *nur auf A selbst* operiert. Als weiterer Kritikpunkt erscheint, dass die Verstärkung der Fehler von $A^T b$ bei der Lösung des linearen Gleichungssystems $A^T Ax = A^T b$ in etwa durch die Kondition

$$\kappa_2(A^T A) = \kappa_2(A)^2$$

beschrieben wird (siehe Lemma 3.10). Für große Residuen entspricht das nach (3.2) der Kondition des linearen Ausgleichsproblems, für kleine Residuen jedoch wird dessen Kondition eher durch $\kappa(A)$ beschrieben, so dass der Übergang zu den Normalgleichungen eine erhebliche Verschlechterung bedeutet. Hinzu kommt, dass die Matrizen, welche bei linearen Ausgleichsproblemen auftreten, gewöhnlich bereits schlecht konditioniert sind, so dass äußerste Vorsicht geboten ist und die weitere Verschlechterung durch den Übergang zu $A^T A$ nicht hingenommen werden kann. Die Lösung linearer Ausgleichsprobleme über die Normalgleichungen mit Hilfe der Cholesky-Zerlegung kann also nur für große Residuen empfohlen werden.

Bemerkung 3.12. Aufgrund der im letzten Abschnitt diskutierten Eigenschaften linearer Ausgleichsprobleme sollte man für große Residuen bei maximalem Rang der Matrix eine Nachiteration ausführen, wobei das Residuum r als explizite Variable mitgeführt wird (siehe Å. Bjørck [7] und Aufgabe 3.2). Dabei formt man die Normalgleichungen in ein äquivalentes symmetrisches System

$$\begin{bmatrix} I & A \\ A^T & 0 \end{bmatrix} \begin{pmatrix} r \\ x \end{pmatrix} = \begin{pmatrix} b \\ 0 \end{pmatrix}$$

doppelter Dimension um, bei dem die Eingabegrößen A und b direkt auftreten. Diese Formulierung eignet sich auch besonders gut für große dünnbesetzte Matrizen A und zur Nachiteration bei „großen" Residuen [7].

3.2 Orthogonalisierungsverfahren

Jeder Eliminationsprozess für lineare Gleichungssysteme, wie z. B. die Gauß-Elimination aus Kapitel 1.2, lässt sich formal in der Form

$$A \xrightarrow{f_1} B_1 A \xrightarrow{f_2} B_2 B_1 A \xrightarrow{f_3} \cdots \xrightarrow{f_k} B_k \dots B_1 A = R$$

darstellen, wobei die Matrizen B_j die Operationen auf der Matrix A beschreiben. Wir haben bei der rekursiven Stabilitätsanalyse in Lemma 2.21 gesehen, dass die Stabilitätsindikatoren der Teilschritte eines Algorithmus verstärkt werden durch die Konditionen aller folgenden Teilschritte. Bei einem wie oben beschriebenen Eliminationsprozess sind dies die Konditionen der Matrizen B_j. Diese Konditionen sind z. B. bei den Eliminationsmatrizen $B_j = L_j$ der Gaußschen Dreieckszerlegung im allgemeinen nicht nach oben beschränkt, so dass es dabei zu Instabilitäten kommen kann (siehe Kapitel 2.4.2). Wählt man hingegen statt der L_j orthogonale Transformationen Q_j für die Elimination, so gilt bezüglich der Euklidischen Norm, dass

$$\kappa(Q_j) = \|Q_j\|_2 \, \|Q_j^{-1}\| = \|Q_j\|_2 \, \|Q_j^T\|_2 = 1 .$$

Diese sogenannten *Orthogonalisierungsverfahren* sind also auf jeden Fall stabil. Leider ist diese inhärente Stabilität mit einem etwas höheren Aufwand verbunden als z. B. bei der Gauß-Elimination, wie wir im folgenden sehen werden. Hinzu kommt jedoch, dass sich Orthogonalisierungsverfahren für lineare Ausgleichsprobleme als Alternative zur Lösung der Normalgleichungen aus einem weiteren Grund gut eignen. Tatsächlich drängt die Invarianz der Euklidischen Norm bezüglich orthogonaler Transformationen die Anwendung von Orthogonalisierungsmethoden zur Lösung des linearen Ausgleichsproblems geradezu auf. Nehmen wir an, wir hätten die Matrix $A \in \mathrm{Mat}_{m,n}$ mit $m \geq n$ mit einer orthogonalen Matrix $Q \in \mathrm{O}(m)$ auf obere

Dreiecksgestalt

$$Q^T A = \begin{bmatrix} * & \dots & * \\ & \ddots & \vdots \\ & & * \\ & & \end{bmatrix} = \begin{bmatrix} R \\ 0 \end{bmatrix}$$

mit einer oberen Dreiecksmatrix R gebracht. Dann können wir die Lösung des linearen Ausgleichsproblems $\|b - Ax\| = \min$ als Alternative zur Lösung der Normalgleichungen auch wie folgt bestimmen.

Satz 3.13. *Sei $A \in \mathrm{Mat}_{m,n}(\mathbb{R})$, $m \geq n$, von maximalem Rang, $b \in \mathbb{R}^m$, und sei $Q \in \mathrm{O}(m)$ eine orthogonale Matrix mit*

$$Q^T A = \begin{pmatrix} R \\ 0 \end{pmatrix} \quad \text{und} \quad Q^T b = \begin{pmatrix} b_1 \\ b_2 \end{pmatrix},$$

wobei $b_1 \in \mathbb{R}^n$, $b_2 \in \mathbb{R}^{m-n}$ und $R \in \mathrm{Mat}_n(\mathbb{R})$ eine (invertierbare) obere Dreiecksmatrix ist. Dann ist $x = R^{-1}b_1$ die Lösung des linearen Ausgleichsproblems $\|b - Ax\| = \min$.

Beweis. Da $Q \in \mathrm{O}(m)$, gilt für alle $x \in \mathbb{R}^m$

$$\|b - Ax\|^2 = \|Q^T(b - Ax)\|^2 = \left\| \begin{pmatrix} b_1 - Rx \\ b_2 \end{pmatrix} \right\|^2 = \|b_1 - Rx\|^2 + \|b_2\|^2 \geq \|b_2\|^2.$$

Wegen $\mathrm{Rang}\, A = \mathrm{Rang}\, R = n$ ist R invertierbar. Der erste Summand $\|b_1 - Rx\|^2$ verschwindet daher genau für $x = R^{-1}b_1$. Man beachte, dass das Residuum $r := b - Ax$ im allgemeinen nicht verschwindet und dass $\|r\| = \|b_2\|$. □

Die in Frage kommenden orthogonalen Transformationen lassen sich für $m = 2$ leicht geometrisch ableiten, nämlich als Drehungen (Rotationen) bzw. Spiegelungen (Reflexionen), siehe Abbildung 3.5. Wollen wir den Vektor $a \in \mathbb{R}^2$ mit einer orthogonalen Transformation auf ein Vielfaches αe_1 des ersten Einheitsvektors abbilden, so folgt $\alpha = \|a\|$. Die erste Möglichkeit ist, a um den Winkel θ auf αe_1 zu drehen. Wir erhalten

$$a \longmapsto \alpha e_1 = Qa \quad \text{mit } Q := \begin{pmatrix} \cos\theta & \sin\theta \\ -\sin\theta & \cos\theta \end{pmatrix}.$$

Als zweite Möglichkeit können wir a an der auf dem Vektor v senkrecht stehenden Gerade l spiegeln, d. h.

$$a \longmapsto \alpha e_1 = a - 2\frac{\langle v, a\rangle}{\langle v, v\rangle} v,$$

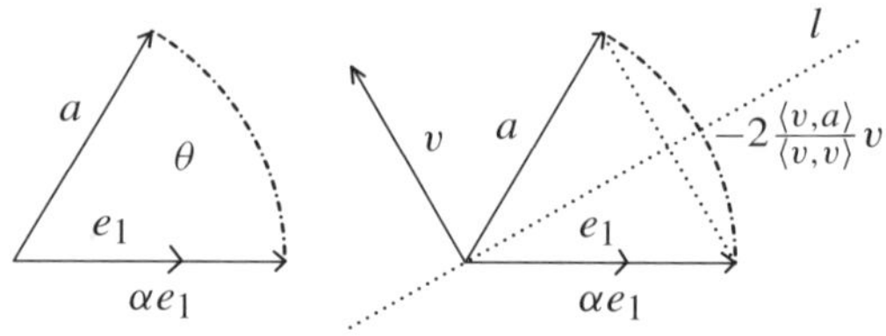

Abbildung 3.5. Drehung bzw. Spiegelung von a auf αe_1

wobei v kollinear zur Differenz $a - \alpha e_1$ ist. Die numerische Behandlung mittels Rotationen stellen wir in Kapitel 3.2.1, die mittels Reflexionen in Kapitel 3.2.2 vor.

3.2.1 Givens-Rotationen

Als *Givens-Rotationen* (Givens 1953) bezeichnet man Matrizen der Form

$$\Omega_{kl} := \begin{bmatrix} I & & & & \\ & c & & s & \\ & & I & & \\ & -s & & c & \\ & & & & I \end{bmatrix} \begin{matrix} \\ \leftarrow k \\ \\ \leftarrow l \\ \\ \end{matrix} \in \mathrm{Mat}_m(\mathbb{R}),$$

wobei I jeweils die Einheitsmatrix der passenden Dimension ist und $c^2 + s^2 = 1$. Dabei sollen c und s natürlich an $\cos\theta$ und $\sin\theta$ erinnern. Geometrisch beschreibt die Matrix eine Drehung um den Winkel θ in der (k, l)-Ebene. Wenden wir Ω_{kl} auf einen Vektor $x \in \mathbb{R}^m$ an, so folgt

$$x \longmapsto y = \Omega_{kl}x \quad \text{mit } 0y_i = (\Omega_{kl}x)_i = \begin{cases} cx_k + sx_l, & \text{falls } i = k, \\ -sx_k + cx_l, & \text{falls } i = l, \\ x_i, & \text{falls } i \neq k, l. \end{cases} \tag{3.3}$$

Multiplizieren wir eine Matrix

$$A = [A_1, \ldots, A_n] \in \mathrm{Mat}_{m,n}(\mathbb{R})$$

mit den Spalten $A_1, \ldots, A_n \in \mathbb{R}^m$ von links mit Ω_{kl}, so operiert die Givens-Rotation auf den Spalten, d. h.

$$\Omega_{kl}A = [\Omega_{kl}A_1, \ldots, \Omega_{kl}A_n].$$

Es werden daher wegen (3.3) nur die beiden Zeilen k und l der Matrix A verändert. Dies ist insbesondere wichtig, wenn man bei der Transformation möglichst Besetzungsstrukturen der Matrix erhalten möchte.

Wie sind nun die Koeffizienten c und s zu bestimmen, um eine Komponente x_l des Vektors x zu eliminieren? Da Ω_{kl} nur auf der (k,l)-Ebene operiert, genügt es, das Prinzip an dem Fall $m = 2$ zu erläutern. Mit $x_k^2 + x_l^2 \neq 0$ und $s^2 + c^2 = 1$ folgt

$$\begin{pmatrix} c & s \\ -s & c \end{pmatrix} \begin{pmatrix} x_k \\ x_l \end{pmatrix} = \begin{pmatrix} r \\ 0 \end{pmatrix} \iff r = \pm\sqrt{x_k^2 + x_l^2},\, c = x_k/r \text{ und } s = x_l/r.$$

$$\tau := x_k/x_l, \quad s := 1/\sqrt{1+\tau^2}, \quad c := s\tau$$

falls $|x_l| > |x_k|$ und

$$\tau := x_l/x_k, \quad c := 1/\sqrt{1+\tau^2}, \quad s := c\tau$$

falls $|x_k| \geq |x_l|$. Damit vermeidet man zugleich Exponentenüberlauf.

Wir können nun eine gegebene Matrix $A \in \mathrm{Mat}_{m,n}$ mit Hilfe von Givens-Rotationen auf obere Dreiecksgestalt R mit $r_{ij} = 0$ für $i > j$ bringen, indem wir Spalte für Spalte die von Null verschiedenen Matrixkomponenten unterhalb der Diagonale eliminieren. Am Beispiel einer vollbesetzten $(5,4)$-Matrix lässt sich der Algorithmus wie folgt veranschaulichen (die Indexpaare (k,l) über den Pfeilen geben die Indizes der ausgeführten Givens-Rotation Ω_{kl} an):

$$A = \begin{bmatrix} * & * & * & * \\ * & * & * & * \\ * & * & * & * \\ * & * & * & * \\ * & * & * & * \end{bmatrix} \xrightarrow{(5,4)} \begin{bmatrix} * & * & * & * \\ * & * & * & * \\ * & * & * & * \\ * & * & * & * \\ 0 & * & * & * \end{bmatrix} \xrightarrow{(4,3)} \cdots \xrightarrow{(2,1)} \begin{bmatrix} * & * & * & * \\ 0 & * & * & * \\ 0 & * & * & * \\ 0 & * & * & * \\ 0 & * & * & * \end{bmatrix}$$

$$\xrightarrow{(5,4)} \begin{bmatrix} * & * & * & * \\ 0 & * & * & * \\ 0 & * & * & * \\ 0 & * & * & * \\ 0 & 0 & * & * \end{bmatrix} \xrightarrow{(4,3)} \cdots \xrightarrow{(5,4)} \begin{bmatrix} * & * & * & * \\ 0 & * & * & * \\ 0 & 0 & * & * \\ 0 & 0 & 0 & * \\ 0 & 0 & 0 & 0 \end{bmatrix}.$$

Als Aufwand für die QR-Zerlegung einer vollbesetzten Ausgangsmatrix $A \in \mathrm{Mat}_{m,n}$ erhalten wir durch sorgfältiges Zählen der Operationen:

a) $\sim n^2/2$ Quadratwurzeln und $\sim 4n^3/3$ Multiplikationen, falls $m \approx n$

b) $\sim mn$ Quadratwurzeln und $\sim 2mn^2$ Multiplikationen, falls $m \gg n$.

Für $m = n$ erhalten wir so eine Alternative zur Gaußschen Dreieckszerlegung aus Kapitel 1.2. Die größere Stabilität muss jedoch mit einem erheblich höheren Aufwand, $\sim 4n^3/3$ Multiplikationen gegenüber $\sim n^3/3$ bei der Gauß-Elimination, erkauft werden. Zu beachten ist aber, dass der Vergleich für dünnbesetzte Matrizen wesentlich günstiger ausfällt. So benötigt man nur $n-1$ Givens-Rotationen, um eine sogenannte *Hessenberg-Matrix*

$$A = \begin{bmatrix} * & \dots & \dots & \dots & * \\ * & \ddots & & & \vdots \\ 0 & \ddots & \ddots & & \vdots \\ \vdots & \ddots & \ddots & \ddots & \vdots \\ 0 & \dots & 0 & * & * \end{bmatrix}$$

auf Dreiecksgestalt zu bringen, die fast schon eine obere Dreiecksmatrix ist und nur in der ersten Nebendiagonale weitere von Null verschiedene Komponenten besitzt. Bei der Gauß-Elimination würde die Pivotsuche evtl. das subdiagonale Band verdoppeln.

Bemerkung 3.14. Speichert man A mit einer Zeilenskalierung DA, so lassen sich die Givens-Rotationen (ähnlich wie bei der rationalen Cholesky-Zerlegung) ohne Auswertungen von Quadratwurzeln realisieren. Von W.M. Gentleman [38] und S. Hammarling [50] wurde 1973 eine Variante entwickelt, der sogenannte *schnelle Givens* oder auch *rationale Givens*. Diese Art der Zerlegung ist sogar invariant gegen Spaltenskalierung, d. h.

$$A = QR \implies AD = Q(RD) \text{ für eine Diagonalmatrix } D.$$

3.2.2 Householder-Reflexionen

Im Jahre 1958 führte A.S. Householder [53] Matrizen $Q \in \mathrm{Mat}_n(\mathbb{R})$ der Form

$$Q = I - 2\frac{vv^T}{v^Tv}$$

mit $v \in \mathbb{R}^n$ ein; sie heißen heute *Householder-Reflexionen*. Solche Matrizen beschreiben gerade die Reflexion an der auf v senkrecht stehenden Ebene (vgl. Abbildung 3.5). Insbesondere hängt Q nur von der Richtung von v ab. Die Householder-Reflexionen Q haben folgende Eigenschaften:

a) Q ist *symmetrisch*, d. h. $Q^T = Q$.

b) Q ist *orthogonal*, d. h. $QQ^T = Q^T Q = I$.

c) Q ist *involutorisch*, d. h. $Q^2 = I$.

Wenden wir Q auf einen Vektor $y \in \mathbb{R}^n$ an, so gilt

$$y \longmapsto Qy = \left(I - 2\frac{vv^T}{v^Tv}\right) y = y - 2\frac{\langle v, y\rangle}{\langle v, v\rangle} v.$$

Soll y auf ein Vielfaches αe_1 des ersten Einheitsvektors e_1 abgebildet werden, d. h.

$$\alpha e_1 = y - 2\frac{\langle v, y\rangle}{\langle v, v\rangle} v \in \operatorname{span}(e_1),$$

so folgt

$$|\alpha| = \|y\|_2 \quad \text{und} \quad v \in \operatorname{span}(y - \alpha e_1).$$

Daher können wir Q bestimmen durch

$$v := y - \alpha e_1 \quad \text{mit } \alpha = \pm\|y\|_2.$$

Um Auslöschung bei der Berechnung von $v = (y_1 - \alpha, y_2, \ldots, y_n)^T$ zu vermeiden, wählen wir $\alpha := -\operatorname{sgn}(y_1)\|y\|_2$. Wegen

$$\langle v, v\rangle = \langle y - \alpha e_1, y - \alpha e_1\rangle = \|y\|_2^2 - 2\alpha\langle y, e_1\rangle + \alpha^2 = -2\alpha(y_1 - \alpha)$$

lässt sich Qx für beliebige $x \in \mathbb{R}^n$ am einfachsten berechnen durch

$$Qx = x - 2\frac{\langle v, x\rangle}{\langle v, v\rangle} v = x + \frac{\langle v, x\rangle}{\alpha(y_1 - \alpha)} v.$$

Mit Hilfe der Householder-Reflexionen können wir nun ebenfalls eine Matrix $A = [A_1, \ldots, A_n] \in \mathrm{Mat}_{m,n}(\mathbb{R})$ in eine obere Dreiecksmatrix transformieren, indem wir sukzessive die Elemente unterhalb der Diagonalen eliminieren. Im ersten Schritt „verkürzen" wir die Spalte A_1 und erhalten

$$A \to A' := Q_1 A = \begin{bmatrix} \alpha_1 & \\ 0 & \\ \vdots & A_2' \ldots A_n' \\ 0 & \end{bmatrix},$$

wobei

$$Q_1 = I - 2\frac{v_1 v_1^T}{v_1^T v_1} \quad \text{mit } v_1 := A_1 - \alpha_1 e_1 \text{ und } \alpha_1 := -\operatorname{sgn}(a_{11})\|A_1\|_2.$$

Nach dem k-ten Schritt haben wir somit die Ausgangsmatrix A bis auf eine Restmatrix $T^{(k+1)} \in \mathrm{Mat}_{m-k,n-k}(\mathbb{R})$ auf obere Dreiecksgestalt gebracht,

$$A^{(k)} = \begin{bmatrix} * & \cdots & \cdots & \cdots & * \\ & \ddots & & & \vdots \\ & & * & \cdots & * \\ & & 0 & & \\ & & \vdots & T^{(k+1)} & \\ & & 0 & & \end{bmatrix}.$$

Bilden wir nun die orthogonale Matrix

$$Q_{k+1} = \left[\begin{array}{c|c} I_k & 0 \\ \hline 0 & \bar{Q}_{k+1} \end{array}\right],$$

wobei $\bar{Q}_{k+1} \in \mathrm{O}(m-k)$ wie im ersten Schritt mit $T^{(k+1)}$ anstelle von A konstruiert wird, so können wir die nächste Subspalte unterhalb der Diagonalen eliminieren. Insgesamt erhalten wir so nach $p = \min(m-1, n)$ Schritten die obere Dreiecksmatrix

$$R = Q_p \ldots Q_1 A$$

und daher wegen $Q_i^2 = I$ die Zerlegung

$$A = QR \quad \text{mit } Q = Q_1 \ldots Q_p.$$

Berechnen wir die Lösung des linearen Ausgleichsproblems $\|b - Ax\| = \min$ nach Satz 3.13, indem wir mit Hilfe der Householder-Reflexionen $Q_j \in \mathrm{O}(m)$ die QR-Zerlegung der Matrix $A \in \mathrm{Mat}_{m,n}(\mathbb{R})$ mit $m \geq n$ berechnen, so gelangen wir zu folgendem Verfahren:

1) $A = QR$, QR-Zerlegung mit Householder-Reflexionen

2) $(b_1, b_2)^T = Q^T b$ mit $b_1 \in \mathbb{R}^n$ und $b_2 \in \mathbb{R}^{m-n}$, Transformation von b

3) $Rx = b_1$, Auflösung eines gestaffelten Systems.

Bei der Implementierung auf einem Rechner müssen neben der oberen Dreiecksmatrix R auch die Householder-Vektoren $v_1, \ldots, v_p$ abgespeichert werden. Dazu speichert man die Diagonalelemente

$$r_{ii} = \alpha_i \quad \text{für } i = 1, \ldots, p$$

in einem separaten Vektor, so dass die Householder-Vektoren $v_1, \ldots, v_p$ in der unteren Hälfte von A Platz finden (siehe Abbildung 3.6). Eine andere Möglichkeit besteht darin, die Householder-Vektoren so zu normieren, dass die erste Komponente $\langle v_i, e_i \rangle$ jeweils 1 ist und nicht abgespeichert werden muss.

Für den *Aufwand* erhalten wir bei dieser Methode

a) $\sim 2n^2m$ Multiplikationen, falls $m \gg n$,

b) $\sim \frac{2}{3}n^3$ Multiplikationen, falls $m \approx n$.

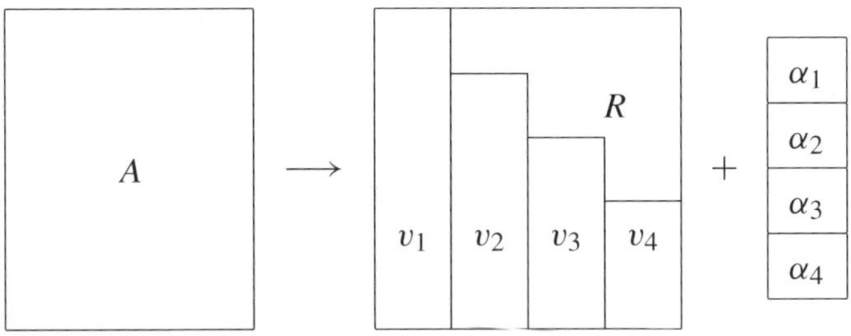

Abbildung 3.6. Speicheraufteilung bei der *QR*-Zerlegung mit Householder-Reflexionen für $m = 5$ und $n = 4$

Für $m \approx n$ benötigen wir also in etwa den gleichen Aufwand wie bei dem Cholesky-Verfahren für die Normalgleichungen. Für $m \gg n$ schneidet die *QR*-Zerlegung um einen Faktor 2 schlechter ab, hat aber die oben diskutierten Stabilitätsvorteile.

Ähnlich wie bei der Gauß-Elimination gibt es auch bei der *QR*-Zerlegung eine Vertauschungsstrategie, den *Spaltentausch* nach P. Businger und G.H. Golub [13]. Anders als bei der Gauß-Elimination ist diese Strategie jedoch für die numerische Stabilität des Algorithmus nebensächlich. Man tauscht die Spalte mit maximaler 2-Norm nach vorne, so dass nach dem Tausch gilt:

$$\|T_1^{(k)}\|_2 = \max_j \|T_j^{(k)}\|_2$$

Mit der Matrixnorm $\|A\|_\square := \max_j \|A_j\|_2$ gilt dann

$$|r_{kk}| = \|T^{(k)}\|_\square \quad \text{und} \quad |r_{k+1,k+1}| \leq |r_{kk}|$$

für die Diagonalelemente r_{kk} von R. Ist $p := \operatorname{Rang}(A)$, so erhalten wir theoretisch nach p Schritten die Matrix

$$A^{(p)} = \left[\begin{array}{c|c} R & S \\ \hline 0 & 0 \end{array}\right]$$

mit einer invertierbaren oberen Dreiecksmatrix $R \in \mathrm{Mat}_p(\mathbb{R})$ und $S \in \mathrm{Mat}_{p,n-p}(\mathbb{R})$. Aufgrund von Rundungsfehlern ergibt sich statt dessen jedoch die folgende Matrix

$$A^{(p)} = \left[\begin{array}{c|c} R & S \\ \hline 0 & T^{(p+1)} \end{array}\right],$$

wobei die Elemente der Restmatrix $T^{(p+1)} \in \mathrm{Mat}_{m-p,n-p}(\mathbb{R})$ „sehr klein" sind. Da wir den Rang der Matrix im allgemeinen nicht im voraus kennen, müssen wir im Algorithmus entscheiden, wann die Restmatrix $T^{(p+1)}$ als vernachlässigbar anzusehen ist. Im Zuge der *QR*-Zerlegung mit Spaltentausch bietet sich in bequemer Weise ein Kriterium für diesen sogenannten *Rangentscheid* an. Definieren wir den *numerischen Rang p* bei einer relativen Genauigkeit δ der Matrix A durch die Bedingung

$$|r_{p+1,p+1}| < \delta\,|r_{11}| \leq |r_{pp}|,$$

so gilt gerade

$$\|T^{(p+1)}\|_\square = |r_{p+1,p+1}| < \delta\,|r_{11}| = \delta\,\|A\|_\square,$$

d. h. bezüglich der Norm $\|\cdot\|_\square$ liegt $T^{(p+1)}$ unterhalb des Fehlers von A.

Ist $p = n$, so können wir ferner die sogenannte *Subkondition*

$$\mathrm{sc}(A) := \frac{|r_{11}|}{|r_{nn}|}$$

von P. Deuflhard und W. Sautter [29] einfach berechnen. Analog zu den Eigenschaften der Kondition $\kappa(A)$ gilt

a) $\mathrm{sc}(A) \geq 1$

b) $\mathrm{sc}(\alpha A) = \mathrm{sc}(A)$

c) $A \neq 0$ singulär $\iff$ $\mathrm{sc}(A) = \infty$

d) $\mathrm{sc}(A) \leq \kappa_2(A)$ (daher der Name).

In Einklang mit obiger Definition des numerischen Ranges heißt *A fast singulär* bei einer *QR*-Zerlegung mit Spaltentausch, falls

$$\delta\,\mathrm{sc}(A) \geq 1 \quad \text{oder äquivalent} \quad \delta\,|r_{11}| \geq |r_{nn}|.$$

Dass dieser Begriff sinnvoll ist, haben wir oben begründet. Jede Matrix, die bezüglich dieser Definition fast singulär ist, ist aufgrund der Eigenschaft d) auch bezüglich der Kondition $\kappa_2(A)$ fast singulär (vgl. Definition 2.32). Die Umkehrung gilt hingegen nicht.

3.3 Verallgemeinerte Inverse

Die nach Satz 3.7 eindeutig bestimmte Lösung x des linearen Ausgleichsproblems $\|b-Ax\| = \min$ für $A \in \mathrm{Mat}_{m,n}(\mathbb{R})$, $m \geq n$ und Rang $A = n$ hängt offensichtlich linear von b ab und wird formal mit $x = A^+b$ bezeichnet. Aus den Normalgleichungen folgt unter obigen Voraussetzungen, dass

$$A^+ = (A^T A)^{-1} A^T .$$

Da $A^+A = I$ gerade die Identität ergibt, nennt man A^+ auch die *Pseudoinverse* von A. Die Definition von A^+ lässt sich auf beliebige Matrizen $A \in \mathrm{Mat}_{m,n}(\mathbb{R})$ erweitern. In diesem Fall ist die Lösung von $\|b - Ax\| = \min$ im allgemeinen nicht mehr eindeutig bestimmt. Bezeichnen wir mit

$$\bar{P} : \mathbb{R}^m \longrightarrow R(A) \subset \mathbb{R}^m$$

die orthogonale Projektion von $\mathbb{R}^m$ auf den Bildraum $R(A)$, so bilden die Lösungen vielmehr nach Satz 3.4 einen affinen Unterraum

$$L(b) := \{x \in \mathbb{R}^n : \|b - Ax\| = \min\} = \{x \in \mathbb{R}^n : Ax = \bar{P}b\}.$$

Um dennoch Eindeutigkeit zu erzwingen, wählen wir die bezüglich der Euklidischen Norm $\|\cdot\|$ kleinste Lösung $x \in L(b)$, die wir wieder mit $x = A^+b$ bezeichnen. Nach Bemerkung 3.6 ist x gerade die orthogonale Projektion des Ursprungs $0 \in \mathbb{R}^n$ auf den affinen Unterraum $L(b)$ (siehe Abbildung 3.7). Ist $\bar{x} \in L(b)$ irgendeine Lösung

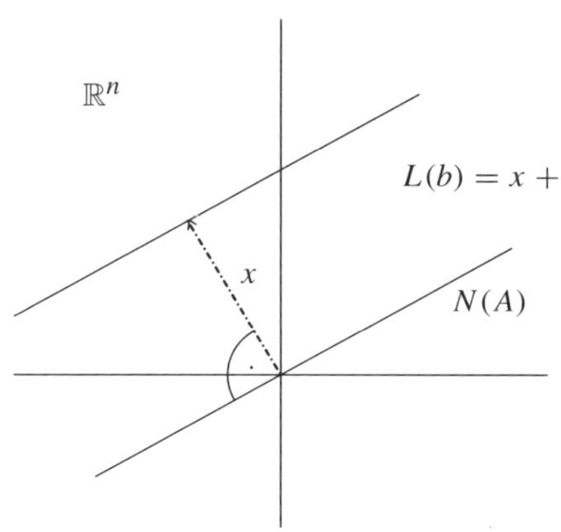

Abbildung 3.7. „Kleinste" Lösung des linearen Ausgleichsproblems als Projektion von 0 auf $L(b)$

von $\|b - Ax\| = \min$, so erhalten wir alle Lösungen, indem wir den Nullraum $N(A)$ von A um $\bar{x}$ verschieben, d. h.

$$L(b) = \bar{x} + N(A).$$

Daher muss die kleinste Lösung x senkrecht auf dem Nullraum $N(A)$ stehen, mit anderen Worten: x ist der eindeutig bestimmte Vektor $x \in N(A)^\perp$ mit $\|b - Ax\| = \min$.

Definition 3.15. Die *Pseudoinverse* einer Matrix $A \in \mathrm{Mat}_{m,n}(\mathbb{R})$ ist die Matrix $A^+ \in \mathrm{Mat}_{n,m}(\mathbb{R})$, so dass für alle $b \in \mathbb{R}^m$ der Vektor $x = A^+b$ die kleinste Lösung von $\|b - Ax\| = \min$ ist, d. h.

$$A^+b \in N(A)^\perp \quad \text{und} \quad \|b - AA^+b\| = \min .$$

Die Situation lässt sich am übersichtlichsten durch das folgende kommutative Diagramm darstellen (wobei i jeweils die Inklusionen bezeichnet).

$$\begin{array}{ccccc}
 & \mathbb{R}^n & \overset{A}{\underset{A^+}{\rightleftarrows}} & \mathbb{R}^m & \\
P = A^+A & \downarrow\uparrow\, i & & i\, \uparrow\downarrow & \bar{P} = AA^+ \\
 & R(A^+) = N(A)^\perp & \cong & R(A) &
\end{array}$$

Wir lesen daran ab, dass die Projektion $\bar{P}$ gerade AA^+ ist, während $P = A^+A$ die Projektion von $\mathbb{R}^n$ auf das orthogonale Komplement $N(A)^\perp$ des Nullraums beschreibt. Ferner gilt aufgrund der Projektionseigenschaft offenbar, dass $A^+AA^+ = A^+$ und $AA^+A = A$. Durch diese beiden Eigenschaften und die Symmetrie der orthogonalen Projektionen $P = A^+A$ und $\bar{P} = AA^+$ ist die Pseudoinverse bereits eindeutig bestimmt, wie folgender Satz zeigt:

Satz 3.16. *Die Pseudoinverse* $A^+ \in \mathrm{Mat}_{n,m}(\mathbb{R})$ *einer Matrix* $A \in \mathrm{Mat}_{m,n}(\mathbb{R})$ *ist eindeutig charakterisiert durch folgende vier Eigenschaften:*

(i) $(A^+A)^T = A^+A$

(ii) $(AA^+)^T = AA^+$

(iii) $A^+AA^+ = A^+$

(iv) $AA^+A = A$.

Die Eigenschaften (i) *bis* (iv) *heißen auch Penrose-Axiome.*

Beweis. Wir haben bereits gesehen, dass A^+ die Eigenschaften (i) bis (iv) erfüllt, da A^+A und AA^+ orthogonale Projektionen auf $N(A)^\perp = R(A^+)$ bzw. $R(A)$ sind. Umgekehrt sind durch (i) bis (iv) orthogonale Projektionen $P := A^+A$ und $\bar{P} := AA^+$ definiert, da $P^T = P = P^2$ und $\bar{P}^T = \bar{P} = \bar{P}^2$. Weiter folgt aus iv) und $\bar{P} = AA^+$, dass $\bar{P}$ die orthogonale Projektion auf $R(A)$, d. h. $R(A) = R(\bar{P})$. Analog folgt aus (iii) und $P = A^+A$, dass $N(P) = N(A)$. Damit sind die Projektionen P und $\bar{P}$ unabhängig von A^+ eindeutig durch die Eigenschaften (i) bis (iv) bestimmt. Daraus folgt aber bereits die Eindeutigkeit von A^+: Erfüllen A_1^+ und A_2^+ die Bedingungen i) bis iv), so gilt $P = A_1^+A = A_2^+A$ und $\bar{P} = AA_1^+ = AA_2^+$ und daher

$$A_1^+ \overset{\text{(iii)}}{=} A_1^+AA_1^+ = A_2^+AA_2^+ \overset{\text{(iii)}}{=} A_2^+ . \qquad \square$$

Bemerkung 3.17. Gilt nur ein Teil der Penrose-Axiome, so spricht man von einer *verallgemeinerten Inversen*. Eine eingehende Untersuchung dazu findet sich z. B. in dem Buch [63] von M.Z. Nashed.

Wir wollen nun herleiten, wie sich die kleinste Lösung $x = A^+b$ für eine beliebige Matrix $A \in \mathrm{Mat}_{m,n}(\mathbb{R})$ und $b \in \mathbb{R}^m$ mit Hilfe der QR-Zerlegung berechnen lässt. Sei $p := \operatorname{Rang} A \le \min(m, n)$ der Rang der Matrix A. Zur Vereinfachung der Notation verzichten wir auf Permutationen und bringen A durch orthogonale Transformationen $Q \in \mathrm{O}(m)$ (z. B. Householder-Reflexionen) auf obere Dreiecksgestalt, d. h.

$$QA = \left[\begin{array}{c|c} R & S \\ \hline 0 & 0 \end{array}\right]; \tag{3.4}$$

hier ist $R \in \mathrm{Mat}_p(\mathbb{R})$ eine invertierbare obere Dreiecksmatrix und $S \in \mathrm{Mat}_{p,n-p}(\mathbb{R})$. Wir zerlegen die Vektoren x und Qb analog formal in

$$x = \begin{pmatrix} x_1 \\ x_2 \end{pmatrix} \quad \text{mit } x_1 \in \mathbb{R}^p \text{ und } x_2 \in \mathbb{R}^{n-p}, \tag{3.5}$$

$$Qb = \begin{pmatrix} b_1 \\ b_2 \end{pmatrix} \quad \text{mit } b_1 \in \mathbb{R}^p \text{ und } b_2 \in \mathbb{R}^{m-p}. \tag{3.6}$$

Damit können wir die Lösung des Ausgleichsproblems $\|b - Ax\| = \min$ wie folgt charakterisieren:

Lemma 3.18. *Mit den obigen Bezeichnungen ist x genau dann eine Lösung von $\|b - Ax\| = \min$, falls*

$$x_1 = R^{-1}b_1 - R^{-1}Sx_2 .$$

Beweis. Aufgrund der Invarianz der Euklidischen Norm unter orthogonalen Transformationen gilt

$$\|b - Ax\|^2 = \|Qb - QAx\|^2 = \|Rx_1 + Sx_2 - b_1\|^2 + \|b_2\|^2.$$

Der Ausdruck wird genau dann minimal, wenn $Rx_1 + Sx_2 - b_1 = 0$. □

Der Fall $p = \operatorname{Rang} A = n$ entspricht dem bereits behandelten überbestimmten Gleichungssystem mit vollem Rang. Die Matrix S verschwindet, und wir erhalten wie in Satz 3.13 die Lösung $x = x_1 = R^{-1}b_1$. Die Lösung im unterbestimmten oder rangdefekten Fall $p < n$ lässt sich wie folgt berechnen:

Lemma 3.19. *Sei $p < n$, $V := R^{-1}S \in \mathrm{Mat}_{p,n-p}(\mathbb{R})$ und $u := R^{-1}b_1 \in \mathbb{R}^p$. Dann ist die kleinste Lösung x von $\|b - Ax\| = \min$ gegeben durch $x = (x_1, x_2) \in \mathbb{R}^p \times \mathbb{R}^{n-p}$ mit*

$$(I + V^T V)x_2 = V^T u \quad \textit{und} \quad x_1 = u - Vx_2.$$

Beweis. Nach Lemma 3.18 sind die Lösungen von $\|b - Ax\| = \min$ gekennzeichnet durch $x_1 = u - Vx_2$. Eingesetzt in $\|x\|$ erhalten wir

$$\begin{aligned} \|x\|^2 &= \|x_1\|^2 + \|x_2\|^2 = \|u - Vx_2\|^2 + \|x_2\|^2 \\ &= \|u\|^2 - 2\langle u, Vx_2\rangle + \langle Vx_2, Vx_2\rangle + \langle x_2, x_2\rangle \\ &= \|u\|^2 + \langle x_2, (I + V^T V)x_2 - 2V^T u\rangle =: \varphi(x_2). \end{aligned}$$

Dabei ist

$$\varphi'(x_2) = -2V^T u + 2(I + V^T V)x_2 \text{ und } \varphi''(x_2) = 2(I + V^T V).$$

Da $I + V^T V$ eine symmetrische, positiv definite Matrix ist, nimmt $\varphi(x_2)$ sein Minimum für x_2 mit $\varphi'(x_2) = 0$ an, d. h. $(I + V^T V)x_2 = V^T u$. Das ist die Behauptung. □

Für die Berechnung von x_2 können wir die Cholesky-Zerlegung benutzen, da $I + V^T V$ eine spd-Matrix ist. Zusammengefasst erhalten wir folgendes Verfahren zur Berechnung der kleinsten Lösung $x = A^+ b$ von $\|b - Ax\| = \min$.

Algorithmus 3.20. Pseudoinverse über QR-Zerlegung. Es sei $A \in \mathrm{Mat}_{m,n}(\mathbb{R})$, $b \in \mathbb{R}^m$. Dann berechnet sich $x = A^+ b$ wie folgt:

1. QR-Zerlegung (3.4) von A mit $p = \operatorname{Rang} A$, wobei $Q \in \mathrm{O}(m), R \in \mathrm{Mat}_p(\mathbb{R})$ obere Dreiecksmatrix und $S \in \mathrm{Mat}_{p,n-p}(\mathbb{R})$.

2. Berechne $V \in \mathrm{Mat}_{p,n-p}(\mathbb{R})$ aus $RV = S$.

3. Cholesky-Zerlegung von $I + V^T V$

$$I + V^T V = LL^T,$$

wobei $L \in \mathrm{Mat}_{n-p}(\mathbb{R})$ untere Dreiecksmatrix.

4. $(b_1, b_2)^T := Qb$ mit $b_1 \in \mathbb{R}^p$, $b_2 \in \mathbb{R}^{m-p}$.

5. Berechne $u \in \mathbb{R}^p$ aus $Ru = b_1$.

6. Berechne $x_2 \in \mathbb{R}^{n-p}$ aus $LL^T x_2 = V^T u$.

7. Setze $x_1 := u - Vx_2$.

Dann ist $x = (x_1, x_2)^T = A^+ b$.

Man beachte, dass die Schritte 1. bis 3. für verschiedene rechte Seiten b nur einmal durchgeführt werden müssen.

Übungsaufgaben

Aufgabe 3.1. Eine Givensrotation

$$Q = \begin{bmatrix} c & s \\ -s & c \end{bmatrix}, \quad c^2 + s^2 = 1$$

lässt sich bis auf ihr Vorzeichen als eine einzige Zahl ρ abspeichern (am besten natürlich an die Stelle des eliminierten Matrixeintrages):

$$\rho := \begin{cases} 1, & \text{falls } c = 0, \\ \operatorname{sgn}(c)\, s/2, & \text{falls } |s| < |c|, \\ 2\, \operatorname{sgn}(s)\, /c, & \text{falls } |s| \geq |c| \neq 0. \end{cases}$$

Geben Sie die Formeln an, mit denen man aus ρ die Givensrotation $\pm Q$ bis auf das Vorzeichen zurückgewinnt. Wieso ist diese Darstellung sinnvoll, obwohl das Vorzeichen verloren geht? Ist diese Darstellung stabil?

Aufgabe 3.2. Die Matrix $A \in \mathrm{Mat}_{m,n}(\mathbb{R})$, $m \geq n$, habe vollen Rang. Falls die mit Hilfe der an sich stabilen QR-Zerlegung berechnete Lösung $\hat{x}$ eines linearen Ausgleichsproblems $\|b - Ax\|_2 = \min$ nicht genau genug ist, so kann man nach

Å. Bjørck auch bei diesem Problemtyp die Lösung mit Hilfe von Nachiterationen verbessern. Diese werden auf dem linearen Gleichungssystem

$$\begin{bmatrix} I & A \\ A^T & 0 \end{bmatrix} \begin{bmatrix} r \\ x \end{bmatrix} = \begin{bmatrix} b \\ 0 \end{bmatrix}$$

durchgeführt, wobei r das Residuum $r = b - Ax$ ist.

a) Zeigen Sie, dass der Vektor (r, x) genau dann eine Lösung des obigen Gleichungssystems ist, wenn x die Lösung des linearen Ausgleichsproblems $\|b - Ax\|_2 = \min$ ist und r das Residuum $r = b - Ax$.

b) Konstruieren Sie einen Algorithmus zur Lösung des obigen Systems, der die vorhandene QR-Zerlegung von A nutzt. Wie hoch ist damit der Aufwand für eine Nachiteration?

Aufgabe 3.3. Im Spezialfall Rang $A = p = m = n - 1$ eines unterbestimmten Systems der Kodimension 1 ist die Matrix S der QR-Zerlegung (3.4) von A ein Vektor $s \in \mathbb{R}^m$. Zeigen Sie, dass sich der Algorithmus 3.20 zur Berechnung der Pseudoinversen $x = A^+b = (x_1, x_2)^T$ vereinfacht zu

1. QR-Zerlegung $QA = [R, s]$.
2. $v := R^{-1}s \in \mathbb{R}^m$.
3. $b_1 := Qb \in \mathbb{R}^m$.
4. $u := R^{-1}b_1 \in \mathbb{R}^m$.
5. $x_2 := \langle v, u\rangle/(1 + \langle v, v\rangle) \in \mathbb{R}$.
6. $x_1 := u - x_2 v$.

Aufgabe 3.4. Ein Versuch mit m Messungen führt auf das lineare Ausgleichsproblem mit $A \in \mathrm{Mat}_{m,n}(\mathbb{R})$. A liege in QR-Zerlegung $A = QR$ vor. Es werde

a) ein (erster) Messwert hinzugefügt oder

b) der (erste) Messwert weggelassen.

Geben Sie Formeln an zur Berechnung von $\tilde{Q}\tilde{R} = \tilde{A}$ für

$$\tilde{A} = \begin{pmatrix} w^T \\ A \end{pmatrix} \quad \text{bzw.} \quad A = \begin{pmatrix} z^T \\ \tilde{A} \end{pmatrix}$$

unter Benutzung der QR-Zerlegung von A an. Wie lauten die Formeln für eine Modifikation der k-ten Zeile von A?

Aufgabe 3.5. In der Chemie werden häufig sogenannte Reaktionsgeschwindigkeitskonstanten K_i ($i = 1, \ldots, m$) bei Messtemperaturen T_i mit einer absoluten Messgenauigkeit (Toleranz) δK_i gemessen. Mit Hilfe des Arrhenius-Gesetzes

$$K_i = A \cdot \exp\left(-\frac{E}{RT_i}\right)$$

bestimmt man daraus im Sinne der kleinsten Fehlerquadrate die beiden Parameter, den präexponentiellen Faktor A und die Aktivierungsenergie E, wobei die allgemeine Gaskonstante R vorgegeben ist. Formulieren Sie das gestellte nichtlineare Problem als *lineares* Ausgleichsproblem. Welche Vereinfachungen erhält man für die beiden Spezialfälle

a) $\delta K_i = \varepsilon K_i$ (konstanter relativer Fehler),

b) $\delta K_i = \text{const}$ (konstanter absoluter Fehler).

i	T_i	K_i
1	728.79	$7.4960 \cdot 10^{-6}$
2	728.61	$1.0062 \cdot 10^{-5}$
3	728.77	$9.0220 \cdot 10^{-6}$
4	728.84	$1.4217 \cdot 10^{-5}$
5	750.36	$3.6608 \cdot 10^{-5}$
6	750.31	$3.0642 \cdot 10^{-5}$
7	750.66	$3.4588 \cdot 10^{-5}$
8	750.79	$2.8875 \cdot 10^{-5}$
9	766.34	$6.2065 \cdot 10^{-5}$
10	766.53	$7.1908 \cdot 10^{-5}$
11	766.88	$7.6056 \cdot 10^{-5}$
12	764.88	$6.7110 \cdot 10^{-5}$
13	790.95	$3.1927 \cdot 10^{-4}$
14	790.23	$2.5538 \cdot 10^{-4}$
15	790.02	$2.7563 \cdot 10^{-4}$
16	790.02	$2.5474 \cdot 10^{-4}$
17	809.95	$1.0599 \cdot 10^{-3}$
18	810.36	$8.4354 \cdot 10^{-4}$
19	810.13	$8.9309 \cdot 10^{-4}$
20	810.36	$9.4770 \cdot 10^{-4}$
21	809.67	$8.3409 \cdot 10^{-4}$

Tabelle 3.1. Datensatz zu Aufgabe 3.5

Aufgabe 3.6. Programmieren Sie das Householder-Orthogonalisierungsverfahren (ohne Spaltentausch) für (m, n)-Matrizen, $m \geq n$, und lösen Sie damit das lineare Ausgleichsproblem aus Aufgabe 3.5 für den Datensatz aus Tabelle 3.1 ($\delta K_i = 1$). Sie können sich das Abtippen der Daten sparen, wenn Sie unter folgender web-Adresse nachsehen:

`http://www.zib.de/SciSoft/Codelib/arrhenius/`

Aufgabe 3.7. Sei $A = BC$. Zeigen Sie, dass $A^+ = C^+B^+$ gilt, wenn C oder B orthogonale Matrizen (passender Dimension) sind. Leiten Sie daraus formal die Lösung des linearen Ausgleichsproblems bei QR-Zerlegung her.

Hinweis: Im rangdefekten Fall ($p < n$) existiert eine Orthogonaltransformation von rechts derart, dass nur noch eine reguläre Dreiecksmatrix der Dimension p zu invertieren ist. Überlegen Sie sich eine solche Transformation im Detail.

Aufgabe 3.8. Sei B^+ Pseudoinverse einer Matrix B und $A^- := LB^+R$ verallgemeinerte Inverse, wobei L, R reguläre Matrizen sind. Leiten Sie Axiome für A^- her, die den Penrose-Axiomen entsprechen. Welche Konsequenzen ergeben sich für den Fall von Zeilen- bzw. Spaltenskalierung bei linearer Ausgleichsrechnung bei vollem Rang und im rangdefekten Fall? Überlegen Sie sich insbesondere den Einfluss auf die Rangentscheidung.

4 Nichtlineare Gleichungssysteme und Ausgleichsprobleme

Bis jetzt haben wir uns fast ausschließlich mit linearen Problemen beschäftigt In diesem Kapitel wollen wir uns der Lösung von nichtlinearen Problemen zuwenden. Dabei sollten wir uns genau vor Augen führen, was wir unter „Lösung" einer Gleichung verstehen wollen. So kennt wohl jeder aus der Schule die quadratische Gleichung (zur stabilen Lösung siehe Beispiel 2.5)

$$f(x) := x^2 - 2px + q = 0$$

und ihre analytische, geschlossen darstellbare Lösung

$$x_{1,2} = p \pm \sqrt{p^2 - q}.$$

Tatsächlich haben wir dadurch das Problem der Lösung einer quadratischen Gleichung nur verschoben auf das Problem der Berechnung einer Wurzel, also der Lösung einer einfacheren quadratischen Gleichung der Form

$$f(x) := x^2 - c = 0 \quad \text{mit } c = |p^2 - q|.$$

Offen bleibt immer noch die Frage, wie eine solche Lösung zu bestimmen ist, d. h. wie ein solches Problem *numerisch* zu lösen ist.

4.1 Fixpunktiteration

Wir bleiben zunächst bei einer skalaren nichtlinearen Gleichung

$$f(x) = 0$$

mit einer beliebigen Funktion $f : \mathbb{R} \to \mathbb{R}$. Die Idee der Fixpunktiteration besteht darin, diese Gleichung äquivalent in eine *Fixpunktgleichung*

$$\phi(x) = x$$

umzuformen und mit Hilfe der Iterationsvorschrift

$$x_{k+1} = \phi(x_k) \quad \text{mit } k = 0, 1, \ldots$$

für einen gegebenen Startwert x_0 eine Folge $\{x_0, x_1, \ldots\}$ zu konstruieren. Wir hoffen, dass die so definierte Folge $\{x_k\}$ gegen einen *Fixpunkt* x^* mit $\phi(x^*) = x^*$ konvergiert, der dann auch Lösung der nichtlinearen Gleichung ist, d. h. $f(x^*) = 0$.

Beispiel 4.1. Wir betrachten die Gleichung

$$f(x) := 2x - \tan x = 0. \tag{4.1}$$

Aus Abbildung 4.1 lesen wir als Näherung für die Lösung im Intervall $[0.5, 2]$ den Wert $x^* \approx 1.2$ ab, den wir als Startwert x_0 für eine Fixpunktiteration wählen. Die

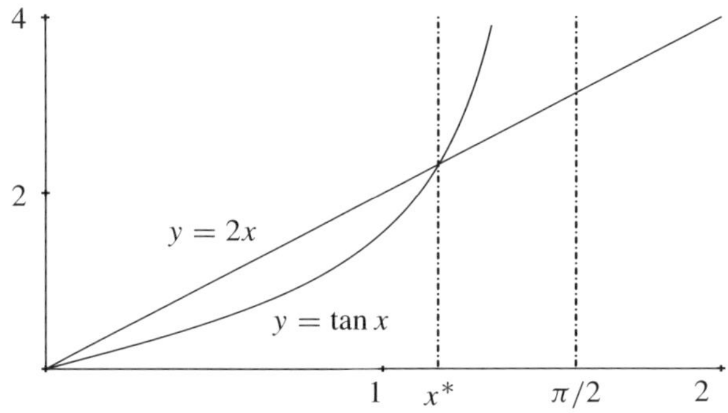

Abbildung 4.1. Graphische Lösung von $2x - \tan x = 0$

Gleichung (4.1) können wir leicht in eine Fixpunktgleichung umformen, etwa in

$$x = \frac{1}{2}\tan x =: \phi_1(x) \quad \text{oder} \quad x = \arctan(2x) =: \phi_2(x).$$

Probieren wir die beiden zugehörigen Fixpunktiterationen mit dem Startwert $x_0 = 1.2$ aus, so ergeben sich die Zahlenwerte in Tabelle 4.1 Wie man sieht, divergiert die erste Folge ($\tan x$ hat einen Pol bei $\pi/2$ und $x_2 > \pi/2$), während die zweite konvergiert. Bei der konvergenten Folge tritt ungefähr bei jedem zweiten Iterationsschritt eine gültige Dezimalziffer mehr auf.

Offensichtlich konvergiert nicht jede naiv konstruierte Fixpunktiteration. Wir betrachten deshalb nun allgemein Folgen $\{x_k\}$, die durch eine *Iterationsfunktion* ϕ

$$x_{k+1} = \phi(x_k)$$

gegeben sind. Wollen wir die Differenz zweier Folgenglieder

$$|x_{k+1} - x_k| = |\phi(x_k) - \phi(x_{k-1})|$$

k	$x_{k+1} = \frac{1}{2} \tan x_k$	$x_{k+1} = \arctan(2x_k)$
0	1.2	1.2
1	1.2860	1.1760
2	$1.70\cdots > \pi/2$	1.1687
3		1.1665
4		1.1658
5		1.1656
6		1.1655
7		1.1655

Tabelle 4.1. Vergleich der Fixpunktiterationen ϕ_1 und ϕ_2

durch die Differenz $|x_k - x_{k-1}|$ der vorhergehenden abschätzen (wobei wir natürlich sofort an die geometrische Reihe denken), so führt dies zwingend zu der folgenden theoretischen Charakterisierung:

Definition 4.2. Sei $I = [a, b] \subset \mathbb{R}$ ein Intervall und $\phi : I \to \mathbb{R}$. ϕ ist *kontrahierend auf* I, falls es ein $0 \leq \theta < 1$ gibt, so dass

$$|\phi(x) - \phi(y)| \leq \theta |x - y| \quad \text{für alle } x, y \in I.$$

Für stetig differenzierbares ϕ ist die *Lipschitz-Konstante* θ leicht zu berechnen.

Lemma 4.3. *Ist $\phi : I \to \mathbb{R}$ stetig differenzierbar, $\phi \in C^1(I)$, so gilt*

$$\sup_{x,y \in I} \frac{|\phi(x) - \phi(y)|}{|x - y|} = \sup_{z \in I} |\phi'(z)| < \infty.$$

Beweis. Dies ist eine einfache Anwendung des Mittelwertsatzes in $\mathbb{R}$: Für alle $x, y \in I$, $x < y$, existiert ein $\xi \in [x, y]$, so dass

$$\phi(x) - \phi(y) = \phi'(\xi)(x - y).$$

□

Satz 4.4. *Sei $I = [a, b] \subset \mathbb{R}$ ein Intervall und $\phi : I \to I$ eine kontrahierende Abbildung mit Lipschitz-Konstante $\theta < 1$. Dann folgt:*

a) *Es existiert genau ein Fixpunkt x^* von ϕ, $\phi(x^*) = x^*$.*

b) *Für jeden Startwert $x_0 \in I$ konvergiert die Fixpunktiteration $x_{k+1} = \phi(x_k)$ gegen x^* mit*

$$|x_{k+1} - x_k| \leq \theta |x_k - x_{k-1}| \quad \textit{und} \quad |x^* - x_k| \leq \frac{\theta^k}{1 - \theta} |x_1 - x_0|.$$

Beweis. Es gilt für alle $x_0 \in I$, dass

$$|x_{k+1} - x_k| = |\phi(x_k) - \phi(x_{k-1})| \leq \theta |x_k - x_{k-1}|$$

und daher induktiv

$$|x_{k+1} - x_k| \leq \theta^k |x_1 - x_0|.$$

Wir wollen zeigen, dass $\{x_k\}$ eine Cauchy-Folge ist und betrachten daher

$$\begin{aligned} |x_{k+m} - x_k| &\leq |x_{k+m} - x_{k+m-1}| + \cdots + |x_{k+1} - x_k| \\ &\leq \underbrace{(\theta^{k+m-1} + \theta^{k+m-2} + \cdots + \theta^k)}_{= \theta^k (1 + \theta + \cdots + \theta^{m-1})} |x_1 - x_0| \\ &\leq \frac{\theta^k}{1-\theta} |x_1 - x_0|, \end{aligned}$$

wobei wir die Dreiecksungleichung und die Abschätzung für die geometrische Reihe $\sum_{k=0}^{\infty} \theta^k = 1/(1-\theta)$ benutzt haben. $\{x_k\}$ ist also eine Cauchy-Folge, die in dem vollständigen Raum der reellen Zahlen gegen den Häufungspunkt

$$x^* := \lim_{k \to \infty} x_k$$

konvergiert. x^* ist aber auch Fixpunkt von ϕ, da

$$\begin{aligned} |x^* - \phi(x^*)| &= |x^* - x_{k+1} + x_{k+1} - \phi(x^*)| \\ &= |x^* - x_{k+1} + \phi(x_k) - \phi(x^*)| \\ &\leq |x^* - x_{k+1}| + |\phi(x_k) - \phi(x^*)| \\ &\leq |x^* - x_{k+1}| + \theta |x^* - x_k| \quad \to 0 \quad \text{für } k \to \infty. \end{aligned}$$

Damit haben wir den zweiten Teil des Satzes und die Existenz des Fixpunktes bewiesen. Sind x^*, y^* zwei Fixpunkte, so gilt

$$0 \leq |x^* - y^*| = |\phi(x^*) - \phi(y^*)| \leq \theta \, |x^* - y^*|.$$

Da $\theta < 1$ ist dies nur für $|x^* - y^*| = 0$ möglich. Daher ist der Fixpunkt von ϕ auch eindeutig bestimmt. □

Bemerkung 4.5. Satz 4.4 ist ein Spezialfall des Banachschen Fixpunktsatzes. In dem Beweis wurden nur die Dreiecksungleichung für den Betrag und die Vollständigkeit von $\mathbb{R}$ als Eigenschaften benutzt. Er gilt daher wesentlich allgemeiner, wenn man $\mathbb{R}$ durch einen Banach-Raum X, z. B. einen Funktionenraum, und den Betrag durch die zugehörige Norm ersetzt. Solche Sätze spielen nicht nur in der Theorie sondern auch in der Numerik von Differential- und Integralgleichungen eine Rolle. Wir werden in diesem einführenden Lehrbuch lediglich die Erweiterung auf $X = \mathbb{R}^n$ mit einer Norm $\|\cdot\|$ anstelle des Betrages $|\cdot|$ benutzen.

Bemerkung 4.6. Für skalare nichtlineare Gleichungen, bei denen lediglich ein Programm zur Auswertung von $f(x)$ zusammen mit einem die Lösung einschließenden Intervall vorliegt, hat sich inzwischen der Algorithmus von R.P. Brent [10] als Standard etabliert. Er beruht auf einer Mischung recht elementarer Techniken wie Bisektion und invers-quadratischer Interpolation, die wir hier nicht eigens ausführen wollen. Sie sind in [10] detailliert beschrieben. Falls mehr Informationen über f bekannt sind, etwa Konvexität oder Differenzierbarkeit, lassen sich rascher konvergente Verfahren konstruieren, auf die wir im folgenden unser Augenmerk richten wollen.

Zur Beurteilung der *Konvergenzgeschwindigkeit* einer Fixpunktiteration definieren wir den Begriff der *Konvergenzordnung* einer Folge $\{x_k\}$.

Definition 4.7. Eine Folge $\{x_k\}$, $x_k \in \mathbb{R}^n$, konvergiert mit der *Ordnung* (*mindestens*) $p \geq 1$ gegen x^*, falls es eine Konstante $C \geq 0$ gibt, so dass

$$\|x_{k+1} - x^*\| \leq C\|x_k - x^*\|^p,$$

wobei wir im Fall $p = 1$ zusätzlich verlangen, dass $C < 1$. Im Fall $p = 1$ sprechen wir auch von *linearer*, für $p = 2$ von *quadratischer Konvergenz*. Weiter heißt $\{x_k\}$ *superlinear* konvergent, falls es eine nicht negative Nullfolge $C_k \geq 0$ mit $\lim_{k\to\infty} C_k = 0$ gibt, so dass

$$\|x_{k+1} - x^*\| \leq C_k\|x_k - x^*\|.$$

Bemerkung 4.8. Häufig definiert man die Konvergenzordnung p aus Gründen einer einfacheren Analysis alternativ durch die analogen Ungleichungen für die Iterierten

$$\|x_{k+1} - x_k\| \leq C\|x_k - x_{k-1}\|^p$$

bzw.

$$\|x_{k+1} - x_k\| \leq C_k\|x_k - x_{k-1}\|$$

für die superlineare Konvergenz.

Wie wir oben an dem einfachen Beispiel $f(x) = 2x - \tan x$ gesehen haben, muss man zur Lösung des nichtlinearen Problems $f(x) = 0$ eine geeignete Fixpunktiteration unter mehreren möglichen auswählen. Dies ist im allgemeinen keine einfache Aufgabe. Wegen

$$|x_{k+1} - x^*| = |\phi(x_k) - \phi(x^*)| \leq \theta|x_k - x^*|$$

und $0 \leq \theta < 1$ konvergiert die Fixpunktiteration

$$x_{k+1} = \phi(x_k)$$

für eine kontrahierende Abbildung ϕ im allgemeinen Fall nur linear. Von einem guten Iterationsverfahren erwarten wir jedoch, dass es zumindest *superlinear* oder *linear mit einer kleinen Konstante* $C \ll 1$ konvergiert. Im nächsten Kapitel werden wir uns deshalb einem Verfahren mit quadratischer Konvergenz zuwenden.

4.2 Newton-Verfahren für nichtlineare Gleichungssysteme

Wir bleiben zunächst wiederum bei einer *skalaren nichtlinearen Gleichung* $f(x) = 0$ und suchen eine Nullstelle x^* von f. Da uns die Funktion f nicht global zur Verfügung steht, sondern nur punktweise auswertbar ist, approximieren wir sie durch ihre Tangente $p(x)$ im Startpunkt x_0. Anstelle des Schnittpunktes x^* des Graphen von f mit der x-Achse berechnen wir dann den Schnittpunkt x_1 der Tangente (siehe Abbildung 4.2). Das Tangentenpolynom hat die Darstellung

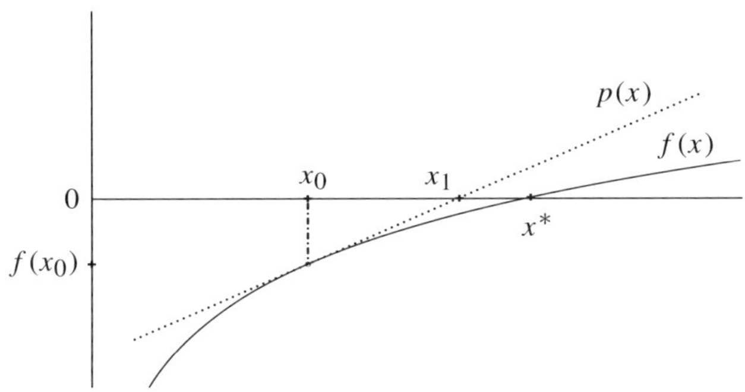

Abbildung 4.2. Idee des Newton-Verfahrens im $\mathbb{R}^1$

$$p(x) = f(x_0) + f'(x_0)(x - x_0).$$

Die zugehörige Nullstelle x_1 lässt sich im Fall von $f'(x_0) \neq 0$ durch

$$x_1 = x_0 - \frac{f(x_0)}{f'(x_0)}$$

angeben. Die Grundidee des *Newton-Verfahrens* besteht nun in der wiederholten Anwendung dieser Vorschrift

$$x_{k+1} := x_k - \frac{f(x_k)}{f'(x_k)}, \quad k = 0, 1, 2, \ldots .$$

Offensichtlich ist dies eine spezielle Fixpunktiteration mit der Iterationsfunktion

$$\phi(x) := x - \frac{f(x)}{f'(x)}.$$

Sie kann natürlich nur gebildet werden, falls f differenzierbar ist und $f'(x)$ zumindest in einer Umgebung der Lösung nicht verschwindet. Die Konvergenzeigenschaften des Verfahrens werden wir weiter unten in allgemeinerem theoretischen Rahmen analysieren.

Beispiel 4.9. *Berechnung der Quadratwurzel.* Zu lösen ist die Gleichung

$$f(x) := x^2 - c = 0.$$

Im Rechner werde die Zahl c als Gleitkommazahl

$$c = a2^p \quad \text{mit } 0.5 < a \leq 1$$

durch die Mantisse a und den Exponenten $p \in \mathbb{N}$ dargestellt. Damit gilt

$$\sqrt{c} = \begin{cases} 2^m\sqrt{a}, & \text{falls } p = 2m, \\ 2^m\sqrt{a}\sqrt{0.5}, & \text{falls } p = 2m-1, \end{cases}$$

wobei

$$\sqrt{0.5} < \sqrt{a} \leq 1.$$

Wird $\sqrt{0.5} = 1/\sqrt{2} \approx 0.71$ ein für allemal gesondert berechnet und auf die erforderliche Anzahl von Ziffern abgespeichert, so bleibt nur noch das Problem

$$f(x) := x^2 - a = 0 \quad \text{für } a \in]0.5, 1]$$

zu lösen. Da

$$f'(x) = 2x \neq 0 \quad \text{für } x \in]0.5, 1],$$

ist das Newton-Verfahren anwendbar und wir erhalten als Iterationsfunktion

$$\phi(x) = x - \frac{f(x)}{f'(x)} = x - \frac{x^2 - a}{2x} = x - \frac{x}{2} + \frac{a}{2x} = \frac{1}{2}\left(x + \frac{a}{x}\right),$$

also die Newton-Iteration

$$x_{k+1} := \frac{1}{2}\left(x_k + \frac{a}{x_k}\right).$$

Die Division durch 2 kann dabei sogar sehr billig durch die Subtraktion von 1 im Exponenten realisiert werden, so dass nur eine Division und eine Addition pro Iterationsschritt durchgeführt werden müssen. Für $a = 0.81$ und $x_0 = 1$ haben wir die Newton-Iteration in Tabelle 4.2 wiedergegeben. Es zeigt sich eine ungefähre Verdopplung der Anzahl der gültigen Ziffern pro Iterationsschritt, das typische Verhalten bei *quadratischer* Konvergenz.

k	x_k
0	1.0000000000
1	0.9050000000
2	0.9000138122
3	0.90000000001

Tabelle 4.2. Newton-Iteration für $a = 0.81$ und $x_0 = 1$

Das Newton-Verfahren lässt sich leicht auf *Systeme nichtlinearer Gleichungen*

$$F(x) = 0$$

übertragen, wobei $F : \mathbb{R}^n \to \mathbb{R}^n$ eine stetig differenzierbare Funktion mit gewissen Zusatzeigenschaften ist. Die graphische Herleitung ist für Dimensionen $n > 1$ natürlich nicht mehr möglich. Im Kern müssen wir jedoch lediglich die nichtlineare Funktion F lokal durch eine lineare Funktion ersetzen. Die Taylor-Entwicklung von F um einen Startwert x^0 ergibt

$$0 = F(x) = \underbrace{F(x^0) + F'(x^0)(x - x^0)}_{:= \bar{F}(x)} + o(|x - x^0|) \quad \text{für } x \to x^0. \tag{4.2}$$

Die Nullstelle x^1 der linearen Ersatzabbildung $\bar{F}$ ist gerade

$$x^1 = x^0 - F'(x^0)^{-1} F(x^0),$$

falls die Jacobimatrix $F'(x^0)$ an der Stelle x^0 invertierbar ist. Dies inspiriert die *Newton-Iteration* ($k = 0, 1, \ldots$)

$$F'(x^k)\Delta x^k = -F(x^k) \quad \text{mit } x^{k+1} = x^k + \Delta x^k. \tag{4.3}$$

Natürlich wird nicht etwa die Inverse $F'(x^k)^{-1}$ in jedem Iterationsschritt berechnet, sondern nur die sogenannte *Newton-Korrektur* Δx^k als Lösung des obigen linearen Gleichungssystems. Wir haben also die numerische Lösung eines nichtlinearen Gleichungssystems zurückgeführt auf die numerische Lösung einer *Folge von linearen Gleichungssystemen.*

Bevor wir uns nun der Untersuchung der Konvergenzeigenschaften des oben definierten Newton-Verfahrens zuwenden, wollen wir noch auf eine *Invarianzeigenschaft* hinweisen. Offensichtlich ist das Problem der Lösung von $F(x) = 0$ äquivalent zu dem Problem

$$G(x) := AF(x) = 0$$

für eine beliebige invertierbare Matrix $A \in GL(n)$. Zugleich ist auch die Newton-Folge $\{x^k\}$ bei gegebenem x^0 unabhängig von A, da

$$G'(x)^{-1}G(x) = (AF'(x))^{-1}AF(x) = F'(x)^{-1}A^{-1}AF(x) = F'(x)^{-1}F(x).$$

Die Transformation $F \to G$ ist eine Affintransformation (ohne Translationsanteil). Deshalb hat sich die Sprechweise eingebürgert: Sowohl das zu lösende Problem $F(x) = 0$ als auch das Newton-Verfahren ist *affin-invariant*. Entsprechend verlangen wir, dass die Konvergenzeigenschaften des Newton-Verfahrens durch eine affin-invariante Theorie beschrieben werden. Unter den zahlreichen unterschiedlichen Konvergenzsätzen für das Newton-Verfahren greifen wir einen relativ neuen heraus, da er besonders klare Resultate liefert und trotzdem relativ einfach zu beweisen ist (vgl. [28]).

Satz 4.10. *Sei $D \subset \mathbb{R}^n$ offen und konvex und $F : D \to \mathbb{R}^n$ eine stetig differenzierbare Funktion mit invertierbarer Jacobimatrix $F'(x)$ für alle $x \in D$. Es gelte für ein $\omega \geq 0$ die folgende (affin-invariante) Lipschitz-Bedingung:*

$$\|F'(x)^{-1}(F'(x+sv) - F'(x))v\| \leq s\omega\|v\|^2 \tag{4.4}$$

für alle $s \in [0, 1]$, $x \in D$ und $v \in \mathbb{R}^n$, so dass $x + v \in D$. Ferner existiere eine Lösung $x^* \in D$ und ein Startwert $x^0 \in D$ derart, dass

$$\rho := \|x^* - x^0\| < \frac{2}{\omega} \quad \textit{und} \quad B_\rho(x^*) \subseteq D.$$

Dann bleibt die durch das Newton-Verfahren definierte Folge $\{x^k\}$ für $k > 0$ in der offenen Kugel $B_\rho(x^*)$ und konvergiert gegen x^*, d. h.

$$\|x^k - x^*\| < \rho \quad \textit{für } k > 0 \quad \textit{und} \quad \lim_{k\to\infty} x^k = x^*.$$

Die Konvergenzgeschwindigkeit lässt sich abschätzen durch

$$\|x^{k+1} - x^*\| \leq \frac{\omega}{2}\|x^k - x^*\|^2 \quad \textit{für } k = 0, 1, \ldots .$$

Darüber hinaus ist die Lösung x^* eindeutig in $B_{2/\omega}(x^*)$.

Beweis. Wir leiten zunächst aus der Lipschitz-Bedingung (4.4) das folgende Hilfsresultat für $x, y \in D$ ab:

$$\|F'(x)^{-1}(F(y) - F(x) - F'(x)(y-x))\| \leq \frac{\omega}{2}\|y-x\|^2. \tag{4.5}$$

Dazu benutzen wir die Lagrangesche Form des Mittelwertsatzes der Integralrechnung:

$$F(y) - F(x) - F'(x)(y-x) = \int_{s=0}^{1} (F'(x+s(y-x)) - F'(x))(y-x)ds.$$

Die linke Seite in (4.5) lässt sich damit umformen und abschätzen gemäß

$$\begin{aligned} &\left\| \int_{s=0}^{1} F'(x)^{-1}(F'(x+s(y-x)) - F'(x))(y-x)ds \right\| \\ &\quad \leq \int_{s=0}^{1} s\omega \|y-x\|^2 \, ds \;=\; \frac{\omega}{2}\|y-x\|^2, \end{aligned}$$

womit (4.5) bewiesen ist. Mit dieser Vorbereitung können wir uns nun der Frage der Konvergenz der Newton-Iteration zuwenden. Unter Verwendung der Iterationsvorschrift (4.3) sowie $F(x^*) = 0$ erhalten wir

$$\begin{aligned} x^{k+1} - x^* &= x^k - F'(x^k)^{-1}F(x^k) - x^* \\ &= x^k - x^* - F'(x^k)^{-1}(F(x^k) - F(x^*)) \\ &= F'(x^k)^{-1}(F(x^*) - F(x^k) - F'(x^k)(x^* - x^k)). \end{aligned}$$

Mit Hilfe von (4.5) liefert dies die Abschätzung der Konvergenzgeschwindigkeit

$$\|x^{k+1} - x^*\| \leq \frac{\omega}{2}\|x^k - x^*\|^2.$$

Falls $0 < \|x^k - x^*\| \leq \rho$, so folgt daraus

$$\|x^{k+1} - x^*\| \leq \underbrace{\frac{\omega}{2}\|x^k - x^*\|}_{\leq \rho\omega/2 < 1} \|x^k - x^*\| < \|x^k - x^*\|.$$

Da $\|x^0 - x^*\| = \rho$, gilt daher $\|x^k - x^*\| < \rho$ für alle $k > 0$ und die Folge $\{x^k\}$ konvergiert gegen x^*.

Zum Beweis der Eindeutigkeit in der Kugel $B_{2/\omega}(x^*)$ um x^* mit Radius $2/\omega$ benutzen wir nochmals das Hilfsresultat (4.5). Sei $x^{**} \in B_{2/\omega}(x^*)$ eine weitere Lösung, also $F(x^{**}) = 0$ und $\|x^* - x^{**}\| < 2/\omega$. Einsetzen in (4.5) liefert dann

$$\begin{aligned} \|x^{**} - x^*\| &= \|F'(x^*)^{-1}(0 - 0 - F'(x^*)(x^{**} - x^*))\| \\ &\leq \underbrace{\frac{\omega}{2}\|x^{**} - x^*\|}_{< 1} \|x^{**} - x^*\|. \end{aligned}$$

Dies ist nur möglich, falls $x^{**} = x^*$. □

In Kurzform lautet der obige Satz: *Das Newton-Verfahren konvergiert lokal quadratisch.*

Bemerkung 4.11. Varianten des obigen Satzes liefern zusätzlich noch die *Existenz* einer Lösung x^*, die wir ja oben vorausgesetzt hatten. Die zugehörigen Beweise sind jedoch etwas anspruchsvoller (siehe [21]).

Die theoretischen Annahmen von Satz 4.10 lassen sich in Unkenntnis der Lösung x^* leider nicht direkt überprüfen. Andererseits möchten wir natürlich möglichst früh wissen, ob eine Newton-Iteration konvergiert oder nicht, um uns unnötige Iterationsschritte zu ersparen. Wir suchen daher nach einem im Algorithmus überprüfbaren *Konvergenzkriterium*, das es uns erlaubt, die Konvergenz des Newton-Verfahrens bereits nach einem oder wenigen Schritten zu beurteilen. Wie bereits in Kapitel 2.4.3 bei der Beurteilung der Lösungen linearer Gleichungssysteme, richtet sich auch hier unser Blick als erstes auf das *Residuum* $F(x^k)$. Offenbar ist die Lösung des nichtlinearen Gleichungssystems $F(x) = 0$ äquivalent zur Minimierung des Residuums. Man könnte daher erwarten, dass dies monoton kleiner wird, d. h.

$$\|F(x^{k+1})\| \leq \bar{\theta}\, \|F(x^k)\| \quad \text{für } k = 0, 1, \dots \text{ und ein } \bar{\theta} < 1. \tag{4.6}$$

Dieser *Standard-Monotonietest* ist aber nicht affin-invariant. Eine Multiplikation von F mit einer invertierbaren Matrix A kann das Ergebnis des Monotonietests (4.6) beliebig verändern. Mit der Idee, die Ungleichung (4.6) in eine affin-invariante und zugleich einfach ausführbare Bedingung zu transformieren, schlug P. Deuflhard 1972 den sogenannten *natürlichen Monotonietest*

$$\|F'(x^k)^{-1} F(x^{k+1})\| \leq \bar{\theta}\, \|F'(x^k)^{-1} F(x^k)\| \quad \text{für ein } \bar{\theta} < 1 \tag{4.7}$$

vor – für eine ausführliche Darstellung dieser Thematik siehe etwa [21]. Auf der rechten Seite entdecken wir die Newton-Korrektur Δx^k wieder, die wir ohnehin berechnen müssen. Auf der linken Seite erkennen wir die *vereinfachte Newton-Korrektur* $\overline{\Delta x}^{k+1}$ als Lösung des linearen Gleichungssystems

$$F'(x^k)\overline{\Delta x}^{k+1} = -F(x^{k+1}).$$

Damit schreibt sich der natürliche Monotonietest (4.7) in Kurzform als

$$\|\overline{\Delta x}^{k+1}\| \leq \bar{\theta}\|\Delta x^k\|. \tag{4.8}$$

Für die vereinfachte Newton-Korrektur müssen wir offenbar ein weiteres lineares Gleichungssystem mit der gleichen Matrix $F'(x^k)$ zum veränderten Funktionswert $F(x^{k+1})$ am nächsten Iterationspunkt $x^{k+1} = x^k + \Delta x^k$ lösen. Dies ist ohne viel Mehraufwand möglich.: Bei der Verwendung eines Eliminationsverfahrens (mit Aufwand $O(n^3)$ Operationen bei vollbesetzter Matrix) müssen wir nämlich lediglich die Vorwärts- und Rückwärtssubstitutionen zusätzlich ausführen (also nur $O(n^2)$ Operationen).

Die theoretische Analyse in [21] zeigt, dass im Konvergenzbereiche des gewöhnlichen Newton-Verfahrens gilt:

$$\|\overline{\Delta x}^{k+1}\| \leq \frac{1}{4}\|\Delta x^k\|.$$

Wir „weichen" diese Bedingung etwas auf und setzen die Konstante $\bar{\theta} := 0.5$ in den obigen natürlichen Monotonietest ein. Falls dieser Test (4.8) für ein k verletzt ist, d. h. falls sich

$$\|\overline{\Delta x}^{k+1}\| > \frac{1}{2}\|\Delta x^k\|$$

ergibt, so ist die Newton-Iteration abzubrechen. In diesem Fall bleibt uns nichts anderes übrig, als mit einer anderen, hoffentlich besseren, Schätzung x^0 die Newton-Iteration erneut zu starten.

Eine Möglichkeit, die lokale Konvergenz des Newton-Verfahrens zu erweitern, ist die sogenannte *Dämpfung* der Newton-Korrekturen Δx^k.

Dies führt zu der geänderten Iteration

$$x^{k+1} = x^k + \lambda_k \Delta x^k,$$

wobei $0 < \lambda_k \leq 1$ der sogenannte *Dämpfungsfaktor* ist. Für dessen Wahl können wir wieder den natürlichen Monotonietest nutzen. Als einfache *Dämpfungsstrategie* empfehlen wir, die Dämpfungsfaktoren λ_k derart zu wählen, dass der natürliche Monotonietest (4.8) für $\bar{\theta} := 1 - \lambda_k/2$ erfüllt ist, d. h.

$$\|\overline{\Delta x}^{k+1}(\lambda_k)\| \leq \left(1 - \frac{\lambda_k}{2}\right)\|\Delta x^k\|,$$

wobei

$$\overline{\Delta x}^{k+1}(\lambda_k) = -F'(x^k)^{-1}F(x^k + \lambda_k \Delta x^k)$$

die vereinfache Newton-Korrektur des gedämpften Verfahrens ist. In der einfachsten Implementierung wählen wir einen Schwellwert $\lambda_{\min} \ll 1$ und Dämpfungsfaktoren λ_k aus einer Folge, etwa

$$\left\{1, \frac{1}{2}, \frac{1}{4}, \ldots, \lambda_{\min}\right\}.$$

Falls $\lambda_k < \lambda_{\min}$, brechen wir die Iteration ab. In kritischen Beispielen wird man versuchsweise mit $\lambda_0 = \lambda_{\min}$ beginnen, in harmlosen ehe mit $\lambda_0 = 1$. War λ_k erfolgreich, so wird man es im nächsten Iterationsschritt mit

$$\lambda_{k+1} = \min(1, 2\lambda_k)$$

versuchen, um asymptotisch die quadratische Konvergenz des gewöhnlichen Newton-Verfahrens (mit $\lambda = 1$) zu erreichen. War der natürliche Monotonietest mit λ_k

verletzt, so wird man mit $\lambda_k/2$ erneut testen. Theoretisch fundiertere, i.a. wesentlich effektivere Dämpfungsstrategien sind der Monographie [21] ausgearbeitet. Derartige Strategien sind in zahlreichen modernen Programmpaketen des Scientific Computing implementiert.

Bemerkung 4.12. Anstelle der exakten Jacobimatrix genügt in der Implementierung des Newton-Verfahrens in aller Regel auch eine brauchbare Näherung. Übliche Approximationstechniken sind numerisches Differenzen (siehe dazu jedoch Aufgabe 4.7) oder automatisches Differenzieren nach A. Griewank [45]. Darüber hinaus konvergiert das Verfahren auch meist unbeeinträchtigt, falls „unwichtige" Elemente der Jacobimatrix weggelassen werden. Diese Technik des sogenannten *sparsing* empfiehlt sich besonders für *große* nichtlineare Systeme. Sie erfordert jedoch Einsicht in das zugrundeliegende Problem.

Eine alternative Methode zur Erweiterung des Konvergenzbereichs sind die sogenannten *Fortsetzungsmethoden*. In diesem Zugang wird eine geeignete Einbettung des nichtlinearen Problems bezüglich eines Parameters λ konstruiert, etwa

$$F(x, \lambda) = 0,$$

was jedoch Zusatzkenntnisse über das zu lösende Problem verlangt. Diese Methodik werden wir in Kapitel 4.4.2 behandeln.

4.3 Gauß-Newton-Verfahren für nichtlineare Ausgleichsprobleme

Die allgemeine Problemstellung der Gaußschen Ausgleichsrechnung haben wir in Kapitel 3.1 ausführlich behandelt. Unser Ziel ist es, Parameter $x \in \mathbb{R}^n$, die in einer Modellfunktion φ auftreten, im Sinne der kleinsten Fehlerquadrate an Messdaten b anzupassen (engl.: *parameter fitting*). Falls diese Parameter linear in φ eingehen, so führt dies auf die lineare Ausgleichsrechnung, die wir in Kapitel 3 dargestellt haben. Gehen die Parameter hingegen nichtlinear ein, so ergibt sich ein *nichtlineares Ausgleichsproblem* (engl.: *nonlinear least squares problem*)

$$g(x) := \|F(x)\|_2^2 = \min,$$

wobei wir voraussetzen, dass $F : D \subset \mathbb{R}^n \longrightarrow \mathbb{R}^m$ eine zweimal stetig differenzierbare Funktion $F \in C^2(D)$ auf einer offenen Menge $D \subset \mathbb{R}^n$ ist. Wir behandeln in diesem Kapitel nur den überbestimmten Fall $m > n$. Da in den Anwendungen in der Regel wesentlich mehr Messdaten als Parameter vorliegen, d. h. $m \gg n$, spricht man auch von *Datenkompression*. Wir lassen ferner Effekte am Rand ∂D aus dem Spiel und suchen nur nach *lokalen inneren Minima* $x^* \in D$ von g, die den hinreichenden Bedingungen

$$g'(x^*) = 0 \quad \text{und} \quad g''(x^*) \quad \text{positiv definit}$$

genügen. Da $g'(x) = 2F'(x)^T F(x)$, müssen wir also das System

$$G(x) := F'(x)^T F(x) = 0 \tag{4.9}$$

von n nichtlinearen Gleichungen lösen. Die Newton-Iteration für dieses Gleichungssystem ist

$$G'(x^k)\Delta x^k = -G(x^k) \quad \text{mit } k = 0, 1, \dots, \tag{4.10}$$

wobei die Jacobimatrix

$$G'(x) = F'(x)^T F'(x) + F''(x)^T F(x)$$

unter obiger Annahme in einer Umgebung von x^* positiv definit und damit invertierbar ist. Wenn Modell und Daten in x^* vollständig übereinstimmen, d. h. *kompatibel* sind, dann gilt

$$F(x^*) = 0 \quad \text{und} \quad G'(x^*) = F'(x^*)^T F'(x^*).$$

Die Bedingung „$G'(x^*)$ positiv definit" ist in diesem Fall äquivalent zu der Bedingung, dass die Jacobimatrix $F'(x^*)$ vollen Rang n hat. Für kompatible oder zumindest „fast kompatible" nichtlineare Ausgleichsprobleme möchte man sich die Mühe der Berechnung und Auswertung des Tensors $F''(x)$ ersparen. Deswegen ersetzen wir die Jacobimatrix $G'(x)$ in der Newton-Iteration (4.10) durch $F'(x)^T F'(x)$ und erhalten so die Iterationsvorschrift

$$F'(x^k)^T F'(x^k)\Delta x^k = -F'(x^k)^T F(x^k).$$

Offensichtlich sind dies die Normalgleichungen zu dem linearen Ausgleichsproblem

$$\|F'(x^k)\Delta x + F(x^k)\|_2 = \min.$$

Unter Benutzung der Schreibweise für die Pseudoinverse aus Kapitel 3.3 erhalten wir die formale Darstellung

$$\Delta x^k = -F'(x^k)^+ F(x^k) \quad \text{mit } x^{k+1} = x^k + \Delta x^k. \tag{4.11}$$

Wir haben also auf diese Weise die numerische Lösung eines nichtlinearen Gaußschen Ausgleichsproblems zurückgeführt auf die numerische Lösung einer *Folge von linearen Gaußschen Ausgleichsproblemen*.

Bemerkung 4.13. Die für das nichtlineare Ausgleichsproblem zu lösende Gleichung (4.9) ist bei vollem Rang der Jacobimatrix wegen

$$F'(x)^+ = (F'(x)^T F'(x))^{-1} F'(x)^T$$

äquivalent zu

$$F'(x)^+ F(x) = 0.$$

Diese Charakterisierung gilt auch im rangdefekten und unterbestimmten Fall.

Wir hätten (4.11) auch direkt, ähnlich wie das Newton-Verfahren für nichtlineare Gleichungssysteme, aus dem ursprünglichen Minimierungsproblem durch Taylor-Entwicklung und Abbrechen nach dem linearen Term herleiten können. Deswegen heißt (4.11) auch *Gauß-Newton-Verfahren* für das nichtlineare Ausgleichsproblem $\|F(x)\|_2 = \min$. Die Konvergenz des Gauß-Newton-Verfahrens charakterisiert der folgende Satz (vgl. [27]), der eine unmittelbare Verallgemeinerung des entsprechenden Konvergenzsatzes 4.10 für das Newton-Verfahren ist.

Satz 4.14. *Sei $D \subset \mathbb{R}^n$ offen, konvex und $F : D \to \mathbb{R}^m$, $m \geq n$, eine stetig differenzierbare Abbildung, deren Jacobimatrix $F'(x)$ für alle $x \in D$ vollen Rang n habe. Es existiere eine Lösung $x^* \in D$ des zugehörigen nichtlinearen Ausgleichsproblems $\|F(x)\|_2 = \min$. Ferner gebe es Konstanten $\omega > 0$ und $0 \leq \kappa_* < 1$, so dass*

$$\|F'(x)^+(F'(x + sv) - F'(x))v\| \leq s\omega\|v\|^2 \tag{4.12}$$

für alle $s \in [0, 1]$, $x \in D$ und $v \in \mathbb{R}^n$ mit $x + v \in D$, und

$$\|F'(x)^+ F(x^*)\| \leq \kappa_*\|x - x^*\| \tag{4.13}$$

für alle $x \in D$. Falls dann für einen gegebenen Startwert $x^0 \in D$

$$\rho := \|x^0 - x^*\| < 2(1 - \kappa_*)/\omega =: \sigma \tag{4.14}$$

gilt, so bleibt die durch das Gauß-Newton-Verfahren (4.11) definierte Folge $\{x^k\}$ in der offenen Kugel $B_\rho(x^*)$ und konvergiert gegen x^*, d. h.

$$\|x^k - x^*\| < \rho \quad \textit{für } k > 0 \textit{ und } \lim_{k\to\infty} x^k = x^*.$$

Die Konvergenzgeschwindigkeit lässt sich abschätzen durch

$$\|x^{k+1} - x^*\| \leq \frac{\omega}{2}\|x^k - x^*\|^2 + \kappa_*\|x^k - x^*\|. \tag{4.15}$$

Insbesondere ergibt sich quadratische Konvergenz für kompatible nichtlineare Ausgleichsprobleme. Darüber hinaus ist die Lösung x^* eindeutig in $B_\sigma(x^*)$.

Beweis. Die Beweisführung orientiert sich unmittelbar am Beweis von Satz 4.10. Aus der Lipschitzbedingung (4.12) folgt sofort das entsprechende Hilfsresultat

$$\|F'(x)^+(F(y) - F(x) - F'(x)(y-x))\| \leq \frac{\omega}{2}\|y-x\|^2$$

für alle $x,\, y \in D$. Zur Abschätzung der Konvergenzgeschwindigkeit benutzen wir die Definition (4.11) der Gauß-Newton-Iteration sowie die Eigenschaft $F'(x^*)^+F(x^*) = 0$ der Lösung x^*, deren Existenz vorausgesetzt wurde. Aus der Annahme des vollen Ranges der Jacobimatrix folgt sofort, siehe Kapitel 3.3, dass

$$F'(x)^+F'(x) = I_n \qquad \text{für alle } x \in D.$$

Damit ergibt sich

$$\begin{aligned} x^{k+1} - x^* &= x^k - x^* - F'(x^k)^+F(x^k) \\ &= F'(x^k)^+(F(x^*) - F(x^k) - F'(x^k)^+(x^* - x^k)) - F'(x^k)^+F(x^*). \end{aligned}$$

Unter Verwendung der Voraussetzungen (4.12) und (4.13) gilt daher

$$\|x^{k+1} - x^*\| \leq \left(\frac{\omega}{2}\|x^k - x^*\| + \kappa_*\right)\|x^k - x^*\|.$$

Zusammen mit Voraussetzung (4.14) und Induktion über k impliziert dies

$$\|x^{k+1} - x^*\| < \|x^k - x^*\| \leq \rho.$$

Daraus ergibt sich sofort, dass die Folge der Iterierten in $B_\rho(x^*)$ verbleibt und gegen den Lösungspunkt x^* konvergiert. Für kompatible Ausgleichsprobleme, d. h. $F(x^*) = 0$, können wir in (4.13) insbesondere $\kappa_* = 0$ wählen und daher quadratische Konvergenz erreichen. Die Eindeutigkeit der Lösung ergibt sich analog zum Beweis von Satz 4.10. □

Bemerkung 4.15. Eine Variante des obigen Satzes liefert zusätzlich noch die *Existenz* einer Lösung x^*, die wir ja oben vorausgesetzt hatten, wobei die Bedingung des vollen Ranges der Jacobimatrix abgeschwächt werden kann (vgl. [21]); lediglich das Penrose-Axiom

$$F'(x)^+F'(x)F'(x)^+ = F'(x)^+$$

wird noch benötigt. Die *Eindeutigkeit* verlangt jedoch, ebenso wie im linearen Spezialfall (vgl. Kapitel 3.3), die Voraussetzung maximalen Rangs. Andernfalls existiert auch im nichtlinearen Fall eine Lösungsmannigfaltigkeit von der Dimension des Rangdefektes, und das Gauß-Newton-Verfahren konvergiert gegen einen Punkt dieser Mannigfaltigkeit. Wir werden diese Eigenschaft in Kapitel 4.4.2 benutzen.

Abschließend wollen wir die Bedingung $\kappa_* < 1$ noch etwas eingehender diskutieren. Für $\kappa_* > 0$ überwiegt in der Abschätzung (4.15) für die Konvergenzgeschwindigkeit der lineare Anteil $\kappa_* \|x^k - x^*\|$, wenn wir uns der Lösung x^* nähern. Das Gauß-Newton-Verfahren konvergiert daher in diesem Fall asymptotisch *linear* mit dem Kontraktionsfaktor κ_*. Dies erzwingt offenbar die Bedingung $\kappa_* < 1$. Die Größe κ_* spiegelt gerade die Vernachlässigung des Tensors $F''(x)$ in der Herleitung über das Newton-Verfahren (4.10) wider. Eine andere Interpretation ergibt sich aus der Betrachtung des Einflusses von statistischen Messfehlern δb auf die Lösung. Im Fall vollen Rangs der Jacobimatrix $F'(x^*)$ ist

$$\delta x^* = -F'(x^*)^+ \delta b$$

die durch δb bewirkte Störung der Parameter in linearisierter Fehlertheorie. Eine derartige Größe wird auch in nahezu allen derzeit verbreiteten Programmpaketen der Statistik als a-posteriori Störungsanalyse ausgegeben. Sie berücksichtigt jedoch offensichtlich nicht den möglichen Effekt der Nichtlinearität des Modells. Eine genauere Analyse dieses Problems, die von H.G. Bock [8] durchgeführt wurde, zeigt tatsächlich, dass die Ersetzung

$$\|\delta x^*\| \longrightarrow \|\delta x^*\|/(1 - \kappa_*) \tag{4.16}$$

vorzunehmen ist. Im kompatiblen Fall, $F(x^*) = 0$ und $\kappa_* = 0$, sowie im „fast kompatiblen" Fall, $0 < \kappa_* \ll 1$, ist also die linearisierte Fehlertheorie ausreichend. Im Fall $\kappa_* \geq 1$ jedoch zeigt Bock, dass es immer statistische Störungen derart gibt, dass die Lösung „unbeschränkt wegläuft". Solche Modelle sind damit bereits *im statistischen Sinne schlecht gestellt* oder *inadäquat*. Umgekehrt heißen nichtlineare Ausgleichsprobleme *im statistischen Sinn wohlgestellt* oder *adäquat*, falls $\kappa_* < 1$.

Der Konvergenzsatz 4.14 lautet demnach in Kurzform: *Das gewöhnliche Gauß-Newton-Verfahren konvergiert lokal für adäquate und quadratisch für kompatible nichtlineare Ausgleichsprobleme.*

Intuitiv ist klar, dass nicht jedes Modell und jeder Satz von Messdaten die eindeutige Bestimmung geeigneter Parameter erlaubt. Andererseits gestatten i.a. nur eindeutige Lösungen eine klare Interpretation im Zusammenhang des zugrundeliegenden theoretischen Modells. Das hier dargestellte Gauß-Newton-Verfahren prüft die Eindeutigkeit anhand von drei Kriterien ab.

a) Überprüfung der auftretenden Jacobimatrizen auf vollen Rang im Sinn einer numerischen Rangentscheidung, wie sie z. B. in Kapitel 3.2 auf der Basis einer *QR*-Zerlegung dargestellt wurde.

b) Überprüfung der statistischen Wohlgestelltheit des Problems mit Hilfe der Bedingung $\kappa_* < 1$ durch eine Schätzung

$$\kappa_* \doteq \frac{\|\Delta x^{k+1}\|}{\|\Delta x^k\|}$$

von κ_* in der linear konvergenten Schlussphase der Gauß-Newton-Iteration.

c) Überprüfung des Fehlerverhaltens durch eine a-posteriori Fehleranalyse, wie in (4.16) angedeutet.

Man beachte, dass alle drei Kriterien von der Wahl der Messgenauigkeiten δb (vgl. Kapitel 3.1) sowie der Skalierung der Parameter x beeinflusst werden.

Bemerkung 4.16. Ähnlich wie beim Newton-Verfahren gibt es auch beim Gauß-Newton-Verfahren die Möglichkeit, den Konvergenzbereich durch eine *Dämpfungsstrategie* zu erweitern: mit Δx^k als gewöhnliche Gauß-Newton-Korrektur lautet die Iterationsvorschrift

$$x^{k+1} = x^k + \lambda_k \Delta x^k \quad \text{mit } 0 < \lambda_k \leq 1.$$

Auch hierfür gibt es eine theoretisch fundierte effektive Strategie, die in einer Reihe von moderneren Ausgleichsprogrammen implementiert ist – siehe [21]. Diese Programme enthalten zugleich eine automatische Kontrolle, ob das behandelte Ausgleichsproblem adäquat ist. Falls nicht, was selten genug auftritt, sollte entweder das Modell verbessert oder die Messgenauigkeit erhöht werden. Außerdem stellen diese Programme automatisch sicher, dass die Iteration nur bis zu einer relativen Genauigkeit geführt wird, die zu der Messgenauigkeit passt.

Beispiel 4.17. *Biochemische Reaktion.* Zur Illustration des iterativen Ablaufes beim (gedämpften) Gauß-Newton-Verfahren geben wir ein nichtlineares Ausgleichsproblem aus der Biochemie, die sogenannte Feulgen-Hydrolyse der DNA [67]. Aus einer umfangreichen Messreihe greifen wir ein Problem mit $m = 30$ Messdaten und $n = 3$ unbekannten Parametern x_1, x_2 und x_3 heraus (siehe Tabelle 4.3).

t	b	t	b	t	b	t	b	t	b
6	24.19	42	57.39	78	52.99	114	49.64	150	46.72
12	35.34	48	59.56	84	53.83	120	57.81	156	40.68
18	43.43	54	55.60	90	59.37	126	54.79	162	35.14
24	42.63	60	51.91	96	62.35	132	50.38	168	45.47
30	49.92	66	58.27	102	61.84	138	43.85	174	42.40
36	51.53	72	62.99	108	61.62	144	45.16	180	55.21

Tabelle 4.3. Messreihe (t_i, b_i), $i = 1, \ldots, 30$, für Beispiel 4.17

Ursprünglich wurde die Modellfunktion in der Form

$$\varphi(x;t) := \frac{x_1 x_2}{x_2 - x_3}\big(\exp(-x_3 t) - \exp(-x_2 t)\big)$$

angegeben, wobei x_1 die DNA-Konzentration und x_2, x_3 Reaktionsgeschwindigkeitskoeffizienten sind. Für $x_2 = x_3$ tritt offenbar ein Grenzwert $0/0$ auf, d. h. für $x_2 \approx x_3$ führt numerische Auslöschung eventuell zu Schwierigkeiten im Iterationsverhalten. Wir führen deswegen eine andere Parametrisierung durch, die zugleich noch die (aus der Biochemie kommenden) Ungleichungen $x_2 > x_3 \geq 0$ beachtet: anstelle von x_1, x_2 und x_3 betrachten wir die Unbekannten

$$\bar{x}_1 := x_1 x_2, \quad \bar{x}_2 := \sqrt{x_3} \quad \text{und} \quad \bar{x}_3 := \sqrt{(x_2 - x_3)/2}$$

und die transformierte Modellfunktion

$$\varphi(\bar{x}; t) := \bar{x}_1 \exp\bigl(-(\bar{x}_2^2 + \bar{x}_3^2)t\bigr) \frac{\sinh(\bar{x}_3^2 t)}{\bar{x}_3^2}.$$

Die Eigenschaft $\sinh(\bar{x}_3 t) = \bar{x}_3^2 t + o(|t|)$ für kleines Argument ist üblicherweise in jeder Standardroutine für sinh sichergestellt, so dass nur die Auswertung von φ für $\bar{x}_3 = 0$ im Programm eigens zu behandeln ist. Als Startdaten wählen wir $\bar{x}^0 = (80, 0.055, 0.21)$. Das iterative Verhalten der Modellfunktion $\varphi(\bar{x}^k; t)$ über dem Messintervall $t \in [0, 180]$ ist in Abbildung 4.3 dargestellt. Als „vernünftige" relative Genauigkeit ergibt sich tol $= 0.142 \cdot 10^{-3}$, im Resultat x^* gilt $\kappa_* = 0.156$ und die Norm des Residuums beträgt $\|F(x^*)\|_2 \approx 3 \cdot 10^2$. Das Problem ist also, trotz „großem" Residuum $\|F(x)\|_2$ fast kompatibel in der theoretisch relevanten Charakterisierung mit κ_*.

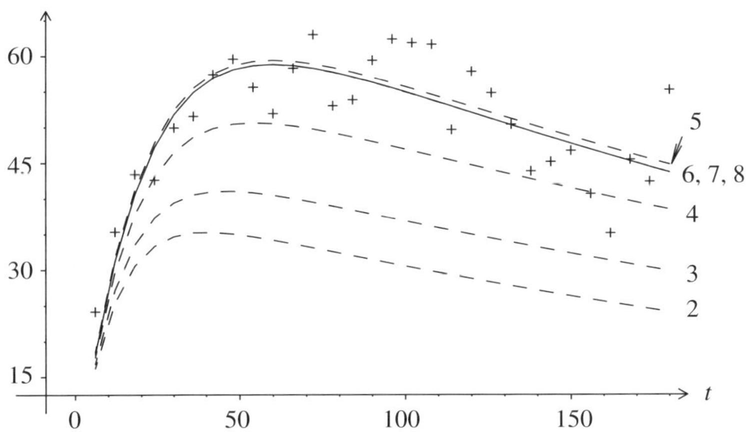

Abbildung 4.3. Messreihe und iterierte Modellfunktion für Beispiel 4.17

Bemerkung 4.18. Die meisten Programmpakete der Statistik enthalten zur Zeit immer noch eine andere Erweiterung des Konvergenzbereichs, das sogenannte Levenberg-Marquardt-Verfahren. Diesem Verfahren liegt die Idee zugrunde, dass die lokale

Linearisierung

$$F(x) \doteq F(x^k) + F'(x^k)(x - x^k),$$

welche zum (gewöhnlichen) Newton-Verfahren führt, bei Iterierten x^k „weit weg" von der Lösung x^* sicherlich nur in einer Umgebung von x^k vernünftig ist. Anstelle von (4.2) wird man daher das folgende Ersatzproblem lösen:

$$\|F(x^k) + F'(x^k)\Delta z\|_2 = \min \qquad (4.17)$$

unter der *Nebenbedingung*, dass

$$\|\Delta z\|_2 \leq \delta, \qquad (4.18)$$

wobei der (lokal anzupassende) Parameter δ noch zu diskutieren wäre. Die Nebenbedingung (4.18) kann mit einem *Lagrange-Multiplikator* $p \geq 0$ durch

$$p(\|\Delta z\|_2^2 - \delta^2) \geq 0$$

an das Minimierungsproblem (4.17) angekoppelt werden. Falls $\|\Delta z\|_2 = \delta$, so muss $p > 0$ sein, falls $\|\Delta z\|_2 < \delta$, so gilt $p = 0$. Dies führt zu der Formulierung

$$\|F(x^k) + F'(x^k)\Delta z\|_2^2 + p\|\Delta z\|_2^2 = \min .$$

Diese quadratische Funktion in Δz wird minimiert durch ein Δz^k, welches der folgenden Gleichung genügt:

$$\big(F'(x^k)^T F'(x^k) + pI_n\big)\Delta z^k = -F'(x^k)^T F(x^k).$$

Die Anpassung des Parameters δ wird dabei durch die Anpassung des Parameters p ersetzt. Offensichtlich ist die auftretende symmetrische Matrix für $p > 0$ auch bei rangdefekter Jacobimatrix $F'(x^k)$ positiv definit, was dem Verfahren eine gewisse Robustheit verleiht. Andererseits wird diese Robustheit mit einer Reihe schwerwiegender Nachteile erkauft: Die „Lösungen" sind oft keine Minima von $g(x)$, sondern lediglich Sattelpunkte mit $g'(x) = 0$. Ferner führt die „Verschleierung" des Ranges der Jacobimatrix dazu, dass die Eindeutigkeit einer ausgegebenen Lösung nicht geklärt ist, so dass die numerischen Resultate häufig fehlinterpretiert werden. Außerdem ist obiges lineares System eine Verallgemeinerung der Normalgleichungen mit all ihren in Kapitel 3.1.2 diskutierten Nachteilen (vgl. Aufgabe 5.6). Schließlich ist die obige Formulierung nicht affin-invariant (vgl. Aufgabe 4.12).

Insgesamt sehen wir, dass nichtlineare Ausgleichsprobleme wegen ihres statistischen Hintergrundes eine wesentlich subtilere Aufgabe darstellen als nichtlineare Gleichungssysteme.

4.4 Parameterabhängige nichtlineare Gleichungssysteme

In zahlreichen Anwendungen der Natur- und Ingenieurwissenschaften ist nicht nur *ein* isoliertes nichtlineares Problem $F(x) = 0$ zu lösen, sondern eine ganze Schar von Problemen

$$F(x, \lambda) = 0 \quad \text{mit } F : D \subset \mathbb{R}^n \times \mathbb{R}^p \to \mathbb{R}^n, \tag{4.19}$$

die von einem oder mehreren *Parametern* $\lambda \in \mathbb{R}^p$ abhängen. Wir beschränken uns hier auf den Fall $p = 1$, d. h. eines skalaren Parameters $\lambda \in \mathbb{R}$, und beginnen mit der Analyse der Lösungsstruktur eines solchen *parameterabhängigen nichtlinearen Gleichungssystems*, deren wichtigste Elemente wir an einem einfachen Beispiel erläutern. Mit der dort gewonnenen Einsicht konstruieren wir in Kapitel 4.4.2 ein Klasse von Verfahren zur Lösung parameterabhängiger Systeme, die sogenannten *Fortsetzungsmethoden*.

4.4.1 Lösungsstruktur

Wir betrachten ein parameterabhängiges Gleichungssystem

$$F : D \times [a, b] \to \mathbb{R}^n, \qquad D \subset \mathbb{R}^n \text{ offen},$$

in einem skalaren Parameter $\lambda \in [a, b] \in \mathbb{R}$, wobei wir davon ausgehen, dass F eine stetig differenzierbare Funktion auf $D \times [a, b]$ ist. Unsere Aufgabe ist es, möglichst alle Lösungen $(x, \lambda) \in D \times [a, b]$ der Gleichung $F(x, \lambda) = 0$ zu bestimmen, d. h. wir interessieren uns für die Lösungsmenge

$$S := \{(x, \lambda) : (x, \lambda) \in D \times [a, b] \quad \text{mit } F(x, \lambda) = 0\}.$$

Um ein Gefühl für die Lösungsstruktur eines parameterabhängigen Systems zu entwickeln, sehen wir uns zunächst das folgende einfache Beispiel an.

Beispiel 4.19. Zu lösen sei die skalare Gleichung

$$F(x, \lambda) = x(x^3 - x - \lambda) = 0,$$

deren Lösungsmenge wir in Abbildung 4.4 für $\lambda \in [-1, 1]$ gezeichnet haben. Aufgrund der Äquivalenz

$$F(x, \lambda) = 0 \iff x = 0 \quad \text{oder} \quad \lambda = x^3 - x$$

besteht die Lösungsmenge

$$S := \{(x, \lambda) : \lambda \in [-1, 1] \quad \text{und} \quad F(x, \lambda) = 0\}$$

aus zwei Lösungskurven, $S = S_0 \cup S_1$, der λ-Achse

$$S_0 := \{(0, \lambda) : \lambda \in [-1, 1]\}$$

als *trivialer Lösung* und der kubischen Parabel

$$S_1 := \{(x, \lambda) : \lambda \in [-1, 1] \quad \text{und} \quad \lambda = x^3 - x\}.$$

Die beiden Lösungskurven schneiden sich in $(0, 0)$, einem sogenannten *Verzwei-*

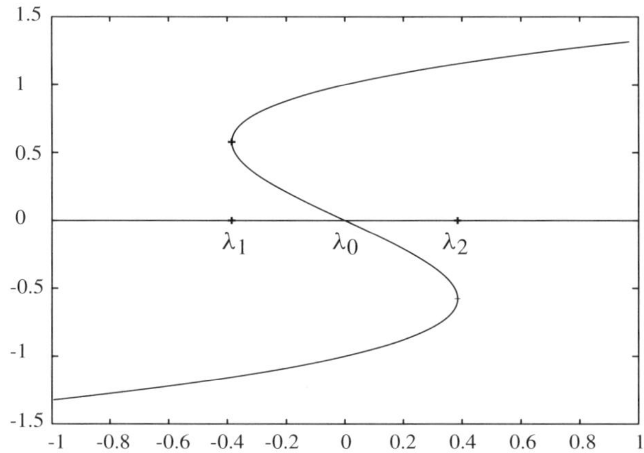

Abbildung 4.4. Lösungen von $x(x^3 - x - \lambda) = 0$ für $\lambda \in [-1, 1]$

gungspunkt. An dieser Stelle ist die Jacobi-Matrix von F gleich Null, da

$$F'(x, \lambda) = [F_x(x, \lambda), \;\; F_\lambda(x, \lambda)] = [4x^3 - 2x - \lambda, \;\; -x].$$

Eine besondere Rolle spielen ferner die Lösungen (x, λ), für die nur die Ableitung nach x verschwindet, d. h.

$$F(x, \lambda) = 0, \quad F_x(x, \lambda) = 4x^3 - 2x - \lambda = 0 \quad \text{und} \quad F_\lambda(x, \lambda) \neq 0.$$

Diese sogenannten *Umkehrpunkte* (x, λ) sind dadurch gekennzeichnet, dass sich die Lösungen in keiner noch so kleinen Umgebung von (x, λ) als Funktion des Parameters λ ausdrücken lassen, wohl aber als Funktion von x. Setzen wir die Lösungen $\lambda = x^3 - x$ in $F_x(x, \lambda)$ und $F_\lambda(x, \lambda)$ ein, so zeigt sich, dass die Umkehrpunkte von f durch

$$x \neq 0, \quad \lambda = x^3 - x \quad \text{und} \quad 3x^2 - 1 = 0$$

gekennzeichnet sind. In unserem Beispiel gibt es daher genau zwei Umkehrpunkte, nämlich bei $x_1 = 1/\sqrt{3}$ und $x_2 = -1/\sqrt{3}$. An diesen Punkten steht die Tangente an die Lösungskurve senkrecht auf der λ-Achse.

Als letzte Eigenschaft wollen wir noch auf die *Symmetrie* der Gleichung

$$F(x, \lambda) = F(-x, -\lambda)$$

aufmerksam machen. Sie spiegelt sich wider in der Punktsymmetrie der Lösungsmenge: Ist (x, λ) eine Lösung von $F(x, \lambda) = 0$, so auch $(-x, -\lambda)$.

Leider können wir im Rahmen dieser Einführung nicht auf alle in Beispiel 4.19 beobachteten Phänomene eingehen. Wir setzen im folgenden voraus, dass die Jacobi-Matrix $F'(x, \lambda)$ an jedem Lösungspunkt $(x, \lambda) \in D \times [a, b]$ maximalen Rang hat, d. h.

$$\operatorname{Rang} F'(x, \lambda) = n \quad \text{falls } F(x, \lambda) = 0. \tag{4.20}$$

Damit haben wir Verzweigungspunkte ausgeschlossen, denn nach dem Satz über implizite Funktionen lässt sich unter der Voraussetzung (4.20) die Lösungsmenge um eine Lösung (x_0, λ_0) lokal als Bild einer differenzierbaren Kurve darstellen, d. h. es gibt eine Umgebung $U \subset D \times [a, b]$ von (x_0, λ_0) und stetig differenzierbare Abbildungen

$$x :]-\varepsilon, \varepsilon[\longrightarrow D \quad \text{und} \quad \lambda :]-\varepsilon, \varepsilon[\longrightarrow [a, b],$$

so dass $(x(0), \lambda(0)) = (x_0, \lambda_0)$ und die Lösungen von $F(x, \lambda) = 0$ in U gerade durch

$$S \cap U = \big\{(x(s), \lambda(s)) : s \in]-\varepsilon, \varepsilon[\big\}$$

gegeben sind. In vielen Anwendungen ist sogar der noch speziellere Fall interessant, dass die partielle Ableitung $F_x(x, \lambda) \in \mathrm{Mat}_n(\mathbb{R})$ nach x an jedem Lösungspunkt invertierbar ist, d. h.

$$F_x(x, \lambda) \quad \text{invertierbar, falls } F(x, \lambda) = 0.$$

In diesem Fall sind außer Verzweigungspunkten auch Umkehrpunkte ausgeschlossen, und wir können die Lösungskurve über λ parametrisieren, d. h. es gibt wie oben um jeden Lösungspunkt (x_0, λ_0) eine Umgebung $U \subset D \times [a, b]$ und eine differenzierbare Funktion $x :]-\varepsilon, \varepsilon[\to D$, so dass $x(0) = x_0$ und

$$S \cap U = \big\{(x(s), \lambda_0 + s) : s \in]-\varepsilon, \varepsilon[\big\}.$$

4.4.2 Fortsetzungsmethoden

Wir wenden uns nun der numerischen Berechnung der Lösungen eines parameterabhängigen Gleichungssystems zu. Zunächst setzen wir voraus, dass die Ableitung

$F_x(x, \lambda)$ für alle $(x, \lambda) \in D \times [a, b]$ invertierbar ist. Wir haben im letzten Abschnitt gesehen, dass sich in diesem Fall die Lösungsmenge des parameterabhängigen Systems aus differenzierbaren Kurven zusammensetzt, die sich über λ parametrisieren lassen. Die Idee der sogenannten *Fortsetzungsmethoden* (engl.: *continuation method*) besteht nun darin, sukzessive Punkte auf einer solchen Lösungskurve zu berechnen. Halten wir den Parameter λ fest, so ist

$$F(x, \lambda) = 0$$

ein nichtlineares Gleichungssystem in x, wie wir es in Kapitel 4.2 behandelt haben. Wir können daher versuchen, eine Lösung mit Hilfe des Newton-Verfahrens

$$F_x(x^k, \lambda)\Delta x^k = -F(x^k, \lambda) \quad \text{und} \quad x^{k+1} = x^k + \Delta x^k \tag{4.21}$$

zu bestimmen. Angenommen, wir hätten eine Lösung (x_0, λ_0) gefunden und wollten eine nächste Lösung (x_1, λ_1) auf der Lösungskurve $(x(s), \lambda_0 + s)$ durch (x_0, λ_0) berechnen. Dann können wir bei der Wahl eines *Startwertes* $x^0 := \hat{x}$ für die Newton-Iteration (4.21) bei festem Parameterwert $\lambda = \lambda_1$ ausnutzen, dass beide Lösungen (x_0, λ_0) und (x_1, λ_1) auf einer Lösungskurve liegen. Die einfachste Möglichkeit haben wir in Abbildung 4.5 angedeutet: Wir nehmen als Start die alte Lösung und setzen $\hat{x} := x_0$. Diese ursprünglich von Poincaré in seinem Buch über Himmelsmechanik [66] vorgeschlagene Wahl heißt heute *klassische Fortsetzungsmethode*.

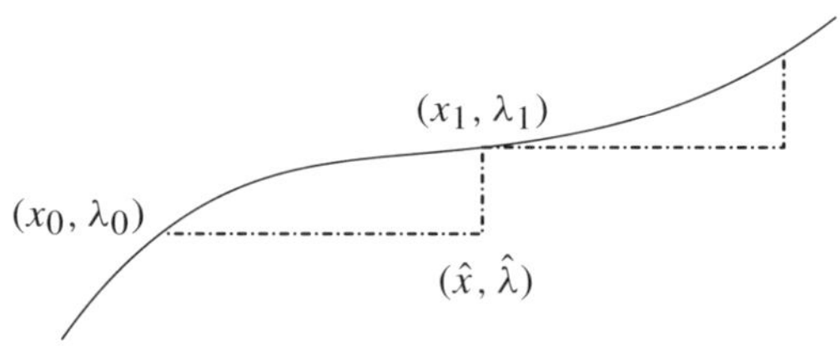

Abbildung 4.5. Idee der klassischen Fortsetzungsmethode

Geometrische Anschauung legt eine weitere Wahl nahe: Anstatt parallel zur λ-Achse können wir auch entlang der *Tangente* $(x'(0), 1)$ an die Lösungskurve $(x(s), \lambda_0 + s)$ im Punkt (x_0, λ_0) voranschreiten und $\hat{x} := x_0 + (\lambda_1 - \lambda_0)x'(0)$ als Startwert wählen (siehe Abbildung 4.6). Dies ist die sogenannte *tangentiale Fortsetzungsmethode*. Differenzieren wir die Gleichung

$$F(x(s), \lambda_0 + s) = 0$$

nach s an der Stelle $s = 0$, so folgt

$$F_x(x_0, \lambda_0)x'(0) = -F_\lambda(x_0, \lambda_0),$$

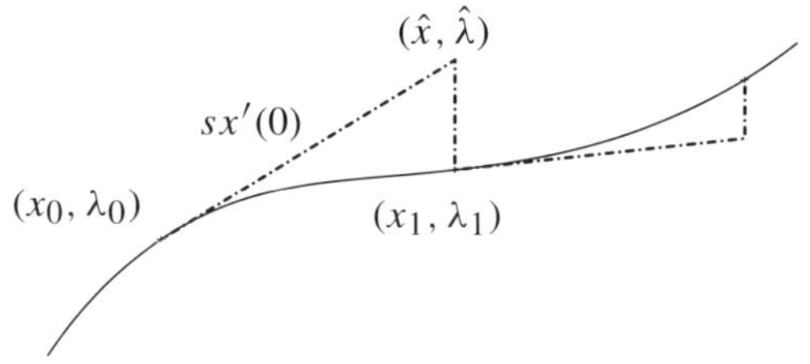

Abbildung 4.6. Tangentiale Fortsetzungsmethode

d. h. die Steigung $x'(0)$ berechnet sich aus einem Gleichungssystem ähnlich dem für die Newton-Korrektur (4.21).

Jeder Fortsetzungsschritt beinhaltet also zwei Teilschritte: Erstens die Auswahl eines Punktes $(\hat{x}, \lambda_1)$ möglichst nahe an der Kurve und zweitens die Iteration von dem Startwert $\hat{x}$ zurück zu einer Lösung (x_1, λ_1) auf der Kurve, wofür uns wegen seiner quadratischen Konvergenz das Newton-Verfahren am geeignetsten erscheint. Der erste Schritt wird häufig auch als *Prädiktor*, der zweite als *Korrektor* bezeichnet. Dies gibt dem gesamten Prozess auch den Namen *Prädiktor-Korrektor-Verfahren*.

Bezeichnen wir mit $s := \lambda_1 - \lambda_0$ die *Schrittweite*, so haben wir für den Startwert $\hat{x}$ in Abhängigkeit von s bisher die beiden Möglichkeiten der klassischen Fortsetzung

$$\hat{x}(s) = x_0$$

und der tangentialen Fortsetzung

$$\hat{x}(s) = x_0 + sx'(0).$$

Das schwierigste Problem bei der Konstruktion eines Fortsetzungsalgorithmus besteht darin, die Schrittweite s in Zusammenspiel mit der Prädiktor-Korrektor-Strategie geeignet zu wählen. Der Optimist wählt die Schrittweiten zu groß, muss daher ständig die Schrittweite reduzieren und erhält damit zu viele erfolglose Schritte. Der Pessimist wählt hingegen die Schrittweiten zu klein und erhält damit zu viele erfolgreiche Schritte. Beide Varianten verschwenden Rechenzeit. Um den Aufwand zu minimieren, wollen wir also die Schrittweiten möglichst groß wählen, jedoch so, dass das Newton-Verfahren (gerade noch) konvergiert.

Bemerkung 4.20. In der Praxis muss man als drittes Kriterium noch dafür Sorge tragen, dass man die aktuelle Lösungskurve nicht verlässt und auf eine andere Lösungskurve „springt", ohne es zu bemerken (siehe Abbildung 4.7). Das Problem des „Überspringens" stellt sich insbesondere, wenn man auch Verzweigungen von Lösungen mit in die Überlegungen einbezieht.

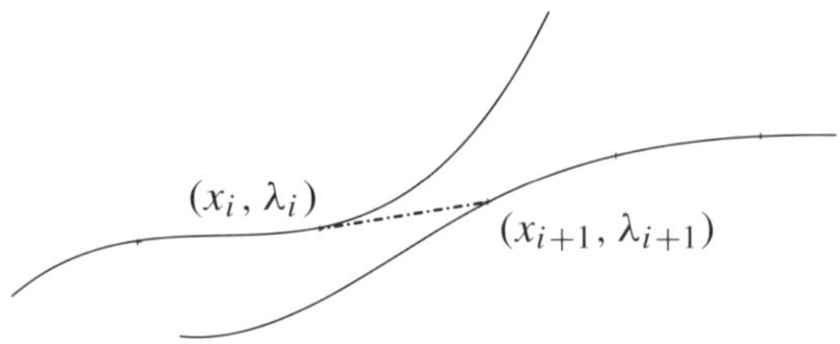

Abbildung 4.7. Unbeabsichtigtes Verlassen einer Lösungskurve

Die maximal *zulässige Schrittweite* $s_{\max}$ (engl.: *feasible stepsize*), für die das Newton-Verfahren mit dem Startwert $x^0 := \hat{x}(s)$ bei festem Parameter $\lambda = \lambda_0 + s$ konvergiert, hängt natürlich von der Güte des Prädiktorschrittes ab. Je besser wir den weiteren Verlauf der Kurve vorhersagen, desto größer dürfen wir die Schrittweite wählen. Anschaulich liegt zum Beispiel $\hat{x}(s)$ bei der tangentialen Fortsetzung wesentlich näher an der Lösungskurve als bei der klassischen Methode. Um diese Abweichung der Lösungskurve von durch den Prädiktor gegebenen Kurve präziser zu beschreiben, führen wir die *Approximationsordnung* zweier Kurven ein (siehe [19]):

Definition 4.21. Seien x und $\hat{x}$ zwei Kurven

$$x, \hat{x} : [-\varepsilon, \varepsilon] \to \mathbb{R}^n$$

in $\mathbb{R}^n$. Dann approximiert $\hat{x}$ die Kurve x mit der *Ordnung* $p \in \mathbb{N}$ an der Stelle $s = 0$, falls

$$\|x(s) - \hat{x}(s)\| = O(|s|^p) \quad \text{für } s \to 0,$$

d. h. falls es Konstanten $0 < s_0 \leq \varepsilon$ und $\eta > 0$ gibt, so dass

$$\|x(s) - \hat{x}(s)\| \leq \eta |s|^p \quad \text{für alle } |s| < s_0.$$

Aus dem Mittelwertsatz folgt sofort, dass für eine hinreichend differenzierbare Abbildung F die klassische Fortsetzung die Ordnung $p = 1$ und die tangentiale Fortsetzung die Ordnung $p = 2$ hat. Die Konstanten η können wir explizit angeben. Bei der klassischen Fortsetzung setzen wir $\hat{x}(s) = x(0)$.

Lemma 4.22. *Für jede stetig differenzierbare Kurve* $x : [-\varepsilon, \varepsilon] \to \mathbb{R}^n$ *gilt*

$$\|x(s) - x(0)\| \leq \eta s \quad \textit{mit } \eta := \max_{t \in [-\varepsilon, \varepsilon]} \|x'(t)\|.$$

Proof Wir benutzen die Lagrange-Form des Mittelwertes. Danach gilt

$$\|x(s) - x(0)\| = \|s \int_{\tau=0}^{1} x'(\tau s) d\tau\| \le s \max_{t\in[-\varepsilon,\varepsilon]} \|x'(t)\|. \qquad \square$$

Für die tangentiale Fortsetzung $\hat{x}(s) = x_0 + sx'(0)$ erhalten wir vollkommen analog die folgende Aussage:

Lemma 4.23. *Sei* $x : [-\varepsilon, \varepsilon] \to \mathbb{R}^n$ *eine zweimal stetig differenzierbare Kurve und* $\hat{x}(s) = x(0) + sx'(0)$. *Dann gilt*

$$\|x(s) - \hat{x}(s)\| \le \eta s^2 \quad \textit{mit } \eta := \tfrac{1}{2} \max\nolimits_{t\in[-\varepsilon,\varepsilon]} \|x''(t)\|.$$

Beweis. Wie im Beweis von Lemma 4.22 gilt

$$\begin{aligned} x(s) - \hat{x}(s) &= x(s) - x(0) - sx'(0) = \int_{\tau=0}^{1} sx'(\tau s) - sx'(0) d\tau \\ &= \int_{\sigma=0}^{1} \int_{\tau=0}^{1} x''(\tau\sigma s) s^2 d\tau d\sigma \end{aligned}$$

und daher

$$\|x(s) - \hat{x}(s)\| \le \frac{1}{2} s^2 \max_{t\in[-\varepsilon,\varepsilon]} \|x''(t)\|. \qquad \square$$

Der folgende Satz stellt einen Zusammenhang her zwischen einer Fortsetzungsmethode der Ordnung p als Prädiktor und dem Newton-Verfahren als Korrektor. Er charakterisiert die maximal zulässige Schrittweite $s_{\max}$, für die das Newton-Verfahren angewandt auf $x^0 := \hat{x}(s)$ bei festem Parameter $\lambda_0 + s$ konvergiert.

Satz 4.24. *Sei* $D \subset \mathbb{R}^n$ *offen und konvex und* $F : D \times [a, b] \to \mathbb{R}^n$ *ein stetig differenzierbares parameterabhängiges System, so dass* $F_x(x, \lambda)$ *für alle* $(x, \lambda) \in D \times [a, b]$ *invertierbar ist. Ferner gebe es ein* $\omega > 0$, *so dass* F *der Lipschitz-Bedingung*

$$\|F_x(x, \lambda)^{-1}(F_x(x + sv, \lambda) - F_x(x, \lambda))v\| \le s\omega\|v\|^2$$

genügt. Sei weiter $(x(s), \lambda_0 + s)$ *für* $s \in [-\varepsilon, \varepsilon]$ *eine stetig differenzierbare Lösungskurve um* (x_0, λ_0), *d. h.*

$$F(x(s), \lambda_0 + s) = 0 \quad \textit{und} \quad x(0) = x_0,$$

und $\hat{x}(s)$ *eine Fortsetzungsmethode (Prädiktor) der Ordnung* p *mit*

$$\|x(s) - \hat{x}(s)\| \le \eta s^p \quad \textit{für alle } |s| \le \varepsilon. \tag{4.22}$$

Dann konvergiert das Newton-Verfahren (4.21) *zum Startwert* $x^0 = \hat{x}(s)$ *gegen die Lösung* $x(s)$ *von* $F(x, \lambda_0 + s) = 0$, *falls*

$$s < s_{\max} := \max\left(\varepsilon, \sqrt[p]{\frac{2}{\omega\eta}}\right). \tag{4.23}$$

Beweis. Wir müssen die Voraussetzungen von Satz 4.10 für das Newton-Verfahren (4.21) und den Startwert $x^0 = \hat{x}(s)$ überprüfen. Aufgrund der Voraussetzung (4.22) gilt

$$\rho(s) = \|x^* - x^0\| = \|x(s) - \hat{x}(s)\| \le \eta s^p.$$

Setzen wir diese Ungleichung in die Konvergenzbedingung $\rho < 2/\omega$ von Satz 4.10 ein, so ergibt sich die hinreichende Bedingung

$$\eta s^p < 2/\omega$$

oder äquivalent (4.23). □

Der Satz garantiert, dass es uns mit den oben beschriebenen Fortsetzungsmethoden, bestehend aus der klassischen (Ordnung $p = 1$) oder der tangentialen Fortsetzung (Ordnung $p = 2$) als Prädiktor und dem Newton-Verfahren als Korrektor gelingt, eine Lösungskurve zu verfolgen, solange wir nur die Schrittweiten (problemabhängig) klein genug wählen. Andererseits sind die kennzeichnenden Größen ω und η im allgemeinen nicht bekannt und daher die Formel (4.23) für $s_{\max}$ nicht auswertbar. Wir müssen also eine Strategie für die Wahl der Schrittweiten entwickeln, die ausschließlich im Algorithmus zugängliche Informationen benutzt. Eine solche *Schrittweitensteuerung* besteht aus, erstens, einem Anfangsvorschlag s (meistens der Schrittweite des vorherigen Fortsetzungsschrittes) und, zweitens, einer Strategie für die Wahl einer kleineren Schrittweite $s' < s$ für den Fall, dass das Newton-Verfahren (als Korrektor) für den Startwert $\hat{x}(s)$ nicht konvergiert.

Die Konvergenz des Newton-Verfahrens beurteilen wir mit dem in Kapitel 4.2 eingeführten natürlichen Monotonietest

$$\|\overline{\Delta x}^{k+1}\| \le \bar{\theta}\, \|\Delta x^k\| \quad \text{mit } \bar{\theta} := \tfrac{1}{2}. \tag{4.24}$$

Dabei sind Δx^k und $\overline{\Delta x}^{k+1}$ die gewöhnliche und die vereinfachte Newton-Korrektur des Newton-Verfahrens (4.21), d. h. mit $x^0 := \hat{x}(s)$ und $\hat{\lambda} := \lambda_0 + s$:

$$F_x(x^k, \hat{\lambda})\Delta x^k = -F(x^k, \hat{\lambda}) \quad \text{und} \quad F_x(x^k, \hat{\lambda})\overline{\Delta x}^{k+1} = -F(x^{k+1}, \hat{\lambda}).$$

Stellen wir mit Hilfe des Kriteriums (4.24) fest, dass das Newton-Verfahren für die Schrittweite s nicht konvergiert, d. h.

$$\|\overline{\Delta x}^{k+1}\| > \bar{\theta}\, \|\Delta x^k\|,$$

so reduzieren wir diese Schrittweite um einen Faktor $\beta < 1$ und führen die Newton-Iteration mit der neuen Schrittweite

$$s' := \beta \cdot s,$$

d. h. mit dem neuen Startwert $x^0 = \hat{x}(s')$ und dem neuen Parameter $\hat{\lambda} := \lambda_0 + s'$ nochmals durch. Diesen Vorgang wiederholen wir so oft, bis das Konvergenzkriterium (4.24) für das Newton-Verfahren erfüllt ist oder aber eine minimale Schrittweite $s_{\min}$ unterschritten wird. In letzterem Fall ist zu vermuten, dass die Eingangsvoraussetzungen an F verletzt sind und zum Beispiel ein Umkehrpunkt oder ein Verzweigungspunkt in unmittelbarer Nähe liegt. Andererseits können wir die Schrittweite für den folgenden Schritt größer wählen, falls das Newton-Verfahren „zu schnell" konvergiert. Auch dies lässt sich aus den beiden Newton-Korrekturen ablesen. Gilt etwa

$$\|\overline{\Delta x}^1\| \leq \frac{\bar{\theta}}{4} \|\Delta x^0\|, \tag{4.25}$$

so konvergiert das Verfahren „zu schnell", und wir können für den nächsten Prädiktorschritt die Schrittweite etwa um den Faktor β vergrößern, d. h. wir schlagen die Schrittweite

$$s' := s/\beta$$

vor. Dabei ist die durch (4.23) motivierte Wahl

$$\beta := \sqrt[p]{\frac{1}{2}},$$

konsistent mit (4.24) und (4.25). Der folgende Algorithmus beschreibt die tangentiale Fortsetzung von einer Ausgangslösung (x_0, a) zum rechten Rand $\lambda = b$ des Parameterintervalls.

Algorithmus 4.25. Tangentiale Fortsetzung. Die Prozedur *newton* $(\hat{x}, \hat{\lambda})$ beinhaltet das (gewöhnliche) Newton-Verfahren (4.21) für den Startwert $x^0 = \hat{x}$ bei festem Parameter $\hat{\lambda}$. Die Boolesche Variable *done* gibt an, ob das Verfahren nach höchstens $k_{\max}$ Schritten die Lösung hinreichend genau berechnet hat oder nicht. Neben dieser Information und ggf. der Lösung x wird der Quotient

$$\theta = \frac{\|\overline{\Delta x}^1\|}{\|\Delta x^0\|}$$

der Normen der vereinfachten und gewöhnlichen Newton-Korrektur zurückgegeben.

Die Prozedur *continuation* realisiert die Fortsetzungsmethode mit der oben beschriebenen Schrittweitensteuerung. Ausgehend von einem Startwert $\hat{x}$ für die Lösung von $F(x, a) = 0$ am linken Rand $\lambda = a$ des Parameterintervalls versucht das

Programm die Lösungskurve bis zum rechten Rand $\lambda = b$ zu verfolgen. Das Programm bricht ab, falls dieser erreicht wird oder die Schrittweite s zu klein gewählt werden müsste oder aber die maximale Anzahl $i_{\max}$ an berechneten Lösungspunkten überschritten wird.

```
function [done,x, θ]=newton (x̂, λ̂)
    x := x̂;
    for k = 0 to k_max do
        A := F_x(x, λ̂);
        löse AΔx = −F(x, λ̂);
        x := x + Δx;
        löse A\overline{Δx} = −F(x, λ̂); (Zerlegung von A wiederverwenden)
        if k = 0 then
            θ := ‖\overline{Δx}‖/‖Δx‖; (für den nächsten Schrittweitenvorschlag)
        end
        if ‖Δx‖ < tol then
            done:= true;
            break; (Lösung gefunden)
        end
        if ‖\overline{Δx}‖ > θ̄‖Δx‖ then
            done:= false;
            break; (Monotonie verletzt)
        end
    end
    if k > k_max then
        done:= false; (zu viele Iterationen)
    end

function continuation (x̂)
    λ_0 := a;
    [done, x_0, θ] = newton (x̂, λ_0);
    if not done then
        Startwert x̂ für F(x, a) = 0 zu schlecht
    else
        s := s_0; (Startschrittweite)
        for i = 0 to i_max do
            löse F_x(x_i, λ_i)x' = −F_λ(x_i, λ_i);
            repeat
                x̂ := x_i + sx';
                λ_{i+1} := λ_i + s;
                [done, x_{i+1}, θ] = newton (x̂, λ_{i+1});
                if not done then
```

$s = \beta s$;
elseif $\theta < \bar{\theta}/4$ **then**
$s = s/\beta$;
end
$s = \min(s, b - \lambda_{i+1})$;
until $s < s_{\min}$ **or** done
if not done **then**
break; (Algorithmus versagt)
elseif $\lambda_{i+1} = b$ **then**
break; (fertig, Lösung x_{i+1})
end
end
end

Bemerkung 4.26. Es gibt eine wesentlich effektivere, theoretisch fundierte Schrittweitenstrategie, die ausnutzt, dass sich die Größen ω und η lokal durch im Algorithmus zugängliche Werte abschätzen lassen. Die Darstellung dieser Strategie würde jedoch den Rahmen dieser Einführung sprengen – sie ist in [19] ausführlich beschrieben.

Eine Variante der Tangentenfortsetzung wollen wir noch ausführen, weil sie gut zum Kontext von Kapitel 3 und 4.3 passt. Sie gestattet zugleich die Überwindung von *Umkehrpunkten* (x, λ) mit

$$\operatorname{Rang} F'(x, \lambda) = n \quad \text{und} \quad F_x(x, \lambda) \text{ singulär.}$$

In der Umgebung eines solchen Punktes werden die automatisch gesteuerten Schrittweiten s des oben beschriebenen Fortsetzungsalgorithmus beliebig klein, da sich die Lösungskurve um (x, λ) nicht mehr bezüglich des Parameters λ parametrisieren lässt . Wir überwinden diese Schwierigkeit, indem wir die „Sonderrolle" des Parameters λ aufgeben und stattdessen das *unterbestimmte nichtlineare Gleichungssystem* in $y = (x, \lambda)$,

$$F(y) = 0 \quad \text{mit } F : \hat{D} \subset \mathbb{R}^{n+1} \longrightarrow \mathbb{R}^n,$$

direkt betrachten. Wir nehmen wiederum an, dass die Jacobimatrix $F'(y)$ dieses Systems für alle $y \in \hat{D}$ vollen Rang hat. Dann gibt es zu jeder Lösung $y_0 \in \hat{D}$ eine Umgebung $U \subset \mathbb{R}^{n+1}$ und eine differenzierbare Kurve $y :] - \varepsilon, \varepsilon[\rightarrow \hat{D}$, die die Lösungsmenge $S := \{y \in \hat{D} : F(y) = 0\}$ um y_0 beschreibt, d. h.

$$S \cap U = \big\{y(s) : s \in] - \varepsilon, \varepsilon[\big\}.$$

Differenzieren wir die Gleichung $F(y(s)) = 0$ nach s an der Stelle $s = 0$, so folgt

$$F'(y(0))y'(0) = 0, \tag{4.26}$$

d. h. die Tangente $y'(0)$ an die Lösungskurve spannt gerade den Kern der Jacobimatrix $F'(y_0)$ auf. Da $F'(y_0)$ maximalen Rang hat, ist die Tangente durch (4.26) bis auf einen skalaren Faktor eindeutig bestimmt. Wir definieren daher für alle $y \in \hat{D}$ eine bis auf ihre Orientierung (d. h. einen Faktor ± 1) eindeutig bestimmte *normierte Tangente* $t(y) \in \mathbb{R}^{n+1}$ durch

$$F'(y)t(y) = 0 \quad \text{und} \quad \|t(y)\|_2 = 1.$$

Die Orientierung der Tangenten wählen wir im Verlauf des Fortsetzungverfahrens so, dass zwei aufeinanderfolgende Tangenten $t_0 = t(y_0)$ und $t_1 = t(y_1)$ einen spitzen Winkel zueinander bilden, d. h.

$$\langle t_0, t_1 \rangle > 0.$$

Dies stellt sicher, dass wir auf einer Lösungskurve nicht wieder zurücklaufen. Damit können wir die Tangentenfortsetzung auch für Umkehrpunkte durch

$$\hat{y} = \hat{y}(s) := y_0 + s\, t(y_0)$$

definieren. Ausgehend von dem Startvektor $y^0 = \hat{y}$ wollen wir nun „möglichst rasch" zur Kurve $y(s)$ zurückfinden (siehe Abbildung 4.8). Der vage Ausdruck „möglichst rasch" kann geometrisch interpretiert werden als „in etwa orthogonal" zur Tangente eines nahegelegenen Punktes $y(s)$ auf der Lösungskurve. Da aber die Tangente

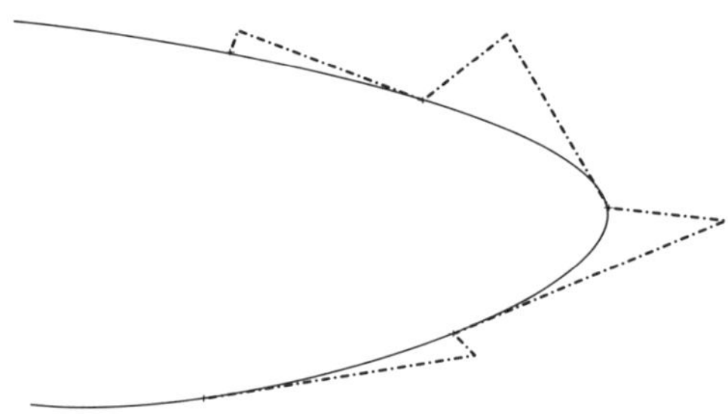

Abbildung 4.8. Tangentiale Fortsetzung über Umkehrpunkte hinaus

$t(y(s))$ erst *nach* Berechnung von $y(s)$ zur Verfügung steht, ersetzen wir $t(y(s))$ durch die jeweils bestmögliche Näherung $t(y^k)$. Aufgrund der geometrischen Interpretation der Pseudoinversen (vgl. Kapitel 3.3) kommen wir damit zu der Iterationsvorschrift

$$\Delta y^k := -F'(y^k)^+ F(y^k) \quad \text{und} \quad y^{k+1} := y^k + \Delta y^k. \tag{4.27}$$

Die Iterationsvorschrift (4.27) ist offensichtlich ein Gauß-Newton-Verfahren für das unterbestimmte Gleichungssystem $F(y) = 0$. Ohne Beweis sei erwähnt, dass dieses Verfahren bei maximalem Rang von $F'(y)$ in einer Umgebung des Lösungszweiges $\bar{y}$ ebenso wie das gewöhnliche Newton-Verfahren *quadratisch* konvergiert. Der Beweis findet sich etwa in der neueren Monographie [21].

Wir wollen hier noch auf die Berechnung der Korrektur Δy^k eingehen. Dabei lassen wir den Index k weg. Die Korrektur Δy in (4.27) ist die kürzeste Lösung aus der Lösungsmenge $Z(y)$ des unterbestimmten linearen Problems

$$Z(y) := \{z \in \mathbb{R}^{n+1} | F'(y)z + F(y) = 0\}.$$

Bei Anwendung der Gauß-Elimination (mit Zeilenpivotstrategie und evtl. Spaltentausch, siehe Kapitel 1.3) oder der *QR*-Zerlegung (mit Spaltentausch, siehe Kapitel 3.2.2) gelingt es relativ leicht, *irgendeine* Lösung $z \in Z(y)$ sowie einen Kernvektor $t(y)$ mit

$$F'(y)t(y) = 0$$

zu berechnen. Dann gilt:

$$\Delta y = -F'(y)^+ F(y) = F'(y)^+ F'(y)z.$$

Wie wir in Kapitel 3.3 gesehen haben, ist $P = F'(y)^+ F'(y)$ die Projektion auf das orthogonale Komplement des Kerns von $F'(y)$ und daher

$$P = I - \frac{tt^T}{t^T t}.$$

Für die Korrektur Δy ergibt sich daraus

$$\Delta y = \left(I - \frac{tt^T}{t^T t}\right) z = z - \frac{\langle t, z\rangle}{\langle t, t\rangle} t.$$

Damit haben wir eine einfache Berechnungsvorschrift für die Pseudoinverse (bei Rangdefekt 1), falls wir nur eine beliebige Lösung z und einen Kernvektor t zur Verfügung haben. Das in (4.27) angegebene Gauß-Newton-Verfahren ist also einfach implementierbar in engem Zusammenspiel mit der tangentialen Fortsetzung.

Für die Wahl der Schrittlängen greifen wir zu einer ähnlichen Strategie wie wir sie in Algorithmus 4.25 beschrieben haben. Falls das Iterationsverfahren nicht konvergiert, reduzieren wir die Schrittlänge s um den Faktor $\beta = 1/\sqrt{2}$. Falls das Iterationsverfahren „zu rasch" konvergiert, vergrößern wir die Schrittweite für den nächsten Prädiktorschritt um den Faktor β^{-1}. Diese empirische Fortsetzungsstrategie ist auch in relativ komplizierten Problemen noch vergleichsweise wirkungsvoll.

Bemerkung 4.27. Auch zu dieser tangentialen Fortsetzungsmethode existiert eine wesentlich effektivere und theoretisch fundierte Schrittweitensteuerung, deren Darstellung sich in [24] findet. Dort werden außerdem statt $F'(y)$ Approximationen der

Jacobimatrix verwendet. Auf dieser Grundlage arbeiten äußerst effektive Programme für parameterabhängige Gleichungssysteme (siehe Abbildung 4.9 und 4.10).

Bemerkung 4.28. Die Beschreibung der Lösungen eines parameterabhängigen Systems (4.19) bezeichnet man auch als *Parameterstudie*. Parameterabhängige Systeme können andererseits auch zur *Erweiterung des Konvergenzbereiches* eines Verfahrens zur Lösung nichtlinearer Gleichungssysteme genutzt werden. Die Idee dabei ist, sich von einem bereits gelösten Problem

$$G(x) = 0$$

Zug um Zug zur Lösung des eigentlichen Problems

$$F(x) = 0$$

durchzuarbeiten. Dazu konstruiert man sich ein parameterabhängiges Problem

$$H(x, \lambda) = 0, \qquad \lambda \in [0, 1],$$

welches die beiden Probleme miteinander verbindet, d. h.

$$H(x, 0) = G(x) \quad \text{und} \quad H(x, 1) = F(x)$$

für alle x. Eine solche Abbildung H heißt *Einbettung* (engl.: *embedding*) des Problems $F(x) = 0$ oder auch *Homotopie*. Das einfachste Beispiel ist die sogenannte *lineare Einbettung*,

$$H(x, \lambda) := \lambda F(x) + (1 - \lambda)G(x),$$

der allerdings problemangepasste Einbettungen in jedem Fall vorzuziehen sind (siehe Beispiel 4.29). Wenden wir eine Fortsetzungsmethode auf dieses parameterabhängige Problem $H(x, \lambda) = 0$ an, wobei wir mit einer uns bekannten Lösung x_0 von $G(x) = 0$ beginnen, so spricht man auch von einer *Homotopiemethode* zur Lösung von $F(x) = 0$.

Beispiel 4.29. *Fortsetzung bezüglich verschiedener Einbettungen.* In [39] ist das folgende Problem gestellt:

$$F(x) := x - \phi(x) = 0,$$

wobei

$$\phi_i(x) := \exp(\cos(i \cdot \sum_{j=1}^{10} x_j)), \quad i = 1, \ldots, 10.$$

Dazu wird die triviale Einbettung

$$H(x,\lambda) = \lambda F(x) + (1-\lambda)x = x - \lambda\phi(x)$$

mit dem Startwert $x^0 = (0, \ldots, 0)$ bei $\lambda = 0$ vorgeschlagen. Die Fortsetzung bezüglich λ führt zwar für $\lambda = 1$ zur Lösung (siehe Abbildung 4.9 links), aber die problemangepasste Einbettung

$$\tilde{H}_i(x,\lambda) := x_i - \exp\Big(\lambda \cdot \cos\Big(i \cdot \sum_{j=1}^{10} x_j\Big)\Big), \quad i = 1, \ldots, 10$$

mit dem Startwert $x^0 = (1, \ldots, 1)$ bei $\lambda = 0$ ist deutlich von Vorteil (siehe Abbil-

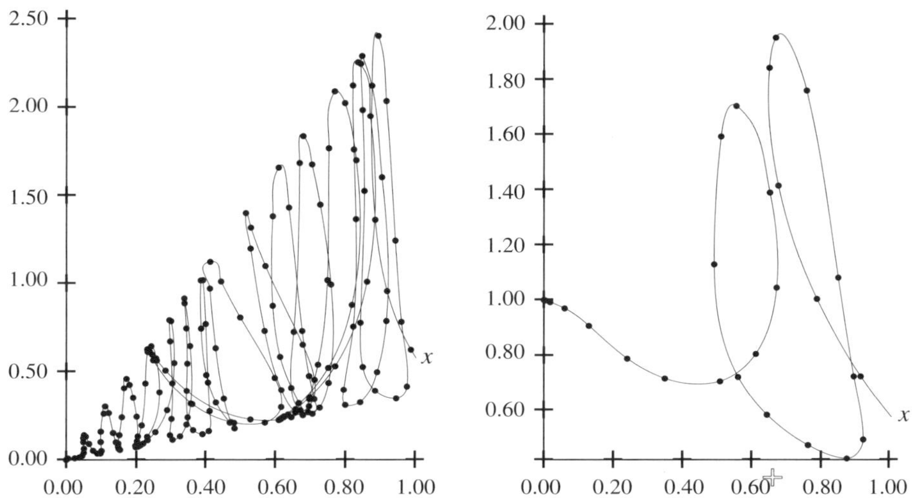

Abbildung 4.9. Fortsetzung für die triviale Einbettung (links) und die problemangepasste Einbettung (rechts), aufgetragen ist jeweils x_9 über λ

dung 4.9 rechts). Es sei angemerkt, dass in diesen Beispielen keine Verzweigungen auftreten. Die Überschneidungen der Lösungskurven ergeben sich nur in der Projektion auf die Koordinatenebene (x_9, λ). Die Punkte auf den beiden Lösungszweigen markieren die von dem verwendeten Programm automatisch berechneten Zwischenwerte: Ihre Anzahl ist in etwa ein Maß für den benötigten Rechenaufwand, um von $\lambda = 0$ nach $\lambda = 1$ zu kommen.

Das obige Beispiel hat rein illustrativen Charakter: es lässt sich einfach in ein rein skalares Problem umformen und als solches lösen (Aufgabe 4.6). Wir fügen deshalb noch ein interessanteres Problem an.

Beispiel 4.30. *Brusselator.* In [69] wird eine chemische Reaktions-Diffusionsgleichung betrachtet. Bei diesem diskreten Modell reagieren zwei chemische Substanzen mit Konzentrationen $z = (x, y)$ in mehreren Zellen jeweils nach der Vorschrift

$$\dot{z} = \begin{pmatrix} \dot{x} \\ \dot{y} \end{pmatrix} = \begin{pmatrix} A - (B+1)x + x^2 y \\ Bx - x^2 y \end{pmatrix} =: f(z)$$

miteinander. Durch Koppelung benachbarter Zellen tritt Diffusion auf. Betrachtet man nur zeitlich konstante Lösungen und parametrisiert die Diffusion mittels λ, so ergibt sich folgendes nichtlineare Gleichungssystem:

$$0 = f(z_i) + \frac{1}{\lambda^2} \sum_{(i,j)} D(z_j - z_i), \quad i = 1, \ldots, k.$$

Dabei ist $D = \operatorname{diag}(1, 10)$ eine $(2, 2)$-Diagonalmatrix. Da die Gleichungen die Symmetrie der geometrischen Anordnung der Zellen widerspiegeln, tritt ein reiches Verzweigungsverhalten auf (siehe Abbildung 4.10), das in [35] unter Ausnutzung der Symmetrie des Systems im Zusammenspiel mit Methoden des symbolischen Rechnens analysiert wird.

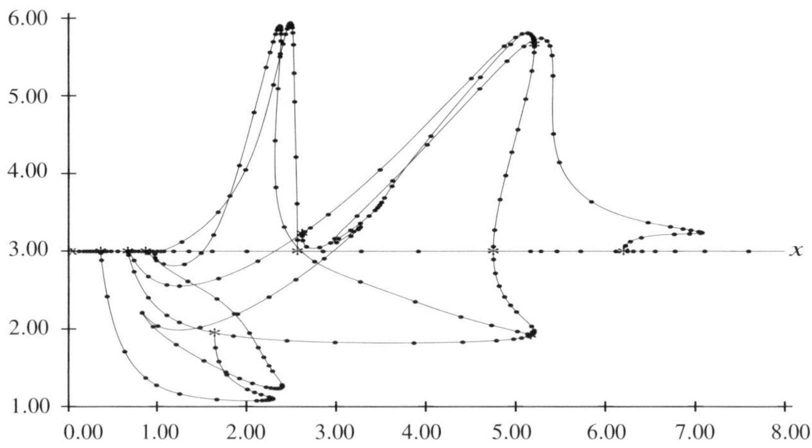

Abbildung 4.10. Brusselator mit 4 Zellen in linearer Kette ($A = 2$, $B = 6$), aufgetragen ist x_8 über λ

Übungsaufgaben

Aufgabe 4.1. Erklären Sie das unterschiedliche Konvergenzverhalten der beiden in Kapitel 4.1 beschriebenen Fixpunktiterationen zur Lösung von

$$f(x) = 2x - \tan x = 0.$$

Analysieren Sie dabei auch die Konvergenzgeschwindigkeit des zweiten Verfahrens.

Aufgabe 4.2. Zur Bestimmung des Fixpunktes x^* der stetig differenzierbaren Abbildung ϕ mit $|\phi'(x)| \neq 1$ seien die folgenden Iterationsvorschriften für $k = 0, 1, \ldots$ definiert:

(I) $x_{k+1} := \phi(x_k)$

(II) $x_{k+1} := \phi^{-1}(x_k)$

Zeigen Sie, dass mindestens eine der beiden Iterationen lokal konvergiert.

Aufgabe 4.3. Eine Funktion $f \in C^1[a, b]$ habe die einfache Nullstelle $x^* \in [a, b]$. Durch die drei Stützpunkte

$$(a, f_a), \quad (c, f_c), \quad (b, f_b), \qquad \text{mit } a < c < b,\ f_a f_b < 0$$

ist ein quadratisches Interpolationspolynom $p(x)$ eindeutig bestimmt.

a) Zeigen Sie, dass p in $[a, b]$ genau eine einfache Nullstelle y besitzt.

b) Konstruieren Sie ausgehend von einer formalen Prozedur

$$y = y(a, b, c, f_a, f_b, f_c),$$

welche die Nullstelle von p in $[a, b]$ in Abhängigkeit von den Stützpunkten berechnet, einen Algorithmus zur Bestimmung von x^* auf eine vorgegebene Genauigkeit eps.

Aufgabe 4.4. Zur Konvergenzbeschleunigung des linear konvergenten Fixpunktverfahren im $\mathbb{R}^1$

$$x_{i+1} := \phi(x_i), \qquad x_0 \text{ vorgegeben, } x^* \text{ Fixpunkt}$$

kann man die sogenannte Δ^2-Methode von Aitken verwenden. Dabei wird zu der Folge $\{x_i\}$ die transformierte Folge $\{\bar{x}_i\}$

$$\bar{x}_i := x_i - \frac{(\Delta x_i)^2}{\Delta^2 x_i}$$

berechnet, wobei Δ der Differenzenoperator $\Delta x_i := x_{i+1} - x_i$ ist.

a) Zeigen Sie: Gilt für die Folge $\{x_i\}$ und $x_i \neq x^*$, dass

$$x_{i+1} - x^* = (\kappa + \delta_i)(x_i - x^*),$$

wobei $|\kappa| < 1$ und $\{\delta_i\}$ eine Nullfolge, $\lim_{i\to\infty} \delta_i = 0$, so existiert die Folge $\{\bar{x}_i\}$ für hinreichend große i und hat die Eigenschaft

$$\lim_{i\to\infty} \frac{\bar{x}_i - x^*}{x_i - x^*} = 0.$$

b) Bei der Realisierung des Verfahrens berechnet man nur x_0, x_1, x_2 und $\bar{x}_0$ und startet dann die Fixpunktiteration mit $\bar{x}_0$ als verbessertem Startwert (Methode von Steffensen). Probieren Sie diese Fixpunktiteration an unseren bewährten Beispielen

$$\phi_1(x) := (\tan x)/2 \quad \text{und} \quad \phi_1(x) := \arctan 2x$$

mit dem Startwert $x_0 = 1.2$ aus.

Aufgabe 4.5. Berechnen Sie die Lösung des nichtlinearen Ausgleichsproblems der Feulgen-Hydrolyse mit einem gewöhnlichen Gauß-Newton-Verfahren (Bibliotheksprogramm oder selbstgeschrieben) für den Datensatz aus Tabelle 4.3 mit den dort angegebenen Startdaten.

Hinweis: In diesem speziellen Fall konvergiert das gewöhnliche Gauß-Newton-Verfahren sogar rascher als das gedämpfte (vgl. Abbildung 4.3).

Aufgabe 4.6. Berechnen Sie die Lösung von $F(x) = x - \phi(x) = 0$ mit

$$\phi_i(x) := \exp\Big(\cos\Big(i \cdot \sum_{j=1}^{10} x_j\Big)\Big), \qquad i = 1, \ldots, 10,$$

indem Sie zuerst eine Gleichung für $u = \sum_{j=1}^{10} x_j$ aufstellen und diese lösen.

Aufgabe 4.7. *Numerische Differentiation.* Gegeben sei eine Funktion $F : D \to \mathbb{R}^n$, $D \subset \mathbb{R}^n$, $F \in C^2(D)$. Betrachtet wird die Approximation der Jacobimatrix $J(x) = F'(x)$ durch die Differenzenquotienten

$$\Delta_i F(x) := \frac{F(x + \eta_i e_i) - F(x)}{\eta_i}, \qquad \eta_i \neq 0$$
$$\hat{J}(x) := [\Delta_1 F(x), \ldots, \Delta_n F(x)].$$

Um eine hinreichend gute Approximation der Jacobimatrix zu erhalten, berechnet man die Größe

$$\kappa(\eta_i) := \frac{\|F(x + \eta_i e_i) - F(x)\|}{\|F(x)\|}$$

und fordert

$$\kappa(\hat{\eta}_i) \doteq \kappa_0 := \sqrt{10\,\mathrm{eps}},$$

wobei eps die relative Maschinengenauigkeit ist. Zeigen Sie, dass

$$\kappa(\eta) \doteq c_1\eta + c_2\eta^2 \quad \text{für } \eta \to 0.$$

Geben Sie eine Vorschrift an, die im Fall $\kappa(\eta) \ll \kappa_0$ eine Schätzung für $\hat{\eta}$ zu lässt. Warum liefert eine entsprechende Schätzung für $\kappa(\eta) \gg \kappa_0$ keine brauchbaren Ergebnisse?

Aufgabe 4.8. *Newton-Verfahren in* $\mathbb{C}$. Die Nullstellen von $p_n(z) := z^n - 1$ sollen für gerades n mit dem (komplexen) Newton-Verfahren bestimmt werden:

$$z_{k+1} = \Phi(z_k) := z_k - \frac{p_n(z_k)}{p_n'(z_k)}, \quad k = 0, 1, \ldots$$

Es werde definiert:

$$L(s) := \{te^{i\frac{\pi}{n}s} | t \in \mathbb{R}\}, \quad s \in [0, n[.$$

a) Zeigen Sie:

$$z_k \in L(s) \Rightarrow z_{k+1} \in L(s).$$

b) Fertigen Sie eine Skizze an, in der Sie das Konvergenzverhalten darstellen. Berechnen Sie

$$K(s) := L(s) \cap \{z : |\Phi'(z)| < 1\}$$

und alle Fixpunkte von Φ auf $L(s)$ für

$$s = 0, 1, \ldots, n-1 \quad \text{und} \quad s = \frac{1}{2}, \frac{3}{2}, \ldots, n - \frac{1}{2}.$$

Aufgabe 4.9. Gegeben sei das System von $n = 10$ nichtlinearen Gleichungen ($s = \sum_{i=1}^{10} x_i$)

$$F(x,\lambda) := \begin{bmatrix} x_1 + x_4 - 3 \\ 2x_1 + x_2 + x_4 + x_7 + x_8 + x_9 + 2x_{10} - \lambda \\ 2x_2 + 2x_5 + x_6 + x_7 - 8 \\ 2x_3 + x_9 - 4\lambda \\ x_1 x_5 - 0.193 x_2 x_4 \\ x_6^2 x_1 - 0.67444 \cdot 10^{-5} x_2 x_4 s \\ x_7^2 x_4 - 0.1189 \cdot 10^{-4} x_1 x_2 s \\ x_8 x_4 - 0.1799 \cdot 10^{-4} x_1 s \\ (x_9 x_4)^2 - 0.4644 \cdot 10^{-7} x_1^2 x_3 s \\ x_{10} x_4^2 - 0.3846 \cdot 10^{-4} x_1^2 s \end{bmatrix} = 0.$$

Es beschreibt ein chemisches Gleichgewicht (bei Propan). Sämtliche interessierende Lösungen müssen nichtnegative Komponenten haben, da sie als chemische Konzentrationen zu interpretieren sind.

a) Zeigen Sie, dass $\lambda \geq 3$ zwingend ist, falls $x_i \geq 0,\ i = 1, \ldots, n$. Berechnen Sie (per Hand) den entarteten Spezialfall $\lambda = 3$.

b) Schreiben Sie ein Programm für eine Fortsetzungsmethode mit gewöhnlichem Newton-Verfahren als lokalem Iterationsverfahren und empirischer Schrittlängenstrategie.

c) Testen Sie dieses Programm für $\lambda > 3$ an obigem Beispiel.

Aufgabe 4.10. Beweisen Sie den folgenden Satz: Sei $D \subseteq \mathbb{R}^n$ offen und konvex und $F : D \subseteq \mathbb{R}^n \to \mathbb{R}^n$ differenzierbar. Es existiere eine Lösung $x^* \in D$ derart, dass $F'(x^*)$ invertierbar ist. Ferner gelte die (affin-invariante) Lipschitz-Bedingung für $x, y \in D$:

$$\|F'(x^*)^{-1}(F'(y) - F'(x))\| \leq \omega_* \|y - x\|.$$

Sei $\rho := \|x^0 - x^*\| < 2/(3\omega_*)$ und $B_\rho(x^*) \subset D$. Dann gilt: Die durch das gewöhnliche Newton-Verfahren definierte Folge $\{x^k\}$ bleibt in $B_\rho(x^*)$ und konvergiert gegen x^*. Ferner ist x^* eindeutige Lösung in $B_\rho(x^*)$.

Hinweis: Benutzen Sie das Störungslemma für die Jacobimatrizen $F'(x)$, das auf der Neumannschen Reihe basiert.

Aufgabe 4.11. Zu lösen sei die quadratische Gleichung

$$x^2 - 2px + q = 0 \quad \text{mit } p^2 - q \geq 0 \text{ und } q = 0.123451234.$$

Berechnen Sie für die Folge $p \in \{1, 10, 10^2, \ldots\}$ die beiden Lösungen

$$x_1 = \hat{x}_1 = p + \sqrt{p^2 - r},$$

$$\hat{x}_2 = p - \sqrt{p^2 - q}, \quad x_2 = q/\hat{x}_1.$$

Tragen Sie die Resultate in eine Tabelle ein, und unterstreichen Sie jeweils die gültigen Ziffern.

Aufgabe 4.12. Das Prinzip zur Herleitung des Levenberg-Marquardt-Verfahrens

$$x^{k+1} = x^k + \Delta z^k, \quad k = 0, 1, \ldots$$

zur Lösung nichtlinearer Gleichungssysteme ist nicht affin-invariant. Dieser Mangel vererbt sich natürlich auch auf das Verfahren selbst. Eine affin-invariante Modifikation lautet: Minimiere

$$\|F'(x^k)^{-1}(F(x^k) + F'(x^k)\Delta z)\|_2$$

unter der Nebenbedingung

$$\|\Delta z\|_2 \leq \delta.$$

Welches Verfahren ergibt sich hieraus?

5 Lineare Eigenwertprobleme

Das folgende Kapitel ist dem Studium des numerischen Eigenwertproblems der linearen Algebra

$$Ax = \lambda x$$

gewidmet, worin A eine quadratische Matrix der Ordnung n und x einen Eigenvektor zum Eigenwert $\lambda \in \mathbb{C}$ bezeichnen. Als elementare Einführung in die angewandte Lineare Algebra empfehlen wir das schön geschriebene und äußerst anregende Lehrbuch [61] von C.D. Meyer. Zu Aspekten der Numerik innerhalb der Linearen Algebra hat sich das klassische Lehrbuch von G.H. Golub und C. van Loan [42] seit Jahren etabliert.

Neben allgemeinen Matrizen interessieren hier die folgenden speziellen Matrizen:

- *A symmetrisch*: alle Eigenwerte sind *reell*; dieses Eigenwertproblem kommt in den Natur- und Ingenieurwissenschaften am häufigsten vor.
- *A symmetrisch positiv definit* (oder *semi-definit*): alle Eigenwerte sind positiv (oder nichtnegativ); zu diesem Eigenwertproblem korrespondiert in der Regel ein Minimierungsproblem der Form

  $$x^T Ax + b^T x = \min,$$

  worin wir hier den Vektor b nicht näher spezifizieren wollen.
- *A stochastisch*: alle Elemente solcher Matrizen lassen sich als Wahrscheinlichkeiten interpretieren, was sich in den Beziehungen

  $$a_{ij} \geq 0, \quad \sum_{j=1}^{n} a_{ij} = 1$$

  ausdrückt; in diesem Fall existiert ein sogenannter *Perron-Eigenwert* λ_1, der gleich dem Spektralradius $\rho(A) = 1$ ist; die zugehörigen Links- und Rechtseigenvektoren sind positiv bis auf einen für alle Komponenten gemeinsamen Phasenfaktor; derartige Eigenwertprobleme spielen im Rahmen der *Clusteranalyse* eine zunehmende Rolle.

Im folgenden führen wir zunächst eine Analyse der Kondition des Eigenwertproblems für allgemeine Matrizen durch (Kapitel 5.1). Dabei zeigt sich, dass das Eigenwertproblem mit Garantie gut konditioniert nur für normale Matrizen ist, deren wichtigste Klasse die reell-symmetrischen Matrizen sind. Deswegen behandeln wir erst einmal Algorithmen zur Berechnung der Eigenwerte und Eigenvektoren für diesen Spezialfall (Kapitel 5.2 und 5.3). Für allgemeine Matrizen ist dagegen das Problem der Singulärwertzerlegung gut konditioniert und praktisch enorm relevant – siehe Kapitel 5.4. In den letzten Jahren haben sich Eigenwertprobleme für stochastische Matrizen zunehmend als wichtig erwiesen, weshalb wir uns in Kapitel 5.5 dieser Problemklasse zuwenden.

5.1 Kondition des allgemeinen Eigenwertproblems

Wir beginnen mit der Bestimmung der *Kondition* des Eigenwertproblems

$$Ax = \lambda x$$

für eine beliebige komplexe Matrix $A \in \mathrm{Mat}_n(\mathbb{C})$. Der Einfachheit halber setzen wir voraus, dass λ_0 ein (algebraisch) einfacher Eigenwert von A ist, d. h. eine einfache Nullstelle des charakteristischen Polynoms $\chi_A(\lambda) = \det(A - \lambda I)$. Unter diesen Voraussetzungen ist λ differenzierbar in A, wie wir im folgenden Lemma sehen werden.

Lemma 5.1. *Sei $\lambda_0 \in \mathbb{C}$ einfacher Eigenwert von $A \in \mathrm{Mat}_n(\mathbb{C})$. Dann existiert eine stetig differenzierbare Abbildung*

$$\lambda : V \subset \mathrm{Mat}_n(\mathbb{C}) \to \mathbb{C}, \quad B \mapsto \lambda(B)$$

von einer Umgebung V von A in $\mathrm{Mat}_n(\mathbb{C})$, so dass $\lambda(A) = \lambda_0$ und $\lambda(B)$ einfacher Eigenwert von B ist für alle $B \in V$. Ist x_0 ein Eigenvektor von A zu λ_0 und y_0 ein (adjungierter) Eigenvektor von $A^* := \bar{A}^T$ zum Eigenwert $\bar{\lambda}_0$, d. h.

$$Ax_0 = \lambda_0 x_0 \quad \textit{und} \quad A^* y_0 = \bar{\lambda}_0 y_0,$$

so gilt für die Ableitung von λ an der Stelle A, dass

$$\lambda'(A)C = \frac{\langle Cx_0, y_0\rangle}{\langle x_0, y_0\rangle} \quad \textit{für alle } C \in \mathrm{Mat}_n(\mathbb{C}).$$

Beweis. Sei $C \in \mathrm{Mat}_n(\mathbb{C})$ eine beliebige komplexe Matrix. Da λ_0 eine einfache Nullstelle des charakteristischen Polynoms χ_A ist, gilt

$$0 \neq \chi_A'(\lambda_0) = \frac{\partial}{\partial \lambda} \chi_{A+tC}(\lambda)\big|_{t=0}.$$

Nach dem Satz über implizite Funktionen gibt es daher eine in einer Nullumgebung $]-\varepsilon, \varepsilon[\subset \mathbb{R}$ stetig differenzierbare Abbildung

$$\lambda :]-\varepsilon, \varepsilon[\to \mathbb{C}, \quad t \mapsto \lambda(t),$$

so dass $\lambda(0) = \lambda_0$ und $\lambda(t)$ einfacher Eigenwert von $A + tC$ ist. Wiederum aufgrund der Einfachheit von λ_0 gibt es eine stetig differenzierbare Funktion

$$x :]-\varepsilon, \varepsilon[\to \mathbb{C}^n, \quad t \mapsto x(t),$$

so dass $x(0) = x_0$ und $x(t)$ Eigenvektor von $A + tC$ zum Eigenwert $\lambda(t)$ ist ($x(t)$ lässt sich explizit mit adjungierten Determinanten berechnen, siehe Aufgabe 5.2). Differenzieren wir die Gleichung

$$(A + tC)x(t) = \lambda(t)x(t)$$

nach t an der Stelle $t = 0$, so folgt

$$Cx_0 + Ax'(0) = \lambda_0 x'(0) + \lambda'(0)x_0.$$

Multiplizieren wir nun rechts mit y_0 (im Skalarprodukt-Sinn), so erhalten wir

$$\langle Cx_0, y_0\rangle + \langle Ax'(0), y_0\rangle = \langle \lambda_0 x'(0), y_0\rangle + \langle \lambda'(0)x_0, y_0\rangle.$$

Da $\langle \lambda'(0)x_0, y_0\rangle = \lambda'(0)\langle x_0, y_0\rangle$ und

$$\langle Ax'(0), y_0\rangle = \langle x'(0), A^* y_0\rangle = \lambda_0\langle x'(0), y_0\rangle = \langle \lambda_0 x'(0), y_0\rangle,$$

folgt somit

$$\lambda'(0) = \frac{\langle Cx_0, y_0\rangle}{\langle x_0, y_0\rangle}.$$

Damit haben wir die Ableitung von λ in Richtung der Matrix C berechnet. Aus der stetigen Differenzierbarkeit der Richtungsableitungen folgt die Differenzierbarkeit von λ nach A und

$$\lambda'(A)C = \lambda'(0) = \frac{\langle Cx_0, y_0\rangle}{\langle x_0, y_0\rangle}$$

für alle $C \in \mathrm{Mat}_n(\mathbb{C})$. □

Zur Berechnung der Kondition des Eigenwertproblems (λ, A) müssen wir nun die Norm der Ableitung $\lambda'(A)$ als lineare Abbildung

$$\lambda'(A) : \mathrm{Mat}_n(\mathbb{C}) \to \mathbb{C}, \quad C \mapsto \frac{\langle Cx, y\rangle}{\langle x, y\rangle},$$

berechnen, wobei x ein Eigenvektor zum einfachen Eigenwert λ_0 von A und y ein adjungierter Eigenvektor zum Eigenwert $\bar{\lambda}_0$ von A^* ist. Wir wählen dazu auf $\mathrm{Mat}_n(\mathbb{C})$ die 2-Norm (Matrixnorm!) und auf $\mathbb{C}$ den Betrag. Für jede Matrix $C \in \mathrm{Mat}_n(\mathbb{C})$ gilt (Cauchy-Schwarzsche Ungleichung)

$$|\langle Cx, y\rangle| \leq \|Cx\| \, \|y\| \leq \|C\| \, \|x\| \, \|y\|,$$

wobei für $C = yx^*$, $x^* := \bar{x}^T$, gerade Gleichheit gilt. Daher folgt wegen $\|yx^*\| = \|x\| \, \|y\|$, dass

$$\|\lambda'(A)\| = \sup_{C \neq 0} \frac{|\langle Cx, y\rangle / \langle x, y\rangle|}{\|C\|} = \frac{\|x\| \, \|y\|}{|\langle x, y\rangle|} = \frac{1}{|\cos(\sphericalangle(x, y))|},$$

wobei $\sphericalangle(x, y)$ der Winkel zwischen dem Eigenvektor x und dem adjungierten Eigenvektor y ist. Für *normale* Matrizen A, $A^*A = AA^*$, ist jeder Eigenvektor x auch adjungierter Eigenvektor, d. h. $A^*x = \bar{\lambda}_0 x$, und daher $\|\lambda'(A)\| = 1$. Wir können nun unsere Ergebnisse wie folgt zusammenfassen.

Satz 5.2. *Die absolute Kondition der Bestimmung eines einfachen Eigenwertes λ_0 einer Matrix $A \in \mathrm{Mat}_n(\mathbb{C})$ bezüglich der 2-Norm ist*

$$\kappa_{\text{abs}} = \|\lambda'(A)\| = \frac{\|x\| \, \|y\|}{|\langle x, y\rangle|} = \frac{1}{|\cos(\sphericalangle(x, y))|}$$

und die relative Kondition

$$\kappa_{\text{rel}} = \frac{\|A\|}{|\lambda_0|} \|\lambda'(A)\| = \frac{\|A\|}{|\lambda_0 \cos(\sphericalangle(x, y))|},$$

wobei x ein Eigenvektor von A zum Eigenwert λ_0, d. h. $Ax = \lambda_0 x$, und y ein adjungierter Eigenvektor, d. h. $A^*y = \bar{\lambda}_0 y$. Insbesondere ist das Eigenwertproblem für normale Matrizen gut konditioniert mit $\kappa_{\text{abs}} = 1$.

Beispiel 5.3. Falls A nicht symmetrisch ist, ist das Eigenwertproblem nicht mehr automatisch gut konditioniert. Als Beispiel betrachten wir die Matrizen

$$A = \begin{pmatrix} 0 & 1 \\ 0 & 0 \end{pmatrix} \quad \text{und} \quad \tilde{A} = \begin{pmatrix} 0 & 1 \\ \delta & 0 \end{pmatrix},$$

mit den Eigenwerten $\lambda_1 = \lambda_2 = 0$ bzw. $\tilde{\lambda}_{1,2} = \pm\sqrt{\delta}$. Für die Kondition des Eigenwertproblems (A, λ_1) ergibt sich

$$\kappa_{\text{abs}} \geq \frac{|\tilde{\lambda}_1 - \lambda_1|}{\|\tilde{A} - A\|_2} = \frac{\sqrt{\delta}}{\delta} = \frac{1}{\sqrt{\delta}} \to \infty \quad \text{für } \delta \to 0.$$

Die Bestimmung des Eigenwertes $\lambda = 0$ von A ist daher (bzgl. des absoluten Fehlers) ein schlecht gestelltes Problem.

Eine genauere Störungstheorie für (mehrfache) Eigenwerte und Eigenvektoren für allgemeine Matrizen (und Operatoren) findet sich in dem Buch von T. Kato [54].

Ohne Vertiefung wollen wir noch das Folgende festhalten: Bei *mehrfachen* oder auch schon bei nahe zusammenliegenden *Eigenwertclustern* ist die Berechnung *einzelner* Eigenvektoren schlecht konditioniert, nicht aber die Berechnung einer orthogonalen Basis des betreffenden *Eigenraumes*.

Für das gut konditionierte reell-symmetrische Eigenwertproblem könnte man zunächst daran denken, das charakteristische Polynom aufzustellen und anschließend seine Nullstellen zu bestimmen. Leider „verschwindet“ die Information der Eigenwerte, falls man das charakteristische Polynom in Koeffizientendarstellung behandelt. Nach Kapitel 2.2 ist also das umgekehrte Problem schlecht konditioniert.

Beispiel 5.4. Von J.H. Wilkinson [88] wurde das Polynom

$$P(\lambda) = (\lambda - 1)\dots(\lambda - 20) \in \boldsymbol{P}_{20}$$

als warnendes Beispiel angegeben. Multiplizieren wir diese Wurzeldarstellung aus, so ergeben sich Koeffizienten in der Größenordnung zwischen 1 (Koeffizient von λ^{20}) und 10^{20} (der konstante Term ist z. B. 20!). Wir stören nun den Koeffizienten (in der Größenordnung 10^3) von λ^{19} um den sehr kleinen Wert $\varepsilon := 2^{-23} \approx 10^{-7}$. In Tabelle 5.1 haben wir die exakten Nullstellen des gestörten Polynoms

$$\tilde{P}(\lambda) = P(\lambda) - \varepsilon\lambda^{19}$$

eingetragen. Trotz der extrem kleinen Störung sind die Fehler beachtlich. Insbesondere sind fünf Nullstellenpaare komplex.

1.000 000 000	10.095 266 145 $\pm$ 0.643 500 904i
2.000 000 000	11.793 633 881 $\pm$ 1.652 329 728i
3.000 000 000	13.992 358 137 $\pm$ 2.518 830 070i
4.000 000 000	16.730 737 466 $\pm$ 2.812 624 894i
4.999 999 928	19.502 439 400 $\pm$ 1.940 330 347i
6.000 006 944	20.846 908 101
6.999 697 234	
8.007 267 603	
8.917 250 249	

Tabelle 5.1. Exakte Nullstellen des Polynoms $\tilde{P}(\lambda)$ für $\varepsilon := 2^{-23}$

5.2 Vektoriteration

Die Eigenwerte einer Matrix $A \in \mathrm{Mat}_n(\mathbb{R})$ als Nullstellen des charakteristischen Polynoms $\chi_A(\lambda) = \det(A - \lambda I)$ zu berechnen, mag allenfalls für $n = 2$ ein gangbarer Weg sein. Statt dessen werden wir hier vielmehr direkte Methoden entwickeln, die Eigenwerte und Eigenvektoren zu bestimmen. Die einfachste direkte Möglichkeit ist die sogenannte *Vektoriteration*, die wir in ihren beiden Spielarten, der *direkten* und der *inversen* Vektoriteration, im folgenden besprechen wollen.

Die von R. von Mises eingeführte *direkte Vektoriteration* (engl.: *power method*) basiert auf folgender Idee: Wir iterieren die durch die Matrix $A \in \mathrm{Mat}_n(\mathbb{R})$ gegebene Abbildung und definieren eine Folge $\{x_k\}_{k=0,1,\dots}$ für einen beliebigen Startwert $x_0 \in \mathbb{R}^n$ durch

$$x_{k+1} := Ax_k \quad \text{für } k = 0, 1, \dots . \tag{5.1}$$

Ist ein einfacher Eigenwert λ von A betragsmäßig echt größer als alle anderen Eigenwerte von A, so können wir vermuten, dass sich λ bei der Iteration (5.1) gegenüber allen anderen Eigenwerten „durchsetzt" und x_k gegen einen Eigenvektor von A zum Eigenwert λ konvergiert. Diese Vermutung bestätigt der folgende Satz. Der Einfachheit halber beschränken wir uns dabei auf symmetrische Matrizen, für die das Eigenwertproblem nach Satz 5.2 gut konditioniert ist.

Satz 5.5. *Sei λ_1 ein einfacher Eigenwert der symmetrischen Matrix $A \in \mathrm{Mat}_n(\mathbb{R})$ und betragsmäßig echt größer als alle anderen Eigenwerte von A, d. h.*

$$|\lambda_1| > |\lambda_2| \geq \cdots \geq |\lambda_n|.$$

Sei ferner $x_0 \in \mathbb{R}^n$ ein Vektor, der nicht senkrecht auf dem Eigenraum von λ_1 steht. Dann konvergiert die Folge $y_k := x_k/\|x_k\|$ mit $x_{k+1} = Ax_k$ gegen einen normierten Eigenvektor von A zum Eigenwert λ_1.

Beweis. Sei $\eta_1, \dots, \eta_n$ eine Orthonormalbasis von Eigenvektoren von A mit $A\eta_i = \lambda_i \eta_i$. Dann gilt $x_0 = \sum_{i=1}^n \alpha_i \eta_i$ mit $\alpha_1 = \langle x_0, \eta_1 \rangle \neq 0$. Folglich ist

$$x_k = A^k x_0 = \sum_{i=1}^n \alpha_i \lambda_i^k \eta_i = \alpha_1 \lambda_1^k \underbrace{\Bigg(\eta_1 + \sum_{i=2}^n \frac{\alpha_i}{\alpha_1} \left(\frac{\lambda_i}{\lambda_1}\right)^k \eta_i \Bigg)}_{=:\, z_k}.$$

Da $|\lambda_i| < |\lambda_1|$ für alle $i = 2, \dots, n$, gilt $\lim_{k\to\infty} z_k = \eta_1$ und daher

$$y_k = \frac{x_k}{\|x_k\|} = \frac{z_k}{\|z_k\|} \to \pm\eta_1 \quad \text{für } k \to \infty.$$

□

Die direkte Vektoriteration hat jedoch mehrere Nachteile. Zum einen erhalten wir nur den Eigenvektor zum betragsgrößten Eigenwert λ_1 von A. Zum anderen hängt die Konvergenzgeschwindigkeit von dem Quotienten $|\lambda_2/\lambda_1|$ ab. Liegen also die Eigenwerte λ_1 und λ_2 betragsmäßig dicht zusammen, so konvergiert die direkte Vektoriteration nur sehr langsam.

Die oben beschriebenen Nachteile der direkten Vektoriteration werden bei der von H. Wielandt (1945) entwickelten *inversen Vektoriteration* vermieden. Angenommen, wir hätten einen Schätzwert $\bar{\lambda} \approx \lambda_i$ eines beliebigen Eigenwertes λ_i der Matrix A zur Verfügung, so dass

$$|\bar{\lambda} - \lambda_i| < |\bar{\lambda} - \lambda_j| \quad \text{für alle } j \neq i. \tag{5.2}$$

Dann ist $(\bar{\lambda} - \lambda_i)^{-1}$ der betragsgrößte Eigenwert der Matrix $(A - \bar{\lambda} I)^{-1}$. Konsequenterweise konstruiert man deshalb die Vektoriteration für diese Matrix. Diese Idee liefert die Iterationsvorschrift

$$(A - \bar{\lambda} I)x_{k+1} = x_k \quad \text{für } k = 0, 1, \ldots . \tag{5.3}$$

Sie heißt *inverse Vektoriteration* (engl.: *inverse power method*). Man beachte, dass bei jedem Iterationsschritt das lineare Gleichungssystem (5.3) gelöst werden muss, jedoch nur für verschiedene rechte Seiten x_k. Die Matrix $A - \bar{\lambda} I$ muss daher nur einmal (z. B. mit der Gaußschen Dreieckszerlegung) zerlegt werden. Nach Satz 5.5 konvergiert die Folge $y_k := x_k/\|x_k\|$ unter der Voraussetzung (5.2) für $k \to \infty$ gegen einen normierten Eigenvektor von A zum Eigenwert λ_i, falls nicht gerade der Startvektor x_0 senkrecht auf dem Eigenvektor η_i zum Eigenwert λ_i steht. Der *Konvergenzfaktor* ist dabei

$$\max_{j \neq i} \left| \frac{\lambda_i - \bar{\lambda}}{\lambda_j - \bar{\lambda}} \right| < 1.$$

Ist $\bar{\lambda}$ eine besonders gute Schätzung von λ_i, so gilt

$$\left| \frac{\lambda_i - \bar{\lambda}}{\lambda_j - \bar{\lambda}} \right| \ll 1 \quad \text{für alle } j \neq i,$$

das Verfahren konvergiert in diesem Fall sehr rasch. Durch geeignete Wahl von $\bar{\lambda}$ kann man also mit dieser Methode und einem nahezu beliebigen Startvektor x_0 einzelne Eigenwerte und Eigenvektoren herausgreifen. Für einer Verbesserung dieses Verfahrens siehe Aufgabe 5.3.

Bemerkung 5.6. Man beachte, dass die Matrix $A - \bar{\lambda} I$ für „gut gewähltes" $\bar{\lambda} \approx \lambda_i$ fast singulär ist. Im vorliegenden Fall entstehen daraus jedoch keine numerischen Schwierigkeiten, da nur die *Richtung* des Eigenvektors gesucht ist, deren Berechnung gut konditioniert ist (vgl. Beispiel 2.33).

Beispiel 5.7. Betrachten wir als Beispiel die 2×2-Matrix

$$A := \begin{pmatrix} -1 & 3 \\ -2 & 4 \end{pmatrix}.$$

Sie hat die Eigenwerte $\lambda_1 = 1$ und $\lambda_2 = 2$. Gehen wir aus von einer Approximation $\bar{\lambda} = 1 - \varepsilon$ von λ_1 mit $0 < \varepsilon \ll 1$, so ist die Matrix

$$A - \bar{\lambda} I = \begin{pmatrix} -2+\varepsilon & 3 \\ -2 & 3+\varepsilon \end{pmatrix}$$

fast singulär und

$$(A - \bar{\lambda} I)^{-1} = \frac{1}{\varepsilon(\varepsilon+1)} \begin{pmatrix} 3+\varepsilon & -3 \\ 2 & -2+\varepsilon \end{pmatrix}.$$

Da sich der Faktor $1/\varepsilon(\varepsilon+1)$ bei der Normierung herauskürzt, ist die Berechnung der Richtung einer Lösung x von $(A - \bar{\lambda} I)x = b$ gut konditioniert. Dies lässt sich auch an der relativen komponentenweisen Kondition

$$\kappa_{\text{rel}} = \frac{\|\,|(A - \bar{\lambda} I)^{-1}|\,|b|\,\|_\infty}{\|x\|_\infty}$$

bezüglich Störungen der rechten Seite ablesen. Für $b := (1, 0)^T$ ergibt sich z. B.

$$x = (A - \bar{\lambda} I)^{-1} b = |(A - \bar{\lambda} I)^{-1}|\,|b| = \frac{1}{\varepsilon(\varepsilon+1)} \begin{pmatrix} 3+\varepsilon \\ 2 \end{pmatrix}$$

und daher, mit (2.4),

$$\kappa_{\text{rel}} = \kappa_C\big((A - \bar{\lambda} I)^{-1},\ b\big) = 1.$$

Tatsächlich wird in Programmen bei einer (echt) singulären Matrix $A - \bar{\lambda} I$ ein Pivotelement $\varepsilon = 0$ durch die relative Maschinengenauigkeit eps ersetzt und mit der nun fast singulären Matrix die inverse Vektoriteration durchgeführt (vgl. [89]).

5.3 *QR*-Algorithmus für symmetrische Eigenwertprobleme

Wie in Kapitel 5.1 dargestellt, ist das Eigenwertproblem für symmetrische Matrizen gut konditioniert. In diesem Abschnitt interessieren wir uns nun für die Frage, wie wir effektiv *sämtliche* Eigenwerte einer reellen symmetrischen Matrix

$A \in \mathrm{Mat}_n(\mathbb{R})$ gleichzeitig berechnen können. Wir wissen, dass A nur reelle Eigenwerte $\lambda_1, \ldots, \lambda_n \in \mathbb{R}$ besitzt und eine Orthonormalbasis $\eta_1, \ldots, \eta_n \in \mathbb{R}^n$ aus Eigenvektoren $A\eta_i = \lambda_i \eta_i$ existiert, d. h.

$$Q^T A Q = \Lambda = \operatorname{diag}(\lambda_1, \ldots, \lambda_n) \quad \text{mit } Q = [\eta_1, \ldots, \eta_n] \in \mathrm{O}(n). \tag{5.4}$$

Die erste Idee, die einem in den Sinn kommen könnte, wäre, Q direkt in endlich vielen Schritten zu bestimmen. Da die Eigenwerte die Wurzeln des charakteristischen Polynoms sind, hätte man damit auch ein endliches Verfahren zur Bestimmung der Nullstellen von Polynomen beliebigen Grades (im Fall symmetrischer Matrizen nur mit reellen Wurzeln) gefunden. Dem steht der *Satz von Abel* entgegen: Er besagt, dass es ein solches Verfahren (basierend auf den Operationen $+$, $-$, $\cdot$, $/$ und Wurzelziehen) in Allgemeinheit nicht gibt.

Die zweite Idee, die von (5.4) nahegelegt wird, ist, A durch eine Ähnlichkeitstransformation (Konjugation), z. B. mit orthogonalen Matrizen, der Diagonalgestalt näherzubringen, da die Eigenwerte invariant unter Ähnlichkeitstransformationen sind. Versucht man, eine symmetrische Matrix A durch Konjugation mit Householder-Matrizen auf Diagonalgestalt zu bringen, so erweist sich dies schnell als unmöglich.

$$\begin{bmatrix} * & \cdots & \cdots & * \\ \vdots & & & \vdots \\ \vdots & & & \vdots \\ * & \cdots & \cdots & * \end{bmatrix} \xrightarrow{Q_1 \cdot} \begin{bmatrix} * & * & \cdots & \cdots & * \\ 0 & \vdots & & & \vdots \\ \vdots & \vdots & & & \vdots \\ 0 & * & \cdots & \cdots & * \end{bmatrix} \xrightarrow{\cdot Q_1^T} \begin{bmatrix} * & 0 & \cdots & \cdots & 0 \\ \vdots & * & \cdots & \cdots & * \\ \vdots & \vdots & & & \vdots \\ * & * & \cdots & \cdots & * \end{bmatrix}$$

Was die Multiplikation mit der Householder-Transformation von links geschafft hat, wird bei der Multiplikation von rechts wieder zerstört. Anders sieht es aus, wenn wir A nur auf *Tridiagonalgestalt* bringen wollen. Hier stören sich die Householder-Transformationen von links und rechts wechselseitig nicht:

$$\begin{bmatrix} * & \cdots & \cdots & * \\ \vdots & & & \vdots \\ \vdots & & & \vdots \\ * & \cdots & \cdots & * \end{bmatrix} \xrightarrow{P_1 \cdot} \begin{bmatrix} * & * & \cdots & \cdots & * \\ * & \vdots & & & \vdots \\ 0 & \vdots & & & \vdots \\ \vdots & \vdots & & & \vdots \\ 0 & * & \cdots & \cdots & * \end{bmatrix} \xrightarrow{\cdot P_1^T} \begin{bmatrix} * & * & 0 & \cdots & 0 \\ * & * & \cdots & \cdots & * \\ 0 & \vdots & & & \vdots \\ \vdots & \vdots & & & \vdots \\ 0 & * & \cdots & \cdots & * \end{bmatrix}$$

Diese Einsicht formulieren wir als Lemma.

Lemma 5.8. *Sei $A \in \mathrm{Mat}_n(\mathbb{R})$ symmetrisch. Dann existiert eine orthogonale Matrix $P \in \mathrm{O}(n)$, welche das Produkt von $n-2$ Householder-Reflexionen ist, so dass PAP^T Tridiagonalgestalt hat.*

Beweis. Wir iterieren den in (5.3) gezeigten Prozess und erhalten so Householder-Reflexionen $P_1, \ldots, P_{n-2}$ derart, dass

$$\underbrace{P_{n-2} \ldots P_1}_{= P} A \underbrace{P_1^T \ldots P_{n-2}^T}_{= P^T} = \begin{bmatrix} * & * & & \\ * & \ddots & \ddots & \\ & \ddots & \ddots & * \\ & & * & * \end{bmatrix}$$

□

Damit haben wir somit unser Ausgangsproblem auf die Bestimmung der Eigenwerte einer symmetrischen Tridiagonalmatrix transformiert.

Die erste Idee eines sogenannten LR-Algorithmus für symmetrische Tridiagonalmatrizen geht auf H. Rutishauser zurück. Er hatte zunächst ausprobiert, was passiert, wenn man die Faktoren der LR-Zerlegung einer Matrix $A = LR$ vertauscht, $A' = RL$, und diesen Prozess von Zerlegen und Vertauschen iteriert. Dabei zeigte sich, dass in vielen Fällen die Folge der so konstruierten Matrizen gegen die Diagonalmatrix Λ der Eigenwerte konvergiert. Bei dem auf J.G.F. Francis (1959) [34] und V.N. Kublanovskaja (1961) [56] zurückgehenden QR-Algorithmus verwendet man statt einer LR-Zerlegung eine QR-Zerlegung. Diese existiert immer (keine Permutation nötig) und ist vor allen Dingen inhärent stabil, wie wir in Kapitel 3.2 gesehen haben. Wir definieren daher eine Folge $\{A_k\}_{k=1,2,\ldots}$ von Matrizen durch

$$\begin{aligned} &\text{a)}\ A_1 = A \\ &\text{b)}\ A_k = Q_k R_k, \quad QR\text{-Zerlegung} \\ &\text{c)}\ A_{k+1} = R_k Q_k. \end{aligned} \tag{5.5}$$

Lemma 5.9. *Die Matrizen A_k haben folgende Eigenschaften:*

(i) *Die Matrizen A_k sind alle konjugiert zu A.*

(ii) *Ist A symmetrisch, so auch alle A_k.*

(iii) *Ist A symmetrisch und tridiagonal, so auch alle A_k.*

Beweis. Zu (i) Sei $A = QR$ und $A' = RQ$. Dann gilt

$$QA'Q^T = QRQQ^T = QR = A.$$

Zu (ii) Die Transformationen der Form $A \to B^T AB$, $B \in \mathrm{GL}(n)$, sind die Basiswechsel für Bilinearformen und erhalten somit die Symmetrie. Insbesondere gilt dies für orthogonale Ähnlichkeitstransformationen. Dies folgt auch direkt aus

$$(A')^T = (A')^T Q^T Q = Q^T R^T Q^T Q = Q^T A^T Q = Q^T AQ = A'.$$

Zu (iii) Sei A symmetrisch und tridiagonal. Wir realisieren Q mit $n-1$ Givens-Rotationen $\Omega_{12}, \ldots, \Omega_{n-1,n}$, so dass $Q^T = \Omega_{n-1,n} \ldots \Omega_{12}$ ($\otimes$ zu eliminieren, $\oplus$ neu erzeugtes (fill in-) Element).

$$
\begin{bmatrix}
* & * & & & & \\
\otimes & * & * & & & \\
 & \otimes & * & * & & \\
 & & \ddots & \ddots & \ddots & \\
 & & & \otimes & * & * \\
 & & & & \otimes & *
\end{bmatrix}
\to
\begin{bmatrix}
* & * & \oplus & & & \\
 & * & * & \oplus & & \\
 & & \ddots & \ddots & \ddots & \\
 & & & \ddots & \ddots & \oplus \\
 & & & & \ddots & * \\
 & & & & & *
\end{bmatrix}
$$

$$
A \qquad \to \qquad R = Q^T A
$$

$$
\begin{bmatrix}
* & * & \oplus & & & \\
 & * & * & \oplus & & \\
 & & \ddots & \ddots & \ddots & \\
 & & & \ddots & \ddots & \oplus \\
 & & & & \ddots & * \\
 & & & & & *
\end{bmatrix}
\to
\begin{bmatrix}
* & * & \oplus & & & \\
* & * & * & \oplus & & \\
 & \ddots & \ddots & \ddots & \ddots & \\
 & & \ddots & \ddots & \ddots & \oplus \\
 & & & \ddots & \ddots & * \\
 & & & & * & *
\end{bmatrix}
$$

$$
R \qquad \to \qquad A' = RQ = Q^T A Q
$$

Nach ii) wissen wir, dass A' wieder symmetrisch sein muss und daher alle $\oplus$-Einträge in A' verschwinden. Also ist A' wieder tridiagonal. □

Die Konvergenzeigenschaft zeigen wir nur für den einfachen Fall, dass die Beträge der Eigenwerte von A paarweise verschieden sind.

Satz 5.10. *Sei* $A \in \mathrm{Mat}_n(\mathbb{R})$ *symmetrisch mit den Eigenwerten* $\lambda_1, \ldots, \lambda_n$*, so dass*

$$
|\lambda_1| > |\lambda_2| > \cdots > |\lambda_n| > 0
$$

und A_k, Q_k, R_k *wie in* (5.5) *definiert. Dann gilt mit* $A_k = (a_{ij}^{(k)})$*:*

a) $\lim_{k\to\infty} Q_k = I$,

b) $\lim_{k\to\infty} R_k = \Lambda$,

c) $a_{i,j}^{(k)} = O\left(\left|\frac{\lambda_i}{\lambda_j}\right|^k\right)$ *für* $i > j$.

Beweis. Der hier gegebene Beweis geht auf J.H. Wilkinson [87] zurück. Wir zeigen zunächst, dass

$$A^k = \underbrace{Q_1 \dots Q_k}_{=:\,P_k} \underbrace{R_k \dots R_1}_{=:\,U_k} \quad \text{für } k = 1, 2, \dots .$$

Für $k = 1$ ist die Behauptung klar, da $A = A_1 = Q_1 R_1$. Andererseits folgt aus der Konstruktion der A_k, dass

$$A_{k+1} = Q_{k+1} R_{k+1} = Q_k^T \dots Q_1^T A Q_1 \dots Q_k = P_k^{-1} A P_k$$

und daher der Induktionsschritt

$$A^{k+1} = A A^k = A P_k U_k = P_k Q_{k+1} R_{k+1} U_k = P_{k+1} U_{k+1}$$

Da $P_k \in \mathrm{O}(n)$ orthogonal und U_k obere Dreiecksmatrix, können wir die *QR*-Zerlegung $A^k = P_k U_k$ von A^k durch die *QR*-Zerlegung der $A_1, \dots, A_k$ ausdrücken. Ferner gilt

$$A^k = Q \Lambda^k Q^T, \quad \Lambda^k = \mathrm{diag}(\lambda_1^k, \dots, \lambda_n^k).$$

Wir nehmen nun der Einfachheit halber an, Q hätte eine *LR*-Zerlegung

$$Q = LR,$$

wobei L unipotente untere und R obere Dreiecksmatrix ist. Dies können wir immer erreichen, indem wir A mit einer geeigneten Permutation konjugieren. Damit gilt

$$A^k = Q \Lambda^k L R = Q(\Lambda^k L \Lambda^{-k})(\Lambda^k R). \tag{5.6}$$

Für die unipotente untere Dreiecksmatrix $\Lambda^k L \Lambda^{-k}$ gilt

$$(\Lambda^k L \Lambda^{-k})_{ij} = l_{ij} \left(\frac{\lambda_i}{\lambda_j}\right)^k .$$

Insbesondere verschwinden alle Nicht-Diagonalelemente für $k \to \infty$, d. h.

$$\Lambda^k L \Lambda^{-k} = I + E_k \quad \text{mit } E_k \to 0 \text{ für } k \to \infty.$$

Eingesetzt in (5.6) folgt

$$A^k = Q(I + E_k)\Lambda^k R.$$

Nun wenden wir auch auf $I + E_k$ (formal) eine *QR*-Zerlegung

$$I + E_k = \tilde{Q}_k \tilde{R}_k$$

an, wobei alle Diagonalelemente von $\tilde{R}_k$ positiv seien. Dann folgt aus der Eindeutigkeit der *QR*-Zerlegung und $\lim_{k\to\infty} E_k = 0$, dass

$$\tilde{Q}_k, \tilde{R}_k \to I \quad \text{für } k \to \infty.$$

Damit haben wir eine zweite *QR*-Zerlegung von A^k hergeleitet, da

$$A^k = (Q\tilde{Q}_k)(\tilde{R}_k \Lambda^k R).$$

Bis auf die Vorzeichen in der Diagonale gilt daher

$$P_k = Q\tilde{Q}_k, \quad U_k = \tilde{R}_k \Lambda^k R,$$

und es folgt für $k \to \infty$, dass

$$\begin{aligned} Q_k &= P_{k-1}^T P_k = \tilde{Q}_{k-1}^T Q^T Q \tilde{Q}_k = \tilde{Q}_{k-1}^T \tilde{Q}_k \ \to \ I \\ R_k &= U_k U_{k-1}^{-1} = \tilde{R}_k \Lambda^k R R^{-1} \Lambda^{-(k-1)} \tilde{R}_{k-1}^{-1} = \tilde{R}_k \Lambda \tilde{R}_{k-1}^{-1} \ \to \ \Lambda \end{aligned}$$

und

$$\lim_{k\to\infty} A_k = \lim_{k\to\infty} Q_k R_k = \lim_{k\to\infty} R_k = \Lambda.$$ □

Bemerkung 5.11. Eine genauere Analyse zeigt, dass das Verfahren auch für mehrfache Eigenwerte $\lambda_i = \cdots = \lambda_j$ konvergiert. Falls hingegen $\lambda_i = -\lambda_{i+1}$, so konvergiert das Verfahren nicht. Es bleiben 2×2-Blöcke stehen.

Liegen zwei Eigenwerte λ_i, λ_{i+1} betragsmäßig dicht beieinander, so konvergiert das Verfahren nur sehr langsam. Dies kann mit Hilfe der sogenannten *Shift-Strategien* verbessert werden. Im Prinzip versucht man, die beiden Eigenwerte dichter an den Nullpunkt zu schieben und so den Quotienten $|\lambda_{i+1}/\lambda_i|$ zu verkleinern. Dazu verwendet man für jeden Iterationsschritt k einen *Shift-Parameter* σ_k und definiert die Folge $\{A_k\}$ durch

a) $A_1 = A$,

b) $A_k - \sigma_k I = Q_k R_k$, *QR*-Zerlegung,

c) $A_{k+1} = R_k Q_k + \sigma_k I$.

Es folgt wie oben

1) $A_{k+1} = Q_k^T A_k Q_k \sim A_k$,

2) $(A - \sigma_k I) \dots (A - \sigma_1 I) = Q_1 \dots Q_k R_k \dots R_1$.

Die Folge $\{A_k\}$ konvergiert gegen Λ mit der Geschwindigkeit

$$a_{i,j}^{(k)} = O\left(\left|\frac{\lambda_i - \sigma_1}{\lambda_j - \sigma_1}\right| \cdots \left|\frac{\lambda_i - \sigma_{k-1}}{\lambda_j - \sigma_{k-1}}\right|\right) \quad \text{für } i > j.$$

Wir haben ein solches Konvergenzverhalten bereits bei der inversen Vektoriteration in Kapitel 5.2 kennengelernt. Die σ_k sollten möglichst nahe an den Eigenwerten λ_i, λ_{i+1} liegen, um die Konvergenzbeschleunigung zu erreichen.

J.H. Wilkinson hat folgende Shift-Strategie vorgeschlagen: Wir gehen aus von einer symmetrischen Tridiagonalmatrix A. Falls dann das untere Ende der Tridiagonalmatrix A_k von der Form

$$\begin{matrix} \ddots & \ddots & \\ \ddots & d_{n-1}^{(k)} & e_n^{(k)} \\ & e_n^{(k)} & d_n^{(k)} \end{matrix}$$

ist, so hat die 2×2-Eckmatrix zwei Eigenwerte, von denen wir denjenigen als σ_k wählen, der näher an $d_n^{(k)}$ liegt. Besser als diese *expliziten* Shiftstrategien sind, insbesondere für schlecht skalierte Matrizen, die *impliziten Shift-Verfahren*, für die wir wieder auf [42] bzw. [80] verweisen. Mit diesen Techniken benötigt man schließlich $O(n)$ Operationen pro zu berechnendem Eigenwert, also $O(n^2)$ für sämtliche Eigenwerte.

Neben den Eigenwerten interessieren wir uns auch für die *Eigenvektoren*, die sich wie folgt berechnen lassen: Ist $Q \in \mathrm{O}(n)$ eine orthogonale Matrix, so dass

$$A \approx Q^T \Lambda Q, \quad \Lambda = \mathrm{diag}(\lambda_1, \dots, \lambda_n),$$

so approximieren die Spalten von Q die Eigenvektoren von A, d. h.

$$Q \approx [\eta_1, \dots, \eta_n].$$

Zusammen erhalten wir den folgenden Algorithmus zur Bestimmung sämtlicher Eigenwerte und Eigenvektoren einer symmetrischen Matrix.

Algorithmus 5.12. *QR*-Algorithmus.

a) Reduziere das Problem auf Tridiagonalgestalt,

$$A \rightarrow A_1 = PAP^T, \quad A_1 \text{ symmetrisch und tridiagonal}, \; P \in \mathrm{O}(n).$$

b) Approximiere die Eigenwerte mit dem QR-Algorithmus mit Givens-Rotationen angewandt auf A_1,

$$\Omega A_1 \Omega^T \approx \Lambda, \qquad \Omega \text{ Produkt aller Givens-Rotationen } \Omega_{ij}^{(k)}.$$

c) Die Spalten von ΩP approximieren die Eigenvektoren von A:

$$\Omega P \approx [\eta_1, \ldots, \eta_n].$$

Der Aufwand beträgt

a) $\frac{4}{3}n^3$ Multiplikationen für die Transformation auf Tridiagonalgestalt,

b) $O(n^2)$ Multiplikationen für den QR-Algorithmus.

Für große n überwiegt daher der Aufwand für die Reduktion auf Tridiagonalgestalt.

Bemerkung 5.13. Für nicht symmetrische Matrizen führt man zunächst eine orthogonale Konjugation auf *Hessenberggestalt* durch. Anschließend wird mit dem QR-Algorithmus iterativ auf die *Schursche Normalform* (komplexe obere Dreiecksmatrix) hingearbeitet. Näheres dazu findet man in dem Buch von J.H. Wilkinson und C. Reinsch [89].

5.4 Singulärwertzerlegung

Ein sehr nützliches Mittel zur Analyse von Matrizen stellt die sogenannte *Singulärwertzerlegung* einer Matrix $A \in \mathrm{Mat}_{m,n}(\mathbb{R})$ dar. Wir zeigen zunächst die Existenz einer solchen Zerlegung und listen einige Eigenschaften auf. Anschließend werden wir uns ansehen, wie sich die Singulärwerte durch eine Variante des oben beschriebenen QR-Algorithmus berechnen lassen.

Satz 5.14. *Sei $A \in \mathrm{Mat}_{m,n}(\mathbb{R})$ eine beliebige reelle Matrix. Dann gibt es orthogonale Matrizen $U \in \mathrm{O}(m)$ und $V \in \mathrm{O}(n)$, so dass*

$$U^T A V = \Sigma = \mathrm{diag}(\sigma_1, \ldots, \sigma_p) \in \mathrm{Mat}_{m,n}(\mathbb{R}),$$

wobei $p = \min(m, n)$ und $\sigma_1 \geq \sigma_2 \geq \cdots \geq \sigma_p \geq 0$.

Beweis. Es genügt zu zeigen, dass es $U \in \mathrm{O}(m)$ und $V \in \mathrm{O}(n)$ gibt, so dass

$$U^T A V = \begin{pmatrix} \sigma & 0 \\ 0 & B \end{pmatrix}.$$

Die Behauptung folgt dann durch Induktion. Sei $\sigma := \|A\|_2 = \max_{\|x\|=1} \|Ax\|$. Da das Maximum angenommen wird, gibt es $v \in \mathbb{R}^n$, $u \in \mathbb{R}^m$, so dass

$$Av = \sigma u \quad \text{und} \quad \|u\|_2 = \|v\|_2 = 1.$$

Wir können $\{v\}$ zu einer Orthonormalbasis $\{v = V_1, \dots, V_n\}$ des $\mathbb{R}^n$ und $\{u\}$ zu einer Orthonormalbasis $\{u = U_1, \dots, U_m\}$ des $\mathbb{R}^m$ erweitern. Dann sind

$$V := [V_1, \dots, V_n] \quad \text{und} \quad U := [U_1, \dots, U_m]$$

orthogonale Matrizen, $V \in \mathrm{O}(n)$, $U \in \mathrm{O}(m)$, und $U^T AV$ von der Form

$$A_1 := U^T AV = \begin{pmatrix} \sigma & w^T \\ 0 & B \end{pmatrix}$$

mit $w \in \mathbb{R}^{n-1}$. Da

$$\left\| A_1 \begin{pmatrix} \sigma \\ w \end{pmatrix} \right\|_2^2 \geq (\sigma^2 + \|w\|_2^2)^2 \quad \text{und} \quad \left\| \begin{pmatrix} \sigma \\ w \end{pmatrix} \right\|_2^2 = \sigma^2 + \|w\|_2^2,$$

gilt $\sigma^2 = \|A\|_2^2 = \|A_1\|_2^2 \geq \sigma^2 + \|w\|_2^2$ und daher $w = 0$, also

$$U^T AV = \begin{pmatrix} \sigma & 0 \\ 0 & B \end{pmatrix}.$$

□

Definition 5.15. Die Zerlegung $U^T AV = \Sigma$ heißt *Singulärwertzerlegung* von A, die σ_i sind die *Singulärwerte* von A.

Mit der Singulärwertzerlegung stehen uns die wichtigsten Informationen über eine Matrix zur Verfügung. Die folgenden Eigenschaften lassen sich leicht aus Satz 5.14 ableiten.

Korollar 5.16. *Sei $U^T AV = \Sigma = \mathrm{diag}(\sigma_1, \dots, \sigma_p)$ die Singulärwertzerlegung von A mit den Singulärwerten $\sigma_1, \dots, \sigma_p$, wobei $p = \min(m, n)$. Dann gilt:*

1. *Sind U_i und V_i die Spalten von U bzw. V, so ist*

$$AV_i = \sigma_i U_i \quad \textit{und} \quad A^T U_i = \sigma_i V_i \qquad \textit{für } i = 1, \dots, p.$$

2. *Falls $\sigma_1 \geq \dots \geq \sigma_r > \sigma_{r+1} = \dots = \sigma_p = 0$, so gilt*

$$\mathrm{Rang}\, A = r, \quad \ker A = \mathrm{span}\{V_{r+1}, \dots, V_n\} \quad \textit{und} \quad \mathrm{im}\, A = \mathrm{span}\{U_1, \dots, U_r\}.$$

3. *Die Euklidische Norm von A ist der größte Singulärwert, d. h.*

$$\|A\|_2 = \sigma_1.$$

4. *Für die Frobenius-Norm von* $\|A\|_F = (\sum_{i=1}^n \|A_i\|_2^2)^{1/2}$ *gilt*

$$\|A\|_F^2 = \sigma_1^2 + \cdots + \sigma_p^2.$$

5. *Die Kondition von A bzgl. der Euklidischen Norm ist der Quotient von größtem und kleinstem Singulärwert, d. h.*

$$\kappa_2(A) = \sigma_1/\sigma_p.$$

6. *Die Quadrate* $\sigma_1^2, \ldots, \sigma_p^2$ *der Singulärwerte sind Eigenwerte von* $A^T A$ *und* AA^T *zu den Eigenvektoren* $V_1, \ldots, V_p$ *bzw.* $U_1, \ldots, U_p$.

Aufgrund der Invarianz der Euklidischen Norm $\|\cdot\|_2$ unter den orthogonalen Transformationen U und V erhalten wir aus der Singulärwertzerlegung von A auch eine weitere Darstellung der Pseudoinversen A^+ von A.

Korollar 5.17. *Sei* $U^T AV = \Sigma$ *Singulärwertzerlegung von* $A \in \mathrm{Mat}_{m,n}(\mathbb{R})$ *mit* $p = \mathrm{Rang}\, A$ *und*

$$\Sigma = \mathrm{diag}(\sigma_1, \ldots, \sigma_p, 0, \ldots, 0).$$

Dann ist die Pseudoinverse $A^+ \in \mathrm{Mat}_{n,m}(\mathbb{R})$ *gerade*

$$A^+ = V\Sigma^+ U^T \quad \text{mit } \Sigma^+ = \mathrm{diag}(\sigma_1^{-1}, \ldots, \sigma_p^{-1}, 0, \ldots, 0).$$

Beweis. Wir müssen nachweisen, dass die rechte Seite $B := V\Sigma^+ U^T$ die Penrose-Axiome erfüllt. Trivialerweise ist die Pseudoinverse der Diagonalmatrix Σ gerade Σ^+. Daraus folgen sofort auch die Moore-Penrose-Axiome für B, da $V^T V = I$ und $U^T U = I$. □

Wir gehen nun über zu der Frage der *numerischen Berechnung* der Singulärwerte. Nach Folgerung 5.16 sind die Singulärwerte σ_i einer Matrix $A \in \mathrm{Mat}_n(\mathbb{R})$ die Wurzeln der Eigenwerte von $A^T A$,

$$\sigma_i(A) = \sqrt{\lambda_i(A^T A)}. \tag{5.7}$$

Das Eigenwertproblem der symmetrischen Matrix $A^T A$ ist gut konditioniert. Damit ist auch das Singulärwertproblem von A gut konditioniert, falls die explizite Berechnung von $A^T A$ vermieden werden kann. Mit (5.7) böte sich eine Berechnungsmethode für die $\sigma_i(A)$ an. Dieser Umweg ist jedoch ungeeignet, wie sich an folgendem Beispiel leicht nachvollziehen lässt :

Beispiel 5.18. Wir rechnen mit einer Genauigkeit von vier Ziffern (gerundet).

$$A = A^T = \begin{pmatrix} 1.005 & 0.995 \\ 0.995 & 1.005 \end{pmatrix}, \quad \sigma_1 = \lambda_1(A) = 2, \quad \sigma_2 = \lambda_2(A) = 0.01.$$

Über den Zugang mit $A^T A$ erhalten wir

$$\mathrm{fl}(A^T A) = \begin{pmatrix} 2.000 & 2.000 \\ 2.000 & 2.000 \end{pmatrix}, \quad \tilde{\sigma}_1^2 = 4, \quad \tilde{\sigma}_2^2 = 0.$$

Ebenso wie bei der linearen Ausgleichsrechnung (Kapitel 3) suchen wir daher auch hier ein Verfahren, welches nur auf der Matrix A operiert. Dazu untersuchen wir zunächst, unter welchen Operationen die Singulärwerte invariant bleiben.

Lemma 5.19. *Sei $A \in \mathrm{Mat}_{m,n}(\mathbb{R})$, und seien $P \in \mathrm{O}(m)$, $Q \in \mathrm{O}(n)$ orthogonale Matrizen. Dann haben A und $B := PAQ$ die gleichen Singulärwerte.*

Beweis. Einfache Übung. □

Wir dürfen also die Matrix A von links und rechts mit beliebigen orthogonalen Matrizen multiplizieren, ohne die Singulärwerte zu verändern. Für die Anwendung des QR-Algorithmus ist es wünschenswert, die Matrix A so zu transformieren, dass $A^T A$ tridiagonal ist. Dies erreichen wir am einfachsten, indem wir A auf *Bidiagonalgestalt* bringen. Das folgende Lemma zeigt, dass dieses Ziel mit Hilfe von Householder-Transformationen von rechts und links erreichbar ist.

Lemma 5.20. *Für jede Matrix $A \in \mathrm{Mat}_{m,n}(\mathbb{R})$ mit $m \geq n$ (o.B.d.A) existieren orthogonale Matrizen $P \in \mathrm{O}(m)$ und $Q \in \mathrm{O}(n)$, so dass*

$$PAQ = \begin{bmatrix} * & * & & \\ & \ddots & \ddots & \\ & & \ddots & * \\ & & & * \\ 0 & \cdots & \cdots & 0 \\ \vdots & & & \vdots \\ 0 & \cdots & \cdots & 0 \end{bmatrix} = \begin{bmatrix} B \\ 0 \end{bmatrix}$$

wobei B eine (quadratische) Bidiagonalmatrix ist.

Beweis. Wir veranschaulichen die Konstruktion von P und Q mit Householder-Matrizen (der Einfachheit halber $m = n$):

$$\begin{bmatrix} * & \dots & \dots & * \\ \vdots & & & \vdots \\ \vdots & & & \vdots \\ * & \dots & \dots & * \end{bmatrix} \xrightarrow{P_1\cdot} \begin{bmatrix} * & * & \dots & \dots & * \\ 0 & & & & \\ \vdots & \vdots & & & \vdots \\ \vdots & \vdots & & & \vdots \\ 0 & * & \dots & \dots & * \end{bmatrix} \xrightarrow{\cdot Q_1} \begin{bmatrix} * & * & 0 & \dots & \dots & 0 \\ 0 & * & & & & * \\ \vdots & \vdots & & & & \vdots \\ \vdots & \vdots & & & & \vdots \\ 0 & * & & \dots & \dots & * \end{bmatrix}$$

$$\xrightarrow{P_2\cdot} \begin{bmatrix} * & * & 0 & \dots & 0 \\ 0 & * & * & \dots & * \\ \vdots & 0 & \vdots & & \vdots \\ \vdots & \vdots & \vdots & & \vdots \\ 0 & 0 & * & \dots & * \end{bmatrix} \xrightarrow{\cdot Q_2} \dots \xrightarrow{P_{n-1}\cdot} \begin{bmatrix} * & * & & \\ & \ddots & \ddots & \\ & & \ddots & * \\ & & & * \end{bmatrix}.$$

Damit gilt dann (für $m > n$)

$$\begin{pmatrix} B \\ 0 \end{pmatrix} = \underbrace{P_{n-1} \cdot \dots \cdot P_1}_{=:\,P} \, A \, \underbrace{Q_1 \cdot \dots \cdot Q_{n-2}}_{=:\,Q}.$$

□

Zur Herleitung eines effektiven Algorithmus untersuchen wir nun den QR-Algorithmus für die Tridiagonalmatrix $B^T B$. Ziel ist, eine vereinfachte Version zu finden, die ausschließlich auf B operiert. Führen wir den ersten Givens-Eliminationsschritt des QR-Algorithmus auf $A = B^T B$ aus,

$$A \longrightarrow \Omega_{12} B^T B \Omega_{12}^T = \underbrace{(B\Omega_{12}^T)^T}_{\tilde{B}^T} \underbrace{B\Omega_{12}^T}_{\tilde{B}},$$

so erhalten wir für $\tilde{B}$ die Matrix

$$\tilde{B} = B\Omega_{12}^T = \begin{bmatrix} * & * & & & \\ \oplus & * & * & & \\ & & \ddots & \ddots & \\ & & & \ddots & * \\ & & & & * \end{bmatrix},$$

wobei an der Stelle $\oplus$ ein neues Element (fill in) erzeugt wurde. Spielt man den *QR*-Algorithmus für $B^T B$ auf diese Weise auf B zurück, so zeigt sich, dass das Verfahren folgendem Eliminationsprozess entspricht.

$$\begin{bmatrix} * & * & z_3 & & & & \\ z_2 & * & * & z_5 & & & \\ & z_4 & * & * & z_7 & & \\ & & \ddots & \ddots & \ddots & \ddots & \\ & & & z_{2n-6} & * & * & z_{2n-3} \\ & & & & z_{2n-4} & * & * \\ & & & & & z_{2n-2} & * \end{bmatrix} \tag{5.8}$$

$$\begin{array}{llll} \text{eliminiere } z_2 & \text{(Givens von links)} & \rightarrow & \text{erzeugt } z_3 \\ \text{eliminiere } z_3 & \text{(Givens von rechts)} & \rightarrow & \text{erzeugt } z_4 \\ \vdots & \vdots & & \vdots \\ \text{eliminiere } z_{2n-3} & \text{(Givens von rechts)} & \rightarrow & \text{erzeugt } z_{2n-2} \\ \text{eliminiere } z_{2n-2} & \text{(Givens von links)} & & \end{array}$$

Man „jagt" also den jeweils erzeugten fill-in-Elementen $z_2, z_3, \ldots$ entlang der beiden Diagonalen nach und beseitigt dabei mit Givens-Rotationen abwechselnd von links und von rechts die neu entstehenden Einträge. Deswegen heißt dieser Prozess im Englischen auch *chasing*. Zum Schluss hat die Matrix wieder Bidiagonalgestalt und wir haben einen Iterationsschritt des *QR*-Verfahrens für $B^T B$ nur auf B ausgeführt. Nach Satz 5.10 gilt

$$B_k^T B_k \rightarrow \Lambda = \operatorname{diag}(\sigma_1^2, \ldots, \sigma_n^2) = \Sigma^2 \quad \text{für } k \rightarrow \infty.$$

Daher konvergiert die Folge B_k gegen die Diagonalmatrix der Singulärwerte von B, d. h.

$$B_k \rightarrow \Sigma \quad \text{für } k \rightarrow \infty.$$

Zusammengefasst erhalten wir folgenden Algorithmus zur Bestimmung der Singulärwerte von A (für Einzelheiten verweisen wir auf [42]):

Algorithmus 5.21. *QR*-Algorithmus für Singulärwerte.

a) Bringe $A \in \mathrm{Mat}_{m,n}(\mathbb{R})$ mit Hilfe orthogonaler Transformationen, $P \in \mathrm{O}(m)$ und $Q \in \mathrm{O}(n)$ (z. B. Householder-Reflexionen), auf Bidiagonalgestalt.

$$PAQ = \begin{pmatrix} B \\ 0 \end{pmatrix}, \quad B \in \mathrm{Mat}_n(\mathbb{R}) \text{ obere Bidiagonalmatrix}$$

b) Führe den *QR*-Algorithmus für $B^T B$ nach dem „chasing"-Verfahren (5.8) auf B aus und erhalte so eine Folge von Bidiagonalmatrizen $\{B_k\}$, die gegen die Diagonalmatrix Σ der Singulärwerte konvergiert.

Für den Aufwand zählen wir dabei für $m = n$

a) $\sim \frac{4}{3}n^3$ Multiplikationen für die Reduktion auf Bidiagonalgestalt,

b) $O(n^2)$ Multiplikationen für den modifizierten *QR*-Algorithmus.

5.5 Stochastische Eigenwertprobleme

Der hier betrachtete Problemtyp hängt eng zusammen mit *stochastischen Prozessen*: Sei $X(\cdot)$ eine Zufallsvariable, die zu diskreten Zeitpunkten, etwa $k = 0, 1, \ldots,$ diskrete Zustände aus einer endlichen Menge $\mathcal{S} = \{s_1, \ldots, s_n\}$ annehmen kann. Sei

$$P\big(X(k+1) = s_j \mid X(k) = s_i\big) = a_{ij}(k)$$

die Wahrscheinlichkeit, dass die Variable zum Zeitpunkt $k+1$ den Zustand s_j annimmt, wenn sie zum Zeitpunkt k im Zustand s_i war. Offenbar geht hier nur der unmittelbar vorangegangene Zustand ein, nicht die weiter zurückliegenden, d. h. der Prozess hat quasi „kein Gedächtnis"; solche speziellen stochastischen Prozesse heißen *Markov-Prozesse*, im hier vorliegenden zeitdiskreten Fall genauer *Markov-Ketten*. Sie wurden im Jahre 1907 von dem russischen Mathematiker A.A. Markov eingeführt (Näheres siehe [61]). Falls die Wahrscheinlichkeiten nicht vom Zeitpunkt abhängen, also falls $a_{ij}(k) = a_{ij}$, so spricht man von einer *homogenen* Markov-Kette.

Die a_{ij} sind als Wahrscheinlichkeiten interpretierbar. Dies führt uns zu folgender

Definition 5.22. Eine Matrix $A = (a_{ij})$ heißt *stochastisch*, wenn gilt:

$$a_{ij} \geq 0, \quad \sum_j a_{ij} = 1, \; i, j = 1, \ldots, n.$$

Führen wir den speziellen Vektor $e^T = (1, \ldots, 1)$ ein, so können wir die obige Zeilensummenbeziehungen kompakt schreiben als

$$Ae = e.$$

Also existiert ein (Rechts-)Eigenvektor e zu einem Eigenwert $\lambda_1(A) = 1$. Rufen wir uns ins Gedächtnis, dass $\|A\|_\infty$ gerade die Zeilensummen-Norm ist, so erhalten wir für den Spektralradius $\rho(A)$ die Ungleichungskette

$$|\lambda(A)| \leq \rho(A) \leq \|A\|_\infty = 1,$$

woraus sofort $\lambda_1 = \rho(A) = 1$ folgt.

Bezeichne $p(k) \geq 0$ eine *Wahrscheinlichkeitsverteilung* über alle Zustände in $\mathcal{S}$ zum Zeitpunkt k mit der Normierung

$$p^T(k)e = 1.$$

Dann ergibt sich aus der Markov-Kette die rekursive Beziehung

$$p^T(k+1) = p^T(k)A, \quad k = 0, 1, \ldots$$

und somit

$$p^T(k) = p^T(0)A^k, \quad k = 0, 1, \ldots .$$

Vor diesem Hintergrund heißt A die *Übergangsmatrix* der Markov-Kette. Sei nun probehalber die folgende Spektraleigenschaft vorausgesetzt:

Der Eigenwert $\lambda_1 = 1$ *ist einfach und der einzige auf dem Einheitskreis.*

Dann gilt nach den Resultaten zur Vektoriteration (siehe Abschnitt 5.2) auch mit der nichtsymmetrischen Matrix A die Grenzwerteigenschaft

$$\lim_{k\to\infty} p^T(k) = p^T(0) \lim_{k\to\infty} A^k = \pi^T, \tag{5.9}$$

wobei π (normierter) Linkseigenvektor zum dominanten Eigenwert $\lambda_1 = 1$ ist, also

$$\pi^T A = \pi^T.$$

Per Definition sind alle Komponenten von π sicher nichtnegativ, so dass die folgende Normierung gilt:

$$\|\pi\|_1 = \pi^T e = 1.$$

Im folgenden wollen wir klären, unter welchen Voraussetzungen an die Matrix A die erwähnte Spektraleigenschaft zutrifft.

Positive Matrizen. Als Zwischenschritt behandeln wir zunächst die Spektraleigenschaften positiver Matrizen $A = |A| > 0$, wobei wie in früheren Kapiteln die

Betragsstriche $|\cdot|$ elementweise zu verstehen sind, hier also $a_{ij} > 0$ für alle Indizes i, j. Das Tor zu dieser interessanten Problemklasse wurde von O. Perron ebenfalls im Jahr 1907 (siehe Markov!) aufgestoßen. Für positive Matrizen gilt sicher $\rho(A) > 0$, andernfalls müssten alle Eigenwerte verschwinden, so dass A nilpotent sein müsste – im Widerspruch zur Annahme $A > 0$. Damit können wir anstelle von A ebensogut die Matrix $A/\rho(A)$ betrachten. Sei also im folgenden ohne Beschränkung der Allgemeinheit $\rho(A) = 1$ angenommen. Hier benötigen wir allerdings nicht die spezielle Tatsache, dass e ein Eigenvektor ist. Der folgende Satz geht auf Perron [65] zurück.

Satz 5.23. *Sei $A > 0$ positive Matrix mit Spektralradius $\rho(A) = 1$. Dann gilt:*

I. *Der Spektralradius $\rho(A) = 1$ ist ein Eigenwert.*

II. *Der Eigenwert $\lambda = 1$ ist der einzige auf dem Einheitskreis.*

III. *Zu $\lambda = 1$ existieren positive Links- und Rechts-Eigenvektoren.*

IV. *Der Eigenwert $\lambda = 1$ ist einfach.*

Beweis. Wir betrachten zunächst mögliche Eigenvektoren x zu Eigenwerten λ auf dem Einheitskreis, also mit $|\lambda| = 1$, und erhalten

$$|x| = |\lambda|\,|x| = |\lambda x| = |Ax| \leq |A|\,|x| = A\,|x|.$$

Falls solche Eigenvektoren $x \neq 0$ existieren, so gilt sicher $z = A\,|x| > 0$. Definieren wir des weiteren $y = z - |x|$, so können wir die obige Ungleichung schreiben als $y \geq 0$.

Sei nun (als Widerspruchsannahme) $y \neq 0$ vorausgesetzt, so gilt $Ay > 0$. Dann existiert sicher ein $\tau > 0$ derart, dass $Ay > \tau z$, woraus folgt

$$Ay = Az - A\,|x| = Az - z > \tau z$$

oder äquivalent $Bz > z$ für $B = A/(1 + \tau)$. Wenden wir B wiederholt an, so folgt

$$B^k z > z.$$

Per Konstruktion ist $\rho(B) = 1/(1 + \tau) < 1$ und somit gilt

$$\lim_{k \to \infty} B^k z = 0 > z.$$

Dies steht im Widerspruch zur Annahme $z > 0$. Also muss die Voraussetzung $y \neq 0$ falsch sein, d. h. es muss gelten

$$y = A\,|x| - |x| = 0.$$

Also existieren Eigenvektoren $|x|$ zum Eigenwert $\lambda = 1$ – dies ist Aussage I des Satzes.

Wegen $|x| = A\ |x| > 0$ sind alle ihre Komponenten positiv. Dieser Beweis geht offenbar für Links- wie Rechts-Eigenvektoren gleichermaßen, da ja A^T ebenfalls positiv ist. Dies ist Aussage III des Satzes. Ferner gilt offenbar: Wenn ein Eigenvektor zu einem Eigenwert auf dem Einheitskreis existiert, so muss dieser Eigenwert gerade $\lambda = 1$ sein; die obige Annahme $y \neq 0$, die ja Eigenwerte $\lambda \neq 1$ auf dem Einheitskreis einschloss, hatte für $\lambda \neq 1$ zu einem Widerspruch geführt. Der Eigenwert $\lambda = 1$ ist also der einzige Eigenwert auf dem Einheitskreis. Damit ist die Aussage II des Satzes bewiesen.

Es fehlt nur noch der Beweis, dass der Eigenwert $\lambda = 1$ *einfach* ist. Aus der Jordan-Zerlegung $J = T^{-1}AT$ folgt

$$J^k = T^{-1}A^kT, \quad \|J^k\| \leq \operatorname{cond}(T) \cdot \|A^k\|.$$

Sei zunächst der Fall untersucht, dass in J ein Jordanblock $J_\nu(1)$ zum Eigenwert 1 mit $\nu > 1$ existiert. Dann gilt einerseits:

$$\lim_{k\to\infty} \|J_\nu(1)^k\| = \infty \quad \Rightarrow \quad \lim_{k\to\infty} \|J^k\| = \infty \quad \Rightarrow \quad \lim_{k\to\infty} \|A^k\| = \infty.$$

Andererseits existiert eine Norm $\|\cdot\|$ derart, dass für $\varepsilon > 0$ gilt

$$\|A^k\| \leq \rho(A^k) + \varepsilon = \max_{\lambda\in\sigma(A)} |\lambda^k| + \varepsilon = 1 + \varepsilon,$$

was wegen der Normen-Äquivalenz im $\mathbb{R}^n$ offenbar im Widerspruch zu oben steht. Also muss der Index $\nu = 1$ vorliegen. In diesem Fall kann der Eigenwert $\lambda = 1$ immer noch Multiplizität $m > 1$ haben. Es existieren dann Links-Eigenvektoren $\hat{x}_i, i = 1, \ldots m$ und Rechts-Eigenvektoren $x_i, i = 1, \ldots, m$, deren Komponenten alle positiv sind. Zugleich müssen sie jedoch den Orthogonalitätsrelationen

$$\hat{x}_i^T x_j = \delta_{ij}, \quad i, j = 1, \ldots, m$$

genügen. Für $i \neq j$ heißt das, dass es nichtverschwindende Komponenten mit unterschiedlichem Vorzeichen in den Eigenvektoren geben muss – im Widerspruch zu der Tatsache, dass alle Komponenten positiv sein müssen. Also gilt $m = 1$ und die Aussage IV ist ebenfalls bewiesen. □

Der Eigenwert $\lambda = \rho(A)$ heißt heute allgemein *Perron-Eigenwert.* Der Beweis des Satzes setzte die strenge Positivität aller Matrixelemente voraus. Unsere stochastischen Ausgangsmatrizen können jedoch auch Nullelemente enthalten. Wir müssen deshalb prüfen, ob und wie sich die eben dargestellten Resultate auf den nichtnegativen Fall verallgemeinern lassen.

Nichtnegative Matrizen. Bereits 1912, also nur fünf Jahre nach Perron, gelang dem Berliner Mathematiker F.G. Frobenius die kreative Übertragung der Perronschen Resultate auf den Fall von Matrizen mit $a_{ij} \geq 0$. Er entdeckte, dass in diesem Fall die Matrizen noch eine zusätzliche Eigenschaft haben müssen: sie müssen zumindest auch noch *irreduzibel* sein.

Definition 5.24. Eine Matrix heißt *reduzibel*, wenn Permutationen P existieren derart, dass

$$P^T A P = \begin{pmatrix} C & D \\ 0 & F \end{pmatrix},$$

wobei die Blockmatrizen C und F quadratisch sind. Falls kein Nullblock erzeugt werden kann, heißt die Matrix *irreduzibel.*

Das mathematische Objekt hinter diesem Begriff sind *Graphen.* Aus einer nichtnegativen Matrix $A = (a_{ij})$ erhalten wir den zugehörigen Graphen, wenn wir jedem Index $i = 1, \ldots, n$ einen Knoten zuordnen und Knoten i mit Knoten j durch einen Pfeil verbinden, falls $a_{ij} > 0$. Die Operation $P^T AP$ beschreibt auf dem Graphen lediglich eine Umnummerierung der Knoten. Wie die Matrix ist ein Graph *irreduzibel* oder auch *stark zusammenhängend*, wenn es von jedem Knoten zu jedem anderen Knoten einen zusammenhängenden Pfad (in Richtung der Pfeile) gibt. Falls die zugehörige Matrix reduzibel ist, zerfällt die Indexmenge in zwei Teilmengen: von den Knoten der zweiten Teilmenge existieren dann keine Pfeile zu den Knoten der ersten Teilmenge. In diesem Fall heißt der zugehörige Graph ebenfalls reduzibel. In Abbildung 5.1 geben wir zwei $(3, 3)$-Matrizen nebst zugehörigen Graphen. Für die Darstellung reichen die sogenannten *Inzidenzmatrizen*, bei denen 0 für $a_{ij} = 0$ und 1 für $a_{ij} > 0$ steht.

Für den nachfolgenden Beweis benötigen wir die folgende algebraische Charakterisierung von Irreduzibilität.

Lemma 5.25. *Falls eine (n, n)-Matrix $A \geq 0$ irreduzibel ist, so gilt*

$$(I + A)^{n-1} > 0.$$

Beweis. Seien $A^k = (a_{ij}^{(k)})$ die Potenzen der nichtnegativen Matrix A. Elementweise gilt dann

$$a_{ij}^{(k)} = \sum_{l_1,\ldots,l_{k-1}} a_{il_1} a_{l_1 l_2} \ldots a_{l_{k-1} j}.$$

Diese Elemente verschwinden, falls mindestens einer der Faktoren auf der rechten Seite verschwindet, also falls im zugehörigen Graphen kein Pfad von Knoten i nach

Knoten j führt. Falls jedoch ein Pfad existiert, so existiert mindestens eine Indexfolge $i, l_1^*, \ldots, l_{k-1}^*, j$ derart, dass

$$a_{il_1^*} > 0, \quad a_{l_1^* l_2^*} > 0, \ldots \quad a_{l_{k-1}^* j} > 0.$$

Bei irreduziblen Graphen tritt dieser Fall mit Garantie spätestens nach Durchlaufen *aller* anderen Knoten auf, also nach $n-1$ Knoten. Mit Binomialkoeffizienten $c_{n-1,k} > 0$ erhalten wir so die Beziehung

$$\left[(I+A)^{n-1}\right]_{ij} = \left[\sum_{k=0}^{n-1} c_{n-1,k} A^k\right]_{ij} = \sum_{k=0}^{n-1} c_{n-1,k} a_{ij}^{(k)} > 0.$$

□

Die Umkehrung des Satzes gilt natürlich nicht. Im übrigen können im konkreten Fall auch niedrigere Potenzen von $(I+A)$ positiv sein: die Pfade von jedem Knoten zu jedem anderen Knoten können wesentlich kürzer sein, müssen also nicht alle $n-1$ anderen Knoten durchlaufen – vergleiche Abbildung 5.1.

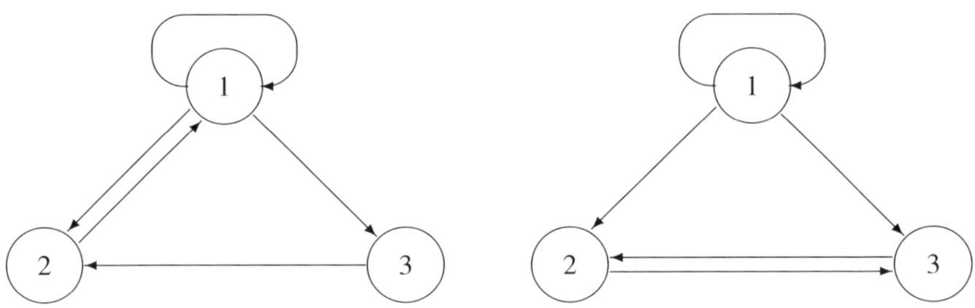

$$A = \begin{bmatrix} 1 & 1 & 1 \\ 1 & 0 & 0 \\ 0 & 1 & 0 \end{bmatrix} \qquad A = \begin{bmatrix} 1 & 1 & 1 \\ 0 & 0 & 1 \\ 0 & 1 & 0 \end{bmatrix}$$

Abbildung 5.1. Beispiele von Graphen und zugehörigen Inzidenzmatrizen.
Links: irreduzibler Fall. Rechts: reduzibler Fall

Im folgenden wollen wir wieder zur hier eigentlich interessierenden Klasse von *stochastischen* Matrizen zurückkehren. Der folgende Satz ist eine Anpassung des Satzes von Perron-Frobenius (siehe etwa [61]) an diesen Spezialfall.

Satz 5.26. *Sei $A \geq 0$ eine irreduzible stochastische Matrix. Dann gilt:*

I. *Der Perron-Eigenwert $\lambda = 1$ ist einfach.*

II. *Zu $\lambda = 1$ existiert ein Links-Eigenvektor $\pi^T > 0$.*

Beweis. Für stochastische Matrizen A kennen wir schon den Eigenwert $\lambda = \rho(A) = 1$ und einen zugehörigen Rechts-Eigenvektor $e > 0$. Es bleibt noch zu klären, ob dieser Eigenwert wiederum einfach ist.

Zum Beweis stützen wir uns auf das vorangegangene Lemma 5.25, nach dem die Matrix $B = (I + A)^{n-1}$ streng positiv ist. Bezeichne λ mit $|\lambda| \leq 1$ die Eigenwerte von A, so sind die Eigenwerte von B gerade $(1 + \lambda)^{n-1}$. Nach dem Satz von Perron ist der dominante Eigenwert und Spektralradius von B gerade

$$\mu = \rho(B) = \max_{|\lambda| \leq 1} |1 + \lambda|^{n-1} = 2^{n-1}.$$

Dieser Eigenwert ist demnach einfach und der einzige auf dem Kreis mit Radius μ. Das obige Maximum wird angenommen für $\lambda = 1$. Also ist die Multiplizität des Eigenwertes μ von B und des Eigenwertes $\lambda = 1$ von A gleich: dies beweist die Aussage I des Satzes.

Jeder Eigenvektor zum Eigenwert λ von A ist zugleich auch Eigenvektor zum Eigenwert $(1+\lambda)^{n-1}$ von B. Sei x Eigenvektor zum Eigenwert μ von B und zugleich $\lambda = 1$ von A, so ist $x = |x| > 0$ nach dem Satz von Perron klar. Anwendung auf den Rechts-Eigenvektor ist trivial, weil $e > 0$. Anwendung auf den Links-Eigenvektor liefert mit Blick auf (5.9) gerade $\pi^T > 0$. Dies ist die Aussage II oben. □

Der Satz besagt offenbar *nicht*, dass der Perron-Eigenwert auch im Fall irreduzibler nichtnegativer Matrizen der *einzige* Eigenwert auf dem Einheitskreis wäre. Dazu benötigen wir noch eine Zusatzeigenschaft, wie ebenfalls Frobenius schon herausfand.

Definition 5.27. Nichtnegative irreduzible Matrizen heißen *primitiv*, wenn ihr Perron-Eigenwert der einzige Eigenwert auf dem Einheitskreis ist (bei Normierung $\rho(A) = 1$).

Solche Matrizen sind charakterisierbar durch die Eigenschaft, dass ein Index m existiert derart, dass

$$A^m > 0.$$

Man kennt sogar eine obere Schranke $m \leq n^2 - 2n + 2$, die allerdings erst von Wielandt gefunden wurde. Der Beweis für primitive Matrizen ist vergleichsweise einfach: man wendet lediglich den Satz von Perron an, diesmal auf die positive Matrix A^m mit Eigenwerten λ^m. Wir lassen ihn aus diesem Grunde weg. Stattdessen wenden wir uns noch kurz der interessanten Struktur von irreduziblen Matrizen zu, bei denen mehrere Eigenwerte auf dem Einheitskreis liegen. Hierzu zitieren wir ohne Beweis den folgenden Satz [61].

Satz 5.28. *Sei $A \geq 0$ irreduzible stochastische Matrix mit ν Eigenwerten auf dem Einheitskreis, $\nu > 1$. Dann ist das gesamte Spektrum invariant unter Rotation um den Winkel $2\pi/\nu$.*

Wegen dieser Eigenschaft heißen Matrizen mit $\nu > 1$ auch *zyklische* Matrizen. Für sie gilt in der Konsequenz, dass die Spur von A verschwindet, also

$$\sum_{\lambda \in \sigma(A)} \lambda = \sum_{i=1}^{n} a_{ii} = 0.$$

Da alle Elemente von A nichtnegativ sind, folgt daraus sofort

$$a_{ii} = 0, \quad i = 1, \ldots, n.$$

Falls auch nur ein Diagonalement einer irreduziblen Matrix A ungleich null ist, so ist sie sicher primitiv – eine leicht nachprüfbare hinreichende Bedingung.

Damit haben wir den theoretischen Hintergrund zu (5.9) genügend ausgeleuchtet: für primitive stochastische Matrizen konvergiert jede Anfangsverteilung $p(0)$ asymptotisch gegen den Links-Eigenvektor

$$\pi^T = (\pi_1, \ldots, \pi_n) > 0.$$

Die Beschreibung stochastischer Matrizen durch den zugrundeliegenden Graphen gestattet in natürlicher Weise eine Interpretation der zugrundeliegenden *Markov-Kette*: die Elemente $a_{ij} > 0$ sind gerade die Wahrscheinlichkeit des Übergangs von einem diskreten Zustand i zu einem diskreten Zustand j. In den Anwendungen stellt sich oft im größeren Rahmen der sogenannten *Clusteranalyse* das folgende inverse Problem:

Sei eine Markov-Kette über einer bekannten Zustandsmenge gegeben, entweder als ausführbare Markov-Kette oder durch ihre Übergangsmatrix. Dann ist die Zustandsmenge derart in eine unbekannte Anzahl von Teilmengen (auch: *Clustern*) zu zerlegen, dass die Markov-Kette in entkoppelte oder „fast entkoppelte" Teilketten über diesen Teilmengen zerfällt.

Zur Lösung dieses Problems können wir mit Gewinn auf die bisher gewonnenen Einsichten zurückgreifen, wie wir jetzt zeigen wollen.

Perroncluster-Analyse. Die folgende Darstellung orientiert sich an der erst jüngst erschienenen Arbeit [25]. Sie konzentriert sich auf Markov-Ketten, bei denen zusätzlich noch das Prinzip der *detailed balance*

$$\pi_i a_{ij} = \pi_j a_{ji} \quad \text{für alle } i, j = 1, \ldots, n.$$

gilt. Wegen $\pi > 0$ gibt es im zugehörigen Graphen für jeden Übergang von i nach j auch einen von j nach i. Solche Markov-Ketten ebenso wie ihre Übergangsmatrizen heißen *reversibel*.

Führen wir eine Gewichtsmatrix $D = \mathrm{diag}(\sqrt{\pi_1}, \ldots, \sqrt{\pi_n})$ ein, so können wir obige Bedingung kompakt schreiben als

$$D^2 A = A^T D^2.$$

Daraus folgt sofort, dass die zu A ähnliche Matrix

$$A_{\mathrm{sym}} = DAD^{-1}$$

reell-symmetrisch ist, aber im allgemeinen nicht stochastisch. Also sind alle Eigenwerte von A wie von A_{sym} reell und liegen im Intervall $[-1, +1]$. Ebenso wie zur Matrix A_{sym} eine orthogonale Eigenbasis bezüglich des Euklidischen inneren Produktes $\langle x, y\rangle = x^T y$ gehört, ergibt sich für A eine π*-orthogonale* Eigenbasis, wobei Orthogonalität hier bezüglich des inneren Produktes

$$\langle x, y\rangle_\pi = x^T D^2 y$$

definiert ist – siehe hierzu auch Aufgabe 5.9.

Falls der Graph *reduzibel* ist, besteht die Übergangsmatrix, nach geeigneter Permutation P, im reversiblen Fall aus k Diagonalblöcken. Zur Illustration betrachten wir $k = 3$:

$$P^T AP = \begin{pmatrix} A_1 & 0 & 0 \\ 0 & A_2 & 0 \\ 0 & 0 & A_3 \end{pmatrix}. \tag{5.10}$$

Jede der Teilmatrizen A_m, $m = 1, \ldots, k$ ist für sich eine reversible stochastische Matrix. Sei jede dieser Teilmatrizen als primitiv angenommen, so existiert je ein Perron-Eigenwert $\lambda_m = 1$, $m = 1, \ldots, k$, und je ein verkürzter Rechts-Eigenvektor $e_m^T = (1, \ldots, 1)$. Die gesamte Blockdiagonalmatrix repäsentiert also k *entkoppelte* Markov-Teilketten, deren asymptotische stationäre Wahrscheinlichkeitsverteilungen die entsprechend verkürzten Links-Eigenvektoren darstellen.

Zur Präzisierung fassen wir die zur Teilmatrix A_m gehörenden Indizes in einer Indexteilmenge $\mathcal{S}_m$ zusammen. Die dazu gehörenden Links-Eigenvektoren $\pi_{\mathcal{S}_m} > 0$ haben dann Komponenten $\pi_i > 0$, $i \in \mathcal{S}_m$ sowie $\pi_i = 0$, $i \in \mathcal{S} \backslash \mathcal{S}_m$. Erweitern wir formal die Rechts-Eigenvektoren e_m auf die gesamte Indexmenge $\mathcal{S}$, so erhalten wir

$$e_m = \chi_{\mathcal{S}_m}, \quad m = 1, \ldots, k,$$

wobei $\chi_{\mathcal{S}_m}$ die charakteristische Funktion dieser Indexmengen bezeichnet: ihr Wert ist 1 für Indizes in $\mathcal{S}_m$, andernfalls 0. In Abbildung 5.2, links, veranschaulichen

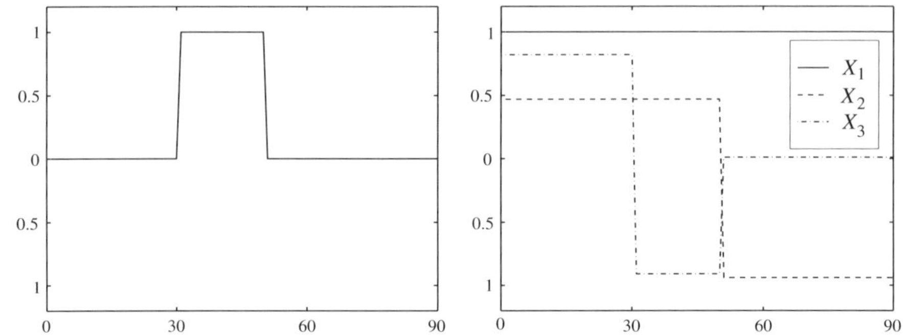

Abbildung 5.2. Markov-Kette mit $k = 3$ *entkoppelten* Teilketten. Die Zustandsmenge $\mathcal{S} = \{s_1, \ldots, s_{90}\}$ teilt sich in $\mathcal{S}_1 = \{s_1, \ldots, s_{29}\}$, $\mathcal{S}_2 = \{s_{30}, \ldots, s_{49}\}$ und $\mathcal{S}_3 = \{s_{50}, \ldots, s_{90}\}$. Links: charakteristische Funktion $\chi_{\mathcal{S}_2}$. Rechts: Basis (X_1, X_2, X_3) des Eigenraums zu $\lambda = 1$.

wir den Zusammenhang für unser Illustrationsbeispiel. Dabei haben wir die Indizes bereits so geordnet, dass die Teilmengen jeweils beisammen liegen.

In unserem formalen Rahmen lautet somit das oben gestellte

Problem der Clusteranalyse: Gesucht sind Indexmengen $\mathcal{S}_m$, $m = 1, \ldots, k$, die zu (fast) entkoppelten Markov-Ketten gehören.

In einem ersten Schritt betrachten wir den Fall von *entkoppelten* Markov-Ketten. Nach dem oben Gesagten wissen wir, dass die Kenntnis der gesuchten Indexmengen $\mathcal{S}_m$ in diesem Fall äquivalent ist zur Kenntnis der verkürzten Rechts-Eigenvektoren e_m zum k-fachen Perron-Eigenwert der Übergangsmatrix A. Eine Permutation P auf Blockdiagonalgestalt (5.10) kennen wir allerdings nicht, ihre tatsächliche Berechnung wäre auch zu teuer. Außerdem erwarten wir im „fast entkoppelten" Fall eine „gestörte" Blockdiagonalgestalt. Wir müssen deshalb nach anderen Lösungswegen suchen.

Zunächst werden wir sicher das Eigenwertproblem zur reversiblen Übergangsmatrix A numerisch lösen; als Algorithmus empfiehlt sich eine Variante der *QR*-Iteration für stochastische Matrizen – als Anregung siehe Aufgabe 5.8. Angenommen, wir entdecken dabei einen k-fachen Perron-Eigenwert $\lambda = 1$, dann kennen wir immerhin schon k. Die Berechnung *einzelner* zugehöriger Eigenvektoren ist in diesem Fall schlecht konditioniert, nicht jedoch die Berechnung einer (beliebigen, im allgemeinen orthogonalen) Basis $\{X_1, \ldots, X_k\}$ für den Eigenraum (vergleiche unsere Bemerkung in Abschnitt 5.1). Ohne Vorabkenntnis der Indexmengen $\mathcal{S}_m$ werden wir dabei automatisch auf eine Linearkombination der Form

$$X_1 = e, \quad X_i = \sum_{m=1}^{k} \alpha_{im}\, \chi_{\mathcal{S}_m}, \qquad i = 2, \dots k \tag{5.11}$$

stoßen. Abbildung 5.2, rechts, stellt die Situation für unser Illustrationsbeispiel dar. Offenbar sind die Eigenvektoren über jeder Teilmenge $\mathcal{S}_m$ *lokal konstant*. Wären die Indizes bereits wohlgeordnet durch eine geeignete Permutation P, so könnten wir die Indexmengen $\mathcal{S}_m$, $m = 1, \dots, k$ einfach „ablesen". Da jedoch die Indizes in der uns vorliegenden Matrix A im allgemeinen nicht so schön geordnet sein werden, benötigen wir ein effizientes Zuordnungskriterium, das *invariant unter Permutation* der Indizes ist. Ein solches Kriterium liefert uns das folgende Lemma [25].

Lemma 5.29. *Gegeben sei eine stochastische Matrix A bestehend aus reversiblen primitiven Diagonalblöcken $A_1, \dots, A_k$, bis auf Permutationen. Sei $\{X_1, \dots, X_k\}$ eine π-orthogonale Basis des Eigenraumes zum k-fachen Perron-Eigenwert $\lambda = 1$. Seien $\mathcal{S}_m$, $m = 1, \dots, k$, die Indexmengen zu den Diagonalblöcken. Sei jedem Zustand $s_i \in \mathcal{S}$ eine Vorzeichenstruktur*

$$s_i \mapsto (\mathrm{sign}((X_1)_i), \dots, \mathrm{sign}((X_k)_i)) \tag{5.12}$$

aus den i-ten Komponenten der Eigenbasis zugeordnet. Dann gilt:

I. *Alle Elemente $s_i \in \mathcal{S}_m$ haben die gleiche Vorzeichenstruktur.*

II. *Elemente unterschiedlicher Indexmengen $\mathcal{S}_m$ haben unterschiedliche Vorzeichenstruktur.*

Beweis. Wegen (5.11) sind alle Basisvektoren X_m über den Indexmengen $\mathcal{S}_m$ lokal konstant, liefern also eine gemeinsame Vorzeichenstruktur. Dies bestätigt die obige Aussage I. Zum Beweis von Aussage II können wir damit ohne Beschränkung der Allgemeinheit die Indexmengen $\mathcal{S}_m$ auf je ein einziges Element zusammenziehen.

Sei $\{Q_1, \dots, Q_k\}$ orthogonale Eigenbasis zur Matrix $A_{\mathrm{sym}} = DAD^{-1}$ und $Q = [Q_1, \dots, Q_k]$ die zugehörige (k, k)-Matrix. Da Q orthogonal bzgl. $\langle\cdot,\cdot\rangle$ ist, also $Q^T = Q^{-1}$, ist auch Q^T orthogonal. Also sind nicht nur die Spalten, sondern auch die Zeilen von Q orthogonal. Sei $\{X_1, \dots, X_k\}$ die entsprechende π-orthogonale Basis von Rechts-Eigenvektoren zur Matrix A. Dann gilt $X_i = D^{-1}Q_i$ für $i = 1, \dots, k$. Da die Transformationsmatrizen D^{-1} nur positive Diagonaleinträge haben, sind die Vorzeichenstrukturen von X_i und Q_i für $i = 1, \dots, k$ identisch. Die Vorzeichenstruktur von $\mathcal{S}_m$ ist gleich derjenigen der m-ten Zeile der Matrix $X = [X_1, \dots, X_k]$. Angenommen es existierten zwei Indexmengen $\mathcal{S}_i$ and $\mathcal{S}_j$ mit $i \neq j$, aber gleicher Vorzeichenstruktur. Dann hätten die Zeilen i und j von X die gleiche Vorzeichenstruktur, und folglich auch die entsprechenden Zeilen von Q. Ihr inneres Produkt $\langle\cdot,\cdot\rangle$

könnte somit nicht verschwinden – im Widerspruch zur Orthogonalität der Zeilen von Q. Damit ist auch Aussage II bewiesen. □

Lemma 5.29 zeigt klar, dass die k Rechts-Eigenvektoren zum k-fachen Eigenwert $\lambda = 1$ bequem benutzt werden können zur *Identifikation* der k gesuchten Indexmengen $\mathcal{S}_1, \ldots, \mathcal{S}_k$ über die in (5.12) definierten *Vorzeichenstrukturen* – pro Komponente nur k Binärbits. Das Kriterium kann *komponentenweise* getestet werden und ist somit unabhängig von jeder Permutation. In Abbildung 5.2, rechts, erhalten wir etwa für die Komponente s_{20} die Vorzeichenstruktur $(+, +, +)$, für s_{69} entsprechend $(+, -, 0)$.

In einem zweiten Schritt wenden wir uns nun dem Fall von *fastentkoppelten* Markov-Ketten zu. In diesem Fall hat die Matrix A eine durch Permutationen verdeckte *block-diagonal dominierte* Gestalt, in Abwandlung von (5.10) etwa für $k = 3$ also die Gestalt:

$$P^T A P = \begin{pmatrix} \tilde{A}_1 & E_{12} & E_{13} \\ E_{21} & \tilde{A}_2 & E_{23} \\ E_{31} & E_{32} & \tilde{A}_3 \end{pmatrix}.$$

Die Matrizenblöcke $E_{ij} = \mathcal{O}(\varepsilon)$ repräsentieren dabei eine Störung der Blockdiagonalgestalt, die quadratischen Diagonalblöcke $\tilde{A}_m$, $m = 1, \ldots, k$ entsprechen nur bis auf $\mathcal{O}(\varepsilon)$ stochastischen reversiblen Matrizen. Sei nun angenommen, dass die gesamte Matrix A primitiv ist, so gibt es genau einen Perron-Eigenwert $\lambda = 1$, einen zugehörigen Rechts-Eigenvektor e und den zugehörigen Links-Eigenvektor $\pi > 0$. Die im ungestörten Fall k-fache Wurzel $\lambda = 1$ ist unter Störung zerfallen in einen Cluster von Eigenwerten, den wir als *Perroncluster* bezeichnen wollen. Er enthält neben dem Perron-Eigenwert noch gestörte Perron-Eigenwerte:

$$\tilde{\lambda}_1 = 1, \quad \tilde{\lambda}_2 = 1 - \mathcal{O}(\varepsilon), \quad \ldots, \quad \tilde{\lambda}_k = 1 - \mathcal{O}(\varepsilon). \tag{5.13}$$

Unterschiedliche theoretische Charakterisierungen der Störung ε finden sich in den Arbeiten [79] und [25]. Die Darstellung der zugehörigen Störungstheorie würde allerdings über den Rahmen dieses einführenden Lehrbuches hinausgehen.

Stattdessen wollen wir hier nur die Wirkung von Störungen auf die Eigenvektoren illustrieren (vgl. Aufgabe 5.10): in Abbildung 5.3 zeigen wir eine Störung des in Abbildung 5.2, rechts, dargestellten ungestörten Systems. Es zeigt sich, dass die oben im entkoppelten Fall eingeführte Vorzeichenstruktur unter Störung nahezu unverändert geblieben ist und damit auch hier eine einfache Charakterisierung der gesuchten Indexmengen $\mathcal{S}_m$ erlaubt. In Analogie zu Abbildung 5.2, rechts, erhalten wir aus Abbildung 5.3 nun für die Komponente s_{20} nach wie vor die Vorzeichenstruktur $(+, +, +)$, für s_{69} allerdings $(+, -, zero)$, worin $zero$ ein „verschmierte" Null bezeichnet, die bezüglich der Störung ε zu bewerten sein wird. Der Algorithmus in [25] liefert schließlich sogar den Störungsparameter ε und die Übergangswahrscheinlichkeiten zwischen den fastentkoppelten Markov-Ketten – Details siehe dort.

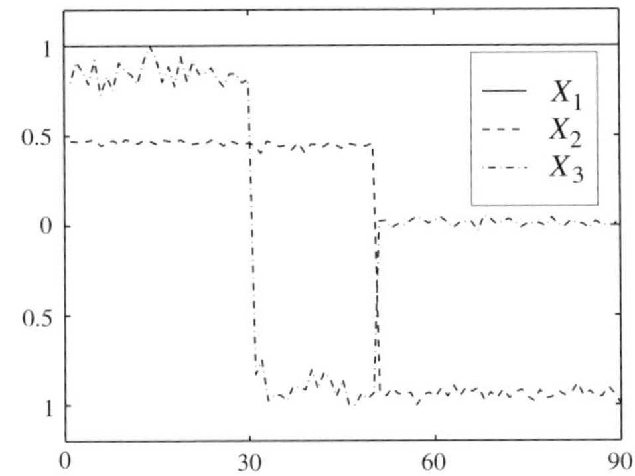

Abbildung 5.3. Markov-Kette mit $k = 3$ *fastentkoppelten* Teilketten. Eigenbasis X_1, X_2, X_3 zu Perroncluster $\tilde{\lambda}_1 = 1, \tilde{\lambda}_2 = 0.75, \tilde{\lambda}_3 = 0.52$. Vergleiche Abbildung 5.2, rechts, für den entkoppelten Fall.

Übungsaufgaben

Aufgabe 5.1. Bestimmen Sie die Eigenwerte, Eigenvektoren und die Determinante einer Householder-Matrix

$$Q = I - 2\frac{vv^T}{v^T v}.$$

Aufgabe 5.2. Geben Sie eine Formel (mit Hilfe von Determinanten) für einen Eigenvektor $x \in \mathbb{C}^n$ zu einem einfachen Eigenwert $\lambda \in \mathbb{C}$ einer Matrix $A \in \mathrm{Mat}_n(\mathbb{C})$ an.

Aufgabe 5.3. Zur Berechnung eines Eigenvektors η_j zu einem Eigenwert λ_j einer gegebenen Matrix A benutzt man nach H. Wielandt die inverse Vektoriteration

$$Az_i - \hat{\lambda}_j z_i = z_{i-1}$$

mit einer Näherung $\hat{\lambda}_j$ für den Eigenwert λ_j. Leiten Sie aus der Beziehung

$$r(\delta) := Az_i - (\hat{\lambda}_j + \delta)z_i = z_{i-1} - \delta z_i$$

eine Korrektur δ für die Näherung $\hat{\lambda}_j$ so her, dass $\|r(\delta)\|_2$ minimal ist.

Aufgabe 5.4. Gegeben sei eine sogenannte Pfeilmatrix Z der Gestalt

$$Z = \begin{bmatrix} A & B \\ B^T & D \end{bmatrix},$$

wobei $A = A^T \in \mathrm{Mat}_n(\mathbb{R})$ symmetrisch, $B \in \mathrm{Mat}_{n,m}$ und D eine Diagonalmatrix, $D = \mathrm{diag}(d_1, \ldots, d_m)$. Für $m \gg n$ empfiehlt es sich, die Besetzungsstruktur von Z auszunutzen.

a) Zeigen Sie, dass

$$Z - \lambda I = L^T(\lambda)(Y(\lambda) - \lambda I)L(\lambda) \quad \text{für} \lambda \neq d_i, i = 1, \ldots, m,$$

wobei

$$L(\lambda) := \begin{bmatrix} I_n & 0 \\ (D - \lambda I_m)^{-1} B^T & I_m \end{bmatrix} \quad \text{und} \quad Y(\lambda) := \begin{bmatrix} M(\lambda) & 0 \\ 0 & D \end{bmatrix}$$

und $M(\lambda) := A - B(D - \lambda I_m)^{-1} B^T$.

b) Modifizieren Sie die in Aufgabe 5.3 behandelte Methode derart, dass im wesentlichen nur auf (n, n)-Matrizen operiert wird.

Aufgabe 5.5. Zeigen Sie die Eigenschaften der Singulärwertzerlegung aus Korollar 5.16.

Aufgabe 5.6. Seien gegeben eine (m, n)-Matrix A, $m \geq n$, und ein m-Vektor b. Für verschiedene Werte von $p \geq 0$ sei das folgende lineare Gleichungssystem zu lösen (Levenberg-Marquardt-Verfahren, vgl. Kapitel 4.3):

$$(A^T A + pI_n)x = A^T b. \tag{5.14}$$

a) Zeigen Sie, dass für rang $A < n$ und $p > 0$ die Matrix $A^T A + pI_n$ invertierbar ist.

b) A habe die Singulärwerte $\sigma_1 \geq \sigma_2 \geq \cdots \geq \sigma_n \geq 0$. Zeigen Sie: Falls $\sigma_n \geq \sigma_1 \sqrt{\mathrm{eps}}$, so gilt:

$$\kappa_2(A^T A + pI_n) \leq \frac{1}{\mathrm{eps}} \quad \text{für } p \geq 0.$$

Falls $\sigma_n < \sigma_1 \sqrt{\mathrm{eps}}$, so existiert ein $\bar{p} \geq 0$ derart, dass gilt:

$$\kappa_2(A^T A + pI_n) \leq \frac{1}{\mathrm{eps}} \quad \text{für} p \geq \bar{p}.$$

Geben Sie $\bar{p}$ an.

c) Entwickeln Sie einen effizienten Algorithmus zur Lösung von (5.14) unter Benutzung der Singulärwertzerlegung von A.

Aufgabe 5.7. Bestimmen Sie die Eigenwerte $\lambda_i(\varepsilon)$ und die Eigenvektoren $\eta_i(\varepsilon)$ der Matrix

$$A(\varepsilon) := \begin{bmatrix} 1+\varepsilon\cos(2/\varepsilon) & -\varepsilon\sin(2/\varepsilon) \\ -\varepsilon\sin(2/\varepsilon) & 1-\varepsilon\cos(2/\varepsilon) \end{bmatrix}.$$

Wie verhalten sich $A(\varepsilon)$, $\lambda_i(\varepsilon)$ und $\eta_i(\varepsilon)$ für $\varepsilon \to 0$?

Aufgabe 5.8. Wir betrachten die in den Aufgaben 1.10 und 1.11 angegebene Matrix A zur Beschreibung eines „kosmischen Masers". In welchem Zusammenhang mit einer stochastischen Matrix A_{stoch} steht die dortige Matrix A? Überlegen Sie, welcher iterative Algorithmus zur Bestimmung aller Eigenwerte sich anstelle einer QR-Iteration in diesem Fall natürlicherweise anbietet.

Aufgabe 5.9. Gegeben sei eine reversible primitive Matrix A mit Links-Eigenvektor $\pi > 0$. Sei $D = \operatorname{diag}(\sqrt{\pi_1}, \ldots, \sqrt{\pi_n})$ diagonale Gewichtsmatrix und $\langle x, y\rangle_\pi = x^T D^2 y$ ein dazu passendes inneres Produkt. Zeigen Sie:

(a) A ist symmetrisch bezüglich dieses inneren Produktes.

(b) Alle Eigenwerte von A sind reell und enthalten in dem Intervall $[-1, +1]$.

(c) Es existiert eine π-orthogonale Basis von Rechts-Eigenvektoren, die A diagonalisiert.

(d) Zu jedem Rechts-Eigenvektor x gibt es einen Links-Eigenvektor $y = D^2 x$ zum gleichen Eigenwert.

Aufgabe 5.10. Wir konstruieren eine stochastische Matrix zu $k = 3$ fastentkoppelten Markov-Ketten. Dazu bestimmen wir zunächst eine symmetrische blockdiagonale Matrix D mit drei Blöcken sowie eine streng positive symmetrische Störungsmatrix E – beide Matrizen mit uniform verteilten zufälligen Einträgen (benutzen Sie einen Zufallsgenerator). Für $0 < \mu < 1$ definieren wir die symmetrische Matrix

$$B = (1-\mu)D + \mu E.$$

Normieren wir nun $B = (b_{ij})$ derart, dass

$$\sum_{i,j=1}^{n} b_{ij} = 1,$$

so erhalten wir, wie gewünscht, eine reversible stochastische Matrix

$$A = (a_{ij}) = (b_{ij}/\pi_i)$$

mit stationärer Verteilung $\pi^T = (\pi_1, \ldots, \pi_n)$ definiert durch

$$\pi_i = \sum_{j=1}^{n} b_{ij}.$$

Berechnen Sie alle Eigenwerte der Matrix A. Identifizieren Sie insbesondere den Perroncluster (5.13), die zugehörige Spektrallücke und die Teilmengen, zu denen die fastentkoppelten Markov-Ketten gehören. Experimentieren Sie etwas mit dem Zufallsgenerator.

6 Drei-Term-Rekursionen

Bei vielen Problemen der Mathematik und Naturwissenschaften lässt sich eine Lösungsfunktion bezüglich sogenannter *spezieller Funktionen* entwickeln, die sich durch besondere, dem Problem angemessene Eigenschaften und gegebenenfalls durch ihre Konstruierbarkeit auszeichnen. Das Studium und der Gebrauch spezieller Funktionen ist ein alter Zweig der Mathematik, zu dem viele bedeutende Mathematiker beigetragen haben. Aufgrund neuer Erkenntnisse und erweiterter Rechenmöglichkeiten (z. B. durch symbolisches Rechnen) hat dieses Gebiet in letzter Zeit wieder einen Aufschwung genommen. Als Beispiele für klassische spezielle Funktionen seien an dieser Stelle bereits die Tschebyscheff-, Legendre-, Jacobi-, Laguerre- und Hermite-Polynome sowie die Bessel-Funktionen genannt. Wir werden in dem folgenden Kapitel manche dieser Polynome benutzen und die dort jeweils wichtigen Eigenschaften herleiten.

Hier wollen wir uns mit dem Aspekt der Auswertung von Linearkombinationen

$$f(x) = \sum_{k=0}^{N} \alpha_k P_k(x) \tag{6.1}$$

spezieller Funktionen $P_k(x)$ beschäftigen, wobei wir die Koeffizienten α_k als gegeben voraussetzen. Die Berechnung oder auch nur Approximation dieser Koeffizienten kann mit großen Schwierigkeiten verbunden sein. Wir werden uns damit in Kapitel 7.2 am Beispiel der diskreten Fourier-Transformation beschäftigen.

Eine allen speziellen Funktionen gemeinsame Eigenschaft ist ihre *Orthogonalität*. Bisher haben wir von Orthogonalität nur in Zusammenhang mit einem Skalarprodukt auf einem endlich dimensionalen Vektorraum gesprochen. Viele uns von dort vertraute Strukturen lassen sich auf (unendlich dimensionale) Funktionenräume übertragen. Das Skalarprodukt ist dabei zumeist ein Integral. Zur Illustration betrachten wir das folgende Beispiel.

Beispiel 6.1. Wir definieren ein Skalarprodukt

$$(f, g) = \int_{-\pi}^{\pi} f(x)g(x)dx$$

für Funktionen $f, g : [-\pi, \pi] \to \mathbb{R}$. Man kann sich leicht davon überzeugen, dass die speziellen Funktionen $P_{2k}(x) = \cos kx$ und $P_{2k+1}(x) = \sin kx$ für $k = 0, 1, \ldots$

bezüglich dieses Skalarproduktes orthogonal sind, d. h. es gilt

$$(P_k, P_l) = \delta_{kl}(P_k, P_k) \quad \text{für alle } k, l = 0, 1, \ldots$$

Durch das Skalarprodukt wird wie im endlich dimensionalen Fall eine Norm

$$\|f\| = \sqrt{(f, f)} = \left(\int_{-\pi}^{\pi} |f(x)|^2 dx\right)^{\frac{1}{2}}$$

induziert. Die Funktionen, für die diese Norm wohldefiniert und endlich ist, lassen sich durch die abgebrochenen *Fourier-Reihe*

$$f_N(x) = \sum_{k=0}^{2N} \alpha_k P_k(x) = \alpha_0 + \sum_{k=1}^{N} (\alpha_{2k} \cos kx + \alpha_{2k-1} \sin kx)$$

bezüglich dieser Norm für wachsendes N beliebig gut approximieren.

Dabei können wir die Funktionen $\cos kx$ und $\sin kx$ mit Hilfe der Drei-Term-Rekursion

$$T_k(x) = 2\cos x \cdot T_{k-1}(x) - T_{k-2}(x) \quad \text{für } k = 2, 3, \ldots \tag{6.2}$$

wie in Beispiel 2.27 berechnen.

Es ist kein Zufall, dass wir die trigonometrischen Funktionen $\cos kx$ und $\sin kx$ mit einer Drei-Term-Rekursion in k berechnen können, da die Existenz einer Drei-Term-Rekursion für spezielle Funktionen mit ihrer Orthogonalität zusammenhängt.

Wir werden als erstes diesen Zusammenhang genau studieren und dabei insbesondere auf Orthogonalpolynome eingehen. Die theoretische Untersuchung von Drei-Term-Rekursionen als Differenzengleichungen steht im Mittelpunkt von Kapitel 6.1.2. Ein ausführliches numerisches Beispiel wird uns zeigen, dass die sich anbietende naive Übertragung der Drei-Term-Rekursion in einen Algorithmus unter Umständen nicht zu brauchbaren Ergebnissen führt. Wir werden deshalb in Kapitel 6.2.1 die Kondition von Drei-Term-Rekursionen analysieren und so zu einer Klassifizierung ihrer Lösungen gelangen. Dies wird es uns schließlich ermöglichen, stabile Algorithmen zur Berechnung von speziellen Funktionen und von Linearkombinationen der Form (6.1) anzugeben.

6.1 Theoretische Grundlagen

Drei-Term-Rekursionen, wie zum Beispiel die trigonometrische Rekursion (6.2), sind bei der Berechnung spezieller Funktionen von zentraler Bedeutung. Wir gehen im folgenden Abschnitt auf den allgemeinen Zusammenhang zwischen Orthogonalität und Drei-Term-Rekursionen ein. Daran anschließend beschäftigen wir uns mit der Theorie homogener und inhomogener Drei-Term-Rekursionen.

6.1.1 Orthogonalität und Drei-Term-Rekursionen

Als Verallgemeinerung des Skalarproduktes aus Beispiel 6.1 betrachten wir ein Skalarprodukt

$$(f, g) := \int_a^b \omega(t) f(t) g(t)\, dt \tag{6.3}$$

mit einer zusätzlichen *positiven Gewichtsfunktion* $\omega :]a, b[\to \mathbb{R},\ \omega(t) > 0$. Wir setzen voraus, dass die durch das Skalarprodukt induzierte Norm

$$\|P\| = \sqrt{(P, P)} = \left(\int_a^b \omega(t) P(t)^2\, dt \right)^{\frac{1}{2}} < \infty$$

für alle Polynome $P \in \boldsymbol{P}_k$ und alle $k \in \mathbb{N}$ wohldefiniert und endlich ist. Insbesondere existieren unter dieser Voraussetzung die *Momente*

$$\mu_k := \int_a^b t^k \omega(t)\, dt,$$

da aufgrund der Cauchy-Schwarzschen Ungleichung aus $1, t^k \in \boldsymbol{P}_k$ folgt, dass

$$|\mu_k| = \int_a^b t^k \omega(t)\, dt = (1, t^k) \le \|1\|\, \|t^k\| < \infty.$$

Ist $\{P_k(t)\}$ eine Folge paarweise orthogonaler Polynome $P_k \in \boldsymbol{P}_k$ exakt vom Grad k, d. h. mit nicht verschwindendem führendem Koeffizienten und

$$(P_i, P_j) = \int_a^b \omega(t) P_i(t) P_j(t)\, dt = \delta_{ij} \gamma_i \quad \text{wobei } \gamma_i := \|P_i\|^2 > 0,$$

so heißen die P_k *Orthogonalpolynome* über $[a, b]$ bezüglich der Gewichtsfunktion $\omega(t)$. Um die Orthogonalpolynome eindeutig zu definieren, müssen wir eine zusätzliche Normierungsbedingung fordern, z. B. indem wir verlangen, dass $P_k(0) = 1$ oder der führende Koeffizient eins ist, d. h.

$$P_k(t) = t^k + \cdots .$$

Die Existenz und Eindeutigkeit eines Systems von Orthogonalpolynomen bezüglich des Skalarproduktes (6.3) werden wir nun mit Hilfe einer Drei-Term-Rekursion beweisen.

Satz 6.2. *Zu jedem gewichteten Skalarprodukt* (6.3) *gibt es eindeutig bestimmte Orthogonalpolynome $P_k \in \boldsymbol{P}_k$ mit führendem Koeffizienten eins. Sie genügen der Drei-Term-Rekursion*

$$P_k(t) = (t + a_k) P_{k-1}(t) + b_k P_{k-2}(t) \quad \textit{für } k = 1, 2, \ldots$$

mit den Anfangswerten $P_{-1} := 0$, $P_0 := 1$ *und den Koeffizienten*

$$a_k = -\frac{(t P_{k-1}, P_{k-1})}{(P_{k-1}, P_{k-1})}, \quad b_k = -\frac{(P_{k-1}, P_{k-1})}{(P_{k-2}, P_{k-2})}.$$

Beweis. Das einzige Polynom 0-ten Grades mit führendem Koeffizienten eins ist $P_0 \equiv 1 \in \boldsymbol{P}_0$. Seien nun $P_0, \ldots, P_{k-1}$ bereits konstruierte paarweise orthogonale Polynome $P_j \in \boldsymbol{P}_j$ vom Grad j mit führendem Koeffizienten eins. Ist $P_k \in \boldsymbol{P}_k$ ein beliebiges ebenso normiertes Polynom vom Grad k, so ist dann $P_k - t P_{k-1}$ ein Polynom vom Grad $\leq k-1$. Andererseits bilden die $P_0, \ldots, P_{k-1}$ eine Orthogonalbasis von $\boldsymbol{P}_{k-1}$ bzgl. des gewichteten Skalarproduktes $(\cdot, \cdot)$, so dass

$$P_k - t P_{k-1} = \sum_{j=0}^{k-1} c_j P_j \quad \text{mit } c_j = \frac{(P_k - t P_{k-1}, P_j)}{(P_j, P_j)}.$$

Soll P_k orthogonal zu $P_0, \ldots, P_{k-1}$ stehen, so gilt

$$c_j = -\frac{(t P_{k-1}, P_j)}{(P_j, P_j)} = -\frac{(P_{k-1}, t P_j)}{(P_j, P_j)}.$$

Zwangsläufig folgt $c_0 = \cdots = c_{k-3} = 0$,

$$c_{k-1} = -\frac{(t P_{k-1}, P_{k-1})}{(P_{k-1}, P_{k-1})}, \quad c_{k-2} = -\frac{(P_{k-1}, t P_{k-2})}{(P_{k-2}, P_{k-2})} = -\frac{(P_{k-1}, P_{k-1})}{(P_{k-2}, P_{k-2})}.$$

Mit

$$P_k = (t + c_{k-1}) P_{k-1} + c_{k-2} P_{k-2} = (t + a_k) P_{k-1} + b_k P_{k-2}$$

erhalten wir so das nächste Orthogonalpolynom und induktiv die Behauptung. □

Beispiel 6.3. Setzt man $\cos\alpha = x$ und betrachtet $\cos k\alpha$ als Funktion in x, so gelangt man zu den *Tschebyscheff-Polynomen*

$$T_k(x) = \cos(k \arccos x) \quad \text{für } x \in [-1, 1].$$

Aus der Drei-Term-Rekursion für $\cos kx$ folgt, dass es sich bei den T_k tatsächlich um Polynome handelt, die der Rekursion

$$T_k(x) = 2x T_{k-1}(x) - T_{k-2}(x) \quad \text{für } k \geq 2$$

mit den Startwerten $T_0(x) = 1$ und $T_1(x) = x$ genügen. Dadurch können wir $T_k(x)$ sogar für alle $x \in \mathbb{R}$ definieren. Durch die Variablensubstitution $x = \cos\alpha$, also

$dx = -\sin\alpha d\alpha$, sehen wir, dass die Tschebyscheff-Polynome gerade die Orthogonalpolynome über $[-1, 1]$ bezüglich der Gewichtsfunktion $\omega(x) = 1/\sqrt{1-x^2}$ sind, d. h.

$$\int_0^1 \frac{1}{\sqrt{1-x^2}} T_n(x) T_m(x) dx = \begin{cases} 0, & \text{falls } n \neq m, \\ \pi, & \text{falls } n = m = 0, \\ \pi/2, & \text{falls } n = m \neq 0. \end{cases}$$

Die Tschebyscheff-Polynome sind von besonderer Bedeutung in der Approximationstheorie und werden uns in den nächsten Kapiteln noch mehrfach begegnen.

Analysieren wir den Beweis von Satz 6.2 sorgfältig, so können wir den Zusammenhang zwischen Orthogonalität und Drei-Term-Rekursion noch allgemeiner verstehen. Diese Struktur wird uns beim Verfahren der konjugierten Gradienten in Kapitel 8.3 wieder begegnen.

Satz 6.4. *Sei $V_1 \subset V_2 \subset \cdots \subset X$ eine aufsteigende Kette von Unterräumen der Dimension* dim $V_k = k$ *in einem Vektorraum X und $A : X \to X$ eine selbstadjungierte lineare Abbildung bezüglich eines Skalarproduktes $(\cdot, \cdot)$ auf X, d. h.*

$$(Au, v) = (u, Av) \quad \textit{für alle } u, v \in X,$$

so dass

$$A(V_k) \subset V_{k+1} \quad \textit{und} \quad A(V_k) \not\subset V_k.$$

Dann gibt es zu jedem $p_1 \in V_1$ genau eine Erweiterung zu einem Orthogonalsystem $\{p_k\}$ mit $p_k \in V_k$ für alle k und

$$(p_k, p_k) = (Ap_{k-1}, p_k) \quad \textit{für alle } k \geq 2.$$

Die Familie $\{p_k\}$ genügt der Drei-Term-Rekursion

$$p_k = (A + a_k)p_{k-1} + b_k p_{k-2} \quad \textit{für } k = 2, 3, \ldots \tag{6.4}$$

mit $p_0 := 0$ und

$$a_k := -\frac{(Ap_{k-1}, p_{k-1})}{(p_{k-1}, p_{k-1})}, \quad b_k := -\frac{(p_{k-1}, p_{k-1})}{(p_{k-2}, p_{k-2})}.$$

Beweis. Vollkommen analog zu Satz 6.2. Der selbstadjungierte Operator $A : X \to X$ war dort die Multiplikation mit t,

$$t : \boldsymbol{P}_k \to \boldsymbol{P}_{k+1}, \quad P(t) \mapsto tP(t).$$

Die Selbstadjungiertheit geht im Beweis von Satz 6.2 ein beim Übergang

$$(tP_{k-1}, P_j) = (P_{k-1}, tP_j). \qquad \square$$

Eine bemerkenswerte Eigenschaft von Orthogonalpolynomen ist, dass sie nur reelle, einfache Nullstellen besitzen, die zudem noch alle im Intervall $]a, b[$ liegen.

Satz 6.5. *Das Orthogonalpolynom $P_k(t) \in \boldsymbol{P}_k$ hat genau k einfache Nullstellen in $]a, b[$.*

Beweis. Es seien $t_1, \ldots, t_m$ die m verschiedenen Punkte $t_i \in]a, b[$, an denen P_k sein Vorzeichen wechselt. Das Polynom

$$Q(t) := (t - t_1)(t - t_2) \ldots (t - t_m)$$

wechselt dann an den gleichen Stellen sein Vorzeichen, so dass die Funktion $\omega(t)Q(t)P_k(t)$ ihr Vorzeichen in $]a, b[$ nicht ändert und daher

$$(Q, P_k) = \int_a^b \omega(t)Q(t)P_k(t)\, dt \neq 0.$$

Da P_k senkrecht auf allen Polynomen $P \in \boldsymbol{P}_{k-1}$ steht, folgt $\deg Q = m \geq k$ und damit die Behauptung. $\square$

6.1.2 Homogene und inhomogene Rekursionen

Gemäß ihrer im letzten Abschnitt deutlich gewordenen Bedeutung untersuchen wir nun reelle Drei-Term-Rekursionen der Form

$$p_k = a_k p_{k-1} + b_k p_{k-2} + c_k \quad \text{für } k = 2, 3, \ldots \tag{6.5}$$

für Werte $p_k \in \mathbb{R}$ mit Koeffizienten $a_k, b_k, c_k \in \mathbb{R}$. Damit tatsächlich eine Drei-Term-Rekursion vorliegt, setzen wir voraus, dass $b_k \neq 0$ für alle k. Unter dieser Bedingung können wir die Rekursion auch rückwärts durchführen, d. h.

$$p_{k-2} = -\frac{a_k}{b_k} p_{k-1} + \frac{1}{b_k} p_k - \frac{c_k}{b_k} \quad \text{für } k = N, N-1, \ldots, 2. \tag{6.6}$$

Oft gilt wie bei der trigonometrischen oder der Bessel-Rekursion, dass $b_k = -1$ für alle k, so dass die Drei-Term-Rekursion (6.6) aus der ursprünglichen durch Vertauschen von p_k und p_{k-2} hervorgeht. Eine solche Drei-Term-Rekursion nennen wir *symmetrisch*. Falls alle c_k verschwinden, so sprechen wir von einer *homogenen*, im anderen Fall von einer *inhomogenen* Drei-Term-Rekursion. Alle unsere Beispiele waren bisher homogen und symmetrisch.

Für jedes Paar p_j, p_{j+1} von Anfangswerten bestimmt die Drei-Term-Rekursion (6.5) genau eine Folge $p = (p_0, p_1, \ldots) \in \mathrm{Abb}(\mathbb{N}, \mathbb{R})$. Die Lösungen $p = (p_k)$ der homogenen Drei-Term-Rekursion

$$p_k = a_k p_{k-1} + b_k p_{k-2} \quad \text{für } k = 2, 3, \ldots \tag{6.7}$$

hängen linear von den Anfangswerten p_j, p_{j+1} ab und bilden daher einen zweidimensionalen Unterraum

$$\mathcal{L} := \{p \in \mathrm{Abb}(\mathbb{N}, \mathbb{R}) : p_k = a_k p_{k-1} + b_k p_{k-2} \quad \text{für } k = 2, 3, \ldots\}$$

von $\mathrm{Abb}(\mathbb{N}, \mathbb{R})$. Zwei Lösungen $p, q \in \mathcal{L}$ sind genau dann *linear unabhängig*, falls die sogenannten *Casorati-Determinanten* von p und q

$$D(k, k+1) := p_k q_{k+1} - q_k p_{k+1}$$

nicht verschwinden. Man rechnet leicht nach, dass

$$D(k, k+1) = -b_{k+1} D(k-1, k),$$

und dass daher wegen $b_k \neq 0$ entweder alle $D(k, k+1)$ verschwinden oder keine. Insbesondere gilt für symmetrische Rekursionen, also $b_k = -1$ für alle k, dass

$$D(k, k+1) = D(0, 1) \quad \text{für alle } k.$$

Beispiel 6.6. Die *trigonometrische Rekursion*

$$p_k = a_k \cdot p_{k-1} + b_k p_{k-2}, \quad a_k = 2\cos x, \quad b_k = -1,$$

hat für $x \notin \mathbb{Z} \cdot \pi$ die linear unabhängigen Lösungen $\cos kx$ und $\sin kx$, da

$$D(0, 1) = \cos 0 \sin x - \sin 0 \cos x = \sin x \neq 0.$$

Falls $x = l\pi$ mit $l \in \mathbb{Z}$, wäre $D(0, 1) = 0$, also $\cos kx$ und $\sin kx$ nicht linear unabhängig. Stattdessen sind

$$p_k = \cos kx = (-1)^{lk}, \quad q_k = k(-1)^{lk}$$

zwei linear unabhängige Lösungen mit $D(0, 1) = 1$. Es fällt auf, dass dieser Wert der Casorati-Determinante offenbar nicht durch den Grenzübergang $x \to l\pi$ entsteht – ein theoretischer Schwachpunkt. Im folgenden werden wir eine andere charakterisierende Größe kennenlernen, welche die gewünschte Grenzwerteigenschaft hat (vgl. Aufgabe 6.8).

Wir wollen nun versuchen, die Lösung der allgemeinen *inhomogenen* Rekursion (6.5) aus Lösungen möglichst einfacher inhomogener Rekursionen zusammenzusetzen. Dazu sehen wir uns an, wie sich eine einzelne Inhomogenität $c_k = \delta_{jk}$ an der Stelle j fortpflanzt.

Definition 6.7. Es seien $g^+(j,k)$ und $g^-(j,k)$ die Lösungen der inhomogenen Drei-Term-Rekursionen

$$\begin{aligned} g^-(j,k) - a_k g^-(j,k-1) - b_k g^-(j,k-2) &= \delta_{jk} \\ g^+(j,k) - a_k g^+(j,k-1) - b_k g^+(j,k-2) &= -b_k \delta_{j,k-2} \end{aligned}$$

für $j,k \in \mathbb{N}$ und $k \geq 2$ zu den Anfangswerten

$$g^-(j,j-2) = g^-(j,j-1) = 0$$

bzw.

$$g^+(j,j+2) = g^+(j,j+1) = 0.$$

Dann ist die *diskrete Greensche Funktion* $g(j,k)$ der Drei-Term-Rekursion (6.5) definiert durch

$$g(j,k) := \begin{cases} g^-(j,k), & \text{falls } k \geq j, \\ g^+(j,k), & \text{falls } k \leq j. \end{cases}$$

Man beachte dabei, dass $g^-(j,j) = g^+(j,j) = 1$. Die Lösungen der inhomogenen Rekursion (6.5) zu den Startwerten $p_0 = c_0$ und $p_1 = c_1$ gewinnen wir nun durch Superposition gemäß

$$p_k = \sum_{j=0}^{k} c_j g(j,k) = \sum_{j=0}^{k} c_j g^-(j,k) \quad \text{für } k = 0, 1, \ldots, \tag{6.8}$$

(Beweis zur Übung). Umgekehrt folgt für die Rückwärtsrekursion (6.6), dass

$$p_k = \sum_{j=k}^{N+1} c_j g(j,k) = \sum_{j=k}^{N+1} c_j g^+(j,k) \quad \text{für } k = 0, \ldots, N+1$$

die Lösung zu den Startwerten $p_N = c_N$ und $p_{N+1} = c_{N+1}$ ist.

Bemerkung 6.8. Lesern, die mit der Theorie gewöhnlicher Differentialgleichungen vertraut sind, wird die oben für Differenzengleichungen beschriebene Vorgehensweise bekannt vorkommen. In der Tat richtet sich die Namensgebung „diskrete Greensche Funktion" nach der für Differentialgleichungen üblichen Terminologie. Ähnlich entsprechen die Casorati-Determinante der *Wronski-Determinante* und die speziellen, durch δ_{ij} definierten Anfangswerte der inhomogenen Differenzengleichung der δ-Distribution.

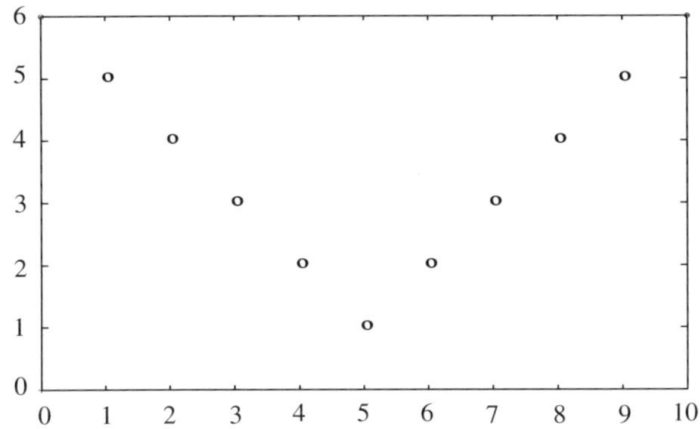

Abbildung 6.1. Diskrete Greensche Funktion $g(5,k)$ über $k = 0,\ldots,10$ für $a_k = 2$ und $b_k = -1$

6.2 Numerische Aspekte

Die mathematische Struktur der Drei-Term-Rekursion legt eine direkte Übersetzung in einen Algorithmus nahe (einfache Schleife). Wir haben bereits in Beispiel 2.27 gesehen, dass diese Art der Berechnung von speziellen Funktionen mit Vorsicht zu genießen ist. Immerhin ließ sich dort die trigonometrische Drei-Term-Rekursion noch numerisch stabilisieren. Das folgende Beispiel zeigt, dass dies nicht immer möglich ist.

Beispiel 6.9. *Besselscher Irrgarten.* Die sogenannten *Bessel-Funktionen* $J_k = J_k(x)$ genügen der Drei-Term-Rekursion

$$J_{k+1} = \frac{2k}{x} J_k - J_{k-1} \quad \text{für } k \geq 1. \tag{6.9}$$

Wir starten z. B. für $x = 2.13$ mit den Werten

$$\begin{aligned} J_0 &= 0.14960677044884 \\ J_1 &= 0.56499698056413, \end{aligned}$$

die man einer Tabelle (z. B. [73]) entnehmen kann. Am Ende des Kapitels werden wir in der Lage sein, diese Werte zu bestätigen (siehe Aufgabe 6.7). Wir können nun versuchen, mit Hilfe der Drei-Term-Rekursion in Vorwärtsrichtung die Werte $J_2,\ldots,J_{23}$ auszurechnen. Zur „Überprüfung" (s. u.) der Ergebnisse $\hat{J}_2,\ldots,\hat{J}_{23}$ lösen wir die Rekursion (6.9) nach J_{k-1} auf und setzen $\hat{J}_{23}$ und $\hat{J}_{22}$ in die Rekursion in Rückwärtsrichtung ein. Dabei erhalten wir $\bar{J}_{21},\ldots,\bar{J}_0$ zurück und erwarten eigentlich, dass $\bar{J}_0$ in etwa mit dem Startwert J_0 übereinstimmt. Tatsächlich stellt sich bei einer relativen Maschinengenauigkeit von eps $= 10^{-16}$ heraus, dass

$$\bar{J}_0 / J_0 \approx 10^9 .$$

Ein Vergleich des dabei berechneten Wertes $\hat{J}_{23}$ mit dem tatsächlichen J_{23} offenbart noch Schlimmeres, nämlich

$$\hat{J}_{23} / J_{23} \approx 10^{27} ,$$

d. h. das Ergebnis liegt um Größenordnungen daneben! In Abbildung 6.2 haben wir die Wiederholung dieser Prozedur, d. h. den erneuten Start mit $\bar{J}_0$ usw. , graphisch aufgetragen: Numerisch findet man nicht zum Ausgangspunkt zurück, was dem Phänomen den Namen *Besselscher Irrgarten* gegeben hat. Was ist passiert? Eine erste

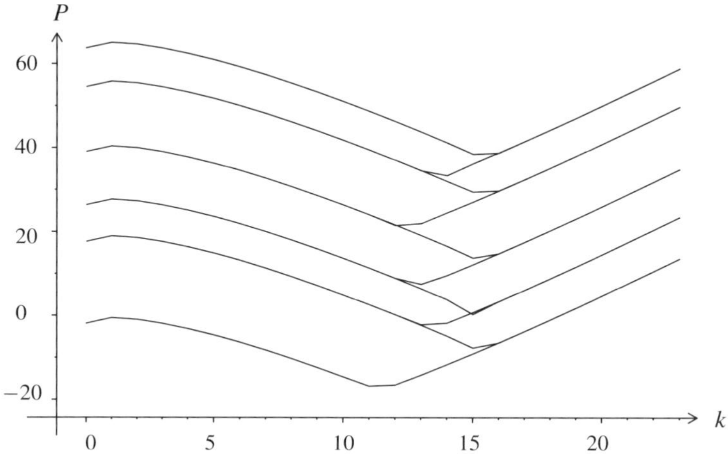

Abbildung 6.2. Besselscher Irrgarten für $x = 2.13$, aufgetragen ist $\ln(|\hat{J}_k(x)|)$ über k für 5 Schleifen bis $k = 23$

Analyse des Rundungsfehlerverhaltens zeigt, dass

$$\frac{2k}{x} J_k \approx J_{k-1} \quad \text{für } k > x$$

(vgl. Tabelle 6.1). Bei der Vorwärtsrekursion tritt also jedesmal bei der Berechnung von J_{k+1} Auslöschung auf (siehe Aufgabe 6.9). Zudem muss man wissen, dass neben den Bessel-Funktionen J_k auch die *Neumann-Funktionen* Y_k derselben Rekursion genügen (Bessel- und Neumann-Funktionen heißen Zylinderfunktionen). Diese besitzen aber ein entgegengesetztes Wachstumsverhalten. Die Bessel-Funktionen fallen mit wachsendem k, während die Neumann-Funktionen stark anwachsen. Durch die Eingabefehler für J_0 und J_1 (in der Größenordnung der Maschinengenauigkeit),

$$\tilde{J}_0 = J_0 + \varepsilon_0 Y_0 , \quad \tilde{J}_1 = J_1 + \varepsilon_1 Y_1 ,$$

k	J_{k-1}	$\frac{2k}{x} J_k$
1	$1.496 \cdot 10^{-1}$	$5.305 \cdot 10^{-1}$
2	$5.649 \cdot 10^{-1}$	$7.153 \cdot 10^{-1}$
3	$3.809 \cdot 10^{-1}$	$4.234 \cdot 10^{-1}$
4	$1.503 \cdot 10^{-1}$	$1.597 \cdot 10^{-1}$
5	$4.253 \cdot 10^{-2}$	$4.425 \cdot 10^{-2}$
6	$9.425 \cdot 10^{-3}$	$9.693 \cdot 10^{-3}$
7	$1.720 \cdot 10^{-3}$	$1.756 \cdot 10^{-3}$
8	$2.672 \cdot 10^{-4}$	$2.716 \cdot 10^{-4}$
9	$3.615 \cdot 10^{-5}$	$3.662 \cdot 10^{-5}$
10	$4.333 \cdot 10^{-6}$	$4.379 \cdot 10^{-6}$

Tabelle 6.1. Auslöschung in der Drei-Term-Rekursion für die Bessel-Funktionen $J_k = J_k(x)$, $x = 2.13$

enthält die Eingabe $\tilde{J}_0$, $\tilde{J}_1$ stets einen Anteil der Neumann-Funktion Y_k, der zunächst sehr klein ist, die Bessel-Funktion im Laufe der Rekursion jedoch zunehmend überwuchert. Umgekehrt überlagern in Rückwärtsrichtung die Bessel-Funktionen die Neumann-Funktionen.

Im folgenden Abschnitt wollen wir versuchen, die beobachteten numerischen Phänomene zu verstehen.

6.2.1 Kondition

Wir betrachten die Drei-Term-Rekursion (6.5) als Abbildung, die den Anfangswerten p_0, p_1 und den Koeffizienten a_k, b_k als Eingabegrößen die Werte $p_2, p_3, \ldots$ als Resultate zuordnet. Da in jedem Schritt nur jeweils zwei Multiplikationen und eine Addition durchgeführt werden müssen, deren Stabilität wir in Lemma 2.19 nachgewiesen haben, ist die Ausführung der Drei-Term-Rekursion in Gleitkommaarithmetik *stabil*. Über die numerische Brauchbarkeit entscheidet also nur die *Kondition* der Drei-Term-Rekursion. Zu deren Analyse geben wir gestörte Anfangswerte

$$\tilde{p}_0 = p_0(1 + \theta_0), \qquad \tilde{p}_1 = p_1(1 + \theta_1)$$

und gestörte Koeffizienten

$$\tilde{a}_k = a_k(1 + \alpha_k), \qquad \tilde{b}_k = b_k(1 + \beta_k) \text{ für } k \geq 2$$

mit durch $\delta > 0$ beschränkten relativen Fehlern

$$|\theta_0|, |\theta_1|, \qquad |\alpha_k|, \qquad |\beta_k| \leq \delta$$

vor und berechnen den Fehler

$$\Delta p_k := \tilde{p}_k - p_k,$$

wobei $\tilde{p}$ die Lösung der gestörten Drei-Term-Rekursion ist. Setzen wir die Rekursion für p und $\tilde{p}$ ein, so zeigt sich, dass Δp der *inhomogenen* Rekursion

$$\Delta p_k = a_k \Delta p_{k-1} + b_k \Delta p_{k-2} + E_k \quad \text{für } k \geq 2$$

mit den Anfangswerten $\Delta p_0 = E_0 := \theta_0 p_0$, $\Delta p_1 = E_1 := \theta_1 p_1$ und den Koeffizienten

$$E_k = \alpha_k a_k \tilde{p}_{k-1} + \beta_k b_k \tilde{p}_{k-2} \doteq \alpha_k a_k p_{k-1} + \beta_k b_k p_{k-2} \quad \text{für } \delta \to 0$$

genügt. Setzen wir wie in (6.8) die Greensche Funktion ein, so gilt

$$\Delta p_k = \sum_{j=0}^{k} E_j g(j,k).$$

Die Greensche Funktion charakterisiert also die *absolute Kondition* der Drei-Term-Rekursion. Analog folgt, dass der relative Fehler

$$\theta_k := \frac{\tilde{p}_k - p_k}{p_k} = \frac{\Delta p_k}{p_k}, \qquad p_k \neq 0,$$

die Lösung der inhomogenen Rekursion

$$\theta_k = \frac{a_k p_{k-1}}{p_k} \theta_{k-1} + \frac{b_k p_{k-2}}{p_k} \theta_{k-2} + \varepsilon_k \quad \text{für } l \geq 2$$

zu den Anfangswerten $\varepsilon_0 := \theta_0$, $\varepsilon_1 := \theta_1$ mit

$$\varepsilon_k := \frac{E_k}{p_k} \doteq \alpha_k \frac{a_k p_{k-1}}{p_k} + \beta_k \frac{b_k p_{k-2}}{p_k}$$

ist und dass daher

$$\theta_k = \sum_{j=0}^{k} \varepsilon_j r(j,k) \quad \text{mit } r(j,k) := \frac{p_j}{p_k} g(j,k) \tag{6.10}$$

gilt. Die Funktionen $r(j,k)$ beschreiben offensichtlich die Verstärkung der relativen Fehler und kennzeichnen somit die *relative Kondition* der Drei-Term-Rekursion. Zur Beurteilung von $r(j,k)$ in den verschiedenen Beispielen unterscheiden wir, motiviert durch die Bessel- und Neumann-Funktionen, zwei Typen von Lösungen.

Definition 6.10. Eine Lösung $p \in \mathcal{L}$ heißt *rezessiv* oder *Minimallösung*, falls für jede von p linear unabhängige Lösung $q \in \mathcal{L}$ gilt

$$\lim_{k\to\infty} \frac{p_k}{q_k} = 0.$$

Die von p linear unabhängigen Lösungen q heißen *dominant*.

Es ist klar, dass die Minimallösung nur bis auf einen skalaren Faktor eindeutig bestimmt ist. Der noch freie Faktor wird in vielen Fällen durch eine Normierungsbedingung

$$G_\infty := \sum_{k=0}^{\infty} m_k p_k = 1 \tag{6.11}$$

mit den Gewichten m_k festgelegt. Umgekehrt sind solche Relationen im allgemeinen ein Hinweis darauf, dass die zugehörigen Lösungen p_k Minimallösungen sind. Die Minimallösungen bilden also, falls es sie überhaupt gibt, einen eindimensionalen Unterraum von $\mathcal{L}$. Die Existenz kann unter gewissen Voraussetzungen an die Koeffizienten a_k und b_k garantiert werden.

Satz 6.11. *Falls die Drei-Term-Rekursion symmetrisch ist, d. h. $b_k = -1$ für alle k, und es ein $k_0 \in \mathbb{N}$ gibt, so dass*

$$|a_k| \geq 2 \quad \textit{für alle } k > k_0,$$

dann gibt es eine Minimallösung p mit den Eigenschaften

$$|p_k| \leq \frac{1}{|a_{k+1}| - 1} |p_{k-1}| \quad \textit{und} \quad p_{k+1}(x) \neq 0 \tag{6.12}$$

für alle $k > k_0$. Ferner gibt es für jede dominante Lösung q einen Index $k_1 \geq k_0$, so dass

$$|q_{k+1}| > (|a_{k+1}| - 1)|q_k| \quad \textit{für } k > k_1.$$

Beweis. Der Beweis greift auf eine sogenannte *Kettenbruchentwicklung* zurück und kann bei J. Meixner und W. Schäffke [60] nachgelesen werden. □

Beispiel 6.12. Für die Drei-Term-Rekursion der trigonometrischen Funktionen $\cos kx$, $\sin kx$ gilt $b_k = -1$ und

$$|a_k| = 2|\cos x| \geq 2 \iff x = l\pi \quad \text{mit } l \in \mathbb{Z}.$$

Im Fall $x = l\pi \in \mathbb{Z}\pi$ ist $p_k = (-1)^{lk}$ eine Minimallösung, und die Folgen

$$q_k = \beta k (-1)^{lk} + \alpha p_k \quad \text{mit } \beta \neq 0$$

sind dominante Lösungen.

Beispiel 6.13. Für die Rekursion der Zylinderfunktionen gilt $b_k = -1$ und

$$|a_k| = 2\frac{k-1}{|x|} \geq 2 \iff k > k_0 := [|x|].$$

Die Minimallösung ist die Bessel-Funktion J_k, die Neumann-Funktion Y_k ist dagegen dominant. Dies lässt sich mit Hilfe der asymptotischen Näherungen für J_k bzw. Y_k für $k \to \infty$ beweisen, denn

$$J_k(x) \sim \frac{1}{\sqrt{2\pi k}}\left(\frac{ex}{2k}\right)^k, \quad Y_k(x) \sim -\sqrt{\frac{2}{\pi k}}\left(\frac{ex}{2k}\right)^{-k}.$$

Die Bessel-Funktionen $J_k(x)$ genügen der Normierungsbedingung (siehe z. B. [2])

$$G_\infty := J_0 + 2\sum_{k=1}^{\infty} J_{2k} = 1.$$

Unter den Voraussetzungen von Satz 6.11 lässt sich zeigen, dass

$$|g(j,k)| \geq |k - j + 1| \quad \text{für alle } k \geq j > k_0,$$

d. h. die diskreten Greenschen Funktionen $g(j,k)$ sind selbst dominante Lösungen und wachsen über jede Schranke. Andererseits gilt für eine *Minimallösung* p wegen (6.12), dass $|p_j/p_k| \geq 1$ und daher

$$|r(j,k)| = \left|\frac{p_j}{p_k} g(j,k)\right| \geq |g(j,k)| \geq |k - j + 1|$$

für alle $k \geq j > k_0$. Von dem Index k_0 an ist die Drei-Term-Rekursion zur Berechnung einer Minimallösung also *schlecht konditioniert*. Für dominante Lösungen kann das Wachstum der diskreten Greenschen Funktionen durch das der Lösung selbst ausgeglichen werden, so dass die relative Fehlerverstärkung, ausgedrückt durch $r(j,k)$, moderat bleibt und die Drei-Term-Rekursion gut konditioniert ist. So ist die Drei-Term-Rekursion (in Vorwärtsrichtung) für die Bessel-Funktionen als Minimallösung schlecht, für die Neumann-Funktionen jedoch gut konditioniert.

Beispiel 6.14. *Kugelfunktionen.* Als Frucht der vorgeführten Überlegungen geben wir nun ein komplizierteres Beispiel, das jedoch in vielen Anwendungen, etwa in der theoretischen Physik oder der Geodäsie, eine wichtige Rolle spielt. Zu berechnen sind im allgemeinen sowohl Entwicklungen nach Kugelfunktionen als auch ganze Sätze einzelner Kugelfunktionen. Sie werden üblicherweise mit $Y_k^l(\theta, \varphi)$ bezeichnet, wobei die sogenannten Eulerschen Winkel θ, φ auf der Kugeloberfläche variieren gemäß

$$0 \leq \theta \leq \pi \quad \text{und} \quad 0 \leq \varphi \leq 2\pi.$$

Unter den zahlreichen Darstellungen für Kugelfunktionen wählen wir die komplexe Darstellung

$$Y_k^l(\theta, \varphi) = e^{il\varphi} P_k^l(\cos\theta) = C_k^l(\theta, \varphi) + i\,S_k^l(\theta, \varphi),$$

wobei durch $P_k^l(x)$ die sogenannten *zugeordneten Legendre-Funktionen 1. Art* für $|x| \le 1$ bezeichnet sind. Sie lassen sich wie folgt explizit angeben:

$$P_k^l(x) := \frac{(-1)^{k+l}}{(k+l)!\,k!\,2^k}(1-x^2)^{\frac{l}{2}} \frac{d^{k+l}}{dx^{k+l}}(1-x^2)^k. \tag{6.13}$$

Unter der Vielzahl der in der Literatur vorkommenden Normierungen dieser Funktionen ist hier diejenige nach [37] ausgewählt. Wegen der Beziehungen

$$P_k^l(x) \equiv 0 \quad \text{für } l > k \ge 0 \text{ und } l < -k \le 0 \tag{6.14}$$

und

$$P_k^{-l}(x) = (-1)^l P_k^l(x) \quad \text{für } l > 0$$

genügt es, die reellen Kugelfunktionen

$$\begin{aligned} C_k^l(\theta, \varphi) &= P_k^l(\cos\theta)\cos(l\varphi) \quad \text{für } 0 \le l \le k \\ S_k^l(\theta, \varphi) &= P_k^l(\cos\theta)\sin(l\varphi) \quad \text{für } 0 < l \le k \end{aligned}$$

zu berechnen. Die Drei-Term-Rekursion für die trigonometrischen Funktionen haben wir an anderer Stelle bereits hinlänglich diskutiert. Wir richten deshalb hier unser Augenmerk auf die Legendre-Funktionen zum Argument $x = \cos\theta$. Sämtliche für diese zweifach indizierten Legendre-Funktionen erster Art geltenden Drei-Term-Rekursionen (siehe z. B. [41]) gelten auch für die Legendre-Funktionen zweiter Art, welche im Unterschied zu denen erster Art bei $x = 1$ und $x = -1$ Singularitäten der Ordnung l haben. Diese Eigenschaft überträgt sich unmittelbar auf die zugehörigen diskreten Greenschen Funktionen (vgl. Aufgabe 6.8). Also wären Rekursionen mit variablem l für die P_k^l schlecht konditioniert. Als Konsequenz suchen wir aus der Vielzahl der Drei-Term-Rekursionen diejenigen mit *konstantem* l heraus. Dies führt auf die Rekursion

$$P_k^l = \frac{(2k-1)x\,P_{k-1}^l - P_{k-2}^l}{(k-l)(k+l)}, \tag{6.15}$$

bei der nur noch k läuft. Sie ist für die P_k^l in Vorwärtsrichtung bzgl. k gut konditioniert (siehe etwa die überblickhafte Arbeit von W. Gautschi [37]). Es fehlt noch eine gut konditionierte Vernetzung für unterschiedliche l. Aus der Definition (6.13) erhalten wir für $k = l$ die Darstellung

$$P_l^l(x) = \frac{(-1)^l}{2^l \cdot l!}(1-x^2)^{\frac{l}{2}},$$

woraus sich sofort die Zwei-Term-Rekursion

$$P_l^l = -\frac{(1-x^2)^{\frac{1}{2}}}{2l} P_{l-1}^{l-1} \tag{6.16}$$

ergibt, die als solche gut konditioniert ist. Zum Start der Rekursionen benutzt man für (6.16) den Wert $P_0^0 = 1$ und für (6.15) die Rekursion für $k = l+1$, die wegen $P_{l-1}^l \equiv 0$ nach (6.14) ebenfalls in eine Zwei-Term-Rekursion entartet:

$$P_{l+1}^l = x P_l^l. \tag{6.17}$$

Ersetzt man das Argument x durch $\cos\theta$, so rechnen wir nach den Resultaten von Kapitel 2.3 damit, dass der zugehörige Algorithmus *numerisch instabil* ist. Wie bei der Stabilisierung der trigonometrischen Rekursion, versuchen wir auch hier wieder für $\theta \to 0$ das Argument $\cos\theta$ durch $1 - \cos\theta = -2\sin^2(\theta/2)$ zu ersetzen. Leider ist die Stabilisierung nicht so einfach wie bei den trigonometrischen Funktionen. Deshalb machen wir den folgenden Ansatz:

$$P_k^l = q_k^l \bar{P}_k^l \quad \text{und} \quad \bar{P}_k^l = r_k^l \bar{P}_{k-1}^l + \Delta P_k^l$$

mit noch geeignet zu wählenden Transformationen q_k^l und r_k^l. Man beachte, dass die relativen Konditionszahlen in (6.10) für P_k^l und $\bar{P}_k^l$ die gleichen sind, unabhängig von der Wahl der Transformationen q_k^l. Einsetzen von P_k^l und P_{k-2}^l in (6.15) liefert dann

$$q_k^l \Delta P_k^l = \sigma_k(\theta) \bar{P}_{k-1}^l + \frac{q_{k-2}^l}{(k-l)(k+l) r_{k-1}^l} \cdot \Delta P_{k-1}^l,$$

wobei

$$\sigma_k(\theta) := \frac{(2k-1)\cos\theta}{(k-l)(k+l)} \cdot q_{k-1}^l - q_k^l r_k^l - \frac{q_{k-2}^l}{(k-l)(k+l)\, r_{k-1}^l}.$$

Um $(1-\cos\theta)$ in $\sigma_k(\theta)$ ausklammern zu können, muss offensichtlich $\theta = 0$ eine Nullstelle von σ_k sein, d. h. $\sigma_k(0) = 0$. Wegen (6.17) verlangen wir zusätzlich $q_{l+1}^l r_{l+1}^l = 1$. Diese beiden Forderungen an die Transformationen q_k^l und r_k^l werden von der Wahl

$$q_k^l = \frac{1}{r_k^l} = k - l + 1$$

erfüllt. Mit dieser Transformation erhält man ausgehend von $P_0^0 = \bar{P}_0^0 = 1$ die folgende numerisch stabile Rekursionsdarstellung:

Algorithmus 6.15. Berechnung der Kugelfunktionen $P_k^l(\cos\theta)$ für $l = 0, \dots, L$ und $k = l+1, \dots, K$.

$P_0^0 := \bar{P}_0^0 := 1;$

for $l := 0$ **to** L **do**

$$P_{l+1}^{l+1} := \bar{P}_{l+1}^{l+1} := -\frac{\sin\theta}{2(l+1)} P_l^l;$$

$$\Delta P_l^l := -\sin^2(\theta/2) P_l^l;$$

for $k := l+1$ **to** K **do**

$$\Delta P_k^l := \frac{(k-l-1)\Delta P_{k-1}^l - 2(2k-1)\sin^2(\theta/2)\bar{P}_{k-1}^l}{(k+l)(k-l+1)};$$

$$\bar{P}_k^l := \frac{1}{(k-l+1)} \bar{P}_{k-1}^l + \Delta P_k^l;$$

$$P_k^l := (k-l+1)\bar{P}_k^l;$$

end for

end for

Bemerkung 6.16. Offensichtlich benötigt man zur erfolgreichen Berechnung von Orthogonalpolynomen eine Art „Konditionslexikon" für möglichst viele Orthogonalpolynome. Ein erster Schritt in diese Richtung ist die Arbeit [37]. In vielen Fällen ist die numerisch notwendige Information jedoch eher versteckt als publiziert. Darüber hinaus werden in der Literatur häufig die Begriffe Stabilität und Kondition nicht ausreichend sauber getrennt.

6.2.2 Idee des Miller-Algorithmus

Ist also die Drei-Term-Rekursion zur Berechnung einer Minimallösung aufgrund der obigen Fehleranalyse generell zu verwerfen? Dies ist nicht der Fall, wie wir hier zeigen wollen. Die auf J.C.P. Miller [62] zurückgehende Rettung beruht auf zwei Ideen. Die erste besteht darin, die Drei-Term-Rekursion in Rückwärtsrichtung mit den Anfangswerten p_n, p_{n+1} auf ihre Kondition hin zu untersuchen. Überträgt man die obigen Überlegungen auf diesen Fall (siehe Aufgabe 6.5), so zeigt sich, dass die Drei-Term-Rekursion für eine Minimallösung in Rückwärtsrichtung gut konditioniert ist. Die zweite Idee besteht in der Ausnutzung der *Normierungsbedingung* (6.11). Da die Minimallösungen $p_k(x)$ für $k \to \infty$ betragsmäßig beliebig klein werden, lässt sich G_∞ durch die endlichen Teilsummen

$$G_n := \sum_{k=0}^{n} m_k p_k$$

approximieren. Berechnet man nun eine beliebige Lösung $\hat{p}_k$ der Drei-Term-Rekursion in Rückwärtsrichtung, z. B. mit den Startwerten $\hat{p}_{n+1} = 0$ und $\hat{p}_n = 1$, und normiert diese mit Hilfe von G_n, so erhält man für wachsendes n immer bessere Approximationen der Minimallösung. Diese Überlegungen motivieren den folgenden Algorithmus zur Berechnung von p_N auf eine relative Genauigkeit ε.

Algorithmus 6.17. Algorithmus von Miller zur Berechnung einer Minimallösung p_N.

1. Wähle einen Abbrechindex $n > N$ und setze
$$\hat{p}_{n+1}^{(n)} := 0, \quad \hat{p}_n^{(n)} := 1.$$
2. Berechne $\hat{p}_{n-1}^{(n)}, \ldots, \hat{p}_0^{(n)}$ aus
$$\hat{p}_{k-2}^{(n)} = \frac{1}{b_k}(\hat{p}_k^{(n)} - a_k \hat{p}_{k-1}^{(n)}) \quad \text{für } k = n+1, \ldots, 2.$$
3. Berechne
$$\hat{G}_n := \sum_{k=0}^{n} m_k \hat{p}_k.$$
4. Normiere gemäß
$$p_k^{(n)} := \hat{p}_k^{(n)} / \hat{G}_n.$$
5. Wiederhole die Schritte 1. bis 4. für wachsende $n = n_1, n_2, \ldots$ und teste dabei die Genauigkeit durch den Vergleich von $p_N^{(n_i)}$ und $p_N^{(n_{i-1})}$. Ist
$$|p_N^{(n_i)} - p_N^{(n_{i-1})}| \le \varepsilon p_N^{(n_i)},$$
so ist $p_N^{(n_i)}$ eine hinreichend genaue Approximation von p_N.

Dass dieser Algorithmus in der Tat konvergiert, zeigt der folgende Satz.

Satz 6.18. *Sei $p \in \mathcal{L}$ eine Minimallösung einer homogenen Drei-Term-Rekursion, die der Normierungsbedingung*
$$\sum_{k=0}^{\infty} m_k p_k = 1$$
genüge. Zusätzlich gebe es eine dominante Lösung $q \in \mathcal{L}$, so dass
$$\lim_{n \to \infty} \frac{p_{n+1}}{q_{n+1}} \sum_{k=0}^{n} m_k q_k = 0.$$
Dann konvergiert die Folge der Miller-Approximationen $p_N^{(n)}$ gegen p_N,
$$\lim_{n \to \infty} p_N^{(n)} = p_N.$$

Beweis. Die Lösung $\hat{p}_k^{(n)}$ der Drei-Term-Rekursion zu den Startwerten $\hat{p}_n^{(n)} := 1$ und $\hat{p}_{n+1}^{(n)} := 0$ lässt sich als eine Linearkombination von p_k und q_k darstellen, da

$$\hat{p}_k^{(n)} = \frac{p_k q_{n+1} - q_k p_{n+1}}{p_n q_{n+1} - q_n p_{n+1}} = \frac{q_{n+1}}{p_n q_{n+1} - q_n p_{n+1}} p_k - \frac{p_{n+1}}{p_n q_{n+1} - q_n p_{n+1}} q_k .$$

Daraus folgt

$$\hat{G}_n := \sum_{k=0}^{n} m_k \hat{p}_k^{(n)} = \frac{q_{n+1}}{p_n q_{n+1} - q_n p_{n+1}} \Big(\sum_{k=0}^{n} m_k p_k - \frac{p_{n+1}}{q_{n+1}} \sum_{k=0}^{n} m_k q_k \Big).$$

Für die Miller-Approximationen $p_N^{(n)} = \hat{p}_N^{(n)} / \hat{G}_n$ ergibt sich daher

$$p_N^{(n)} = \Big(p_N - \underbrace{\frac{p_{n+1}}{q_{n+1}}}_{\to 0} q_N \Big) \Big(\underbrace{\sum_{k=0}^{n} m_k p_k}_{\to 1} - \underbrace{\frac{p_{n+1}}{q_{n+1}} \sum_{k=0}^{n} m_k q_k}_{\to 0} \Big) \to p_N$$

für $n \to \infty$. □

Dieser von Miller im Jahre 1952 entwickelte Algorithmus ist heute veraltet, da er zuviel Speicher- und Rechenaufwand benötigt. Die Idee geht jedoch ein in einen effektiveren Algorithmus, den wir im nächsten Kapitel darstellen werden.

6.3 Adjungierte Summation

Wir wenden uns nun wieder der ursprünglichen Aufgabe, nämlich der Auswertung von Linearkombinationen der Form

$$f(x) = S_N = \sum_{k=0}^{N} \alpha_k p_k \tag{6.18}$$

zu, wobei $p_k := p_k(x)$ einer homogenen Drei-Term-Rekursion (6.7) mit den Startwerten p_0, p_1 genüge und die Koeffizienten α_k gegeben seien. Die folgende Darstellung orientiert sich im wesentlichen an den Arbeiten [17] und [18]. Zur Veranschaulichung beginnen wir mit einer Zwei-Term-Rekursion.

Beispiel 6.19. Die Auswertung eines Polynoms

$$S_N := p(x) = \alpha_0 + \alpha_1 x + \cdots + \alpha_N x^N$$

lässt sich auffassen als Berechnung einer Linearkombination (6.18), wobei $p_k := x^k$ der Zwei-Term-Rekursion

$$p_0 := 1, \quad p_k := x p_{k-1} \quad \text{für } k \geq 1$$

genügt. Diese Summe lässt sich auf zwei verschiedene Arten berechnen. Der direkte Weg ist die *Vorwärtsrekursion*

$$p_k := x p_{k-1} \quad \text{und} \quad S_k := S_{k-1} + \alpha_k p_k \tag{6.19}$$

für $k = 1, \dots, N$ mit den Startwerten $S_0 := \alpha_0$ und $p_0 := 1$. Sie entspricht der naiven Auswertung eines Polynoms. Man kann aber auch geschickt ausklammern

$$S_N = \alpha_0 + x(\alpha_1 + x(\dots \underbrace{(\alpha_{N-1} + x \underbrace{\alpha_N}_{u_N}}_{u_{N-1}}) \dots))$$

und die Summe durch die *Rückwärtsrekursion*

$$\begin{aligned} u_{N+1} &:= 0 \\ u_k &:= x u_{k+1} + \alpha_k \quad \text{für } k = N, N-1, \dots, 0 \\ S_N &:= u_0 \end{aligned} \tag{6.20}$$

berechnen. Dies ist gerade der sogenannte *Horner-Algorithmus*. Gegenüber dem ersten Algorithmus spart (6.20) N Multiplikationen und ist daher in etwa doppelt so schnell.

6.3.1 Summation von dominanten Lösungen

Ein naheliegender Weg zur Berechnung der Summe (6.18) besteht darin, in jedem Schritt mit Hilfe der Drei-Term-Rekursion

$$p_k = a_k p_{k-1} + b_k p_{k-2} \tag{6.21}$$

die Werte p_k zu berechnen und mit den Koeffizienten α_k multipliziert aufzuaddieren. Der resultierende Algorithmus entspricht der Vorwärtsrekursion (6.19):

$$p_k := a_k p_{k-1} + b_k p_{k-2} \quad \text{und} \quad S_k := S_{k-1} + \alpha_k p_k \qquad \text{für } k = 2, \dots, N$$

mit dem Startwert $S_1 := \alpha_0 p_0 + \alpha_1 p_1$. Wir fragen uns natürlich, ob sich die Vorgehensweise bei der Herleitung des Horner-Algorithmus auf den vorliegenden Fall übertragen lässt. Um eine Analogie zum „Ausklammern" zu konstruieren, erweitern wir die Drei-Term-Rekursion (6.7) um die zwei trivialen Gleichungen $p_0 = p_0$ und $p_1 = p_1$. Zur Berechnung der Werte $p = (p_0, \dots, p_N)$ erhalten wir somit das gestaffelte Gleichungssystem

$$\underbrace{\begin{bmatrix} 1 & & & & \\ & 1 & & & \\ -b_2 & -a_2 & 1 & & \\ & \ddots & \ddots & \ddots & \\ & & -b_N & -a_N & 1 \end{bmatrix}}_{=:\, L} \underbrace{\begin{pmatrix} p_0 \\ \vdots \\ \vdots \\ \vdots \\ p_N \end{pmatrix}}_{=:\, p} = \underbrace{\begin{pmatrix} p_0 \\ p_1 \\ 0 \\ \vdots \\ 0 \end{pmatrix}}_{=:\, r}$$

mit einer unipotenten unteren Dreiecksmatrix $L \in \mathrm{Mat}_{N+1}(\mathbb{R})$ und der trivialen rechten Seite r. Die Linearkombination S_N ist gerade das (Euklidische) Skalarprodukt

$$S_N = \sum_{k=0}^{N} \alpha_k p_k = \langle \alpha, p \rangle \quad \text{mit } Lp = r$$

von p und $\alpha = (\alpha_0, \dots, \alpha_N)^T$. Daher gilt

$$S_N = \langle \alpha, L^{-1} r \rangle = \langle L^{-T} \alpha, r \rangle. \tag{6.22}$$

Bezeichnen wir mit u die Lösung des (adjungierten) gestaffelten Gleichungssystems $L^T u = \alpha$, d. h. $u := L^{-T} \alpha$, so folgt

$$S_N = \langle u, r \rangle = u_0 p_0 + u_1 p_1.$$

Explizit ist u die Lösung von

$$\begin{bmatrix} 1 & & -b_2 & & \\ & 1 & -a_2 & \ddots & \\ & & 1 & \ddots & -b_N \\ & & & \ddots & -a_N \\ & & & & 1 \end{bmatrix} \begin{pmatrix} u_0 \\ \vdots \\ \vdots \\ \vdots \\ u_N \end{pmatrix} = \begin{pmatrix} \alpha_0 \\ \vdots \\ \vdots \\ \vdots \\ \alpha_N \end{pmatrix}.$$

Lösen wir dieses gestaffelte Gleichungssystem auf, so erhalten wir das gewünschte Analogon von Algorithmus (6.20):

$$\begin{aligned} u_k &:= a_{k+1} u_{k+1} + b_{k+2} u_{k+2} + \alpha_k \quad \text{für } k = N, N-1, \dots, 1 \\ u_0 &:= b_2 u_2 + \alpha_0 \\ S_N &:= u_0 p_0 + u_1 p_1, \end{aligned} \tag{6.23}$$

wobei wir $u_{N+1} = u_{N+2} := 0$ gesetzt haben. Die durch $L^T u = 0$ definierte homogene Drei-Term-Rekursion heißt die zu (6.21) *adjungierte Rekursion*. Aufgrund der Beziehung (6.22) nennen wir (6.23) analog die *adjungierte Summation* für $S_N = \sum_{k=0}^{N} \alpha_k p_k$. Gegenüber dem ersten Algorithmus sparen wir dabei wiederum N Multiplikationen.

Beispiel 6.20. Die adjungierte Summation angewandt auf die Fourier-Summen

$$S_N := \sum_{k=1}^{N} \alpha_k \sin kx \quad \text{bzw.} \quad C_N := \sum_{k=0}^{N} \alpha_k \cos kx$$

mit der trigonometrischen Drei-Term-Rekursion

$$p_k = 2\cos x \cdot p_{k-1} - p_{k-2}$$

für $s_k = \sin kx$ und $c_k = \cos kx$ und den Startwerten

$$s_0 = 0,\ s_1 = \sin x \quad \text{bzw.} \quad c_0 = 1,\ c_1 = \cos x$$

führt zu der Rekursion

$$\begin{aligned} u_{N+2} &= u_{N+1} = 0 \\ u_k &= 2\cos x \cdot u_{k+1} - u_{k+2} + \alpha_k \quad \text{für } k = N, \dots, 1 \end{aligned} \tag{6.24}$$

und den Ergebnissen

$$S_N = u_1 \sin x \quad \text{bzw.} \quad C_N = \alpha_0 + u_1 \cos x - u_2.$$

Dieser Algorithmus von G. Goertzel [41] aus dem Jahre 1958 ist wie die zugrunde liegende Drei-Term-Rekursion (als Algorithmus für die Abbildung $x \mapsto \cos kx$, vgl. Beispiel 2.27) instabil für $x \to l\pi,\ l \in \mathbb{Z}$. Durch Einführung der Differenzen $\Delta u_k = u_k - u_{k+1}$ für $\cos x \geq 0$ und Übergang zu einem System von zwei Zwei-Term-Rekursionen lässt sich die Rekursion (6.24) jedoch stabilisieren, und wir erhalten wie in Beispiel 2.27 die folgende stabile Form der Rekursion für $k = N, N-1, \dots, 1$, den Algorithmus von Goertzel und Reinsch:

$$\begin{aligned} \Delta u_k &= -4\sin^2(x/2) \cdot u_{k+1} + \Delta u_{k+1} + \alpha_k \\ u_k &= u_{k+1} + \Delta u_k \end{aligned}$$

mit den Startwerten $u_{N+1} = \Delta u_{N+1} = 0$. Für die Summen erhalten wir

$$S_N = u_1 \sin x \quad \text{und} \quad C_N = \alpha_0 - 2\sin^2(x/2) u_1 + \Delta u_1.$$

Wie bei der Fehleranalyse der Drei-Term-Rekursion ist die Ausführung der Additionen und Multiplikationen der adjungierten Summation stabil; die dabei entstehenden Fehler lassen sich als Modifikation der Eingabefehler in den Koeffizienten a_k, b_k und α_k interpretieren. Über die numerische Brauchbarkeit entscheidet also lediglich die Kondition, die jedoch unabhängig von der algorithmischen Realisierung ist. Daher gilt: Falls die ursprüngliche Rekursion aus (6.21) in Vorwärtsrichtung gut konditioniert ist, so gilt dies auch für die adjungierte Drei-Term-Rekursion (6.23), die ja in Rückwärtsrichtung läuft. Der Algorithmus (6.23) ist demnach nur zur Summation *dominanter* Lösungen geeignet.

Beispiel 6.21. *Adjungierte Summation von Kugelfunktionen.* Zur Illustration betrachten wir noch die Auswertung von Entwicklungen der Form

$$C(K, L; \theta, \varphi) := \sum_{l=0}^{L} \cos(l\varphi) \sum_{k=l}^{K} A_k^l P_k^l(\cos\theta)$$

$$S(K, L; \theta, \varphi) := \sum_{l=1}^{L} \sin(l\varphi) \sum_{k=l}^{K} A_k^l P_k^l(\cos\theta),$$

wobei $P_k^l(x)$ die in Beispiel 6.14 eingeführten Legendre-Funktionen 1. Art sind. Negative Indizes l werden hier wegen $P_k^{-l} = (-1)^l P_k^l$ weggelassen. Ein Satz gut konditionierter Rekursionen wurde bereits in Beispiel 6.14 angegeben. Die Anwendung ähnlicher Stabilisierungstechniken, wie wir sie dort vorgeführt haben, liefert auch hier eine sparsame, numerisch stabile Version. Nach einigen Zwischenrechnungen erhält man für $\cos\theta \geq 0$ und $\cos\varphi \geq 0$ den folgenden Algorithmus:

Algorithmus 6.22. Algorithmus zur Berechnung der Summen $C(K, L; \theta, \varphi)$ und $S(K, L; \theta, \varphi)$.

$V := 0$; $\Delta V := 0$;

for $l := L$ **to** 1 **step** -1 **do**

  $U := 0$; $\Delta U := 0$;

  for $k := K$ **to** $l + 1$ **step** -1 **do**

    $\Delta U := (A_k^l - 2(2k+1)\sin^2(\theta/2)\, U + \Delta U)/(k-l)$;

    $U \quad := (U + \Delta U)/(k+l)$;

  end for

  $U_l := A_l^l - 2(2l+1)\sin^2(\theta/2)\, U + \Delta U$;

if $l > 0$ **then**

$$\Delta V := U_l - \frac{\sin\theta}{2(l+1)}\Big(-4\sin^2(\varphi/2)V + \Delta V\Big);$$

$$V := -\frac{\sin\theta}{2(l+1)}V + \Delta V;$$

end

end for

$$C(K, L; \theta, \varphi) := U_0 - \frac{\sin\theta}{2}\Big(-2\sin^2(\varphi/2)V + \Delta V\Big);$$

$$S(K, L; \theta, \varphi) := -\frac{1}{2}\sin\theta\sin\varphi \cdot V;$$

6.3.2 Summation von Minimallösungen

Der in Kapitel 6.3.1 beschriebene Algorithmus eignet sich nur für dominante Lösungen von Drei-Term-Rekursionen, für die also die Drei-Term-Rekursion in Vorwärtsschritten gut konditioniert ist. Für die Summation von Minimallösungen wie z. B. der Bessel-Funktionen, greifen wir auf die Idee des Miller-Algorithmus zurück. Wir gehen wieder davon aus, dass die zu berechnende Minimallösung $p \in \mathcal{L}$ der Normierungsbedingung (6.11) genüge. Dann lässt sich aus dem Miller-Algorithmus 6.17 prinzipiell ein Verfahren zur Berechnung der Approximationen

$$S_N^{(n)} = \sum_{k=0}^{N} \alpha_k \hat{p}_k^{(n)} / \hat{G}_n^{(n)} \quad \text{mit } \hat{G}_n^{(n)} := \textstyle\sum_{k=0}^{n} m_k \hat{p}_k^{(n)}$$

der Summe S_N ableiten. Unter den Voraussetzungen von Satz 6.18 gilt dann

$$\lim_{n\to\infty} S_N^{(n)} = S_N .$$

Allerdings wäre der Aufwand zur Berechnung der $S_N^{(n)}$ recht groß, da für jedes neue n sämtliche Werte neu berechnet werden müssen. Lässt sich das durch Verwendung einer Art adjungierter Summation vermeiden? Zur Beantwortung dieser Frage gehen wir wie bei der Herleitung des vorigen Abschnittes vor und beschreiben für gegebenes $n > N$ einen Schritt des Algorithmus von Miller durch ein lineares Gleichungssystem

$M_n p^{(n)} = r^{(n)}$:

$$\underbrace{\begin{bmatrix} b_2 & a_2 & -1 & & \\ & \ddots & \ddots & \ddots & \\ & & b_n & a_n & -1 \\ & & & b_{n+1} & a_{n+1} \\ m_0 & \dots & \cdots & \dots & m_n \end{bmatrix}}_{=:\, M_n \in \mathrm{Mat}_{n+1}(\mathbb{R})} \underbrace{\begin{pmatrix} p_0^{(n)} \\ \vdots \\ \vdots \\ \vdots \\ p_n^{(n)} \end{pmatrix}}_{=:\, p^{(n)}} = \underbrace{\begin{pmatrix} 0 \\ \vdots \\ \vdots \\ 0 \\ 1 \end{pmatrix}}_{=:\, r^{(n)}}$$

Mit $\alpha^{(n)} := (\alpha_0, \dots, \alpha_N, 0, \dots, 0)^T \in \mathbb{R}^{n+1}$ lässt sich die Summe $S_N^{(n)}$ wiederum als Skalarprodukt

$$S_N^{(n)} = \sum_{k=0}^{N} \alpha_k p_k^{(n)} = \langle \alpha^{(n)}, p^{(n)} \rangle, \quad \text{mit } M_n p^{(n)} = r^{(n)}$$

schreiben. Setzen wir voraus, dass M_n invertierbar ist (sonst ist $\hat{G}_n^{(n)} = 0$ und die Normierung nicht durchführbar), so folgt

$$S_N^{(n)} = \langle \alpha^{(n)}, M_n^{-1} r^{(n)} \rangle = \langle M_n^{-T} \alpha^{(n)}, r^{(n)} \rangle. \tag{6.25}$$

Setzen wir $u^{(n)} := M_n^{-T} \alpha^{(n)}$ so gilt daher

$$S_N^{(n)} = \langle u^{(n)}, r^{(n)} \rangle = u_n^{(n)},$$

wobei $u^{(n)}$ die Lösung des Gleichungssystems $M_n^T u^{(n)} = \alpha^{(n)}$ ist. Explizit lautet es:

$$\begin{bmatrix} b_2 & & & & m_0 \\ a_2 & \ddots & & & \vdots \\ -1 & \ddots & b_n & & \vdots \\ & \ddots & a_n & b_{n+1} & \vdots \\ & & -1 & a_{n+1} & m_n \end{bmatrix} \begin{pmatrix} u_0^{(n)} \\ \vdots \\ \vdots \\ \vdots \\ u_n^{(n)} \end{pmatrix} = \begin{pmatrix} \alpha_0^{(n)} \\ \vdots \\ \vdots \\ \vdots \\ \alpha_n^{(n)} \end{pmatrix}.$$

Dieses Gleichungssystem lösen wir mit der Gaußschen Eliminationsmethode auf. Die dabei auftretenden Rechnungen und Ergebnisse sind im folgenden Satz zusammengefasst:

Satz 6.23. *Definieren wir* $e^{(n)} = (e_0, \ldots, e_n)$ *und* $f^{(n)} = (f_0, \ldots, f_n)$ *durch*

a) $e_{-1} := 0$, $e_0 := \alpha_0/b_2$ *und*

$$e_{k+1} := \frac{1}{b_{k+3}}(\alpha_{k+1} + e_{k-1} - a_{k+2}e_k) \quad \textit{für } k = 0, \ldots, n-1, \tag{6.26}$$

b) $f_{-1} := 0$, $f_0 := m_0/b_2$ *und*

$$f_{k+1} := \frac{1}{b_{k+3}}(m_{k+1} + f_{k-1} - a_{k+2}f_k) \quad \textit{für } k = 0, \ldots, n-1, \tag{6.27}$$

wobei $\alpha_k := 0$ *für* $k > N$, *so gilt unter der Voraussetzung* $f_n \neq 0$, *dass*

$$S_N^{(n)} = \sum_{k=0}^{N} \alpha_k p_k^{(n)} = \frac{e_n}{f_n}.$$

Beweis. Die Werte $f_0, \ldots, f_n$ berechnen sich aus einer *LR*-Zerlegung $M_n^T = L_n R_n$ von M_n^T, wobei

$$L_n := \begin{bmatrix} b_2 & & & & \\ a_2 & \ddots & & & \\ -1 & \ddots & \ddots & & \\ & \ddots & \ddots & \ddots & \\ & & -1 & a_{n+1} & b_{n+2} \end{bmatrix}, \quad R_n := \begin{bmatrix} 1 & & & f_0 \\ & \ddots & & \vdots \\ & & \ddots & \vdots \\ & & 1 & f_{n-1} \\ & & & f_n \end{bmatrix}$$

und daher $L_n f^{(n)} = m^{(n)}$. Dies ist äquivalent zu der Rekursion b) für $f_0, \ldots, f_n$. Die Rekursion a) für $e_0, \ldots, e_n$ ist äquivalent zu $L_n e^{(n)} = \alpha^{(n)}$. Setzen wir die Zerlegung $M^T = L_n R_n$ in das Gleichungssystem $M^T u^{(n)} = \alpha^{(n)}$ ein, so folgt

$$R_n u^{(n)} = e^{(n)},$$

und daher

$$S_N^{(n)} = u_n^{(n)} = \frac{e_n}{f_n}.$$

□

Mit den Rekursionen (6.26) und (6.27) benötigen wir $O(1)$ Operationen, um aus $S_N^{(n)}$ die nächste Approximation $S_N^{(n+1)}$ zu berechnen im Gegensatz zu $O(n)$ Operationen bei dem direkt aus dem Miller-Algorithmus abgeleiteten Verfahren.

Außerdem ist der Speicherbedarf geringer und nicht von n, sondern nur von N abhängig (falls die Koeffizienten $\{\alpha_k\}$ als Feld gegeben sind). Wegen (6.25) nennen wir das in Satz 6.23 definierte Verfahren die *adjungierte Summation von Minimallösungen*.

Wir wollen einmal anhand dieses Verfahrens verdeutlichen, wie man ausgehend von der theoretischen Beschreibung in Satz 6.23 zu einem brauchbaren Algorithmus gelangt. Zunächst ersetzen wir die Drei-Term-Rekursion (6.26) für e_k durch ein System von Zwei-Term-Rekursionen für

$$u_k := u_k^{(k)} = \frac{e_k}{f_k} \quad \text{und} \quad \Delta u_k := u_k - u_{k-1},$$

da wir genau an diesen beiden Werten (u_k als Lösung, Δu_k zur Überprüfung der Genauigkeit) interessiert sind. Ferner ist zu beachten, dass die f_n und e_k sehr groß werden und aus dem Bereich der im Rechner darstellbaren Zahlen fallen können. Statt der f_k verwenden wir daher die neuen Größen

$$g_k := \frac{f_{k-1}}{f_k} \quad \text{und} \quad \bar{f}_k := \frac{1}{f_k}.$$

Bei der Transformation der Rekursionen (6.26) und (6.27) auf die neuen Größen u_k, Δu_k, g_k und $\bar{f}_k$ erweist es sich als günstig, zusätzlich noch

$$\bar{g}_k := \frac{b_{k+2}}{g_k} = b_{k+2}\frac{f_k}{f_{k-1}} \quad \text{und} \quad \bar{m}_k := m_k \bar{f}_{k-1} = \frac{m_k}{f_{k-1}}$$

einzuführen. Aus (6.27) folgt damit (Multiplikation mit b_{k+2}/f_{k-1}), dass

$$\bar{g}_k = \bar{m}_k - a_{k+1} + g_{k-1} \quad \text{für } k \geq 1, \tag{6.28}$$

und aus (6.26) (Multiplikation mit b_{k+2}/f_{k-1} und Einsetzen von (6.28)), dass

$$\bar{g}_k \Delta u_k = \bar{f}_{k-1}\alpha_k - g_{k-1}\Delta u_{k-1} - \bar{m}_k u_{k-1}.$$

Ordnen wir die Operationen nun so an, dass wir möglichst wenig Speicherplatz benötigen und lassen wir die dann nicht mehr nötigen Indizes weg, so erhalten wir den folgenden numerisch brauchbaren Algorithmus.

Algorithmus 6.24. Berechnung von $S_N = \sum_{k=0}^{N} \alpha_k p_k$ für eine Minimallösung (p_k) auf die relative Genauigkeit ε.

$g := \Delta u := 0$; $\bar{f} := b_2/m_0$; $u := \alpha_0/m_0$; $k := 1$
repeat
  $\bar{m} := m\bar{f}$;
  $\Delta u := \bar{f}\alpha_k - g\Delta u - \bar{m}u$;

$g \ := \bar{m} - a_{k+1} + g;$
$\Delta u := \Delta u / g;$
$u \ := u + \Delta u;$
if $(k > N$ **and** $|\Delta u| \leq |u| \cdot \varepsilon)$ **then exit**; (Lösung $S_N \approx u$)
$g \ := b_{k+2}/g;$
$\bar{f} \ := \bar{f} g;$
$k \ := k + 1;$
until $(k > n_{\max})$

Übungsaufgaben

Aufgabe 6.1. Berechnen Sie auf einem Computer den Wert des Tschebyscheff-Polynoms $T_{31}(x)$ an der Stelle $x = 0.923$

a) indem Sie das Hornerschema benutzen (Koeffizienten der monomialen Darstellung von T_{31} mit dem Computer berechnen oder in einer Tabelle nachschlagen)

b) indem Sie die Drei-Term-Rekursion benutzen.

Vergleichen Sie die Ergebnisse mit dem auf 12 Stellen genauen Wert

$$T_{31}(x) = 0.948715916161$$

und erklären Sie die Fehler.

Aufgabe 6.2. Gegeben sei die Drei-Term-Rekursion

$$T_k = a_k T_{k-1} + b_k T_{k-2}.$$

Für den relativen Fehler $\theta_k = (\tilde{T}_k - T_k)/T_k$ von T_k gilt eine inhomogene Drei-Term-Rekursion der Form

$$\theta_k = a_k \frac{T_{k-1}}{T_k} \theta_{k-1} + b_k \frac{T_{k-2}}{T_k} \theta_{k-2} + \varepsilon_k.$$

Zeigen Sie, dass für den Fall $a_k \geq 0,\ b_k > 0,\ T_0, T_1 > 0$ gilt

a) $|\varepsilon_k| \leq 3\,\text{eps}$

b) $|\theta_k| \leq (3k - 2)\,\text{eps},\ k \geq 1.$

Aufgabe 6.3. Durch die Rekursion

$$k P_k(x) = (2k - 1) x P_{k-1}(x) - (k - 1) P_{k-2}(x) \tag{6.29}$$

mit den Anfangswerten $P_0(x) = 1$ und $P_1(x) = x$ werden die *Legendre-Polynome* definiert. (6.29) ist gutkonditioniert in Vorwärtsrichtung. Zeigen Sie, dass die Berechnung von $S_k(\theta) := P_k(\cos\theta)$ nach (6.29) für $\theta \to 0$ numerisch instabil ist. Geben Sie für $\cos\theta > 0$ eine sparsame, stabile Version von (6.29) zur Berechnung von $S_k(\theta)$ an.

Hinweis: Führen Sie $D_k = \alpha_k(S_k - S_{k-1})$ ein und bestimmen Sie α_k geeignet.

Aufgabe 6.4. Gegeben sei die Drei-Term-Rekursion

$$T_{k-1} - 2\alpha T_k + T_{k-1} = 0. \tag{6.30}$$

a) Geben Sie mit Hilfe des Ansatzes $T_k = \omega^k$ die allgemeine Lösung von (6.30) an (Fallunterscheidung!).

b) Zeigen Sie für $|\alpha| \geq 1$ die Existenz einer Minimallösung.

Aufgabe 6.5. Analysieren Sie die Kondition der adjungierten Drei-Term-Rekursion für eine Minimallösung unter den Voraussetzungen von Satz 6.11.

Aufgabe 6.6. Zeigen Sie, dass sich die Symmetrie der Drei-Term-Rekursion auf die diskrete Greensche Funktion überträgt, d. h. für symmetrische Drei-Term-Rekursionen, also mit $b_k = -1$ für alle k, gilt

$$g(j,k) = g(k,j) \quad \text{für alle } j,k \in \mathbb{N}.$$

Aufgabe 6.7. Berechnen Sie die Bessel-Funktionen $J_0(x)$ und $J_1(x)$ für $x = 2.13$ und $J_k(x)$ für $x = 1024$ und $k = 0, \dots, 1024$

a) mit Hilfe des Miller-Algorithmus,

b) durch Spezialisierung des Algorithmus 6.24 zur adjungierten Summation.

Vergleichen Sie beide Algorithmen bezüglich Speicher- und Rechenaufwand.

Aufgabe 6.8. Zeigen Sie, dass sich die diskreten Greenschen Funktionen $g^{\pm}$ mit Hilfe von zwei beliebigen, linear unabhängigen Lösungen $\{P_k\}$, $\{Q_k\}$ schreiben lassen in der Form

$$g^-(j,k) = \frac{D(j-1,k)}{D(j-1,j)} \quad \text{und} \quad g^+(j,k) = \frac{D(j+1,k)}{D(j+1,j)},$$

wobei

$$D(l,m) := P_l Q_m - Q_l P_m$$

die verallgemeinerten Casorati-Determinanten bezeichnen. Geben Sie für den Spezialfall der trigonometrischen Rekursion eine geschlossene Formel für $g(j,k)$ an und führen Sie den Grenzprozess $x \to l\pi$, $l \in \mathbb{Z}$, durch. Skizzieren Sie $g(j,k)$ für ausgewählte j, k und x.

Aufgabe 6.9. Betrachtet werde die Drei-Term-Rekursion für Zylinderfunktionen

$$T_{k+1} = \frac{2k}{x} T_k - T_{k-1}. \tag{6.31}$$

Zeigen Sie, ausgehend von den asymptotischen Darstellungen für die Bessel-Funktionen

$$J_k(x) \doteq \frac{1}{\sqrt{2\pi k}} \left(\frac{ex}{2k}\right)^k \quad \text{für } k \to \infty$$

und die Neumann-Funktionen

$$Y_k(x) \doteq -\sqrt{\frac{2}{\pi k}} \left(\frac{ex}{2k}\right)^{-k} \quad \text{für } k \to \infty,$$

dass in (6.31) für J_{k+1} Auslöschung in Vorwärtsrichtung und für Y_{k-1} Auslöschung in Rückwärtsrichtung auftritt.

Aufgabe 6.10. Gegeben sei eine Drei-Term-Rekursion der Form

$$p_k = a_k p_{k-1} + b_k p_{k-2}. \tag{6.32}$$

a) Transformieren Sie p_k durch $p_k = c_k \bar{p}_k$ derart, dass die $\bar{p}_k$ der symmetrischen Drei-Term-Rekursion

$$\bar{p}_k = \bar{a}_k \bar{p}_{k-1} - \bar{p}_{k-2}. \tag{6.33}$$

genügen.

b) Beweisen Sie unter Verwendung der Voraussetzung

$$|b_k| + 1 \le |a_k|$$

einen zu Satz 6.11 analogen Satz über die Existenz von Minimallösungen. Vergleichen Sie die Anwendung von Satz 6.11 auf die Rekursion (6.33) mit der Anwendung von a) auf (6.32).

Aufgabe 6.11. Gegeben sei eine symmetrische Tridiagonalmatrix

$$T_n := \begin{bmatrix} d_1 & e_2 & & \\ e_2 & \ddots & \ddots & \\ & \ddots & \ddots & e_n \\ & & e_n & d_n \end{bmatrix}$$

Zeigen Sie:

a) Die Polynome $p_i(\lambda) := \det(T_i - \lambda I_i)$ genügen einer Drei-Term-Rekursion.

b) Unter der Voraussetzung $\prod_{i=2}^{n} e_i \neq 0$ gilt:
Für $i \geq 1$ hat p_i nur reelle einfache Nullstellen. (Die Nullstellen von p_i trennen diejenigen von p_{i+1}.)

c) Besitzt T_n einen k-fachen Eigenwert, so verschwinden mindestens $k-1$ Nichtdiagonalelemente e_i.

Hinweis: $\{p_i\}$ heißt *Sturmsche Kette*.

7 Interpolation und Approximation

Häufig tritt in der numerischen Mathematik die Situation auf, dass statt einer Funktion $f : \mathbb{R} \to \mathbb{R}$ nur einige diskrete Funktionswerte $f(t_i)$ und evtl. noch Ableitungen $f^{(j)}(t_i)$ an endlich vielen Punkten t_i gegeben sind. Dies trifft zum Beispiel zu, wenn die Funktion f in Form experimenteller Daten vorliegt. Auch bei den meisten Verfahren zur Lösung von Differentialgleichungen wird die gesuchte Lösung $f(t)$ nur an endlich vielen Stellen (einschließlich ihrer Ableitung) berechnet. Historisch trat das Problem bei der Berechnung von zusätzlichen Funktionswerten zwischen tabellierten Werten auf. Heute ist eines der bedeutendsten Anwendungsfelder die Computer-Graphik, bekannt unter den Kürzeln CAD (*Computer Aided Design*) und CAGD (*Computer Aided Geometric Design*).

Ist man an dem gesamten Verlauf der Funktion interessiert, so sollte man aus den gegebenen Daten

$$f^{(j)}(t_i) \quad \text{für } i = 0, \ldots, n \text{ und } j = 0, \ldots, c_i$$

eine Funktion φ konstruieren, die sich möglichst wenig von der ursprünglichen Funktion f unterscheidet. Zudem sollte φ eine leicht auswertbare Funktion sein, wie zum Beispiel (stückweise) Polynome, trigonometrische Funktionen, Exponentialfunktio-

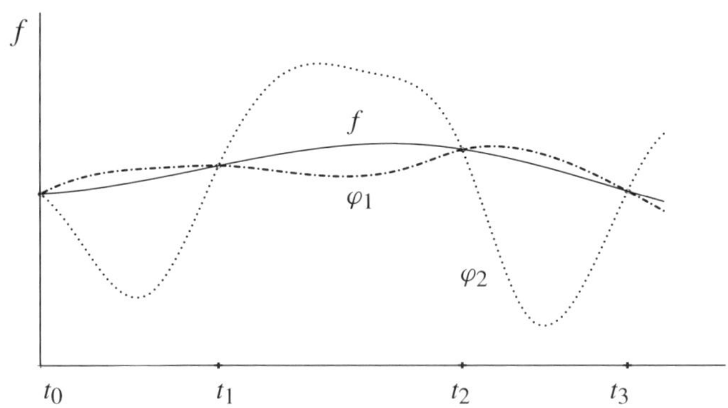

Abbildung 7.1. Verschiedene interpolierende Funktionen

nen oder rationale Funktionen. Eine erste naheliegende Forderung an die Funktion φ ist die sogenannte *Interpolationseigenschaft*: φ soll an den *Knoten* oder *Stützpunkten* t_i mit der Funktion f übereinstimmen,

$$\varphi^{(j)}(t_i) = f^{(j)}(t_i) \quad \text{für alle } i, j.$$

Die Werte $f^{(j)}(t_i)$ heißen daher auch *Stützwerte*. Vergleichen wir die beiden Funktionen φ_1 und φ_2 in Abbildung 7.1, so genügen offensichtlich beide der Interpolationsbedingung bei gegebenen Funktionswerten $f(t_i)$. Trotzdem wird man φ_1 intuitiv vorziehen. Zusätzlich zur Interpolationseigenschaft fordert man daher noch die *Approximationseigenschaft*: φ soll sich bezüglich einer Norm $\|\cdot\|$ in einem geeigneten Funktionenraum möglichst wenig von f unterscheiden,

$$\|\varphi - f\| \ \text{„klein"}.$$

7.1 Klassische Polynom-Interpolation

Wir beginnen mit dem einfachsten Fall, dass nur die Funktionswerte

$$f_i := f(t_i) \quad \text{für } i = 0, \ldots, n$$

an den paarweise verschiedenen Knoten $t_0, \ldots, t_n$ gegeben sind. Wir suchen nun ein Polynom $P \in \boldsymbol{P}_n$ vom Grad $\deg P \leq n$,

$$P(t) = a_n t^n + a_{n-1} t^{n-1} + \cdots + a_1 t + a_0 \quad \text{mit } a_0, \ldots, a_n \in \mathbb{R},$$

welches f an den $n+1$ Knoten $t_0, \ldots, t_n$ interpoliert, d. h.

$$P(t_i) = f_i \quad \text{für } i = 0, \ldots, n. \tag{7.1}$$

7.1.1 Eindeutigkeit und Kondition

Die $n+1$ unbekannten Koeffizienten $a_0, \ldots, a_n$ sind durch die Bedingung (7.1) eindeutig bestimmt, wie folgende Überlegung zeigt: Falls $P, Q \in \boldsymbol{P}_n$ zwei interpolierende Polynome mit $P(t_i) = Q(t_i)$ für $i = 0, \ldots, n$ sind, so ist $P - Q$ ein Polynom maximal n-ten Grades mit den $n+1$ Nullstellen $t_0, \ldots, t_n$ und daher das Nullpolynom. Die Zuordnung

$$\boldsymbol{P}_n \to \mathbb{R}^{n+1}, \quad P \mapsto (P(t_0), \ldots, P(t_n))$$

ist aber auch eine lineare Abbildung der beiden $(n+1)$-dimensionalen reellen Vektorräume $\boldsymbol{P}_n$ und $\mathbb{R}^{n+1}$, so dass aus der Injektivität bereits die Surjektivität folgt. Wir haben damit folgenden Satz bewiesen.

Satz 7.1. *Zu $n+1$ Stützpunkten (t_i, f_i) für $i = 0, \dots, n$ mit paarweise verschiedenen Knoten $t_0, \dots, t_n$ existiert genau ein Interpolationspolynom $P \in \boldsymbol{P}_n$, d. h. $P(t_i) = f_i$ für $i = 0, \dots, n$.*

Das nach Satz 7.1 eindeutige Polynom P heißt *Interpolationspolynom* von f zu den paarweise verschiedenen Knoten $t_0, \dots, t_n$ und wird mit

$$P = P(f \mid t_0, \dots, t_n)$$

bezeichnet. Um das Interpolationspolynom auch tatsächlich berechnen zu können, müssen wir eine Basis des Polynomraums $\boldsymbol{P}_n$ wählen. Wir geben zunächst zwei klassische Darstellungen zur Illustration. Schreiben wir P wie oben in *Koeffizientendarstellung*

$$P(t) = a_n t^n + a_{n-1} t^{n-1} + \dots + a_1 t + a_0,$$

d. h. bezüglich der *monomialen Basis* $\{1, t, \dots, t^n\}$ von $\boldsymbol{P}_n$, so lassen sich die Interpolationsbedingungen $P(t_i) = f_i$ als lineares Gleichungssystem

$$\underbrace{\begin{bmatrix} 1 & t_0 & t_0^2 & \dots & t_0^n \\ \vdots & \vdots & \vdots & & \vdots \\ 1 & t_n & t_n^2 & \dots & t_n^n \end{bmatrix}}_{=: V_n} \begin{pmatrix} a_0 \\ \vdots \\ a_n \end{pmatrix} = \begin{pmatrix} f_0 \\ \vdots \\ f_n \end{pmatrix}$$

formulieren. Die Matrix V_n heißt *Vandermonde-Matrix*. Für die Determinante von V_n gilt

$$\det V_n = \prod_{i=0}^{n} \prod_{j=i+1}^{n} (t_i - t_j),$$

was in jedem Buch über lineare Algebra bewiesen wird (siehe z. B. [11]). Sie ist genau dann verschieden von Null, wenn die Knoten $t_0, \dots, t_n$ paarweise verschieden sind (in Einklang mit Satz 7.1). Die Lösung des Gleichungssystems erfordert jedoch übermäßig viel Aufwand im Vergleich zu den weiter unten dargestellten Methoden.

Darüber hinaus sind die Vandermonde-Matrizen im allgemeinen für hohe Dimensionen n fast singulär. Zu ihrer Lösung empfiehlt sich die Gauß-Elimination *ohne* Pivotsuche, da Pivotstrategien die Struktur der Matrix stören können (vgl. [52]). Für spezielle Knoten lässt sich die obige Vandermonde-Matrix leicht analytisch invertieren. Ein Beispiel dafür werden wir in Kapitel 7.2 kennenlernen.

Eine alternative Basis zur Darstellung des Interpolationspolynoms bilden die sogenannten *Lagrange-Polynome* $L_0, \dots, L_n$. Sie sind definiert als die eindeutig bestimmten Interpolationspolynome $L_i \in \boldsymbol{P}_n$ mit

$$L_i(t_j) = \delta_{ij}.$$

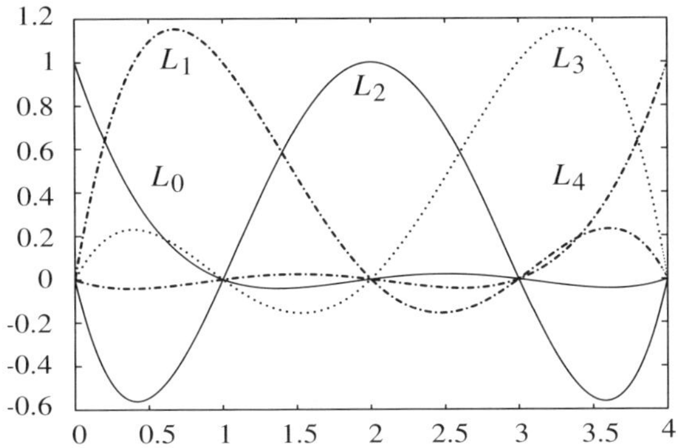

Abbildung 7.2. Lagrange-Polynome L_i für $n = 4$ und äquidistante Knoten t_i

Mit etwas Nachdenken findet man rasch die zugehörige explizite Form

$$L_i(t) = \prod_{\substack{j=0 \\ j \neq i}}^{n} \frac{t - t_j}{t_i - t_j}.$$

Das Interpolationspolynom P für beliebige Stützwerte $f_0, \ldots, f_n$ lässt sich aus den Lagrange-Polynomen durch Superposition aufbauen: Mit

$$P(t) := \sum_{i=0}^{n} f_i L_i(t) \tag{7.2}$$

gilt offensichtlich

$$P(t_j) = \sum_{i=0}^{n} f_i L_i(t_j) = \sum_{i=0}^{n} f_i \delta_{ij} = f_j.$$

Bemerkung 7.2. Die obige Aussage lässt sich auch so formulieren: Die Lagrange-Polynome bilden eine Orthonormalbasis von $\boldsymbol{P}_n$ bezüglich des Skalarproduktes

$$\langle P, Q \rangle := \sum_{i=0}^{n} P(t_i) Q(t_i)$$

für $P, Q \in \boldsymbol{P}_n$. Da $\langle P, L_i \rangle = P(t_i)$, gilt gerade

$$P = \sum_{i=0}^{n} \langle P, L_i \rangle L_i = \sum_{i=0}^{n} P(t_i) L_i = \sum_{i=0}^{n} f_i L_i.$$

Die Lagrange-Darstellung (7.2) ist für praktische Zwecke zu rechenaufwendig, jedoch für viele theoretische Fragestellungen vorteilhaft. Ein Beispiel dafür ist die Bestimmung der Kondition des Interpolationsproblems.

Satz 7.3. *Seien $a \le t_0 < \cdots < t_n \le b$ paarweise verschiedene Knoten und L_{in} die zugehörigen Lagrange-Polynome. Dann ist die absolute Kondition κ_{abs} der Polynominterpolation*

$$\phi = P(\cdot \mid t_0, \ldots, t_n) : C[a,b] \longrightarrow \boldsymbol{P}_n$$

bezüglich der Supremumnorm die sogenannte Lebesgue-Konstante

$$\kappa_{\text{abs}} = \Lambda_n := \max_{t \in [a,b]} \sum_{i=0}^{n} |L_{in}(t)|.$$

für die Knoten $t_0, \ldots, t_n$.

Beweis. Die Polynominterpolations ist linear, d. h. $\phi'(f)(g) = \phi(g)$. Wir haben zu zeigen, dass $\|\phi'\| = \Lambda_n$. Für jede stetige Funktion $f \in C[a,b]$ gilt

$$\begin{aligned} |\phi(f)(t)| &= |\sum_{i=0}^{n} f(t_i) L_{in}(t)| \le \sum_{i=0}^{n} |f(t_i)|\,|L_{in}(t)| \\ &= \|f\|_\infty \max_{t \in [a,b]} \sum_{i=0}^{n} |L_{in}(t)|, \end{aligned}$$

also $\kappa_{\text{abs}} \le \Lambda_n$. Für die umgekehrte Richtung konstruieren wir eine Funktion $g \in C[a,b]$, so dass

$$|\phi(g)(\tau)| = \|g\|_\infty \max_{t \in [a,b]} \sum_{i=0}^{n} |L_{in}(t)|$$

für ein $\tau \in [a,b]$. Sei dazu $\tau \in [a,b]$ die Stelle, an der das Maximum angenommen wird, d. h.

$$\sum_{i=0}^{n} |L_{in}(\tau)| = \max_{t \in [a,b]} \sum_{i=0}^{n} |L_{in}(t)|,$$

und $g \in C[a,b]$ eine Funktion mit $\|g\|_\infty = 1$ und $g(t_i) = \operatorname{sgn} L_i(\tau)$, z. B. die stückweise linear Interpolierende zu den Punktion $(t_i, \operatorname{sgn} L_i(\tau))$. Dann gilt wie gewünscht

$$|\phi(g)(\tau)| = \sum_{i=0}^{n} |L_{in}(\tau)| = \|g\|_\infty \max_{t \in [a,b]} \sum_{i=0}^{n} |L_{in}(t)|,$$

also $\kappa_{\text{abs}} \ge \Lambda_n$ und zusammen $\kappa_{\text{abs}} = \Lambda_n$. □

Man rechnet leicht nach, dass die Lebesgue-Konstante Λ_n invariant unter affinen Transformationen ist (siehe Aufgabe 7.1) und daher nur von der *relativen Lage* der Knoten t_i zueinander abhängt. In Tabelle 7.1 ist Λ_n für äquidistante Knoten in Abhängigkeit von n aufgetragen. Offensichtlich wächst Λ_n rasch über alle vernünftigen Grenzen. Dies gilt jedoch nicht für jede Knotenwahl. Als Gegenbeispiel sind in Tabelle 7.1 auch die entsprechenden Werte für die sogenannten *Tschebyscheff-Knoten* (siehe Kapitel 7.1.4)

$$t_i = \cos\left(\frac{2i+1}{2n+2}\pi\right) \quad \text{für } i = 0, \ldots, n$$

aufgelistet (wobei das Maximum über $[-1, 1]$ gebildet wurde). Sie wachsen nur sehr langsam.

n	Λ_n für äquidistante Knoten	Λ_n für Tschebyscheff-Knoten
5	3.106292	2.104398
10	29.890695	2.489430
15	512.052451	2.727778
20	10986.533993	2.900825

Tabelle 7.1. Lebesgue-Konstante Λ_n für äquidistante und für Tschebyscheff-Knoten

7.1.2 Hermite-Interpolation und dividierte Differenzen

Ist man an dem Interpolationspolynom P nur an einer Stelle t interessiert, so erweist sich die rekursive Berechnung von $P(t)$ als effektivste Methode. Sie geht von folgender einfacher Beobachtung aus, dem sogenannten *Lemma von Aitken*.

Lemma 7.4. *Für das Interpolationspolynom $P = P(f \mid t_0, \ldots, t_n)$ gilt die Rekursionsformel*

$$P(f \mid t_0, \ldots, t_n) = \frac{(t_0 - t)P(f \mid t_1, \ldots, t_n) - (t_n - t)P(f \mid t_0, \ldots, t_{n-1})}{t_0 - t_n}. \quad (7.3)$$

Beweis. Sei $\varphi(t)$ definiert als der Ausdruck auf der rechten Seite von (7.3). Dann ist $\varphi \in \boldsymbol{P}_n$ und

$$\varphi(t_i) = \frac{(t_0 - t_i) f_i - (t_n - t_i) f_i}{t_0 - t_n} = f_i \quad \text{für } i = 1, \ldots, n-1.$$

Ebenso leicht folgt $\varphi(t_0) = f_0$ und $\varphi(t_n) = f_n$ und daher die Behauptung. □

Die Interpolationspolynome für nur einen Stützpunkt sind nichts weiter als die Konstanten

$$P(f \mid t_i) = f_i \quad \text{für } i = 0, \dots, n.$$

Vereinfachen wir die Notation für festes t durch

$$P_{ik} := P(f \mid t_{i-k}, \dots, t_i)(t) \quad \text{für } i \geq k,$$

so lässt sich der Wert $P_{nn} = P(f \mid t_0, \dots, t_n)(t)$ nach dem *Schema von Neville* berechnen

$$\begin{array}{ccccccc}
P_{00} & & & & & & \\
 & \searrow & & & & & \\
P_{10} & \to & P_{11} & & & & \\
\vdots & & & \ddots & & & \\
P_{n-1,0} & \to & \cdots & \to & P_{n-1,n-1} & & \\
 & & & & & \searrow & \\
P_{n0} & \to & \cdots & \to & P_{n,n-1} & \to & P_{nn}
\end{array}$$

gemäß der Vorschrift

$$\begin{aligned}
P_{i0} &= f_i \quad \text{für } i = 0, \dots, n \\
P_{ik} &= P_{i,k-1} + \frac{t - t_i}{t_i - t_{i-k}}(P_{i,k-1} - P_{i-1,k-1}) \quad \text{für } i \geq k.
\end{aligned} \tag{7.4}$$

Beispiel 7.5. *Berechnung von* $\sin\ 62^o$ *aus den Stützpunkten*

$$(50^o, \sin\ 50^o), (55^o, \sin\ 55^o), \dots, (70^o, \sin\ 70^o)$$

mit dem Aitken-Neville-Algorithmus.

t_i	$\sin\ t_i$				
50°	0.7660444				
55°	0.8191520	$0.\underline{8}935027$			
60°	0.8660254	$0.\underline{8}847748$	$0.\underline{883}0292$		
65°	0.9063078	$0.\underline{8}821384$	$0.\underline{8829}293$	$0.\underline{88}29493$	
70°	0.9396926	$0.\underline{8}862768$	$0.\underline{8829}661$	$0.\underline{88294}65$	$0.\underline{8829476}$

Die rekursive Struktur der Interpolationspolynome nach Lemma 7.4 lässt sich auch zur Bestimmung des gesamten Polynoms $P(f \mid t_0, \dots, t_n)$ nutzen. Dies gilt auch für die verallgemeinerte Interpolationsaufgabe, bei der neben den Funktionswerten $f(t_i)$ noch Ableitungen an den Knoten gegeben sind, der sogenannten *Hermite-Interpolation*. Dazu führen wir folgende praktische Notation ein. Wir lassen zu, dass in der Folge $\Delta := \{t_i\}_{i=0,\dots,n}$ mit

$$a = t_0 \le t_1 \le \dots \le t_n = b$$

Knoten mehrfach auftreten. Sind an einem Knoten t_i der Funktionswert $f(t_i)$ und die Ableitungen $f'(t_i), \dots, f^{(k)}(t_i)$ bis zu einem Grad k gegeben, so soll t_i in der Folge Δ gerade $(k+1)$-mal auftauchen. Die gleichen Knoten numerieren wir mit

$$d_i := \max\{j : t_i = t_{i-j}\}$$

von links nach rechts durch, z. B.

t_i	t_0	$=$ t_1	$<$ t_2	$=$ t_3	$=$ t_4	$<$ t_5	$<$ t_6	$=$ t_7
d_i	0	1	0	1	2	0	0	1

Definieren wir nun für $i = 0, \dots, n$ lineare Abbildungen

$$\mu_i : C^n[a,b] \to \mathbb{R}, \quad \mu_i(f) := f^{(d_i)}(t_i),$$

so lautet die Aufgabe der *Hermite-Interpolation*: Suche ein Polynom $P \in \boldsymbol{P}_n$, so dass

$$\mu_i(P) = \mu_i(f) \quad \text{für alle } i = 0, \dots, n. \tag{7.5}$$

Die Lösung $P = P(f \mid t_0, \dots, t_n) \in \boldsymbol{P}_n$ der Interpolationsaufgabe (7.5) heißt *Hermite-Interpolierende* von f an den Knoten $t_0, \dots, t_n$. Die Existenz und Eindeutigkeit folgt wie in Satz 7.1.

Satz 7.6. *Zu jeder Funktion $f \in C^n[a,b]$ und jeder monotonen Folge*

$$a = t_0 \le t_1 \le \dots \le t_n = b$$

von (nicht notwendig verschiedenen) Knoten gibt es genau ein Polynom $P \in \boldsymbol{P}_n$, so dass

$$\mu_i P = \mu_i f \quad \textit{für alle } i = 0, \dots, n.$$

Beweis. Die Abbildung

$$\mu : \boldsymbol{P}_n \to \mathbb{R}^{n+1}, \quad P \mapsto (\mu_0 P, \dots, \mu_n P)$$

ist offensichtlich linear und auch injektiv. Denn aus $\mu(P) = 0$ folgt, dass P mindestens $n+1$ Nullstellen besitzt (mit Vielfachheit gezählt), also das Nullpolynom ist. Da $\dim \boldsymbol{P}_n = \dim \mathbb{R}^{n+1} = n+1$, folgt daraus auch wieder die Existenz. □

Sind alle Knoten paarweise verschieden, so erhalten wir die Lagrange-Interpolierende

$$P(f \mid t_0, \dots, t_n) = \sum_{i=0}^{n} f(t_i) L_i$$

zurück. Stimmen alle Knoten überein, $t_0 = t_1 = \cdots = t_n$, so ist das Interpolationspolynom die abgebrochene Taylor-Reihe um $t = t_0$,

$$P(f \mid t_0, \dots, t_n)(t) = \sum_{j=0}^{n} \frac{(t - t_0)^j}{j!} f^{(j)}(t_0), \tag{7.6}$$

auch *Taylor-Interpolation* genannt.

Bemerkung 7.7. Eine wichtige Anwendung ist die sogenannte *kubische Hermite-Interpolation*, bei der an zwei Knoten t_0, t_1 jeweils Funktionswerte f_0, f_1 und Ableitungen f_0', f_1' gegeben sind. Nach Satz 7.6 ist dadurch ein kubisches Polynom $P \in \mathbf{P}_3$ eindeutig bestimmt. Definiert man die *Hermite-Polynome* $H_0^3, \dots, H_3^3 \in \mathbf{P}_3$ durch

$$\begin{array}{llll}
H_0^3(t_0) = 1, & \frac{d}{dt} H_0^3(t_0) = 0, & H_0^3(t_1) = 0, & \frac{d}{dt} H_0^3(t_1) = 0, \\
H_1^3(t_0) = 0, & \frac{d}{dt} H_1^3(t_0) = 1, & H_1^3(t_1) = 0, & \frac{d}{dt} H_1^3(t_1) = 0, \\
H_2^3(t_0) = 0, & \frac{d}{dt} H_2^3(t_0) = 0, & H_2^3(t_1) = 1, & \frac{d}{dt} H_2^3(t_1) = 0, \\
H_3^3(t_0) = 0, & \frac{d}{dt} H_3^3(t_0) = 0, & H_3^3(t_1) = 0, & \frac{d}{dt} H_3^3(t_1) = 1,
\end{array}$$

so bilden die Polynome

$$\{H_0^3(t), H_1^3(t), H_2^3(t), H_3^3(t)\}$$

eine Basis von $\mathbf{P}_3$, die sogenannte *kubische Hermite-Basis* bzgl. der Knoten t_0, t_1. Das Hermite-Polynom zu den Werten $\{f_0, f_0', f_1, f_1'\}$ lässt sich damit formal einfach angeben durch

$$P(t) = f_0 H_0^3(t) + f_0' H_1^3(t) + f_1 H_2^3(t) + f_1' H_3^3(t).$$

Liegt eine ganze Reihe $t_0, \dots, t_n$ von Knoten vor mit Funktionswerten f_i und Ableitungen f_i', so können wir auf jedem Intervall $[t_i, t_{i+1}]$ die kubische Hermite-Interpolierende betrachten und diese Polynome an den Knoten aneinanderfügen. Aufgrund der Vorgaben ist klar, dass die zusammengesetzte Funktion C^1-stetig ist.

Diese Art der Interpolation heißt *lokal kubische Hermite-Interpolation*. Eine Anwendung haben wir bereits in Kapitel 4.4.2 gesehen. Bei der Berechnung einer Lösungskurve mit Hilfe einer tangentialen Fortsetzungsmethode erhalten wir gerade Lösungspunkte (x_i, λ_i) zusammen mit den Steigungen x_i'. Um uns aus diesen diskreten Informationen einen Eindruck über die gesamte Lösungskurve zu verschaffen, haben wir die Punkte durch ihre lokal kubische Hermite-Interpolierende miteinander verbunden.

Analog zum Lemma von Aitken gilt für zwei verschiedene Knoten $t_i \neq t_j$ folgende Rekursionsformel.

Lemma 7.8. *Unter der Voraussetzung $t_i \neq t_j$ gilt für das Hermite-Interpolationspolynom $P = P(f \mid t_0, \ldots, t_n)$, dass*

$$P = \frac{(t_i - t)P(f \mid t_1, \ldots, \widehat{t_j}, \ldots, t_n) - (t_j - t)P(f \mid t_1, \ldots, \widehat{t_i}, \ldots, t_n)}{t_i - t_j},$$

wobei $\widehat{\ }$ anzeigt, dass der entsprechende Knoten weggelassen wird („seinen Hut nehmen muss").

Beweis. Überprüfen der Interpolationseigenschaft durch Einsetzen der Definitionen. □

Zur Darstellung des Interpolationspolynoms verwenden wir die sogenannte *Newton-Basis* $\omega_0, \ldots, \omega_n$ des Polynomraums $\boldsymbol{P}_n$:

$$\omega_i(t) := \prod_{j=0}^{i-1}(t - t_i), \qquad \omega_i \in \boldsymbol{P}_i.$$

Die Koeffizienten bezüglich dieser Basis sind die sogenannten *dividierten Differenzen*, die wir nun definieren.

Definition 7.9. Der führende Koeffizient a_n des Interpolationspolynoms

$$P(f \mid t_0, \ldots, t_n)(t) = a_n t^n + a_{n-1}t^{n-1} + \cdots + a_0$$

von f zu den (nicht notwendig verschiedenen) Knoten $t_0 \leq t_1 \leq \cdots \leq t_n$ heißt *n-te dividierte Differenz* von f an $t_0, \ldots, t_n$ und wird mit

$$[t_0, \ldots, t_n]f := a_n$$

bezeichnet.

Satz 7.10. *Für jede Funktion $f \in C^n$ und (nicht notwendig verschiedene) Knoten $t_0 \le \cdots \le t_n$ ist*

$$P := \sum_{i=0}^{n} [t_0, \ldots, t_i] f \cdot \omega_i$$

das Interpolationspolynom $P(f \mid t_0, \ldots, t_n)$ von f an $t_0, \ldots, t_n$. Ist $f \in C^{n+1}$, so gilt

$$f(t) = P(t) + [t_0, \ldots, t_n, t] f \cdot \omega_{n+1}(t). \tag{7.7}$$

Beweis. Wir zeigen die erste Behauptung durch Induktion über n. Für $n = 0$ ist die Aussage trivial. Sei also $n > 0$ und

$$P_{n-1} := P(f \mid t_0, \ldots, t_{n-1}) = \sum_{i=0}^{n-1} [t_0, \ldots, t_i] f \cdot \omega_i$$

das Interpolationspolynom von f an $t_0, \ldots, t_{n-1}$. Dann gilt für das Interpolationspolynom $P_n = P(f \mid t_0, \ldots, t_n)$ von f an $t_0, \ldots, t_n$, dass

$$\begin{aligned} P_n(t) &= [t_0, \ldots, t_n] f \cdot t^n + a_{n-1} t^{n-1} + \cdots + a_0 \\ &= [t_0, \ldots, t_n] f \cdot \omega_n(t) + Q_{n-1}(t) \end{aligned}$$

mit einem Polynom $Q_{n-1} \in \boldsymbol{P}_{n-1}$. Nun erfüllt aber

$$Q_{n-1} = P_n - [t_0, \ldots, t_n] f \cdot \omega_n$$

offensichtlich die Interpolationsbedingungen für $t_0, \ldots, t_{n-1}$, so dass

$$Q_{n-1} = P_{n-1} = \sum_{i=0}^{n-1} [t_0, \ldots, t_i] f \cdot \omega_i .$$

Damit ist die erste Aussage des Satzes bewiesen. Insbesondere folgt, dass

$$P_n + [t_0, \ldots, t_n, t] f \cdot \omega_{n+1}$$

die Funktion f an den Knoten $t_0, \ldots, t_n$ und t interpoliert und daher (7.7). □

Aus den Eigenschaften der Hermite-Interpolation lassen sich sofort folgende Aussagen über die dividierten Differenzen von f ableiten.

Lemma 7.11. *Für die dividierten Differenzen $[t_0, \ldots, t_n] f$ gilt ($f \in C^n$):*

(i) $[t_0, \ldots, t_n] P = 0$ *für alle* $P \in \boldsymbol{P}_{n-1}$.

(ii) *Für zusammenfallende Knoten* $t_0 = \cdots = t_n$ *gilt*

$$[t_0, \ldots, t_n]f = f^{(n)}(t_0)/n!. \tag{7.8}$$

(iii) *Für* $t_i \neq t_j$ *gilt die Rekursionsformel*

$$[t_0, \ldots, t_n]f = \frac{[t_0, \ldots, \widehat{t_i}, \ldots, t_n]f - [t_0, \ldots, \widehat{t_j}, \ldots, t_n]f}{t_j - t_i}. \tag{7.9}$$

Beweis. Da der n-te Koeffizient eines Polynoms vom Grad kleiner oder gleich $n - 1$ verschwindet, gilt (i). (ii) folgt aus der Taylor-Interpolation (7.6) und (iii) aus Lemma 7.8 und der Eindeutigkeit des führenden Koeffizienten. □

Durch die Eigenschaften (ii) und (iii) lassen sich die dividierten Differenzen rekursiv aus den Funktionswerten und Ableitungen $f^{(j)}(t_i)$ von f an den Knoten t_i berechnen. Die Rekursionsformel benötigen wir auch im Beweis des folgenden Satzes, der eine überraschende Interpretation dividierter Differenzen bietet: Die n-te dividierte Differenz einer Funktion $f \in C^n$ bezüglich der Knoten $t_0, \ldots, t_n$ ist das Integral der n-ten Ableitung über den n-dimensionalen Standardsimplex

$$\Sigma^n := \Big\{ s = (s_0, \ldots, s_n) \in \mathbb{R}^{n+1} : \sum_{i=0}^{n} s_i = 1 \text{ und } s_i \geq 0 \Big\}.$$

Satz 7.12 (Hermite-Genocchi-Formel). *Für die n-te dividierte Differenz einer n-mal stetig differenzierbaren Funktion $f \in C^n$ gilt*

$$[t_0, \ldots, t_n]f = \int_{\Sigma^n} f^{(n)}\Big(\sum_{i=0}^{n} s_i t_i \Big)\, ds. \tag{7.10}$$

Beweis. Wir beweisen die Formel durch Induktion über n. Für $n = 0$ ist die Aussage trivial. Wir schließen von n auf $n + 1$. Wenn alle Knoten zusammenfallen, folgt die Behauptung aus (7.8). Wir können also ohne Einschränkung davon ausgehen, dass $t_0 \neq t_{n+1}$. Dann gilt

$$\int\limits_{\sum_{i=0}^{n+1} s_i = 1} f^{(n+1)}\Big(\sum_{i=0}^{n} s_i t_i \Big)\, ds = \int\limits_{\sum_{i=1}^{n+1} s_i \leq 1} f^{(n+1)}\Big(t_0 + \sum_{i=1}^{n} s_i (t_i - t_0) \Big)\, ds =$$

$$= \int\limits_{\sum_{i=1}^{n} s_i \le 1} \int\limits_{s_0=0}^{1-\sum_{i=1}^{n} s_i} f^{(n+1)}\Big(t_0 + \sum_{i=1}^{n} s_i(t_i - t_0) + s_{n+1}(t_{n+1} - t_0)\Big)\, ds$$

$$= \frac{1}{t_{n+1} - t_0} \int\limits_{\sum_{i=1}^{n} s_i \le 1} \Big\{ f^{(n)}\Big(t_{n+1} + \sum_{i=1}^{n} s_i(t_i - t_{n+1})\Big) - f^{(n)}\Big(t_0 + \sum_{i=1}^{n} s_i(t_i - t_0)\Big)\Big\}\, ds$$

$$= \frac{1}{t_{n+1} - t_0}\Big([t_1, \ldots, t_{n+1}]f - [t_0, \ldots, t_n]f\Big)$$

$$= [t_0, \ldots, t_{n+1}]f$$ □

Korollar 7.13. *Die durch die n-te dividierte Differenz einer Funktion $f \in C^n$ gegebene Abbildung $g : \mathbb{R}^{n+1} \to \mathbb{R}$ mit*

$$g(t_0, \ldots, t_n) := [t_0, \ldots, t_n]f$$

ist stetig in ihren Argumenten t_i. Ferner existiert für alle Knoten $t_0 \le \cdots \le t_n$ ein $\tau \in [t_0, t_n]$, so dass

$$[t_0, \ldots, t_n]f = \frac{f^{(n)}(\tau)}{n!}. \tag{7.11}$$

Beweis. Die Stetigkeit ist in der Integraldarstellung (7.10) offensichtlich und (7.11) folgt aus dem Mittelwertsatz der Integralrechnung, da das Volumen des n-dimensionalen Standardsimplex gerade $\mathrm{vol}(\Sigma^n) = 1/n!$ ist. □

Für paarweise verschiedene Knoten $t_0 < \cdots < t_n$ lassen sich die dividierten Differenzen aufgrund der Rekursionsformel (7.9) ähnlich wie beim Schema von Neville anordnen.

$$\begin{array}{lllll}
f_0 = [t_0]f & & & & \\
& \searrow & & & \\
f_1 = [t_1]f & \to [t_0, t_1]f & & & \\
\vdots & & \ddots & & \\
f_{n-1} = [t_{n-1}]f & \to \cdots & \to [t_0, \ldots, t_{n-1}]f & & \\
& & & \searrow & \\
f_n = [t_n]f & \to \cdots & \to [t_1, \ldots, t_n]f & \to & [t_0, \ldots, t_n]f
\end{array}$$

Beispiel 7.14. Wir berechnen das Interpolationspolynom zu den Werten

t_i	0	1	2	3
f_i	1	2	0	1

mit Hilfe der Newtonschen dividierten Differenzen.

$$\begin{array}{llll} f[t_0]=1 & & & \\ f[t_1]=2 & f[t_0,t_1]=1 & & \\ f[t_2]=0 & f[t_1,t_2]=-2 & f[t_0,t_1,t_2]=-3/2 & \\ f[t_3]=1 & f[t_2,t_3]=1 & f[t_1,t_2,t_3]=3/2 & f[t_0,t_1,t_2,t_3]=1, \end{array}$$

also

$$(\alpha_0, \alpha_1, \alpha_2, \alpha_3) = (1, 1, -3/2, 1).$$

Das Interpolationspolynom ist daher

$$\begin{aligned} P(t) &= 1 + 1(t-0) + (-3/2)(t-0)(t-1) + 1(t-0)(t-1)(t-2) \\ &= t^3 - 4.5\,t^2 + 4.5\,t + 1. \end{aligned}$$

Eine weitere wichtige Eigenschaft dividierter Differenzen ist die folgende *Leibniz-Regel*.

Lemma 7.15. *Seien $g, h \in C^n$ und $t_0 \le t_1 \le \dots \le t_n$ eine beliebige Knotenfolge. Dann gilt*

$$[t_0, \dots, t_n]gh = \sum_{i=0}^{n} [t_0, \dots, t_i]g \cdot [t_i, \dots, t_n]h.$$

Beweis. Seien die Knoten $t_0, \dots, t_n$ zunächst paarweise verschieden. Setzen wir

$$\omega_i(t) := \prod_{k=0}^{i-1}(t - t_k) \quad \text{und} \quad \bar{\omega}_j(t) := \prod_{l=j+1}^{n}(t - t_l),$$

so sind nach Satz 7.10 die Interpolationspolynome $P, Q \in \boldsymbol{P}_n$ von g bzw. h durch

$$P = \sum_{i=0}^{n} [t_0, \dots, t_i]g \cdot \omega_i \quad \text{und} \quad Q = \sum_{j=0}^{n} [t_j, \dots, t_n]h \cdot \bar{\omega}_j$$

gegeben. Daher interpoliert das Produkt

$$PQ = \sum_{i,j=0}^{n} [t_0, \dots, t_i]g\,[t_j, \dots, t_n]h \cdot \omega_i \bar{\omega}_j$$

die Funktion $f := gh$ in $t_0, \dots, t_n$. Da $\omega_i(t_k)\bar{\omega}_j(t_k) = 0$ für alle k und $i > j$ ist daher

$$F := \sum_{\substack{i,j=0\\ i\le j}}^{n} [t_0, \dots, t_i]g\, [t_j, \dots, t_n]h \cdot \omega_i\bar{\omega}_j \in \boldsymbol{P}_n$$

das Interpolationspolynom von gh in $t_0, \dots, t_n$. Der höchste Koeffizient ist gerade wie behauptet

$$\sum_{i=0}^{n} [t_0, \dots, t_i]g\, [t_i, \dots, t_n]h.$$

Für beliebige, nicht notwendig verschiedene Knoten t_i folgt die Behauptung nun aus der Stetigkeit der dividierten Differenzen in den Knoten t_i. □

7.1.3 Approximationsfehler

Wir wollen uns nun der zweiten Forderung, der *Approximationseigenschaft*, zuwenden und analysieren, inwieweit die Polynome $P(f\,|\,t_0, \dots, t_n)$ die ursprüngliche Funktion f approximieren. Mit Hilfe der oben hergeleiteten Eigenschaften dividierter Differenzen ist es einfach, eine Darstellung des Approximationsfehlers zu finden.

Satz 7.16. *Falls $f \in C^{n+1}$, so gilt für den Approximationsfehler der Hermite-Interpolierenden $P(f\,|\,t_0, \dots, t_n)$ und $t_i, t \in [a, b]$, dass*

$$f(t) - P(f\,|\,t_0, \dots, t_n)(t) = \frac{f^{(n+1)}(\tau)}{(n+1)!}\omega_{n+1}(t) \tag{7.12}$$

für ein $\tau = \tau(t) \in]a, b[$.

Beweis. Nach Satz 7.10 und Satz 7.13 gilt für $P := P(f\,|\,t_0, \dots, t_n)$, dass

$$f(t) - P(t) = [t_0, \dots, t_n, t]f \cdot \omega_{n+1}(t) = \frac{f^{(n+1)}(\tau)}{(n+1)!}\omega_{n+1}(t)$$

für ein $\tau \in]a, b[$. □

Beispiel 7.17. Im Fall der Taylor-Interpolation (7.6), d. h. $t_0 = \dots = t_n$, ist die Fehlerformel (7.12) gerade das Lagrangesche Restglied der Taylorentwicklung

$$f(t) - P(f\,|\,t_0, \dots, t_n)(t) = \frac{f^{(n+1)}(\tau)}{(n+1)!}(t - t_0)^{n+1}.$$

Betrachten wir die Funktionenklasse

$$\mathcal{F} := \left\{ f \in C^{n+1}[a,b] : \sup_{\tau \in [a,b]} |f^{n+1}(\tau)| \le M(n+1)! \right\}$$

für eine Konstante $M > 0$, so hängt der Approximationsfehler offenbar entscheidend von der Wahl der Knoten $t_0, \ldots, t_n$ in Form von

$$\omega_{n+1}(t) = (t - t_0) \ldots (t - t_n) \tag{7.13}$$

ab. Wir werden im nächsten Abschnitt zeigen (siehe Beispiel 7.20), dass sich der Ausdruck (7.13) für paarweise verschiedene Knoten auf einem Intervall $[a, b]$ minimieren lässt,

$$\max_{t \in [a,b]} |\omega_{n+1}(t)| = \min,$$

indem man für die Knoten t_i wieder die Tschebyscheff-Knoten wählt. Kommen wir zurück zu der Frage, ob die Polynominterpolation die Approximationseigenschaft erfüllt. Für lediglich stetige Funktionen $f \in C[a, b]$ und die Supremumsnorm $\|f\| = \sup_{t \in [a,b]} f(t)$ kann der Approximationsfehler prinzipiell über alle Schranken wachsen. Genauer existiert nach Faber für jede Folge $\{T_k\}$ von Stützstellensätzen $T_k = \{t_{k,0}, \ldots, t_{k,n_k}\} \subset [a, b]$ eine stetige Funktion $f \in C[a, b]$, so dass die Folge $\{P_k\}$ der zu den T_k gehörenden Interpolationspolynome nicht gleichmäßig gegen f konvergiert.

7.1.4 Minimax-Eigenschaft der Tschebyscheff-Polynome

Wir haben im vorigen Kapitel wiederholt die sogenannten Tschebyscheff-Knoten erwähnt, für die die Polynominterpolation besonders günstige Eigenschaften hat (beschränkte Kondition bzw. optimale Approximation von f über der Klasse $\mathcal{F}$). Die Tschebyscheff-Knoten sind die Nullstellen der Tschebyscheff-Polynome, die wir in Kapitel 6.1.1 kennengelernt haben. Sowohl bei der Untersuchung des Approximationsfehlers als auch bei der Konditionsanalyse der Polynominterpolation sind wir auf folgendes Approximationsproblem gestoßen: Gesucht ist das Polynom $P_n \in \boldsymbol{P}_n$ vom Grad $\deg P = n$ mit führendem Koeffizienten 1 und der kleinsten Supremumnorm über einem Intervall $[a, b]$, d. h.

$$\max_{t \in [a,b]} |P_n(t)| = \min\,. \tag{7.14}$$

Wir werden nun sehen, dass die *Tschebyscheff-Polynome* T_n, die wir bereits als Orthogonalpolynome zur Gewichtsfunktion $\omega(x) = (1 - x^2)^{-\frac{1}{2}}$ über $[-1, 1]$ kennengelernt haben, diese sogenannte *Minimax-Aufgabe* lösen (bis auf einen skalaren Faktor und eine affine Transformation). Dazu reduzieren wir das Problem zunächst auf das den Tschebyscheff-Polynomen angemessene Intervall $[-1, 1]$ mit Hilfe der affinen Abbildung

$$\begin{aligned} x : [a, b] &\xrightarrow{\cong} [-1, 1] \\ t &\longmapsto x = x(t) = 2\,\frac{t-a}{b-a} - 1 = \frac{2t-a-b}{b-a} \end{aligned}$$

mit der Umkehrabbildung $t : [-1, 1] \xrightarrow{\cong} [a, b]$,

$$t = t(x) = \frac{1-x}{2}a + \frac{1+x}{2}b.$$

Ist $P_n \in \boldsymbol{P}_n$ mit $\deg P = n$ und führendem Koeffizienten 1 die Lösung des Minimaxproblems

$$\max_{x \in [-1,1]} |P_n(x)| = \min,$$

so ist $\hat{P}_n(t) := P_n(t(x))$ die Lösung des ursprünglichen Problems (7.14) mit führendem Koeffizienten $2^n/(b-a)^n$.

Wir hatten die Tschebyscheff-Polynome in Beispiel 6.3 eingeführt durch

$$T_n(x) = \cos(n \arccos x) \quad \text{für } x \in [-1, 1]$$

und allgemein für $x \in \mathbb{R}$ durch die Drei-Term-Rekursion

$$T_k(x) = 2x T_{k-1}(x) - T_{k-2}(x), \quad T_0(x) = 1, \quad T_1(x) = x.$$

Die folgenden Eigenschaften der Tschebyscheff-Polynome sind offensichtlich oder leicht nachzurechnen. Insbesondere können wir die nach Satz 6.5 einfachen reellen Nullstellen $x_1, \ldots, x_n$ von $T_n(x)$ direkt angeben (siehe Eigenschaft 7. unten).

Bemerkung 7.18.

1. Die Tschebyscheff-Polynome haben ganzzahlige Koeffizienten.
2. Der höchste Koeffizient von T_n ist $a_n = 2^{n-1}$.
3. T_n ist eine gerade Funktion, falls n gerade und eine ungerade, falls n ungerade ist.
4. $T_n(1) = 1,\ T_n(-1) = (-1)^n$.
5. $|T_n(x)| \le 1$ für $x \in [-1, 1]$.
6. $|T_n(x)|$ nimmt den Wert 1 an den sogenannten *Tschebyscheff-Abszissen* $\bar{x}_k = \cos(k\pi/n)$ an, d. h.

$$|T_n(x)| = 1 \iff x = \bar{x}_k = \cos\frac{k\pi}{n} \quad \text{für ein } k = 0, \ldots, n.$$

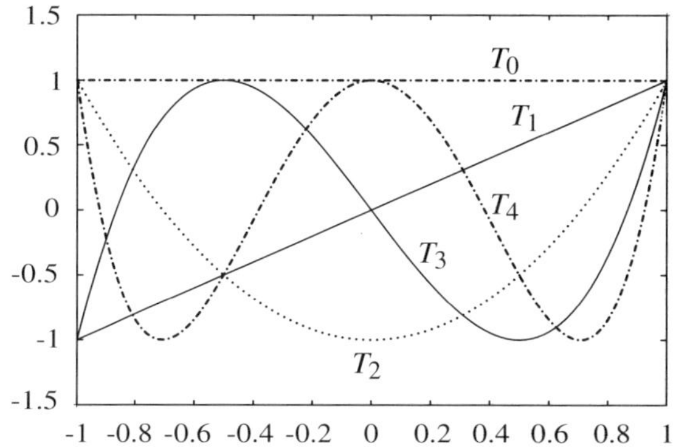

Abbildung 7.3. Tschebyscheff-Polynome $T_0, \ldots, T_4$

7. Die Nullstellen von $T_n(x)$ sind

$$x_k := \cos\left(\frac{2k-1}{2n}\pi\right) \quad \text{für } k = 1, \ldots, n.$$

8. Es gilt

$$T_k(x) = \begin{cases} \cos(k \arccos x), & \text{falls } -1 \le x \le 1, \\ \cosh(k \operatorname{arccosh} x), & \text{falls } x \ge 1, \\ (-1)^k \cosh(k \operatorname{arccosh}(-x)), & \text{falls } x \le -1. \end{cases}$$

9. Die Tschebyscheff-Polynome haben die globale Darstellung

$$T_k(x) = \frac{1}{2}\Big(\big(x + \sqrt{x^2-1}\big)^k + \big(x - \sqrt{x^2-1}\big)^k\Big) \quad \text{für } x \in \mathbb{R}. \tag{7.15}$$

Die Formeln 8. und 9. überprüft man am einfachsten, indem man nachweist, dass sie der Drei-Term-Rekursion (einschließlich der Anfangswerte) genügen. Die Minimax-Eigenschaft der Tschebyscheff-Polynome folgt aus dem Zwischenwertsatz:

Satz 7.19. *Jedes Polynom $P_n \in \boldsymbol{P}_n$ mit führendem Koeffizienten $a_n \neq 0$ nimmt im Intervall $[-1, 1]$ einen Wert vom Betrag $\geq |a_n|/2^{n-1}$ an. Insbesondere sind die Tschebyscheff-Polynome $T_n(x)$ minimal bezüglich der Maximumnorm $\|f\|_\infty = \max_{x\in[-1,1]} |f(x)|$ unter den Polynomen vom Grad n mit führendem Koeffizienten 2^{n-1}.*

Beweis. Sei $P_n \in \boldsymbol{P}_n$ ein Polynom mit führendem Koeffizienten $a_n = 2^{n-1}$ und $|P_n(x)| < 1$ für $x \in [-1, 1]$. Dann ist $T_n - P_n$ ein Polynom vom Grad kleiner oder gleich $n - 1$. An den Tschebyscheff-Abszissen $\bar{x}_k := \cos \frac{k\pi}{n}$ gilt

$$\begin{aligned} T_n(\bar{x}_{2k}) = 1, \quad & P_n(\bar{x}_{2k}) < 1 \quad \Longrightarrow P_n(\bar{x}_{2k}) - T_n(\bar{x}_{2k}) < 0 \\ T_n(\bar{x}_{2k+1}) = -1, \quad & P_n(\bar{x}_{2k+1}) > -1 \Longrightarrow P_n(\bar{x}_{2k+1}) - T_n(\bar{x}_{2k+1}) > 0, \end{aligned}$$

d. h. die Differenz $T_n - P_n$ ist an den $n + 1$ Tschebyscheff-Abszissen abwechselnd positiv und negativ und hat daher mindestens n Nullstellen in $[-1, 1]$ im Widerspruch zu $0 \neq T_n - P_n \in \boldsymbol{P}_{n-1}$. Also muss es für jedes Polynom $P_n \in \boldsymbol{P}_n$ mit führendem Koeffizienten $a_n = 2^{n-1}$ ein $x \in [-1, 1]$ geben, so dass $|P_n(x)| \geq 1$. Für ein beliebiges Polynom $P_n \in \boldsymbol{P}_n$ mit führendem Koeffizienten $a_n \neq 0$ folgt die Behauptung daraus, dass $\tilde{P}_n := \frac{2^{n-1}}{a_n} P_n$ ein Polynom mit führendem Koeffizienten $\tilde{a}_n = 2^{n-1}$ ist. □

Beispiel 7.20. Bei der Minimierung des Approximationsfehlers der Polynominterpolation suchen wir die Knoten $t_0, \ldots, t_n \in [a, b]$, die das Minimax-Problem

$$\max_{t \in [a,b]} |\omega(t)| = \max_{t \in [a,b]} |(t - t_0) \ldots (t - t_n)| = \min$$

lösen. Anders formuliert gilt es, das normierte Polynom $\omega(t) \in \boldsymbol{P}_{n+1}$ mit den reellen Nullstellen $t_0, \ldots, t_n$ zu bestimmen, für das $\max_{t \in [a,b]} |\omega(t)| = \min$. Nach Satz 7.19 ist dies für das Intervall $[a, b] = [-1, 1]$ gerade das $(n + 1)$-te Tschebyscheff-Polynom $\omega(t) = T_{n+1}(t)$, dessen Nullstellen

$$t_i = \cos\left(\frac{2i + 1}{2n + 2}\pi\right) \quad \text{für } i = 0, \ldots, n$$

gerade die *Tschebyscheff-Knoten* sind.

Wir wollen nun noch eine zweite Minimax-Eigenschaft der Tschebyscheff-Polynome ableiten, die uns in Kapitel 8 gute Dienste leisten wird.

Satz 7.21. *Sei $[a, b]$ ein beliebiges Intervall und $t_0 \notin [a, b]$. Dann ist das modifizierte Tschebyscheff-Polynom*

$$\hat{T}_n(t) := \frac{T_n(x(t))}{T_n(x(t_0))} \quad \text{mit } x(t) := 2\frac{t-a}{b-a} - 1$$

minimal bzgl. der Maximumnorm $\|f\|_\infty = \max_{t \in [a,b]} |f(t)|$ unter den Polynomen $P_n \in \boldsymbol{P}_n$ mit $P_n(t_0) = 1$.

Beweis. Da alle Nullstellen von $T_n(x(t))$ in $[a, b]$ liegen, ist $c := T_n(x(t_0)) \neq 0$ und $\hat{T}_n$ wohldefiniert. Ferner ist $\hat{T}_n(t_0) = 1$ und $|\hat{T}_n(t)| \leq |c|^{-1}$ für alle $t \in [a, b]$. Nehmen wir an, es gebe ein Polynom $P_n \in \boldsymbol{P}_n$, so dass $P_n(t_0) = 1$ und $|P_n(t)| < |c|^{-1}$ für alle $t \in [a, b]$. Dann ist t_0 eine Nullstelle der Differenz $\hat{T}_n - P_n$, d. h.

$$\hat{T}_n(t) - P_n(t) = Q_{n-1}(t)(t - t_0) \quad \text{für ein Polynom } Q_{n-1} \in \boldsymbol{P}_{n-1}.$$

Wie im Beweis von Satz 7.19 hat Q_{n-1} an den Tschebyscheff-Abszissen $t_k = t(\bar{x}_k)$ wechselndes Vorzeichen für $k = 0, \dots, n$ und daher mindestens n verschiedene Nullstellen in $[a, b]$. Dies steht im Widerspruch zu $0 \neq Q_{n-1} \in \boldsymbol{P}_{n-1}$. □

7.2 Trigonometrische Interpolation

In diesem Abschnitt wollen wir periodische Funktionen durch trigonometrische Polynome, d. h. Linearkombinationen von trigonometrischen Funktionen interpolieren. Diese Klasse gehört neben den Polynomen zu den wichtigsten für die Interpolation, nicht zuletzt, weil es einen äußerst effektiven Algorithmus zur Lösung der Interpolationsaufgabe, die sogenannte *schnelle Fourier-Transformation* gibt.

Wir haben bereits in Beispiel 6.20 den Algorithmus von Goertzel und Reinsch zur Auswertung eines trigonometrischen Polynoms

$$f_n(t) = \frac{a_0}{2} + \sum_{j=1}^{n} (a_j \cos jt + b_j \sin jt) = \sum_{j=-n}^{n} c_j e^{ijt}$$

kennengelernt. Wir definieren zunächst die N-dimensionalen Räume trigonometrischer Polynome sowohl im Reellen wie auch im Komplexen. Im reellen Fall ist dabei stets eine Fallunterscheidung für gerade bzw. ungerade N notwendig. Daher werden wir die folgenden Überlegungen meist im Komplexen durchführen.

Definition 7.22. Mit $\boldsymbol{T}_C^N$ bezeichnen wir den N-dimensionalen Raum der komplexen trigonometrischen Polynome

$$\phi_N(t) = \sum_{j=0}^{N-1} c_j e^{ijt} \quad \text{mit } c_j \in \mathbb{C}$$

vom Grad $N - 1$. Die N-dimensionalen Räume $\boldsymbol{T}_R^N$ enthalten alle reellen trigonometrischen Polynome $\phi_N(t)$ der Form

$$\phi_{2n+1}(t) = \frac{a_0}{2} + \sum_{j=1}^{n} (a_j \cos jt + b_j \sin jt) \tag{7.16}$$

für ungerade $N = 2n + 1$ bzw.

$$\phi_{2n}(t) = \frac{a_0}{2} + \sum_{j=1}^{n-1}(a_j \cos jt + b_j \sin jt) + \frac{a_n}{2} \cos nt \tag{7.17}$$

für gerade $N = 2n$, wobei $a_j, b_j \in \mathbb{R}$.

Die lineare Unabhängigkeit der jeweiligen Basisfunktionen $\{e^{ijt}\}$ bzw. $\{1, \cos jt, \sin jt\}$ garantiert uns wie bei der Polynominterpolation, dass es zu N Stützpunkten (t_j, f_j) mit $j = 0, \dots, N-1$ genau ein *interpolierendes trigonometrischen Polynom* $\phi_N \in \boldsymbol{T}_C^N$ bzw. $\phi_N \in \boldsymbol{T}_R^N$ gibt, d. h. so dass

$$\phi_N(t_j) = f_j \quad \text{für } j = 0, \dots, N-1.$$

Dabei sind die Stützwerte f_j natürlich im einen Fall komplex und im anderen reell. Für äquidistante Knoten

$$t_j = 2\pi j/N, \qquad j = 0, \dots, N-1,$$

auf die wir uns hier beschränken, führen wir die N-ten Einheitswurzeln $\omega_j := e^{it_j} = e^{2\pi ij/N}$ ein. Damit erhalten wir für die Koeffizienten c_j der komplexen trigonometrischen Interpolierenden $\phi_N \in \boldsymbol{T}_C^N$ das Vandermonde-System

$$\underbrace{\begin{bmatrix} 1 & \omega_0 & \omega_0^2 & \dots & \omega_0^{N-1} \\ \vdots & \vdots & \vdots & & \vdots \\ 1 & \omega_{N-1} & \omega_{N-1}^2 & \dots & \omega_{N-1}^{N-1} \end{bmatrix}}_{=: V_{N-1}} \begin{pmatrix} c_0 \\ \vdots \\ c_{N-1} \end{pmatrix} = \begin{pmatrix} f_0 \\ \vdots \\ f_{N-1} \end{pmatrix}.$$

Liegt die Lösung einer reellen Interpolationsaufgabe, $f_k \in \mathbb{R}$, in komplexer Form $\phi_N(t) = \sum_{j=0}^{N-1} c_j e^{ijt}$ vor, so können wir daraus leicht die reellen Koeffizienten a_j und b_j des reellen trigonometrischen Polynoms berechnen.

Lemma 7.23. *Ist das (komplexe) trigonometrische Polynom*

$$\phi_N(t) = \sum_{j=0}^{N-1} c_j e^{ijt}$$

reell, d. h. $\phi_N(t) \in \mathbb{R}$ *für alle* t, *so gilt* $\phi_N \in T_R^N$ *mit den Koeffizienten*

$$a_j = 2\Re c_j = c_j + c_{N-j} \quad \textit{und} \quad b_j = -2\Im c_j = i(c_j - c_{N-j})$$

in der Darstellung (7.16) *bzw.* (7.17).

Beweis. Wir werten das Polynom an den N äquidistanten Knoten t_k aus. Wegen $e^{2\pi i(N-j)/N} = e^{-2\pi ij/N}$, gilt

$$\phi_N(t_k) = \sum_{j=0}^{N-1} c_j e^{ijt_k} = \overline{\phi_N(t_k)} = \sum_{j=0}^{N-1} \bar{c}_j e^{-ijt_k} = \sum_{j=0}^{N-1} \bar{c}_{N-j} e^{ijt_k}.$$

Aus der eindeutigen Interpolationseigenschaft folgt demnach $c_j = \bar{c}_{N-j}$. Insbesondere ist c_0 reell und für gerade $N = 2n$ auch c_n. Für ungerade $N = 2n+1$ erhalten wir

$$\begin{aligned}\phi_N(t_k) &= c_0 + \sum_{j=1}^{2n} c_j e^{ijt_k} = c_0 + \sum_{j=1}^{n} \left(c_j e^{ijt_k} + \bar{c}_j e^{-ijt_k}\right)\\ &= c_0 + \sum_{j=1}^{n} 2\Re(c_j e^{ijt_k}) = c_0 + \sum_{j=1}^{n}(2\Re c_j \cos jt - 2\Im c_j \sin jt)\end{aligned}$$

also wegen der Eindeutigkeit der reellen trigonometrischen Interpolation

$$a_j = 2\Re c_j = c_j + \bar{c}_j = c_j + c_{N-j}$$

und

$$b_j = -2\Im c_j = i(c_j - \bar{c}_j) = i(c_j - c_{N-j}).$$

Für gerade $N = 2n$ folgt die Behauptung vollkommen analog. □

Im vorliegenden Fall lässt sich die Vandermonde-Matrix V_{N-1} leicht analytisch invertieren. Wir zeigen dazu zunächst die Orthonormalität der Basisfunktionen $\psi_j(t) := e^{ijt}$ bezüglich des durch die äquidistanten Knoten t_j gegebenen diskreten Skalarproduktes

$$\langle f, g\rangle := \frac{1}{N}\sum_{j=0}^{N-1} f(t_j)\overline{g(t_j)}. \tag{7.18}$$

Lemma 7.24. *Für die N-ten Einheitswurzeln $\omega_j := e^{2\pi ij/N}$ gilt*

$$\sum_{j=0}^{N-1} \omega_j^k \omega_j^{-l} = N\delta_{kl}.$$

Insbesondere sind die Funktionen $\psi_j(t) = e^{ijt}$ bezüglich des in (7.18) definierten Skalarproduktes orthonormal, d. h. $\langle\psi_k, \psi_l\rangle = \delta_{kl}$.

Beweis. Die Aussage ist offensichtlich äquivalent zu

$$\sum_{j=0}^{N-1} \omega_k^j = N\delta_{0k}.$$

(Man beachte, dass $\omega_j^k = \omega_k^j$.) Nun sind die N-ten Einheitswurzeln ω_k Lösungen der Gleichung

$$0 = \omega^N - 1 = (\omega - 1)(\omega^{N-1} + \omega^{N-2} + \cdots + 1) = (\omega - 1)\sum_{j=0}^{N-1} \omega^j.$$

Falls $k \neq 0$, so ist $\omega_k \neq 1$ und daher $\sum_{j=0}^{N-1} \omega_k^j = 0$. Im anderen Fall gilt trivialerweise $\sum_{j=0}^{N-1} \omega_0^j = \sum_{j=0}^{N-1} 1 = N$. □

Mit Hilfe dieser Orthogonalitätsbeziehung können wir die Lösung der Interpolationsaufgabe leicht angeben.

Satz 7.25. *Die Koeffizienten c_j der trigonometrischen Interpolierenden zu den N Stützpunkten (t_k, f_k) mit äquidistanten Knoten $t_k = 2\pi k/N$, d. h.*

$$\phi_N(t_k) = \sum_{j=0}^{N-1} c_j e^{ijt_k} = \sum_{j=0}^{N-1} c_j \omega_k^j = f_k \quad \textit{für } k = 0, \ldots, N-1,$$

sind gegeben durch

$$c_j = \frac{1}{N}\sum_{k=0}^{N-1} f_k \omega_k^{-j} \quad \textit{für } j = 0, \ldots, N-1.$$

Beweis. Wir setzen die angegebene Lösung für die Koeffizienten c_j ein und erhalten

$$\begin{aligned}\sum_{j=0}^{N-1} c_j \omega_l^j &= \sum_{j=0}^{N-1}\Big(\frac{1}{N}\sum_{k=0}^{N-1} f_k \omega_k^{-j}\Big)\omega_l^j \\ &= \frac{1}{N}\sum_{k=0}^{N-1} f_k \sum_{j=0}^{N-1} \omega_k^{-j}\omega_l^j = \frac{1}{N}\sum_{k=0}^{N-1} f_k \delta_{kl} N = f_l.\end{aligned}$$

□

Bemerkung 7.26. Für ungerade $N = 2n+1$ können wir mit $c_{-j} := c_{N-j}$ für $j > 0$ das trigonometrische Interpolationspolynom in symmetrische Form umschreiben:

$$\varphi_{N-1}(t_k) = \sum_{j=0}^{N-1} c_j e^{ijt_k} = \sum_{j=-n}^{n} c_j e^{ijt_k}.$$

In dieser Form ähnelt es stark der abgebrochenen Fourier-Reihe

$$f_n(t) = \sum_{j=-n}^{n} \hat{f}(j) e^{ijt}$$

einer 2π-periodischen Funktion $f \in L^2(\mathbb{R})$ mit den Koeffizienten

$$\hat{f}(j) = (f, e^{ijt}) = \frac{1}{2\pi} \int_0^{2\pi} f(t) e^{-ijt}\, dt. \tag{7.19}$$

Tatsächlich lassen sich die Koeffizienten c_j als die Approximation des Integrals in (7.19) durch die Trapezsumme (vgl. Kapitel 9.2) bzgl. der Stützstellen $t_k = 2\pi k/N$ auffassen. Setzen wir diese Approximation

$$\int_0^{2\pi} g(t)\, dt \approx \frac{2\pi}{N} \sum_{k=0}^{N-1} g(t_k) \tag{7.20}$$

in (7.19) ein, dann ergibt sich genau

$$\hat{f}(j) \approx \frac{1}{N} \sum_{k=0}^{N-1} f_k e^{-ijt_k} = \frac{1}{N} \sum_{k=0}^{N-1} e^{-2\pi ijk/N} f_k = c_j. \tag{7.21}$$

Man beachte, dass die Formel (7.20) für trigonometrische Polynome $g \in \boldsymbol{T}_C^N$ sogar exakt ist und daher für $f \in \boldsymbol{T}_C^N$ in (7.21) ebenfalls Gleichheit gilt. Aus diesem Grunde nennt man den Isomorphismus

$$\mathcal{F}_N : \mathbb{C}^N \to \mathbb{C}^N, \quad (f_j) \mapsto (c_j)$$

mit

$$c_j = \frac{1}{N} \sum_{k=0}^{N-1} f_k e^{-2\pi ijk/N} \quad \text{für } j = 0, \ldots, N-1$$

auch *diskrete Fourier-Transformation*. Die Umkehrabbildung $\mathcal{F}_N^{-1}$ ist gerade

$$f_j = \sum_{k=0}^{N-1} c_k e^{2\pi ijk/N} \quad \text{für } j = 0, \ldots, N-1.$$

Bei der Berechnung der Koeffizienten c_j aus den Werten f_j (oder umgekehrt) handelt es sich im Prinzip um eine Matrix-Vektor-Multiplikation, für die wir einen Aufwand von $O(N^2)$ Operationen erwarten. Tatsächlich gibt es aber einen Algorithmus, der mit $O(N \log_2 N)$ Operationen auskommt, die sogenannte *schnelle Fourier-Transformation*, kurz FFT (engl.: *Fast Fourier-Transform*). Sie basiert auf der getrennten Analyse der Ausdrücke für die Koeffizienten c_j für ungerade bzw. gerade Indices j (engl.: *odd even reduction*). Dadurch ist es möglich, dass ursprüngliche Problem in zwei gleichartige Teilproblem halber Dimension zu transformieren.

Lemma 7.27. *Sei $N = 2M$ gerade und $\omega = e^{\pm 2\pi i/N}$. Dann lassen sich die trigonometrischen Summen*

$$\alpha_j = \sum_{k=0}^{N-1} f_k \omega^{kj} \quad \text{für } j = 0, \ldots, N-1$$

wie folgt berechnen, wobei $\xi := \omega^2$ und $l = 0, \ldots, M-1$:

$$\alpha_{2l} = \sum_{k=0}^{M-1} g_k \xi^{kl} \quad \text{mit } g_k = f_k + f_{k+M}$$

$$\alpha_{2l+1} = \sum_{k=0}^{M-1} h_k \xi^{kl} \quad \text{mit } h_k = (f_k - f_{k+M})\omega^k,$$

d. h. die Berechnung der α_j kann zurückgeführt werden auf zwei gleichartige Probleme der halben Dimension $M = N/2$.

Beweis. Für den geraden Fall $j = 2l$ folgt wegen $\omega^{Nl} = 1$, dass

$$\alpha_{2l} = \sum_{k=0}^{N-1} f_k \omega^{2kl} = \sum_{k=0}^{N/2-1} \left(f_k \omega^{2kl} + f_{k+N/2}\, \omega^{2(k+N/2)l}\right) = \sum_{k=0}^{M-1} (f_k + f_{k+M})(\omega^2)^{kl}.$$

Analog erhalten wir für ungerade Indices $j = 2l + 1$ wegen $\omega^{N/2} = -1$

$$\begin{aligned}\alpha_{2l+1} &= \sum_{k=0}^{N-1} f_k \omega^{k(2l+1)} = \sum_{k=0}^{N/2-1} \left(f_k \omega^{k(2l+1)} + f_{k+N/2} \omega^{(k+N/2)(2l+1)}\right) \\ &= \sum_{k=0}^{M-1} (f_k - f_{k+M}) \omega^k (\omega^2)^{kl}.\end{aligned}$$

□

Das Lemma lässt sich sowohl auf die diskrete Fourier-Analyse $(f_k) \mapsto (c_j)$ als auch auf die Synthese $(c_j) \mapsto (f_k)$ anwenden. Ist die Anzahl N der gegebenen Punkte eine Zweierpotenz $N = 2^p$, $p \in \mathbb{N}$, so können wir den Prozess iterieren. Dieser Algorithmus heißt auch häufig Algorithmus von J. W. Cooley und J. W. Tukey [85]. Die Rechnung lässt sich im wesentlichen auf einem einzigen Vektor durchführen, wenn die jeweils benutzten Zahlenpaare überschrieben werden. In Algorithmus 7.28 überschreiben wir einfach die Eingabewerte $f_0, \ldots, f_{N-1}$. Dabei wird jedoch die Reihenfolge durch die Trennung von geraden und ungeraden Indices in jedem Reduktionsschritt vertauscht. In Tabelle 7.2 haben wir diese Permutation der Indices illustriert. Wir erhalten die richtigen Indices, indem wir die Reihenfolge der Bits in der Dualdarstellung der Indices umdrehen.

k	dual	1.Reduktion	2.Reduktion	dual
0	000	0	0	000
1	001	2	4	100
2	010	4	2	010
3	011	6	6	110
4	100	1	1	001
5	101	3	5	101
6	110	5	3	011
7	111	7	7	111

Tabelle 7.2. Vertauschen der Indices bei der schnellen Fourier-Transformation für $N = 8$, d. h. $p = 3$

Daher definieren wir eine Permutation σ,

$$\begin{aligned}\sigma : \{0, \ldots, N-1\} &\longrightarrow \{0, \ldots, N-1\}\\ \sum_{j=0}^{p-1} a_j 2^j &\longmapsto \sum_{j=0}^{p-1} a_{p-1-j} 2^j, \qquad a_j \in \{0, 1\},\end{aligned}$$

die diese Operation zur Verfügung stellt und die wir auf einem Rechner durch entsprechende Bitmanipulationen billig realisieren können.

Algorithmus 7.28. Schnelle Fourier Transformation. Der Algorithmus berechnet für $N = 2^p$ und $\omega = e^{\pm 2\pi i/N}$ aus den Eingabewerten $f_0, \ldots, f_{N-1}$ die transformierten Werte $\alpha_0, \ldots, \alpha_{N-1}$ mit $\alpha_j = \sum_{k=0}^{N-1} f_k \omega^{kj}$.

$N_{\text{red}} := N$;
$z := \omega$;
while $N_{\text{red}} > 1$ **do**
  $M_{\text{red}} := N_{\text{red}}/2$;
  for $j := 0$ **to** N/N_{red} **do**
    $l := j N_{\text{red}}$;
    for $k := 0$ **to** $M_{\text{red}} - 1$ **do**
      $a := f_{l+k} + f_{l+k+M_{\text{red}}}$;
      $f_{l+k+M_{\text{red}}} := (f_{l+k} - f_{l+k+M_{\text{red}}}) z^k$;
      $f_{l+k} := a$;

end for
end for
$N_{\text{red}} := M_{\text{red}};$
$z := z^2;$
end while
for $k := 0$ **to** $N-1$ **do**
$\alpha_{\sigma(k)} := f_k$
end for

Pro Reduktionsschritt benötigen wir $2 \cdot 2^p = 2N$ Multiplikationen, wobei die Auswertung der Exponentialfunktion mit einer Multiplikation zählt (rekursive Berechnung von $\cos jx$, $\sin jx$). Nach $p = \log_2 N$ Schritten sind sämtliche $\alpha_0, \ldots, \alpha_{N-1}$ mit einem Aufwand von $2N \log_2 N$ Multiplikationen berechnet.

7.3 Bézier-Technik

Die bisher in diesem Kapitel vorgestellten Themen gehören zum klassischen Teil der Numerischen Mathematik, wie schon die auftretenden Namen – Lagrange und Newton – verraten. Mit der zunehmenden Bedeutung des Computer-gestützten Konstruierens sind in jüngerer Zeit (d. h. in den letzten dreißig Jahren) in der Interpolations- und Approximationstheorie neue Wege beschritten worden, die wir in diesem Abschnitt kurz anreißen wollen. Interessanterweise gewinnen dabei geometrische Aspekte eine entscheidende Bedeutung. Eine Kurve oder Fläche muss so in einem Rechner dargestellt werden, dass sie schnell zu zeichnen und zu manipulieren ist. Um dies zu erreichen, benutzt man Parametrisierungen der geometrischen Objekte, deren kennzeichnende Größen geometrische Bedeutung besitzen.

Wir können in dieser Einführung diese Überlegungen nur in den einfachsten Situationen veranschaulichen. Insbesondere beschränken wir uns auf polynomiale Kurven, d. h. eindimensionale geometrische Objekte. Wer sich näher mit diesem Gebiet beschäftigen möchte, dem seien das Buch von C. de Boor [16] und der neuere Text von G. Farin [31] empfohlen.

Wir beginnen mit einer Verallgemeinerung reellwertiger Polynome.

Definition 7.29. Ein *Polynom* (oder eine *polynomiale Kurve*) *vom Grad n* in $\mathbb{R}^d$ ist eine Funktion P der Form

$$P : \mathbb{R} \to \mathbb{R}^d, \quad P(t) = \sum_{i=0}^{n} a_i t^i \quad \text{mit } a_0, \ldots, a_n \in \mathbb{R}^d,\ a_n \neq 0.$$

Den Raum der Polynome vom Grad kleiner oder gleich n in $\mathbb{R}^d$ bezeichnen wir mit $\boldsymbol{P}_n^d$.

Die für uns interessantesten Fälle sind Kurven im Raum ($d = 3$) oder in der Ebene ($d = 2$). Ist $\{P_0, \dots, P_n\}$ eine Basis von $\boldsymbol{P}_n$ und $\{e_1, \dots, e_d\}$ die Standardbasis des $\mathbb{R}^d$, so bilden die Polynome

$$\{e_i P_j : i = 1, \dots, d \text{ und } j = 0, \dots, n\}$$

eine Basis von $\boldsymbol{P}_n^d$. Den Graphen Γ_P eines Polynoms $P \in \boldsymbol{P}_n^d$

$$\Gamma_P : \mathbb{R} \longrightarrow \mathbb{R}^{d+1}, \quad t \longmapsto (t, P(t)),$$

können wir jetzt wieder als ein Polynom $\Gamma_P \in \boldsymbol{P}_n^{d+1}$ auffassen. Falls P in Koeffizientendarstellung

$$P(t) = a_0 + a_1 t + \dots + a_n t^n$$

vorliegt, so ist

$$\Gamma_P(t) = \binom{0}{a_0} + \binom{1}{a_1} t + \binom{0}{a_2} t^2 + \dots + \binom{0}{a_n} t^n.$$

7.3.1 Bernstein-Polynome und Bézier-Darstellung

Bisher haben wir drei verschiedene Basen des Raumes P_n der Polynome vom Grad kleiner oder gleich n kennengelernt.

a) Monomiale Basis $\{1, t, t^2, \dots, t^n\}$

b) Lagrange-Basis $\{L_0(t), \dots, L_n(t)\}$

c) Newton-Basis $\{\omega_0(t), \dots, \omega_n(t)\}$

Die beiden letztgenannten Basen sind bereits auf die Interpolation ausgerichtet und hängen von den Knoten $t_0, \dots, t_n$ ab. Die Basispolynome, die wir jetzt vorstellen wollen, beziehen sich auf zwei Parameter $a, b \in \mathbb{R}$. Sie sind daher hervorragend geeignet für die *lokale* Darstellung eines Polynoms. Wir bezeichnen im folgenden mit $[a, b]$ auch für $a > b$ das abgeschlossene Intervall *zwischen* den beiden Punkten a und b, d. h. (vgl. Definition 7.37)

$$[a, b] := \{x = \lambda a + (1 - \lambda) b : \lambda \in [0, 1]\}.$$

Der erste Schritt besteht in der affinen Transformation auf das Einheitsintervall $[0, 1]$,

$$\begin{aligned} [a, b] &\longrightarrow [0, 1] \\ t &\longmapsto \lambda = \lambda(t) := \frac{t - a}{b - a}, \end{aligned} \tag{7.22}$$

mit deren Hilfe wir unsere Überlegungen meistens auf [0, 1] beschränken können. Nach dem binomischen Lehrsatz können wir die Einsfunktion darstellen als

$$1 = ((1-\lambda)+\lambda)^n = \sum_{i=0}^{n} \binom{n}{i} (1-\lambda)^{n-i} \lambda^i .$$

Die Summanden dieser Zerlegung der Eins sind genau die *Bernstein-Polynome* bzgl. des Intervalls [0, 1]. Komponieren wir diese mit obiger affiner Transformation (7.22), so erhalten wir die Bernstein-Polynome bzgl. der Parameter a, b.

Definition 7.30. Das *i-te Bernstein-Polynom* vom Grad n bezüglich des Intervalls [0, 1] ist das Polynom $B_i^n \in \boldsymbol{P}_n$ mit

$$B_i^n(\lambda) := \binom{n}{i} (1-\lambda)^{n-i} \lambda^i ,$$

wobei $i = 0, \dots, n$. Analog ist $B_i^n(\cdot\, ; a, b) \in \boldsymbol{P}_n$ mit

$$B_i^n(t; a, b) := B_i^n(\lambda(t)) = B_i^n\left(\frac{t-a}{b-a}\right) = \frac{1}{(b-a)^n} \binom{n}{i} (t-a)^i (b-t)^{n-i}$$

das *i-te Bernstein-Polynom* vom Grad n bezüglich des Intervalls $[a, b]$.

Anstelle von $B_i^n(t; a, b)$ schreiben wir im folgenden häufig einfach $B_i^n(t)$, wenn eine Verwechslung mit den Bernstein-Polynomen $B_i^n(\lambda)$ bzgl. [0, 1] ausgeschlossen ist. In dem folgenden Satz stellen wir die wichtigsten Eigenschaften der Bernstein-Polynome zusammen.

Satz 7.31. *Für die Bernstein-Polynome $B_i^n(\lambda)$ gilt:*

1. $\lambda = 0$ *ist i-fache Nullstelle von* B_i^n.
2. $\lambda = 1$ *ist $(n-i)$-fache Nullstelle von* B_i^n.
3. $B_i^n(\lambda) = B_{n-i}^n(1-\lambda)$ *für* $i = 0, \dots, n$ *(Symmetrie).*
4. $(1-\lambda)B_0^n = B_0^{n+1}$ *und* $\lambda B_n^n = B_{n+1}^{n+1}$.
5. *Die Bernstein-Polynome* B_i^n *sind nicht negativ auf* [0, 1] *und bilden eine Partition der Eins, d. h.*

$$B_i^n(\lambda) \ge 0 \ \textit{für}\ \lambda \in [0,1] \quad \textit{und} \quad \sum_{i=0}^{n} B_i^n(\lambda) = 1 \ \textit{für}\ \lambda \in \mathbb{R}.$$

6. B_i^n *hat im Intervall* [0, 1] *genau ein Maximum, und zwar bei* $\lambda = i/n$.

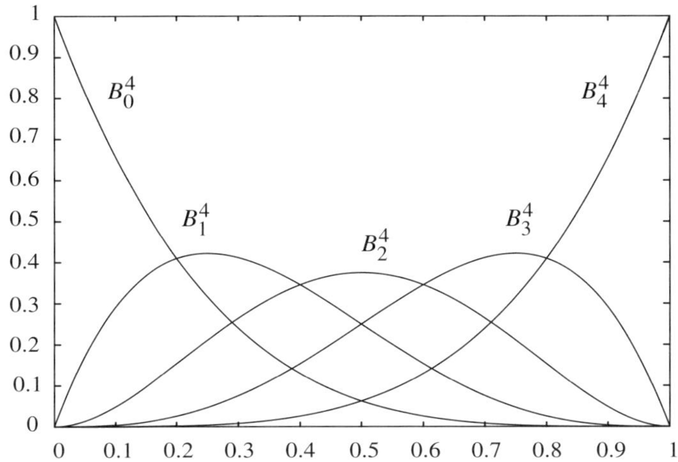

Abbildung 7.4. Bernstein-Polynome für $n = 4$

7. *Die Bernstein-Polynome genügen der Rekursionsformel*

$$B_i^n(\lambda) = \lambda B_{i-1}^{n-1}(\lambda) + (1-\lambda)B_i^{n-1}(\lambda) \tag{7.23}$$

für $i = 1, \ldots, n$ und $\lambda \in \mathbb{R}$.

8. *Die Bernstein-Polynome bilden eine Basis $\mathcal{B} := \{B_0^n, \ldots, B_n^n\}$ von $\boldsymbol{P}_n$.*

Beweis. Die ersten fünf Aussagen sind offensichtlich oder lassen sich leicht nachrechnen. Die Aussage 6. folgt aus der Tatsache, dass

$$\frac{d}{d\lambda} B_i^n(\lambda) = \binom{n}{r}(1-\lambda)^{n-i-1}\lambda^{i-1}(i - n\lambda)$$

für $i = 1, \ldots, n$. Die Rekursionsformel (7.23) folgt aus der Definition und der Formel

$$\binom{n}{i} = \binom{n-1}{i-1} + \binom{n-1}{i}$$

für die Binomialkoeffizienten. Für die letzte Aussage zeigen wir, dass die $n+1$ Polynome B_i^n linear unabhängig sind. Denn falls

$$0 = \sum_{i=0}^{n} b_i B_i^n(\lambda),$$

so gilt wegen 1. und 2., dass

$$0 = \sum_{i=0}^{n} b_i B_i^n(1) = b_n B_n^n(1) = b_n$$

und daher induktiv $b_0 = \cdots = b_n = 0$. □

Analoge Aussagen gelten natürlich auch für die Bernstein-Polynome bezüglich des Intervalls $[a, b]$. Das Maximum von $B_i^n(t; a, b)$ in $[a, b]$ liegt hier bei

$$t = a + \frac{i}{n}(b - a).$$

Bemerkung 7.32. Die Eigenschaft, dass die Bernstein-Polynome eine Partition der Eins bilden, ist äquivalent zu der Tatsache, dass die Bézier-Punkte *affin invariant* sind. Falls $\phi : \mathbb{R}^d \to \mathbb{R}^d$ eine affine Abbildung ist,

$$\begin{aligned} \phi : \mathbb{R}^d &\longrightarrow \mathbb{R}^d \quad \text{mit } A \in \mathrm{Mat}_d(\mathbb{R}) \text{ und } v \in \mathbb{R}^d \\ u &\longmapsto Au + v, \end{aligned}$$

so sind die Bilder $\phi(b_i)$ der Bézier-Punkte b_i eines Polynoms $P \in \boldsymbol{P}_n^d$ die Bézier-Punkte von $\phi \circ P$.

Wir wissen nun, dass wir jedes Polynom $P \in \boldsymbol{P}_n^d$ bzgl. der Bernstein-Basis schreiben können als Linearkombination

$$P(t) = \sum_{i=0}^{n} b_i B_i^n(t; a, b), \quad b_i \in \mathbb{R}^d. \tag{7.24}$$

Bemerkung 7.33. Aus der Symmetrie $B_i^n(\lambda) = B_{n-i}^n(1 - \lambda)$ der Bernstein-Polynome folgt insbesondere, dass

$$\sum_{i=0}^{n} b_i B_i^n(t; a, b) = \sum_{i=0}^{n} b_{n-i} B_i^n(t; b, a),$$

d. h. die Bézier-Koeffizienten bezüglich b, a sind gerade die von a, b in umgekehrter Reihenfolge.

Die Koeffizienten $b_0, \ldots, b_n$ heißen *Kontroll-* oder *Bézier-Punkte* von P, der durch sie bestimmte Streckenzug *Bézier-Polygon*. So sind z. B. die Bézier-Punkte des Polynoms $P(t) = t$ wegen

$$\lambda = \sum_{i=0}^{n} \frac{i}{n} B_i^n(\lambda) \implies t = \sum_{i=0}^{n} \big(a + \frac{i}{n}(b - a)\big) B_i^n(t; a, b)$$

gerade die Maxima $b_i = a + \frac{i}{n}(b - a)$ der Bernstein-Polynome. Die Bézier-Darstellung des Graphen Γ_P eines Polynoms P wie in (7.24) ist daher gerade

$$\Gamma_P(t) = \begin{pmatrix} t \\ P(t) \end{pmatrix} = \sum_{i=0}^{n} \begin{pmatrix} a + \frac{i}{n}(b-a) \\ b_i \end{pmatrix} B_i^n(t; a, b). \tag{7.25}$$

In Abbildung 7.5 haben wir den Graphen eines kubischen Polynoms zusammen

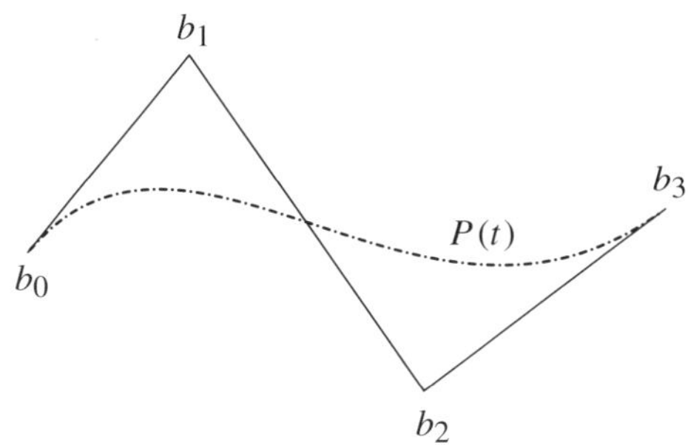

Abbildung 7.5. Kubisches Polynom mit seinen Bézier-Punkten

mit seinem Bézier-Polygon gezeichnet. Es fällt auf, dass die Form der Kurve eng mit der des Bézier-Polygons verknüpft ist. Dieser geometrischen Bedeutung der Bézier-Punkte wollen wir im folgenden näher auf den Grund gehen. Zunächst ist nach Satz 7.31 klar, dass die Anfangs- und Endpunkte der polynomialen Kurve und des Bézier-Polygons zusammenfallen. Ferner scheinen auch die Tangenten in den Randpunkten mit den Randstrecken des Bézier-Polygons übereinzustimmen. Um diese Eigenschaft zu überprüfen, berechnen wir die Ableitungen eines Polynoms in Bézier-Darstellung. Wir beschränken uns dabei auf die Ableitungen für die Bézier-Darstellung bezüglich des Einheitsintervalls $[0, 1]$. Zusammen mit der Ableitung der Affintransformation $\lambda(t)$ von $[a, b]$ auf $[0, 1]$,

$$\frac{d}{dt}\lambda(t) = \frac{1}{b-a},$$

gewinnt man daraus natürlich sofort die Ableitungen im allgemeinen Fall.

Lemma 7.34. *Für die Ableitung der Bernstein-Polynome $B_i^n(\lambda)$ bzgl. $[0, 1]$ gilt*

$$\frac{d}{d\lambda} B_i^n(\lambda) = \begin{cases} -n B_0^{n-1} & \text{für } i = 0, \\ n(B_{i-1}^{n-1}(\lambda) - B_i^{n-1}(\lambda)) & \text{für } i = 1, \dots, n-1, \\ n B_{n-1}^{n-1}(\lambda) & \text{für } i = n. \end{cases}$$

Beweis. Die Behauptung ergibt sich aus

$$\frac{d}{d\lambda} B_i^n(\lambda) = \binom{n}{i} \left[i(1-\lambda)^{n-i} \lambda^{i-1} - (n-i)(1-\lambda)^{n-i-1} \lambda^i \right]$$

unter Ausnutzung der Identitäten von Satz 7.31. □

Satz 7.35. *Sei* $P(\lambda) = \sum_{i=0}^n b_i B_i^n(\lambda)$ *ein Polynom in Bézier-Darstellung bzgl.* $[0, 1]$. *Dann gilt für die* k*-te Ableitung von* P

$$P^{(k)}(\lambda) = \frac{n!}{(n-k)!} \sum_{i=0}^{n-k} \Delta^k b_i B_i^{n-k}(\lambda),$$

wobei der Vorwärtsdifferenzenoperator Δ *auf dem unteren Index operiert, d. h.*

$$\Delta^1 b_i := b_{i+1} - b_i \quad \textit{und} \quad \Delta^k b_i := \Delta^{k-1} b_{i+1} - \Delta^{k-1} b_i \quad \textit{für } k > 1.$$

Beweis. Induktion über k, siehe Aufgabe 7.6. □

Korollar 7.36. *Für die Randpunkte* $\lambda = 0, 1$ *erhält man die Werte*

$$P^{(k)}(0) = \frac{n!}{(n-k)!} \Delta^k b_0 \quad \textit{und} \quad P^{(k)}(1) = \frac{n!}{(n-k)!} \Delta^k b_{n-k},$$

also speziell bis zur zweiten Ableitung

a) $P(0) = b_0$ *und* $P(1) = b_n$,

b) $P'(0) = n(b_1 - b_0)$ *und* $P'(1) = n(b_n - b_{n-1})$,

c) $P''(0) = n(n-1)(b_2 - 2b_1 + b_0)$ *und* $P''(1) = n(n-1)(b_n - 2b_{n-1} + b_{n-2})$.

Beweis. Man beachte, dass $B_i^{n-k}(0) = \delta_{0,i}$ und $B_i^{n-k}(1) = \delta_{n-k,i}$. □

Folgerung 7.36 bestätigt also tatsächlich unsere oben beschriebenen geometrischen Beobachtungen. Wichtig ist dabei, dass die Kurve in einem Randpunkt bis zur k-ten Ableitung durch die k nächstliegenden Bézier-Punkte bestimmt ist. Diese Eigenschaft wird uns unten bei der Verheftung mehrerer Kurvenstücke entscheidende Hilfestellung leisten. Die Bézier-Punkte besitzen aber noch darüber hinausgehende geometrische Bedeutung. Um diese zu beschreiben, benötigen wir den Begriff der *konvexen Hülle* einer Menge $A \subset \mathbb{R}^d$, den wir hier kurz wiederholen.

Definition 7.37. Eine Menge $A \subset \mathbb{R}^d$ heißt *konvex*, falls mit je zwei Punkten $x, y \in A$ auch deren Verbindungsstrecke ganz in A liegt, d. h.

$$[x, y] := \{\lambda x + (1-\lambda)y : \lambda \in [0, 1]\} \subset A \quad \text{für alle } x, y \in A.$$

Die *konvexe Hülle* $\mathrm{co}(A)$ einer Menge $A \subset \mathbb{R}^d$ ist die kleinste konvexe Teilmenge von $\mathbb{R}^d$, die A enthält. Eine Linearkombination der Form

$$x = \sum_{i=1}^{k} \lambda_i x_i, \quad \text{mit } x_i \in \mathbb{R}^d, \lambda_i \geq 0 \text{ und } \sum_{i=1}^{k} \lambda_i = 1$$

heißt *Konvexkombination* der $x_1, \ldots, x_k$.

Bemerkung 7.38. Die konvexe Hülle $\mathrm{co}(A)$ von $A \subset \mathbb{R}^d$ ist die Menge aller Konvexkombinationen von Punkten aus A, d. h.

$$\begin{aligned} \mathrm{co}(A) &= \bigcap \{B \subset \mathbb{R}^d : B \text{ konvex mit } A \subset B\} \\ &= \Big\{x = \sum_{i=1}^{m} \lambda_i x_i : m \in \mathbb{N},\ x_i \in A,\ \lambda_i \geq 0,\ \sum_{i=1}^{m} \lambda_i = 1\Big\}. \end{aligned}$$

Der folgende Satz sagt nun gerade, dass eine polynomiale Kurve stets in der konvexen Hülle ihrer Bézier-Punkte liegt.

Satz 7.39. *Das Bild $P([a, b])$ eines Polynoms $P \in \boldsymbol{P}_n^d$ in Bernstein-Darstellung $P(t) = \sum_{i=0}^n b_i B_i^n(t; a, b)$ bzgl. $[a, b]$ liegt in der konvexen Hülle der Bézier-Punkte b_i, d. h.*

$$P(t) \in \mathrm{co}(b_0, \ldots, b_n) \quad \text{für } t \in [a, b].$$

Insbesondere liegt der Graph des Polynoms für $t \in [a, b]$ in der konvexen Hülle der Punkte b_i.

Beweis. Die Bernstein-Polynome bilden auf $[a, b]$ eine nicht negative Zerlegung der 1, d. h. $B_i^n(t; a, b) \geq 0$ für $t \in [a, b]$ und $\sum_{i=0}^n B_i^n(t) = 1$. Daher ist

$$P(t) = \sum_{i=0}^{n} b_i B_i^n(t; a, b)$$

eine Konvexkombination der Bézier-Punkte $b_0, \ldots, b_n$. Die zweite Aussage folgt aus der Bézier-Darstellung (7.25) des Graphen Γ_P von P. □

Anschaulich bedeutet dies für ein kubisches Polynom $P \in \boldsymbol{P}_3$ wie bereits in Abbildung 7.5 zu sehen ist, dass der Graph von P für $t \in [a, b]$ ganz in der konvexen

Hülle der vier Bézier-Punkte b_1, b_2, b_3 und b_4 liegt. Der Name Kontrollpunkt erklärt sich nun dadurch, dass sich die Punkte b_i aufgrund ihrer geometrischen Bedeutung gut zur Steuerung einer polynomialen Kurve eignen. Der Kontrollpunkt b_i hat wegen Satz 7.31 gerade an der Stelle $\lambda = i/n$ das größte „Gewicht" $B_i^n(\lambda)$, über der er aufgetragen wird. Dies ist ein weiterer Grund dafür, dass die Kurve zwischen a und b eng mit dem Bézier-Polygon zusammenhängt, wie dies die Zeichnung andeutet.

7.3.2 Algorithmus von de Casteljau

Die Bedeutung der Bézier-Darstellung beruht neben der geometrischen Interpretation der Bézier-Punkte vor allem darauf, dass es einen auf fortgesetzter Konvexkombination beruhenden Algorithmus gibt, der neben dem Funktionswert $P(t)$ an einer beliebigen Stelle t auch noch Informationen über die Ableitungen liefert. Darüber hinaus kann derselbe Algorithmus benutzt werden, um die Bézier-Kurve in zwei Teilsegmente zu unterteilen. Wiederholt man diese Unterteilung in Teilsegmente, so konvergiert die Folge der Bézier-Polygone extrem schnell (bei Halbierung des Intervalls exponentiell) gegen die Kurve, so dass sich dieses Verfahren sehr gut eignet, um eine Kurve, z. B. in der Computergraphik, effektiv zu zeichnen. Dieses Konstruktionsprinzip ist auch maßgeschneidert für die Steuerung einer Fräse, die ja nur Material „wegnehmen" kann. Wir beginnen mit der Definition der sogenannten *Teilpolynome* von P.

Definition 7.40. Sei $P(\lambda) = \sum_{i=0}^n b_i B_i^n(\lambda)$ ein Polynom in Bézier-Darstellung bzgl. $[0, 1]$. Dann definieren wir die *Teilpolynome* $b_i^k \in \boldsymbol{P}_k^d$ von P für $i = 0, \dots, n-k$ durch

$$b_i^k(\lambda) := \sum_{j=0}^{k} b_{i+j} B_j^k(\lambda) = \sum_{j=i}^{i+k} b_j B_{j-i}^k(\lambda).$$

Für ein Polynom $P(t) = \sum_{i=0}^n b_i B_i^n(t; a, b)$ in Bézier-Darstellung bzgl. $[a, b]$ sind die Teilpolynome b_i^k analog erklärt durch

$$b_i^k(t; a, b) := b_i^k(\lambda(t)) = \sum_{j=0}^{k} b_{i+j} B_j^k(t; a, b).$$

Das Teilpolynom $b_i^k \in \boldsymbol{P}_k^d$ ist also gerade das durch die Bézier-Punkte $b_i, \dots, b_{i+k}$ definierte Polynom (siehe Abbildung 7.6). Wenn keine Verwechslung möglich ist, erlauben wir uns, für $b_i^k(t; a, b)$ auch einfach $b_i^k(t)$ zu schreiben. Insbesondere ist $b_0^n(t) = P(t)$ das Ausgangspolynom und $b_i^0(t) = b_i$ seine Bézier-Punkte für alle $t \in \mathbb{R}$. Ferner gilt für die Randpunkte, dass

$$b_i^k(a) = b_i \quad \text{und} \quad b_i^k(b) = b_{i+k}.$$

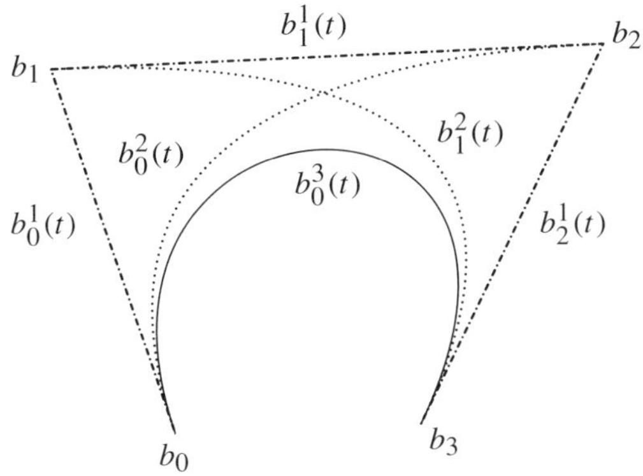

Abbildung 7.6. Kubisches Polynom mit seinen Teilpolynomen

In Analogie zum Lemma von Aitken gilt folgende Rekursionsformel, welche die Grundlage des Algorithmus von de Casteljau bildet.

Lemma 7.41. *Die Teilpolynome $b_i^k(t)$ von $P(t) = \sum_{i=0}^n b_i B_i^n(t; a, b)$ genügen der Rekursion*

$$b_i^k = (1-\lambda) b_i^{k-1} + \lambda b_{i+1}^{k-1} \quad \textit{mit } \lambda = \lambda(t) = \frac{t-a}{b-a}$$

für $k = 0, \ldots, n$ und $i = 0, \ldots, n-k$.

Beweis. Wir setzen die Rekursionsformel (7.23) in die Definition der Teilpolynome b_i^k ein und erhalten

$$\begin{aligned} b_i^k &= \sum_{j=0}^{k} b_{i+j} B_j^k = b_i B_0^k + b_{i+k} B_k^k + \sum_{j=1}^{k-1} b_{i+j} B_j^k \\ &= b_i (1-\lambda) B_0^{(k-1)} + b_{i+k} \lambda B_{k-1}^{k-1} + \sum_{j=1}^{k-1} \left((1-\lambda) B_j^{k-1} + \lambda B_{j-1}^{k-1} \right) \\ &= \sum_{j=0}^{k-1} b_{i+j} (1-\lambda) B_j^{k-1} + \sum_{j=1}^{k} \lambda B_{j-1}^{k-1} \\ &= (1-\lambda) b_i^{k-1} + \lambda b_{i+1}^{k-1}. \end{aligned}$$

□

Da $b_i^0(t) = b_i$ können wir den Funktionswert $P(t) = b_0^n(t)$ durch fortgesetzte Konvexkombination (für $t \notin [a, b]$ ist es nur eine Affinkombination) aus den Bézier-

Punkten b_i berechnen. Die Hilfspunkte b_i^k können wir analog zum Schema von Neville in dem sogenannten *Schema von de Casteljau* anordnen.

$$\begin{array}{lllllll}
b_n & = b_n^0 & & & & & \\
& & \searrow & & & & \\
b_{n-1} & = b_{n-1}^0 & \to & b_{n-1}^1 & & & \\
& \vdots & & & \ddots & & \\
b_1 & = b_1^0 & \to & \cdots & \to & b_1^{n-1} & \\
& & \searrow & & & & \searrow \\
b_0 & = b_0^0 & \to & \cdots & \to & b_0^{n-1} & \to b_0^n
\end{array}$$

Tatsächlich verbergen sich hinter den Hilfspunkten b_i^k des de Casteljau-Schemas auch die Ableitungen von P, wie der folgende Satz zeigt. Dabei betrachten wir wieder nur die Bézier-Darstellung bezüglich des Einheitsintervalls $[0, 1]$.

Satz 7.42. *Sei $P(\lambda) = \sum_{i=0}^n b_i B_i^n(\lambda)$ ein Polynom in Bézier-Darstellung bzgl. $[0, 1]$. Dann lassen sich die Ableitungen $P^{(k)}(\lambda)$ für $k = 0, \dots, n$ aus den Teilpolynomen $b_i^k(\lambda)$ gemäß*

$$P^{(k)}(\lambda) = \frac{n!}{(n-k)!} \Delta^k b_0^{n-k}(\lambda)$$

berechnen, wobei $\Delta b_i^k = b_{i+1}^k - b_i^k$.

Beweis. Die Behauptung folgt aus Satz 7.35 und der Tatsache, dass wir den Vorwärtsdifferenzenoperator mit der Summe vertauschen dürfen:

$$\begin{aligned}
P^{(k)}(\lambda) &= \frac{n!}{(n-k)!} \sum_{i=0}^{n-k} \Delta^k b_i B_i^{n-k}(\lambda) = \frac{n!}{(n-k)!} \Delta^k \sum_{i=0}^{n-k} b_i B_i^{n-k}(\lambda) \\
&= \frac{n!}{(n-k)!} \Delta^k b_0^{n-k}(\lambda).
\end{aligned}$$

□

Die k-te Ableitung $P^{(k)}(\lambda)$ an der Stelle λ berechnet sich also aus der $(n-k)$-ten Spalte des de Casteljau-Schemas. Insbesondere gilt

$$\begin{aligned}
P(t) &= b_0^n, \\
P'(t) &= n(b_1^{n-1} - b_0^{n-1}), \\
P''(t) &= n(n-1)(b_2^{n-2} - 2b_1^{n-2} + b_0^{n-2}).
\end{aligned} \tag{7.26}$$

Bislang haben wir nur die Bézier-Darstellung eines einzelnen Polynoms bezüglich eines festen Bezugsintervalls betrachtet. Offen bleibt dabei die Frage, wie sich die Bézier-Punkte transformieren, wenn wir das Bezugsintervall wechseln (siehe Abbildung 7.7). Auch wäre es interessant zu wissen, wie wir mehrere polynomiale Kurven-

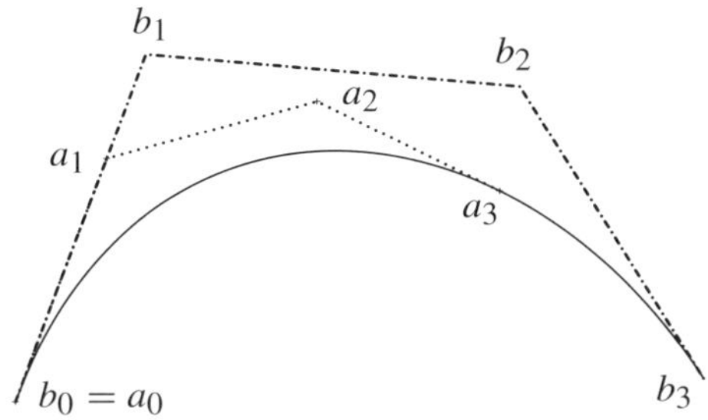

Abbildung 7.7. Kubisches Polynom mit zwei Bézier-Darstellungen

stücke stetig oder glatt aneinanderfügen können (siehe Abbildung 7.8). Schließlich

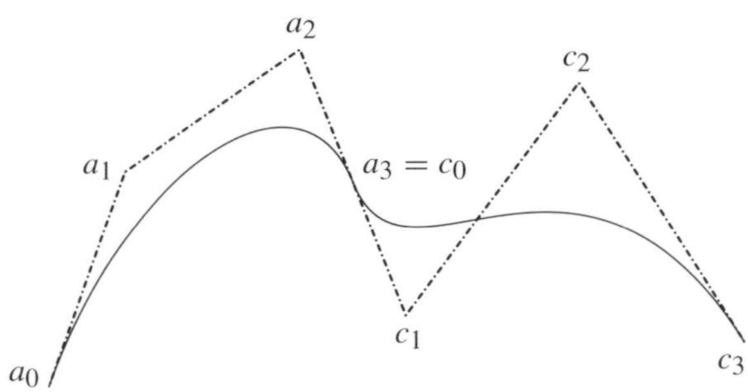

Abbildung 7.8. Zwei kubische Bézier-Kurven mit C^1-Übergang bei $a_3 = c_0$

ist uns an einer Möglichkeit gelegen, Kurven zu unterteilen, in dem Sinn, dass wir das Bezugsintervall zerlegen und die Bézier-Punkte für die Teilintervalle berechnen (siehe Abbildung 7.9). Da die Kurve nach Satz 7.39 in der konvexen Hülle der Bézier-Punkte liegt, ist klar, dass sich die Bézier-Polygone bei zunehmend feinerer Unterteilung der Kurve mehr und mehr annähern. Wie bereits in den Abbildungen sichtbar wird, sind diese drei Fragestellungen eng miteinander verknüpft. Wir werden sehen, dass sie sich im Kontext der Bézier-Technik leicht lösen lassen. Die verbindenden Elemente sind die Teilpolynome. Wir haben bereits in Folgerung 7.36 gesehen, dass eine Bézier-Kurve P in einem Randpunkt bis zur k-ten Ableitung durch die k

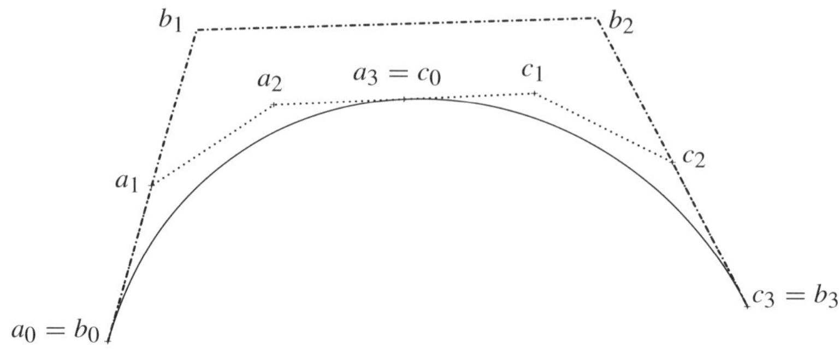

Abbildung 7.9. Unterteilung einer kubischen Bézier-Kurve

nächstliegenden Bézier-Punkte bestimmt ist. Es gilt auch die Umkehrung: Die Werte von P bis zur k-ten Ableitung an der Stelle $\lambda = 0$ legen bereits die Bézier-Punkte $b_0, \ldots, b_k$ fest. Genauer gilt dies sogar für die Teilpolynome $b_0^0(\lambda), \ldots, b_0^k(\lambda)$, wie wir im folgenden Lemma beweisen.

Lemma 7.43. *Das Teilpolynom $b_0^k(\lambda)$ einer Bézier-Kurve*

$$P(\lambda) = b_0^n(\lambda) = \sum_{i=0}^{n} b_i B_i^n(\lambda)$$

ist durch die Werte von P bis einschließlich der k-ten Ableitung an der Stelle $\lambda = 0$ vollständig bestimmt.

Beweis. Nach Satz 7.42 gilt für die Ableitungen an der Stelle $\lambda = 0$

$$\frac{d^l}{d\lambda^l} b_0^k(0) = \frac{k!}{(k-l)!} \Delta^l b_0 = \frac{(n-l)!\,k!}{(k-l)!\,n!} \frac{d^l}{d\lambda^l} b_0^n(0)$$

für $l = 0, \ldots, k$. Da ein Polynom durch alle Ableitungen an einer Stelle vollständig bestimmt ist, folgt die Behauptung. □

Zusammen mit Folgerung 7.36 erhalten wir folgenden Satz.

Satz 7.44. *Seien $P(t) = a_0^n(t; a, b)$ und $Q(t) = b_0^n(t; a, c)$ zwei Bézier-Kurven bezüglich a, b bzw. a, c. Dann sind die folgenden Aussagen äquivalent:*

(i) *$P(t)$ und $Q(t)$ stimmen an der Stelle $t = a$ bis zur k-ten Ableitung überein, d. h.*

$$P^{(l)}(a) = Q^{(l)}(a) \quad \textit{für } l = 0, \ldots, k.$$

(ii) $a_0^k(t; a, b) = b_0^k(t; a, c)$ *für alle* $t \in \mathbb{R}$.

(iii) $a_0^l(t; a, b) = b_0^l(t; a, c)$ *für alle* $t \in \mathbb{R}$ *und* $l = 0, \ldots, k$.

(iv) $a_l = b_0^l(b; a, c)$ *für* $l = 0, \ldots, k$.

Beweis. Wir zeigen (i) $\Leftrightarrow$ (ii) $\Rightarrow$ (iii) $\Rightarrow$ (iv) $\Rightarrow$ (ii). Nach Folgerung 7.36 und Lemma 7.43 stimmen die beiden Kurven $P(t)$ und $Q(t)$ genau dann an der Stelle $t = a$ bis zur k-ten Ableitung überein, wenn sie dieselben Teilpolynome $a_0^k(t; a, b) = b_0^k(t; a, c)$ besitzen. Daher sind die beiden ersten Aussagen äquivalent. Stimmen a_0^k und b_0^k überein, so auch ihre Teilpolynome a_0^l und b_0^l für $l = 0, \ldots, k$, d. h. aus (ii) folgt (iii). Setzen wir in (iii) $t = b$ ein, so folgt speziell

$$a_l = a_0^l(1) = a_0^l(b; a, b) = b_0^l(b; a, c),$$

also (iv). Da ein Polynom durch seine Bézier-Koeffizienten eindeutig bestimmt ist, folgt aus (iv) aber auch (ii) und damit die Äquivalenz der vier Aussagen. □

Mit diesem Resultat können wir unsere drei Fragen leicht beantworten. Als erste Folgerung berechnen wir die Bézier-Punkte, die bei der *Unterteilung* des Bezugsintervalls entstehen. Dies beantwortet gleichzeitig die Frage nach der Änderung des Bezugsintervalls.

Korollar 7.45. *Seien*

$$a_0^n(t; a, b) = b_0^n(t; a, c) = c_0^n(t; b, c)$$

die Bézier-Darstellungen einer polynomialen Kurve $P(t)$ *bezüglich der Intervalle* $[a, b]$, $[a, c]$ *und* $[b, c]$, *d. h.*

$$P(t) = \sum_{i=0}^{n} a_i B_i^n(t; a, b) = \sum_{i=0}^{n} b_i B_i^n(t; a, c) = \sum_{i=0}^{n} c_i B_i^n(t; b, c)$$

(siehe Abbildung 7.9). Dann lassen sich die Bézier-Koeffizienten a_i *und* c_i *der Teilkurven aus den Bézier-Koeffizienten* b_i *bezüglich des Gesamtintervalls berechnen gemäß*

$$a_k = b_0^k(b; a, c) \quad \textit{und} \quad c_k = b_k^{n-k}(b; a, c)$$

für $k = 0, \ldots, n$.

Beweis. Da ein Polynom vom Grad n durch seine Ableitungen an einem Punkt vollständig bestimmt wird, folgt die Aussage aus Satz 7.44 für $k = n$ und der Symmetrie der Bézier-Darstellung, siehe Bemerkung 7.33. □

Da die Kurvenstücke jeweils in der konvexen Hülle ihrer Bézier-Punkte liegt, konvergieren die zugehörigen Bézier-Polynome bei fortgesetzte Unterteilung gegen die Kurve. Die Auswertung eines Polynoms mit Hilfe dieses Verfahrens ist äußerst stabil, da im Algorithmus von de Casteljau nur Konvexkombinationen berechnet werden. In Abbildung 7.10 haben wir das Bezugsintervall einer Bézier-Kurve vom Grad 4 jeweils halbiert und die Bézier-Polygone der ersten drei Unterteilungen eingezeichnet. Bereits nach wenigen Unterteilungen ist die Kurve kaum noch von dem Polygonzug zu unterscheiden.

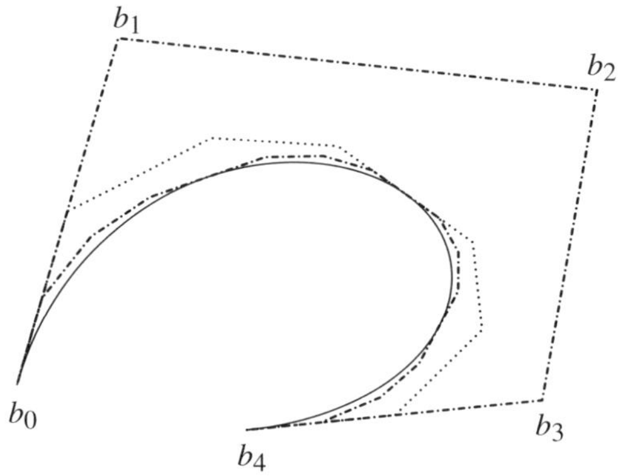

Abbildung 7.10. Dreimalige Unterteilung einer Bézier-Kurve vom Grad $n = 4$

Nutzen wir tatsächlich aus, dass nur die Ableitungen an einer Stelle übereinstimmen müssen, so können wir auch das Problem der stetigen Verheftung zweier polynomialer Kurven lösen:

Korollar 7.46. *Eine zusammengesetzte Bézier-Kurve*

$$R(t) = \begin{cases} a_0^n(t; a, b), & \text{falls } a \le t < b, \\ c_0^n(t; b, c), & \text{falls } b \le t \le c, \end{cases}$$

ist genau dann C^k-stetig, falls

$$c_l = a_{n-l}^l(c; a, b) \quad \text{für } l = 0, \ldots, k$$

oder äquivalent

$$a_{n-l} = c_l^0(a; b, c) \quad \text{für } l = 0, \ldots, k.$$

Durch die C^k-Stetigkeit sind also die ersten $k + 1$ Bézier-Punkte der zweiten Teilkurve durch die letzten $k + 1$ Bézier-Punkte der ersten bestimmt und umgekehrt. Eine Polynom $a_0^n(t; a, b)$ über $[a, b]$ lässt sich daher C^k-stetig durch ein Polynom

$c_0^n(t; b, c)$ über $[b, c]$ fortsetzen, indem die Bézier-Punkte $c_0, \ldots, c_k$ gemäß Folgerung 7.45 mit Hilfe des Algorithmus von de Casteljau bestimmt werden, während die übrigen $c_{k+1}, \ldots, c_n$ frei wählbar sind.

Speziell ist die zusammengesetzte Kurve $R(t)$ genau dann *stetig*, wenn

$$a_n = c_0.$$

Sie ist genau dann *stetig differenzierbar*, wenn zusätzlich

$$c_1 = a_{n-1}^1(c; a, b) = a_{n-1}^1(\lambda) \;=\; (1-\lambda)a_{n-1} + \lambda a_n \quad \text{mit } \lambda = \tfrac{c-a}{b-a}$$

oder äquivalent

$$a_{n-1} = c_0^1(a; b, c) = c_0^1(\mu) \;=\; (1-\mu)c_0 + \mu c_1 \quad \text{mit } \mu = \tfrac{a-b}{c-b}.$$

Daraus folgt, dass

$$a_n = c_0 = \frac{c-b}{c-a} a_{n-1} + \frac{b-a}{c-a} c_1, \tag{7.27}$$

d. h. der Punkt $a_n = c_0$ muss die Strecke $[a_{n-1}, c_1]$ im Verhältnis $c - b$ zu $b - a$ teilen. Fügen sich die Kurvenstücke C^2*-stetig* aneinander, so beschreiben a_{n-2}, a_{n-1} und a_n dieselbe Parabel wie c_0, c_1 und c_2, und zwar bezüglich $[a, b]$ bzw. $[b, c]$. Nach Folgerung 7.46 sind die Bézier-Punkte dieser Parabel bezüglich des gesamten Intervalls $[a, c]$ gerade a_{n-2}, d und c_2, wobei d der Hilfspunkt

$$d := a_{n-2}^1(c; a, b) = a_{n-2}^1(\lambda) = c_1^1(a; b, c) = c_1^1(\mu)$$

ist (siehe Abbildung 7.11). Ferner folgt aus der C^2-Stetigkeit nach der Folgerung 7.46,

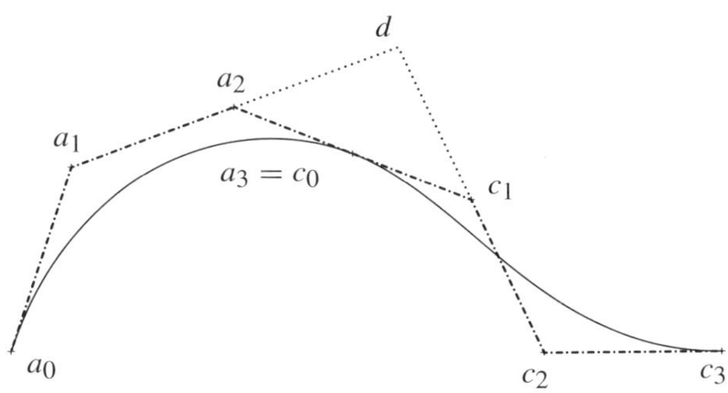

Abbildung 7.11. Zwei kubische Bézier-Kurven mit C^2-Übergang bei $a_3 = c_0$

dass

$$c_2 = a_{n-2}^2(\lambda) = (1-\lambda)\underbrace{a_{n-2}^1(\lambda)}_{=d} + \lambda\underbrace{a_{n-1}^1(\lambda)}_{=c_1}$$

und

$$a_{n-2} = c_0^2(\mu) = (1-\mu)\underbrace{c_0^1(\mu)}_{=b_2} + \mu\underbrace{c_1^1(\mu)}_{=d}.$$

Die zusammengesetzte Kurve ist daher genau dann C^2-stetig, falls es einen Punkt d gibt, so dass

$$c_2 = (1-\lambda)d + \lambda c_1 \quad \text{und} \quad a_{n-2} = (1-\mu)a_{n-1} + \mu d.$$

Der Hilfspunkt d, der sogenannte *de Boor-Punkt*, wird im nächsten Abschnitt bei der Konstruktion kubischer Splines eine wichtige Rolle spielen.

7.4 Splines

Wie wir gesehen haben, ist die klassische Polynominterpolation ungeeignet, das Approximationsproblem bei einer großen Anzahl von äquidistanten Knoten zu lösen. Polynome hohen Grades neigen zu starken Oszillationen, wie die Skizzen der Lagrange-Polynome verdeutlichen (siehe Abbildung 7.2). Sie verderben so evtl. nicht nur die Kondition (kleine Änderungen der Stützwerte f_i bewirken große Änderungen des Interpolationspolynoms $P(t)$ an Zwischenstellen $t \neq t_i$), sondern führen auch zu starken Schwingungen der interpolierenden Kurve zwischen den Stützstellen. Wie man sich vorstellen kann, sind derartige Schwingungen höchst unerwünscht. Man denke nur an die dadurch verursachten Vibrationen einer Flugzeugtragfläche, die nach einer solchen Interpolationskurve geformt würde. Verlangen wir, dass eine interpolierende Kurve „möglichst glatt" durch gegebene Stützpunkte (t_i, f_i) verläuft, so liegt es näher, lokal Polynome *niedrigen Grades* zu verwenden und diese an den Stützpunkten miteinander zu verheften. Als erste Möglichkeit haben wir in Beispiel 7.7 die kubische Hermite-Interpolation kennengelernt, die allerdings an die spezielle Vorgabe von Funktionswerten und Ableitungen an den Knoten gebunden war. Eine zweite Möglichkeit sind die sogenannten *Spline-Funktionen*, mit denen wir uns in diesem Kapitel beschäftigen werden.

7.4.1 Splineräume und B-Splines

Wir beginnen mit der Definition der Splines der Ordnung k über einem Gitter $\Delta = \{t_0, \ldots, t_{l+1}\}$ von Knoten. Diese Funktionen haben sich als ein äußerst vielseitiges Hilfsmittel erwiesen, von der Interpolation und Approximation über die Modellierung im CAGD bis hin zu Kollokations- und Galerkin-Verfahren für Differentialgleichungen.

Definition 7.47. Sei $\Delta = \{t_0, \ldots, t_{l+1}\}$ ein *Gitter* von $l+2$ paarweise verschiedenen Knoten

$$a = t_0 < t_1 < \cdots < t_{l+1} = b.$$

Eine *Spline* vom Grad $k-1$ (Ordnung k) bezüglich Δ ist eine Funktion $s \in C^{k-2}[a, b]$, die auf jedem Intervall $[t_i, t_{i+1}]$ für $i = 0, \ldots, l$ mit einem Polynom $s_i \in \boldsymbol{P}_{k-1}$ vom Grad $\le k-1$ übereinstimmt. Den Raum der Splines vom Grad $k-1$ bzgl. Δ bezeichnen wir mit $\boldsymbol{S}_{k,\Delta}$.

Die wichtigsten Splinefunktionen sind die *linearen Splines* der Ordnung $k = 2$ (siehe Abbildung 7.12) und die *kubischen Splines* der Ordnung $k = 4$ (siehe Abbildung 7.13). Die linearen Splines sind gerade die stetigen, bezüglich der Intervalle

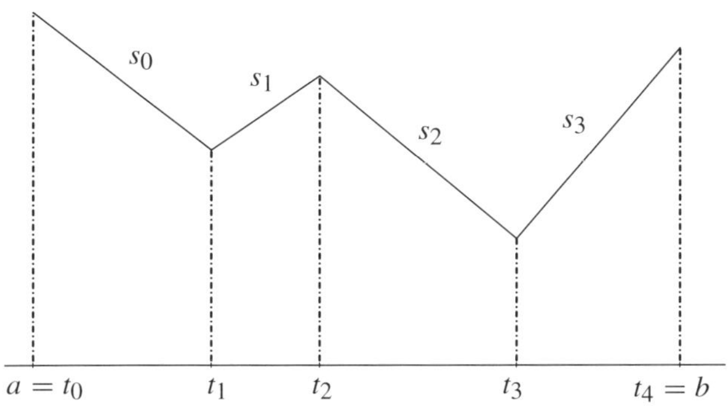

Abbildung 7.12. Linearer Spline, Ordnung $k = 2$

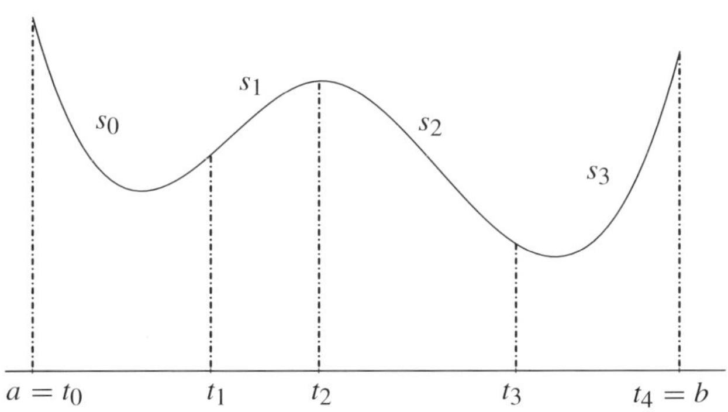

Abbildung 7.13. Kubischer Spline, Ordnung $k = 4$

$[t_i, t_{i+1}]$ stückweise linearen Funktionen. Die kubischen Splines eignen sich bestens zur graphischen Darstellung von Kurven, da das Auge Unstetigkeiten in der Krümmung, also der zweiten Ableitung, noch erkennen kann. Damit werden die C^2-stetigen kubischen Splines als „glatt“ wahrgenommen.

Es ist offensichtlich, dass $\boldsymbol{S}_{k,\Delta}$ ein reeller Vektorraum ist, der insbesondere alle Polynome vom Grad $\leq k-1$ enthält, d. h. $\boldsymbol{P}_{k-1} \subset \boldsymbol{S}_{k,\Delta}$. Ferner sind die sogenannten *abgebrochenen Potenzen* vom Grad k

$$(t - t_i)_+^k := \begin{cases} (t - t_i)^k, & \text{falls } t \geq t_i, \\ 0, & \text{falls } t < t_i, \end{cases}$$

in $\boldsymbol{S}_{k,\Delta}$ enthalten. Zusammen mit den Monomen $1, t, \ldots, t^{k-1}$ bilden sie eine Basis von $\boldsymbol{S}_{k,\Delta}$, wie wir im folgenden Satz zeigen:

Satz 7.48. *Die Monome und abgebrochenen Potenzen bilden eine Basis*

$$\mathcal{B} := \{1, t, \ldots, t^{k-1}, (t - t_1)_+^{k-1}, \ldots, (t - t_l)_+^{k-1}\} \tag{7.28}$$

des Splineraumes $\boldsymbol{S}_{k,\Delta}$. Insbesondere gilt für die Dimension von $\boldsymbol{S}_{k,\Delta}$, dass

$$\dim \boldsymbol{S}_{k,\Delta} = k + l.$$

Beweis. Wir zeigen zunächst, dass man zur Konstruktion eines Splines $s \in \boldsymbol{S}_{k,\Delta}$ höchstens $k + l$ Freiheitsgrade hat. Auf dem Intervall $[t_0, t_1]$ können wir jedes Polynom vom Grad $\leq k - 1$ wählen; dies sind gerade k freie Parameter. Aufgrund der Glattheitsforderung $s \in C^{k-2}$ sind die Polynome auf den folgenden Intervallen $[t_1, t_2], \ldots, [t_l, t_{l+1}]$ bis auf einen Parameter durch ihren Vorgänger bestimmt, so dass noch l Parameter hinzukommen. Daher ist $\dim \boldsymbol{S}_{k,\Delta} \leq k + l$. Es bleibt zu zeigen, dass die $k + l$ Funktionen in $\mathcal{B}$ linear unabhängig sind. Sei dazu

$$s(t) := \sum_{i=0}^{k-1} a_i t^i + \sum_{i=1}^{l} c_i (t - t_i)_+^{k-1} = 0 \quad \text{für alle } t \in [a, b].$$

Wenden wir die linearen Funktionale

$$G_i(f) := \frac{1}{(k-1)!}\big(f^{(k-1)}(t_i^+) - f^{(k-1)}(t_i^-)\big)$$

auf s an (wobei $f(t^+)$ und $f(t^-)$ die rechts- bzw. linksseitigen Grenzwerte bezeichnen), so folgt für alle $i = 1, \ldots, l$

$$0 = G_i(s) = \underbrace{G_i\Big(\sum_{j=0}^{k-1} a_j t^j\Big)}_{=0} + \sum_{j=1}^{l} c_j \underbrace{G_i(t - t_j)_+^{k-1}}_{=\delta_{ij}} = c_i.$$

Also gilt $s(t) = \sum_{i=0}^{k-1} a_i t^i = 0$ für alle $t \in [a, b]$ und daher auch $a_0 = \cdots = a_{k-1} = 0$. □

Die in (7.28) angegebene Basis $\mathcal{B}$ von $\boldsymbol{S}_{k,\Delta}$ hat jedoch mehrere Nachteile. Zum einen sind die Basiselemente nicht lokal; der Träger der Monome t^i ist z. B. ganz $\mathbb{R}$. Zweitens sind die abgebrochenen Potenzen für dicht beieinanderliegende Knoten t_i, t_{i+1} „fast” linear abhängig. Dies führt dazu, dass die Auswertung eines Splines in der Darstellung

$$s(t) = \sum_{i=0}^{k-1} a_i t^i + \sum_{i=1}^{l} c_i (t - t_i)_+^{k-1}$$

schlecht konditioniert ist bezüglich Störungen in den Koeffizienten c_i. Drittens haben die Koeffizienten a_i und c_i keine geometrische Bedeutung wie beispielsweise die Bézier-Punkte b_i. Wir wollen daher im folgenden eine Basis für den Splineraum $\boldsymbol{S}_{k,\Delta}$ konstruieren, die ähnlich gute Eigenschaften hat wie die Bernstein-Basis für $\boldsymbol{P}_k$. Dazu definieren wir rekursiv folgende Verallgemeinerung der charakteristischen Funktion $\chi_{[\tau_i, \tau_{i+1}[}$ eines Intervalls und der „Hutfunktion” (siehe Abbildung 7.14).

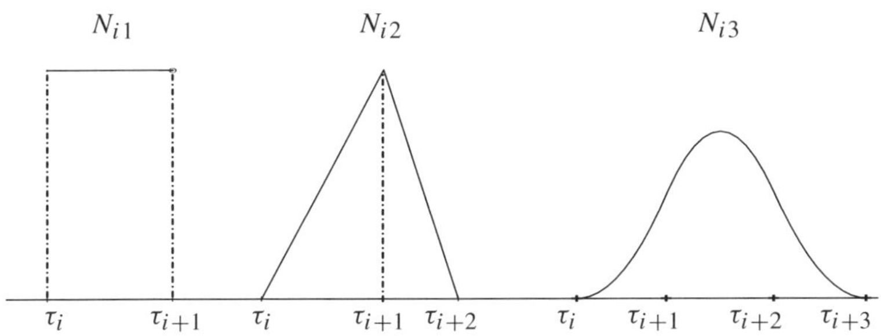

Abbildung 7.14. B-Splines der Ordnung $k = 1, 2, 3$

Definition 7.49. Sei $\tau_1 \leq \cdots \leq \tau_n$ eine beliebige Folge von Knoten. Dann sind die *B-Splines* $N_{ik}(t)$ der Ordnung k für $k = 1, \ldots, n$ und $i = 1, \ldots, n - k$ rekursiv erklärt durch

$$N_{i1}(t) := \chi_{[\tau_i, \tau_{i+1}[}(t) = \begin{cases} 1, & \text{falls } \tau_i \leq t < \tau_{i+1}, \\ 0, & \text{sonst,} \end{cases} \tag{7.29}$$

$$N_{ik}(t) := \frac{t - \tau_i}{\tau_{i+k-1} - \tau_i} N_{i,k-1}(t) + \frac{\tau_{i+k} - t}{\tau_{i+k} - \tau_{i+1}} N_{i+1,k-1}(t). \tag{7.30}$$

Man beachte, dass die charakteristische Funktion in (7.29) für zusammenfallende Knoten verschwindet, d. h.

$$N_{i1} = \chi_{[\tau_i,\tau_{i+1}[} = 0 \quad \text{falls } \tau_i = \tau_{i+1}.$$

Die entsprechenden Terme fallen nach unserer Konvention $0/0 = 0$ in der Rekursionsformel (7.30) weg. Daher sind die B-Splines N_{ik} durch (7.29) und (7.30) auch für zusammenfallende Knoten wohldefiniert, und es gilt $N_{ik} = 0$, falls $\tau_i = \tau_{i+k}$. Aufgrund der rekursiven Definition sind ferner folgende Eigenschaften offensichtlich.

Bemerkung 7.50. Für die oben definierten B-Splines gilt:

a) $\operatorname{supp} N_{ik} \subset [\tau_i, \dots, \tau_{i+k}]$ (lokaler Träger),

b) $N_{ik}(t) \geq 0$ für alle $t \in \mathbb{R}$ (nicht negativ),

c) N_{ik} ist ein stückweises Polynom vom Grad $\leq k-1$ bezüglich der Intervalle $[\tau_j, \tau_{j+1}]$.

Um weitere Eigenschaften ableiten zu können, ist es günstig, die B-Splines geschlossen darzustellen. Tatsächlich lassen sie sich als Anwendung einer k-ten dividierten Differenz $[\tau_i, \dots, \tau_{i+k}]$ auf die abgebrochene Potenz $f(s) = (s-t)_+^{k-1}$ schreiben.

Lemma 7.51. *Falls $\tau_i < \tau_{i+k}$, so gilt für den B-Spline N_{ik}, dass*

$$N_{ik}(t) = (\tau_{i+k} - \tau_i)[\tau_i, \dots, \tau_{i+k}](\cdot - t)_+^{k-1}.$$

Beweis. Für $k = 1$ erhalten wir für die rechte Seite

$$\begin{aligned}(\tau_{i+1} - \tau_i)[\tau_i, \tau_{i+1}](\cdot - t)_+^{k-1} &= (\tau_{i+1} - \tau_i)\frac{(\tau_i - t)_+^0 - (\tau_{i+1} - t)_+^0}{\tau_i - \tau_{i+1}} \\ &= \begin{cases} 1, & \text{falls } \tau_i \leq t < \tau_{i+1}, \\ 0, & \text{sonst.} \end{cases}\end{aligned}$$

Ferner rechnet man mit Hilfe der Leibniz-Formel (Lemma 7.15) leicht nach, dass die rechte Seite auch der Rekursion (7.30) genügt. Zusammen folgt daraus induktiv die Behauptung. □

Korollar 7.52. *Ist τ_j ein m-facher Knoten, d. h.*

$$\tau_{j-1} < \tau_j = \cdots = \tau_{j+m-1} < \tau_{j+m},$$

so ist N_{ik} an der Stelle τ_j mindestens $(k-1-m)$-mal stetig differenzierbar. Für die Ableitung von N_{ik} gilt

$$N'_{ik}(t) = (k-1)\left(\frac{N_{i,k-1}(t)}{\tau_{i+k-1}-\tau_i} - \frac{N_{i+k,k-1}(t)}{\tau_{i+k}-\tau_{i+1}}\right).$$

Beweis. Die erste Behauptung folgt aus der Tatsache, dass die dividierte Differenz $[\tau_i, \ldots, \tau_{i+k}]f$ höchstens die $(m-1)$-te Ableitung der Funktion f an der Stelle τ_j beinhaltet. Die abgebrochene Potenz $f(s) = (s-\tau_j)_+^{k-1}$ ist aber $(k-2)$-mal stetig differenzierbar. Die zweite Behauptung folgt aus

$$\begin{aligned} N'_{ik}(t) &= -(k-1)(\tau_{i+k}-\tau_i)[\tau_i, \ldots, \tau_{i+k}](\cdot - t)_+^{k-2} \\ &= -(k-1)(\tau_{i+k}-\tau_i) \\ &\quad \left(\frac{[\tau_{i+1}, \ldots, \tau_{i+k}](\cdot - t)_+^{k-2} - [\tau_i, \ldots, \tau_{i+k-1}](\cdot - t)_+^{k-2}}{\tau_{i+k}-\tau_i}\right) \\ &= (k-1)\left(\frac{N_{i,k-1}(t)}{\tau_{i+k-1}-\tau_i} - \frac{N_{i+1,k-1}(t)}{\tau_{i+k}-\tau_{i+1}}\right). \end{aligned}$$ □

Wir kehren nun zurück zu dem Raum $\mathbf{S}_{k,\Delta}$ der Splines der Ordnung k bezüglich des Gitters $\Delta = \{t_j\}_{j=0,\ldots,l+1}$:

$$\Delta : a = t_0 < t_1 < \cdots < t_{l+1} = b.$$

Zur Konstruktion der gesuchten Basis ordnen wir Δ die folgende *erweiterte Knotenfolge* $T = \{\tau_j\}_{j=1,\ldots,n+k}$ zu, bei der die Randknoten $a = t_0$ und $b = t_{l+1}$ gerade k-fach gezählt werden.

$$\begin{array}{llllllll} \Delta: & & a = t_0 < & t_1 & < \cdots < & t_{l+1} = b & & \\ & & \| & \| & & \| & & \\ T: & \tau_1 = \cdots = & \tau_k < & \tau_{k+1} & < \cdots < & \tau_{n+1} & = \cdots = & \tau_{n+k} \end{array}$$

Dabei ist $n = l + k = \dim \mathbf{S}_{k,\Delta}$ gerade die Dimension des Splineraumes $\mathbf{S}_{k,\Delta}$. Wir werden im folgenden sehen, dass die zu der erweiterten Knotenfolge $T = \{\tau_j\}$ gehörenden n B-Splines N_{ik} für $i = 1, \ldots, n$ die gewünschte Basis von $\mathbf{S}_{k,\Delta}$ bilden (siehe Abbildung 7.15). Zunächst ist nach Korollar 7.52 klar, dass die B-Splines N_{ik} auch wirklich Splines der Ordnung k sind, d. h.

$$N_{ik} \in \mathbf{S}_{k,\Delta} \quad \text{für alle } i = 1, \ldots, n.$$

Da die Anzahl n mit der Dimension $n = \dim \mathbf{S}_{k,\Delta}$ übereinstimmt, bleibt nur ihre lineare Unabhängigkeit zu zeigen. Dazu benötigen wir folgende recht technische Aussage, die auch als *Marsden-Identität* bekannt ist.

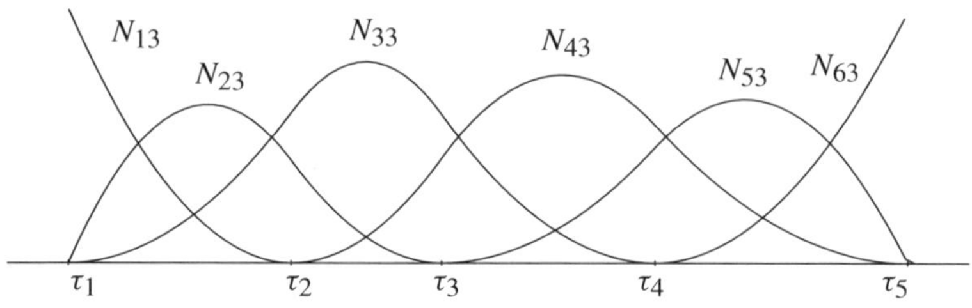

Abbildung 7.15. B-Spline-Basis der Ordnung $k = 3$ (lokal quadratisch)

Lemma 7.53. *Mit den obigen Bezeichnungen gilt für alle $t \in [a, b]$ und $s \in \mathbb{R}$, dass*

$$(t-s)^{k-1} = \sum_{i=1}^{n} \varphi_{ik}(s) N_{ik}(t) \quad \textit{mit } \varphi_{ik}(s) := \textstyle\prod_{j=1}^{k-1}(\tau_{i+j} - s).$$

Beweis. Aufgrund der rekursiven Definition der B-Splines empfiehlt sich ein Beweis per Induktion über k. Für $k = 1$ ist die Behauptung wegen $1 = \sum_{i=1}^{n} N_{i1}(t)$ klar. Sei also $k > 1$ und die Aussage für alle $l \le k-1$ bereits bewiesen. Einsetzen der Rekursion (7.30) auf der rechten Seite ergibt

$$\begin{aligned}
\sum_{i=1}^{n} \varphi_{ik}(s) N_{ik}(t) &= \sum_{i=2}^{n} \left(\frac{t-\tau_i}{\tau_{i+k-1}-\tau_i} \varphi_{ik}(s) + \frac{\tau_{i+k-1}-t}{\tau_{i+k-1}-\tau_i} \varphi_{i-1,k}(s) \right) N_{i,k-1}(t) \\
&= \sum_{i=2}^{n} \prod_{j=1}^{k-2} (\tau_{i+j} - s) \\
&\qquad \underbrace{\cdot \left(\frac{t-\tau_i}{\tau_{i+k-1}-\tau_i} (\tau_{i+k-1} - s) + \frac{\tau_{i+k-1}-t}{\tau_{i+k-1}-\tau_i} (\tau_i - s) \right)}_{=t-s} N_{i,k-1}(t) \\
&= (t-s) \sum_{i=2}^{n} \varphi_{i,k-1}(s) N_{i,k-1}(t) \\
&= (t-s)(t-s)^{k-2} = (t-s)^{k-1}.
\end{aligned}$$

Dabei beachte man, dass der „unterklammerte" Ausdruck gerade die lineare Interpolation von $t - s$ ist, also $t - s$ selbst. □

Korollar 7.54. *Der Raum* $\boldsymbol{P}_{k-1}[a,b]$ *der Polynome vom Grad* $\leq k-1$ *auf* $[a,b]$ *ist in dem von den B-Splines k-ter Ordnung aufgespannten Raum enthalten, d. h.*

$$\boldsymbol{P}_{k-1}[a,b] \subset \operatorname{span}(N_{1k},\ldots,N_{nk}).$$

Insbesondere gilt

$$1 = \sum_{i=1}^{n} N_{ik}(t) \quad \textit{für alle } t \in [a,b],$$

d. h. die B-Splines bilden eine Zerlegung der Eins *auf* $[a,b]$.

Beweis. Aus der Marsden-Identität folgt für die l-te Ableitung der Funktion $f(s) := (t-s)^{k-1}$, dass

$$f^{(l)}(0) = (k-1)\ldots(k-l)(-1)^l t^{k-l-1} = \sum_{i=1}^{n} \varphi_{ik}^{(l)}(0) N_{ik}(t)$$

und daher mit $m = k-l-1$

$$t^m = \frac{(-1)^{k-m-1}}{(k-1)\ldots(m+1)} \sum_{i=1}^{n} \varphi_{ik}^{(k-m-1)}(0) N_{ik}(t).$$

Für die $(k-1)$-te Ableitung von ϕ_{ik} gilt

$$\phi_{ik}^{k-1}(s) = \Big(\prod_{j=1}^{k-1}(\tau_{i+j}-s)\Big)^{k-1} = \big((-1)^{k-1}s^{k-1}+\cdots\big)^{k-1} = (-1)^{k-1}(k-1)!$$

und daher folgt auch die zweite Behauptung. □

Nach diesen Vorbereitungen können wir die lineare Unabhängigkeit der B-Splines beweisen. Sie sind sogar *lokal* unabhängig, wie der folgende Satz zeigt.

Satz 7.55. *Die B-Splines* N_{ik} *sind lokal linear unabhängig, d. h. falls*

$$\sum_{i=1}^{n} c_i N_{ik}(t) = 0 \quad \textit{für alle } t \in\,]c,d[\, \subset [a,b]$$

und $]c,d[\, \cap\,]\tau_i,\tau_{i+k}[\, \neq \phi$, *so gilt*

$$c_i = 0.$$

Beweis. Ohne Einschränkung enthalte das offene Intervall $]c, d[$ keine Knoten (sonst zerlegen wir $]c, d[$ in Teilintervalle). Nach Folgerung 7.54 lässt sich jedes Polynom vom Grad $\leq k-1$ auf $]c, d[$ durch die B-Splines N_{ik} darstellen. Auf dem Intervall $]c, d[$ sind aber nur $k = \dim \boldsymbol{P}_{k-1}$ B-Splines von Null verschieden. Diese müssen demnach linear unabhängig sein. □

Fassen wir das Erreichte noch einmal kurz zusammen: Die B-Splines N_{ik} der Ordnung k bzgl. der Knotenfolge $T = \{\tau_j\}$ bilden eine Basis $\mathcal{B} := \{N_{1k}, \ldots, N_{nk}\}$ des Splineraumes $\boldsymbol{S}_{k,\Delta}$. Sie sind lokal linear unabhängig, besitzen lokale Träger und bilden eine positive Zerlegung der Eins. Jeder Spline $s \in \boldsymbol{S}_{k,\Delta}$ besitzt daher eine eindeutige Darstellung als Linearkombination

$$s = \sum_{i=1}^{n} d_i N_{ik}.$$

Die Koeffizienten d_i heißen *de Boor-Punkte* von s. Die Funktionswerte $s(t)$ sind somit Konvexkombinationen der de Boor-Punkte d_i. Zur Auswertung können wir die rekursive Definition der B-Splines N_{ik} nutzen und damit auch die in Aufgabe 7.9 angegebene Rekursionsformel für die Linearkombinationen selbst, den sogenannten *Algorithmus von de Boor*, herleiten.

Bemerkung 7.56. Mit Hilfe der Marsden-Identität kann man die Dualbasis $\mathcal{B}' = \{\nu_1, \ldots, \nu_n\}$ der B-Spline-Basis $\mathcal{B}$,

$$\nu_j : \boldsymbol{S}_{k,\Delta} \to \mathbb{R} \quad \text{linear mit } \nu_j(N_{ik}) = \delta_{ij},$$

explizit angeben. Damit lässt sich zeigen, dass es eine nur von der Ordnung k abhängige Konstante D_k gibt, so dass

$$D_k \max_{j=1,\ldots,n} |d_j| \leq \|\sum_{j=1}^{n} d_j N_{jk}\|_\infty \leq \max_{j=1,\ldots,n} |d_j|,$$

wobei die zweite Ungleichung aus der Tatsache folgt, dass die B-Splines eine positive Zerlegung der Eins bilden. Störungen in den Funktionswerten $s(t)$ des Splines $s = \sum_{i=1}^{n} c_i N_{ik}$ und der Koeffizienten lassen sich daher wechselseitig gegeneinander abschätzen. Insbesondere ist die Auswertung eines Splines in B-Spline-Darstellung *gut konditioniert*. Man spricht auch von einer *gut konditionierten Basis*.

7.4.2 Splineinterpolation

Wir wenden uns nun wieder dem Problem zu, eine auf einem Gitter $\Delta = \{t_0, \ldots, t_{l+1}\}$,

$$a = t_0 < t_1 < \cdots < t_{l+1} = b,$$

punktweise gegebene Funktion f zu interpolieren. Im linearen Fall $k = 2$ stimmt die Anzahl $l+2$ der Knoten mit der Dimension des Splineraumes $n = \dim \boldsymbol{S}_{2,\Delta} = l+k$ überein. Für die linearen B-Splines N_{i2} bezüglich der erweiterten Knotenfolge

$$T = \{\tau_1 = \tau_2 < \cdots < \tau_{n+1} = \tau_{n+2}\} \quad \text{mit } \tau_j = t_{j-2} \text{ für } j = 2, \ldots, n$$

gilt $N_{i2}(t_j) = \delta_{j+1,i}$. Der stückweise lineare interpolierende Spline $I_2 f \in \boldsymbol{S}_{2,\Delta}$ von f ist daher eindeutig bestimmt mit

$$I_2 f = \sum_{i=1}^{n} f(t_{i-1}) N_{i2}.$$

Neben diesem sehr einfachen Fall der linearen Splineinterpolation spielt der Fall $k = 4$ der kubischen Splines in den Anwendungen die weitaus wichtigste Rolle. In diesem Fall fehlen uns zwei Bedingungen, um den interpolierenden kubischen Spline $s \in \boldsymbol{S}_{i,\Delta}$ eindeutig zu charakterisieren, da

$$\dim \boldsymbol{S}_{4,\Delta} - \text{Anzahl der Knoten} = l + k - l - 2 = 2.$$

Nun waren wir bei der Konstruktion der Splinefunktionen von der Idee ausgegangen, möglichst „glatte“ interpolierende Kurven zu finden, wir könnten auch sagen, eine „möglichst wenig gekrümmte“. Die *Krümmung* einer parametrisierten Kurve (in der Ebene)

$$y : [a, b] \to \mathbb{R}, \quad y \in C^2[a, b]$$

an der Stelle $t \in [a, b]$ ist gegeben durch

$$\kappa(t) := \frac{y''(t)}{(1 + y'(t)^2)^{3/2}}.$$

Der Betrag der Krümmung ist gerade der Reziprokwert $1/r$ des Radius r des Schmiegekreises an die Kurve im Punkt $(t, y(t))$ (siehe Abbildung 7.16), d. h. die Krüm-

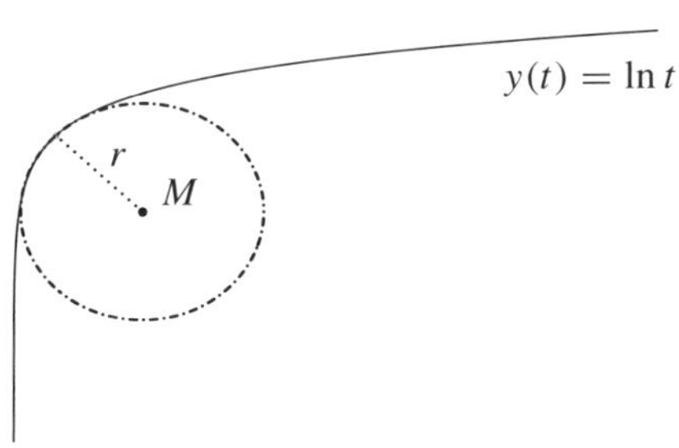

Abbildung 7.16. Schmiegekreis an die Kurve $(t, y(t))$

mung ist genau dann Null, wenn der Schmiegekreis den Radius ∞ hat, die Kurve also gerade ist. Zur Vereinfachung betrachten wir anstelle der Krümmung die für kleine $y'(t)$ vernünftige Näherung $y''(t)$,

$$\frac{y''(t)}{(1+y'(t)^2)^{3/2}} \approx y''(t),$$

und messen die Krümmung der gesamten Kurve mit Hilfe der L_2-Norm

$$\|y''\|_2 = \left(\int_a^b y''(t)^2\,dt\right)^{\frac{1}{2}}$$

dieser Näherung bezüglich $[a, b]$. Die interpolierenden kubischen Splines mit den Zusatzeigenschaften auf Folgerung 7.58 haben nun gerade die Eigenschaft, dieses Funktional zu minimieren.

Satz 7.57. *Es sei s ein interpolierender kubischer Spline von f an den Knoten $a = t_0 < \cdots < t_{l+1} = b$ und $y \in C^2[a, b]$ eine beliebige interpolierende Funktion von f, so dass*

$$\big[s(t)''(y(t)' - s(t)')\big]_{t=a}^b = 0. \tag{7.31}$$

Dann gilt

$$\|s''\|_2 \le \|y''\|_2. \tag{7.32}$$

Beweis. Trivialerweise gilt $y'' = s'' + (y'' - s'')$ und eingesetzt in die rechte Seite von (7.32) folgt

$$\begin{aligned}\int_a^b (y'')^2\,dt &= \int_a^b (s'')^2\,dt + \underbrace{2\int_a^b s''(y''-s'')\,dt}_{(*)} + \underbrace{\int_a^b (y''-s'')^2\,dt}_{\ge 0}\\ &\ge \int_a^b (s'')^2\,dt,\end{aligned}$$

falls der Term (*) verschwindet. Dies ist unter der Voraussetzung (7.31) der Fall. Denn mit partieller Integration folgt

$$\int_a^b s''(y''-s'')\,dt = [s''(y'-s')]_a^b - \int_a^b s'''(y'-s')\,dt,$$

wobei s''' in der Regel unstetig in den Knoten $t_1, \ldots, t_{n-1}$ ist und konstant

$$s'''(t) = s_i'''(t) = d_i \quad \text{für } t \in (t_i, t_{i+1})$$

im Inneren der Teilintervalle (die s_i sind kubische Polynome). Daher gilt unter der Voraussetzung (7.31)

$$\begin{aligned}\int_a^b s''(y''-s'')\,dt &= -\sum_{i=1}^n \int_{t_{i-1}}^{t_i} d_i(y'-s_i')\,dt \\ &= -\sum_{i=1}^n d_i \int_{t_{i-1}}^{t_i} y'-s_i'\,dt \\ &= -\sum_{i=1}^n d_i[\underbrace{(y(t_i)-s(t_i))}_{=0} - \underbrace{(y(t_{i-1})-s(t_{i-1}))}_{=0}] \\ &= 0.\end{aligned}$$

□

Korollar 7.58. *Fordern wir von dem kubischen Spline $s \in \boldsymbol{S}_{4,\Delta}$ zusätzlich zu den Interpolationsbedingungen $s(t_i) = f(t_i)$ eine der folgenden Randbedingungen*

(i) $s'(a) = f'(a)$ *und* $s'(b) = f'(b)$,

(ii) $s''(a) = s''(b) = 0$,

(iii) $s'(a) = s'(b)$ *und* $s''(a) = s''(b)$ *(falls f periodisch mit Periode $b - a$)*,

so existiert dazu genau eine Lösung $s \in \boldsymbol{S}_{4,\Delta}$. Für jede beliebige interpolierende Funktion $y \in C^2[a,b]$, die derselben Randbedingung genügt, gilt ferner

$$\|s''\|_2 \le \|y''\|_2.$$

Proof. Die Forderungen sind linear in s, und ihre Anzahl stimmt mit der Dimension $n = l + 4$ des Splineraumes $\boldsymbol{S}_{4,\Delta}$ überein. Daher genügt es zu zeigen, dass für die Nullfunktion $f \equiv 0$ der triviale Spline $s \equiv 0$ die einzige Lösung ist. Da $y \equiv 0$ alle Forderungen erfüllt, folgt aus Satz 7.57, dass

$$\|s''\|_2 \le \|y''\|_2 = 0. \tag{7.33}$$

Da s'' stetig ist, folgt daraus $s'' \equiv 0$, d. h. s ist eine stetig differenzierbare, stückweise lineare Funktion mit $s(t_i) = 0$ und daher die Nullfunktion. □

Die drei Typen (i), (ii) und (iii) heißen *vollständige*, *natürliche* und *periodische* kubische Splineinterpolation. Der Name „Spline" erklärt sich durch die physikalische Interpretation der obigen Minimaleigenschaft (7.33). Beschreibt $y(t)$ die Lage einer dünnen Holzlatte, so misst

$$E = \int_a^b \left(\frac{y''(t)}{(1+y'(t)^2)^{3/2}}\right)^2 dt$$

die „Biegeenergie" der Latte. Aufgrund des Hamiltonschen Prinzips stellt sich die Latte so ein, dass diese Energie minimiert wird. Für kleine Auslenkungen gilt näherungsweise

$$E \approx \int_a^b y''(t)^2 \, dt = \|y''\|_2^2.$$

Daher beschreibt der interpolierende kubische Spline $s \in S_{4,\Delta}$ annähernd die Lage einer dünnen Holzlatte, die an den Knoten t_i fixiert ist. Bei der vollständigen Splineinterpolation haben wir die Latte an den Randknoten unter zusätzlicher Vorgabe der Steigungen eingeklemmt. Die natürlichen Randbedingungen entsprechen der Situation, dass die Latte außerhalb des Intervalls $[a, b]$ gerade ist. Derartige dünne Holzlatten wurden tatsächlich als Zeichenwerkzeug benutzt und tragen im Englischen den Namen „spline".

Da bei der vollständigen Splineinterpolation neben den Funktionswerten an den Knoten zwei weitere Informationen über die Ausgangsfunktion f eingehen, sind deren Approximationseigenschaften (besonders am Rand) besser als bei den übrigen Typen ii) und iii). Tatsächlich approximiert der vollständig interpolierende Spline $I_4 f \in S_{4,\Delta}$ eine Funktion $f \in C^4[a, b]$ mit der Ordnung h^4, wobei

$$h := \max_{i=0,\dots,l} |t_{i+1} - t_i|$$

der größte Abstand der Knoten t_i ist. Ohne Beweis geben wir dazu das folgende Resultat von C. A. Hall und W. W. Meyer [49] an.

Satz 7.59. *Sei $I_4 f \in S_{4,\Delta}$ der vollständig interpolierende Spline einer Funktion $f \in C^4[a, b]$ bezüglich der Knoten t_i mit $h := \max_i |t_{i+1} - t_i|$. Dann gilt*

$$\|f - I_4 f\|_\infty \le \frac{5}{384} h^4 \|f^{(4)}\|_\infty.$$

Man beachte, dass diese Abschätzung unabhängig von der Lage der Knoten t_i ist.

7.4.3 Berechnung kubischer Splines

Wir wollen im folgenden ein Gleichungssystem für die kubischen interpolierenden Splines herleiten. Dazu beschreiben wir den Spline $s \in S_{4,\Delta}$ mit Hilfe der lokalen Bézier-Darstellung

$$s(t) = s_i(t) = \sum_{j=0}^{3} b_{3i+j} B_j^3(t; t_i, t_{i+1}) \quad \text{für } t \in [t_i, t_{i+1}] \tag{7.34}$$

der Teilpolynome s_i bezüglich der Intervalle $[t_i, t_{i+1}]$, wobei

$$B_j^3(t; t_i, t_{i+1}) = B_j^3\left(\frac{t - t_i}{h_i}\right) \quad \text{mit} \quad h_i := t_{i+1} - t_i .$$

In die Darstellung (7.34) geht die Stetigkeit von s implizit ein.

Aus der C^1-Stetigkeit folgt nach (7.27), dass

$$b_{3i} = \frac{h_i}{h_{i-1} + h_i} b_{3i-1} + \frac{h_{i-1}}{h_{i-1} + h_i} b_{3i+1}. \tag{7.35}$$

Ferner haben wir gezeigt, dass es aufgrund der C^2-Stetigkeit von s de Boor-Punkte d_i geben muss, so dass

$$\begin{aligned} b_{3i+2} &= -\frac{h_i}{h_{i-1}} d_i + \frac{h_{i-1} + h_i}{h_{i-1}} b_{3i+1} \\ b_{3i-2} &= \frac{h_{i-1} + h_i}{h_i} b_{3i-1} - \frac{h_{i-1}}{h_i} d_i . \end{aligned}$$

Anschaulich bedeutet dies, dass durch die Bézier-Punkte b_{3i-1} bzw. b_{3i+1} die Strecke zwischen b_{3i-2} und d_i bzw. d_i und b_{3i+2} im Verhältnis $h_{i-1} : h_i$ geteilt wird. Die Punkte d_i, b_{3i+1}, b_{3i+2} und d_{i+1} müssen daher so liegen, wie in Abbildung 7.17

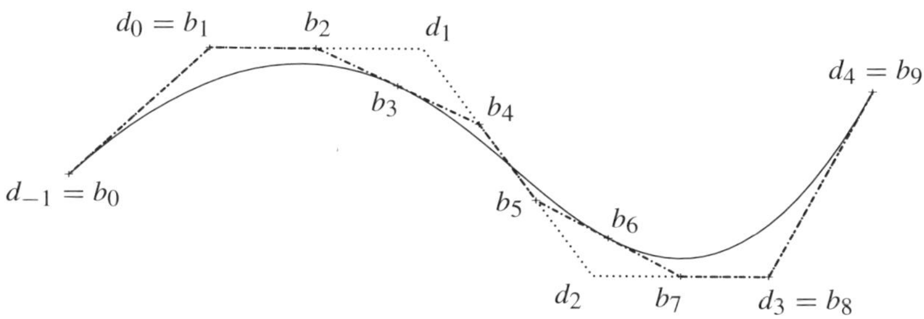

Abbildung 7.17. Kubischer Spline mit de Boor-Punkten d_i und Bézier-Punkten b_i

dargestellt. Zusammen folgt daraus

$$\begin{aligned} b_{3i+1} &= \frac{h_i + h_{i+1}}{h_{i-1} + h_i + h_{i+1}} d_i + \frac{h_{i-1}}{h_{i-1} + h_i + h_{i+1}} d_{i+1} \\ b_{3i-1} &= \frac{h_{i-2} + h_{i-1}}{h_{i-2} + h_{i-1} + h_i} d_i + \frac{h_i}{h_{i-2} + h_{i-1} + h_i} d_{i-1} \end{aligned}$$

Definieren wir am Rand $h_{-1} := h_{l+1} := 0$ und

$$d_0 := b_1, \quad d_{-1} := b_0, \quad d_{l+1} := b_{3l+2} \quad \text{und} \quad d_{l+2} := b_{3(l+1)}, \tag{7.36}$$

so sind die Bézier-Koeffizienten b_{3i+j} und damit auch der Spline s durch die $l+4$ Punkte d_{-1} bis d_{l+2} und die Gleichungen (7.35) bis (7.36) vollständig bestimmt.

Setzen wir nun die Interpolationsbedingungen

$$f_i = s(t_i) = b_{3i} \quad \text{für } l = 0, \dots, l+1$$

ein, so folgt am Rand

$$d_{-1} := f_0 \quad \text{und} \quad d_{l+2} = f_{l+1}.$$

Die übrigen Punkte $d_0, \dots, d_{l+1}$ des interpolierenden Splines müssen folgendem Gleichungssystem genügen (Beweis zur Übung):

$$\begin{bmatrix} 1 & & & & \\ \alpha_1 & \beta_1 & \gamma_1 & & \\ & \ddots & \ddots & \ddots & \\ & & \alpha_l & \beta_l & \gamma_l \\ & & & & 1 \end{bmatrix} \begin{pmatrix} d_0 \\ \vdots \\ \vdots \\ \vdots \\ d_{l+1} \end{pmatrix} = \begin{pmatrix} b_1 \\ (h_0 + h_1) f_1 \\ \vdots \\ (h_{l-1} + h_l) f_l \\ b_{3l+2} \end{pmatrix}$$

mit

$$\begin{aligned} \alpha_i &:= \frac{h_i^2}{h_{i-2} + h_{i-1} + h_i}, \\ \beta_i &:= \frac{h_i(h_{i-2} + h_{i-1})}{h_{i-2} + h_{i-1} + h_i} + \frac{h_{i-1}(h_i + h_{i+1})}{h_{i-1} + h_i + h_{i+1}}, \\ \gamma_i &:= \frac{h_{i-1}^2}{h_{i-1} + h_i + h_{i+1}}. \end{aligned}$$

Wir müssen nun nur noch die Bézier-Punkte b_1 und b_{3l+2} aus den Randbedingungen bestimmen. Dabei behandeln wir nur die ersten beiden Typen. Für die *vollständige Splineinterpolation* ergibt sich aus

$$f_0' = s'(a) = \frac{3}{h_0}(b_1 - b_0) \quad \text{und} \quad f_{l+1}' = s'(b) = \frac{3}{h_l}(b_{3(l+1)} - b_{3l+2}),$$

dass wir

$$b_1 = \frac{h_0}{3} f_0' + f_0 \quad \text{und} \quad b_{3l+2} = -\frac{h_l}{3} f_{l+1}' + f_{l+1}$$

setzen müssen. Für die *natürlichen Randbedingungen* müssen wir b_1 und b_{3l+2} so wählen, dass $s''(a) = s''(b) = 0$. Dies ist für

$$b_1 := b_0 = f_0 \quad \text{und} \quad b_{3l+2} := b_{3(l+1)} = f_{l+1}$$

erfüllt (siehe Abbildung 7.18).

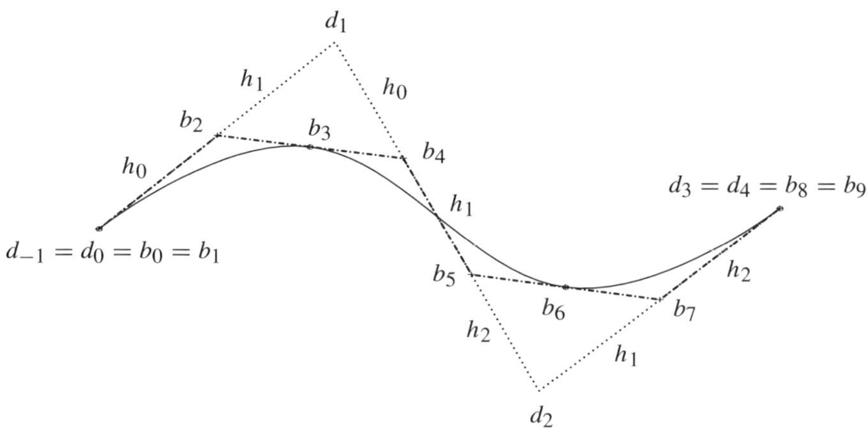

Abbildung 7.18. Kubischer interpolierender Spline mit natürlichen Randbedingungen

Bemerkung 7.60. Für äquidistante Gitter, d. h. $h_i = h$ für alle i, gilt

$$\alpha_i = \gamma_i = \frac{h}{3} \quad \text{und} \quad \beta_i = \frac{4h}{3} \quad \text{für } i = 2, \ldots, l-1.$$

In diesem Fall (und auch für annähernd äquidistante Gitter) ist die Matrix strikt diagonaldominant und kann daher mit Hilfe der Gauß-Elimination ohne Spaltentausch effizient und stabil gelöst werden.

Bemerkung 7.61. Die de Boor-Punkte d_i sind gerade die B-Spline-Koeffizienten des interpolierenden kubischen Splines, d. h. es gilt

$$s = \sum_{i=1}^{l+4} d_{i-2} N_{i4},$$

wenn N_{i4} wie oben die B-Splines zu der erweiterten Knotenfolge $T = \{\tau_j\}$ sind.

Übungsaufgaben

Aufgabe 7.1. $\Lambda_n(K, I)$ bezeichne die Lebesguekonstante bezüglich der Knotenmenge K auf dem Intervall I.

a) Seien $K = \{t_0, \ldots, t_n\} \subset I = [a, b]$ paarweise verschiedene Knoten. Die Affintransformation
$$\chi : I \to I_0 = [-1, 1], \quad t \mapsto \frac{2t - a - b}{b - a}$$
dieses Intervalls auf das Einheitsintervall I_0 bilde die Knotenmenge K auf die Knotenmenge $K_0 = \chi(K)$ ab. Zeigen Sie, dass die Lebesguekonstante invariant unter dieser Transformation ist, d. h.
$$\Lambda_n(K, I) = \Lambda_n(K_0, I_0).$$

b) Seien $K = \{t_0, \ldots, t_n\}$ mit $a \leq t_0 < t_1 < \cdots < t_n \leq b$ Knoten im Intervall $I = [a, b]$. Gib die Affintransformation
$$\chi : [t_0, t_n] \to I$$
auf I an, so dass für $\bar{K} = \chi(K) = \{\bar{t}_0, \ldots, \bar{t}_n\}$ gilt
$$a = \bar{t}_0 < \bar{t}_1 < \cdots < \bar{t}_n = b.$$
Zeigen Sie, dass
$$\Lambda_n(\bar{K}, I) \leq \Lambda_n(K, I),$$
d. h. die Einbeziehung der Randknoten verbessert die Lebesguekonstante.

Aufgabe 7.2. Wir betrachten die Funktionenklasse
$$\mathcal{F} := \left\{ f \in C^{n+1}[-1, 1] : \|f^{(n+1)}\|_\infty \leq (n + 1)! \right\}.$$
Für $f \in \mathcal{F}$ bezeichne $p_n(f)$ das Polynom n-ten Grades der (Hermite-)Interpolation zu den Knoten $K = \{t_0, \ldots, t_n\} \subset I_0 = [-1, 1]$.

a) Zeigen Sie, dass
$$\varepsilon_n(K) := \sup_{f \in \mathcal{F}} \|f - p_n(f)\|_\infty = \|\omega_{n+1}\|_\infty,$$
wobei $\omega_{n+1}(t) = (t - t_0) \cdots (t - t_n)$.

b) Zeigen Sie, dass $\varepsilon_n(K) \geq 2^{-n}$ und dass Gleichheit dann und nur dann gilt, wenn K die Menge der Tschebyscheff-Knoten ist, d. h.
$$t_j = \cos \frac{2j + 1}{2n + 2} \pi \quad \text{für } j = 0, \ldots, n.$$

Aufgabe 7.3. Zählen Sie ab, wie viele Rechenoperationen und wieviel Speicherplatz ein ökonomisch geschriebenes Programm zur Auswertung von Interpolationspolynomen auf der Basis der Lagrange-Darstellung benötigt. Vergleichen Sie mit den Algorithmen von Aitken-Neville und der Darstellung über Newtonsche dividierte Differenzen.

Aufgabe 7.4. Sei $a = t_0 < t_1 < \cdots < t_{n-1} < t_n = b$ eine Knotenverteilung im Intervall $I = [a, b]$. Für eine stetige Funktion $g \in C(I)$ ist der *interpolierende Linienzug* $\mathcal{I}g \in C(I)$ definiert durch

a) $\mathcal{I}g(t_i) = g(t_i)$ für $i = 0, \ldots, n$,

b) $\mathcal{I}g\big|_{[t_i, t_{i+1}]}$ ist Polynom ersten Grades für $i = 0, \ldots, n-1$.

Zeigen Sie:

a) Für jede Funktion $g \in C^2(I)$ gilt

$$\|g - \mathcal{I}g\|_\infty \le \frac{h^2}{8} \|g''\|_\infty,$$

wobei $h = \max\limits_{0 \le i \le n-1} (t_{i+1} - t_i)$ der „Gitterweitenparameter“ ist.

b) Für die absolute Kondition der Linienzuginterpolation gilt

$$\kappa_{\text{abs}} = 1.$$

Diskutieren und bewerten Sie den Unterschied zur Polynominterpolation.

Aufgabe 7.5. Zur Approximation der Ableitung einer punktweise gegebenen Funktion f verwendet man die erste dividierte Differenz

$$(D_h f)(x) := [x, x+h] f.$$

a) Schätzen Sie den Approximationsfehler $|D_h f(x) - f'(x)|$ für $f \in C^3$ ab. (Führende Ordnung in h für $h \to 0$ reicht aus.)

b) Statt $D_h f(x)$ berechnet die Gleitkommaarithmetik $\hat{D}_h f(x)$. Schätze den Fehler $|\hat{D}_h f(x) - D_h f(x)|$ in führender Ordnung ab.

c) Welches h stellt sich als optimal heraus, d. h. minimiert den Gesamtfehler?

d) Testen Sie Ihre Vorhersage an $f(x) = e^x$ an der Stelle $x = 1$ mit

$$h = 10^{-1},\ 5 \cdot 10^{-2},\ 10^{-2}, \ldots,\ \text{eps}\,.$$

Aufgabe 7.6. Zeigen Sie, dass die Ableitungen eines Polynoms in Bézier-Darstellung bzgl. des Intervalls $[t_0, t_1]$

$$P(t) = \sum_{i=0}^{n} b_i B_i^n(\lambda), \quad \lambda := \frac{t - t_0}{t_1 - t_0},$$

gegeben sind durch

$$\frac{d^k}{dt^k} P(t) = \frac{n!}{(n-k)!h^k} \sum_{i=0}^{n-k} \Delta^k b_i B_i^{n-k}(\lambda), \quad h := t_1 - t_0.$$

Aufgabe 7.7. Geben Sie die Bézier-Darstellung bzgl. $[0, 1]$ der Hermite-Polynome H_i^3 für die Knoten t_0, t_1 an, und skizzieren Sie die Hermite-Polynome zusammen mit den Bézier-Polygonen.

Aufgabe 7.8. Wir haben für den Raum $\boldsymbol{P}_3$ der Polynome vom Grad ≤ 3 drei verschiedene Basen kennengelernt: die monomiale Basis $\{1, t, t^2, t^3\}$, die Bernstein-Basis $\{B_0^3(t), B_1^3(t), B_2^3(t), B_3^3(t)\}$ bzgl. des Intervalls $[0, 1]$ und die Hermite-Basis $\{H_0^3(t), H_1^3(t), H_2^3(t), H_3^3(t)\}$ für die Knoten t_0, t_1. Bestimmen Sie die Matrizen der Basiswechsel.

Aufgabe 7.9. Zeigen Sie, dass ein Spline $s = \sum_{i=1}^{n} d_i N_{ik}$ in B-Spline-Darstellung bzgl. der Knoten $\{\tau_i\}$ der folgenden Rekursion genügt:

$$s(t) = \sum_{i=l+1}^{n} d_i^l(t) N_{i,k-1}(t),$$

wobei die d_i^l definiert sind durch $d_i^0(t) := d_i$ und

$$d_i^l(t) := \begin{cases} \dfrac{t - \tau_i}{\tau_{i+k-l} - \tau_i} d_i^{l-1}(t) + \dfrac{\tau_{i+k-l} - t}{\tau_{i+k-l} - \tau_i} d_{i-1}^{l-1}(t), & \text{falls } \tau_{i+k-l} \neq \tau_i, \\ 0, & \text{sonst}, \end{cases}$$

für $l > 0$. Zeigen Sie, dass $s(t) = d_i^{k-1}(t)$ für $t \in [\tau_i, \tau_{i+1}[$ und leiten Sie daraus ein Schema zur Berechnung des Splines $s(t)$ durch fortgesetzte Konvexkombination der Koeffizienten d_i ab (Algorithmus von de Boor).

8 Große symmetrische Gleichungssysteme und Eigenwertprobleme

Die bisher beschriebenen sogenannten *direkten* Verfahren zur Lösung eines linearen Gleichungssystems $Ax = b$ (Gauß-Elimination, Cholesky-Zerlegung, QR-Zerlegung mit Householder- oder Givens-Transformationen) verbinden zwei Eigenschaften.

a) Die Verfahren gehen von beliebigen (bei der Cholesky-Zerlegung symmetrischen) vollbesetzten Matrizen $A \in \mathrm{Mat}_n(\mathbb{R})$ aus.

b) Der Aufwand zur Lösung des Gleichungssystems liegt bei $O(n^3)$ (Multiplikationen).

Diesen beiden Eigenschaften stehen jedoch in zahlreichen wichtigen Fällen Probleme $Ax = b$ gegenüber, bei denen

a) die Matrix A eine hohe Struktur besitzt (siehe unten) und die meisten Komponenten Null sind (d. h. A ist *dünnbesetzt*, engl.: *sparse*),

b) die Dimension n des Problems sehr groß ist.

So entstehen z. B. bei der Diskretisierung der Laplace-Gleichung in zwei Raumdimensionen sogenannte *Block-Tridiagonalmatrizen*,

$$A = \begin{bmatrix} A_{11} & A_{12} & & & \\ A_{21} & A_{22} & A_{23} & & \\ & \ddots & \ddots & \ddots & \\ & & A_{q-1,q-2} & A_{q-1,q-1} & A_{q-1,q} \\ & & & A_{q,q-1} & A_{qq} \end{bmatrix} \tag{8.1}$$

mit $A_{ij} \in \mathrm{Mat}_{n/q}(\mathbb{R})$, die zusätzlich symmetrisch sind, d. h. $A_{ij} = A_{ji}^T$. Die direkten Verfahren sind zur Behandlung derartiger Probleme ungeeignet; sie nutzen die spezielle Struktur nicht aus und dauern bei weitem zu lange. Es gibt im wesentlichen zwei Ansätze, neue Lösungsmethoden zu entwickeln. Der erste besteht darin, die Spezialstruktur der Matrix, insbesondere ihre *Besetzungsstruktur* (engl.: *sparsity pattern*) so weit wie möglich in direkten Verfahren auszunutzen. Fragen dieser Art haben wir bereits beim Vergleich der Givens- und Householder-Transformationen diskutiert. Die Givens-Rotationen operieren jeweils nur auf zwei Zeilen (von links) oder Spalten (von rechts) einer Matrix und sind daher geeignet, eine Besetzungsstruktur weitgehend zu erhalten. Die Householder-Transformationen dagegen sind dazu gänzlich ungeeignet. Sie zerstören bereits bei einem Schritt jedes Muster der Ausgangsmatrix, so dass der Algorithmus danach mit einer vollbesetzten Matrix weiterarbeiten muss. Im allgemeinen am schonendsten geht die Gauß-Elimination mit der Besetzungsstruktur von Matrizen um. Sie ist deshalb die häufigste Ausgangsbasis zur Konstruktion von direkten Verfahren, die die Struktur der Matrix ausnutzen (engl.: *direct sparse solver*). Typischerweise wird dabei abwechselnd Spaltenpivotsuche mit evtl. Zeilentausch und Zeilenpivotsuche mit evtl. Spaltentausch ausgeführt, je nachdem, welche Strategie die meisten Nullelemente schont. Darüber hinaus wird die Pivotregel abgeschwächt (sogenannte *bedingte Pivotsuche*, engl.: *conditional pivoting*), um die Zahl zusätzlicher von Null verschiedener Elemente (sogenannte *fill-in elements*) klein zu halten. In den letzten Jahren haben sich die direkten Sparse-Löser zu einer hohen Kunst entwickelt. Ihre Beschreibung benötigt in der Regel den Rückgriff auf Graphen, welche die bestehenden Gleichungssysteme charakterisieren (siehe z. B. [40]). Im Zuge der vorliegenden Einführung eignet sich ihre Darstellung jedoch nicht.

Der zweite Ansatz, große strukturreiche lineare Gleichungssysteme zu lösen, ist die Entwicklung *iterativer Verfahren* zur Approximation der Lösung x. Dies erscheint auch deshalb sinnvoll, weil wir in der Regel an der Lösung x nur bis auf eine vorgegebene Genauigkeit ε interessiert sind, die von der Genauigkeit der Eingabedaten abhängt (vgl. die Beurteilung von Näherungslösungen in Kapitel 2.4.3). Entstand das lineare Gleichungssystem z. B. durch die Diskretisierung einer Differentialgleichung, so muss die Genauigkeit der Lösung des Gleichungssystems nur im Rahmen des ohnehin durch die Diskretisierung verursachten Fehlers liegen. Jede Mehrarbeit wäre Zeitverschwendung.

In den folgenden Abschnitten wollen wir daher auf die gängigsten iterativen Verfahren zur Lösung großer linearer Gleichungssysteme und Eigenwertprobleme für symmetrische Matrizen eingehen. Ziel ist dabei stets die Konstruktion einer Iterationsvorschrift $x_{k+1} = \phi(x_0, \dots, x_k)$, so dass

a) die Folge $\{x_k\}$ der Iterierten möglichst schnell gegen die Lösung x konvergiert,

b) x_{k+1} mit möglichst geringem Aufwand aus $x_0, \dots, x_k$ berechnet werden kann.

Bei der zweiten Forderung verlangt man meist, dass die Auswertung von ϕ nicht wesentlich mehr Aufwand erfordert als eine einfache Matrix-Vektor-Multiplikation $(A, y) \mapsto Ay$. Erwähnenswert ist dabei, dass der Aufwand für dünnbesetzte Matrizen bei $O(n)$ und nicht bei $O(n^2)$ (wie bei vollbesetzten Matrizen) liegt, da häufig die Anzahl der von Null verschiedenen Elemente in einer Zeile unabhängig von der Dimension n des Problems ist.

8.1 Klassische Iterationsverfahren

In Kapitel 4 haben wir nichtlineare Gleichungssysteme mit Hilfe von *Fixpunktverfahren* gelöst. Diese Idee liegt auch den meisten klassischen Iterationsverfahren zugrunde.

Für ein Fixpunktverfahren $x_{k+1} = \phi(x_k)$ zur Lösung eines linearen Gleichungssystems $Ax = b$ werden wir eine Iterationsfunktion ϕ natürlich so konstruieren, dass sie genau einen Fixpunkt x^* besitzt und dieser gerade die exakte Lösung $x^* = x$ von $Ax = b$ ist. Am einfachsten erreichen wir das, indem wir die Gleichung $Ax = b$ in eine Fixpunktgleichung umformen,

$$\begin{aligned} Ax = b \quad &\Longleftrightarrow \quad Q^{-1}(b - Ax) = 0 \\ &\Longleftrightarrow \quad \phi(x) := \underbrace{(I - Q^{-1}A)}_{=:\,G} x + \underbrace{Q^{-1}b}_{=:\,c} = x, \end{aligned}$$

wobei $Q \in \mathrm{GL}(n)$ eine beliebige reguläre Matrix ist. Um ein vernünftiges Iterationsverfahren zu erhalten, müssen wir dafür Sorge tragen, dass das Fixpunktverfahren $x_{k+1} = \phi(x_k) = Gx_k + c$ konvergiert.

Satz 8.1. *Das Fixpunktverfahren $x_{k+1} = Gx_k + c$ mit $G \in \mathrm{Mat}_n(\mathbb{R})$ konvergiert genau dann für jeden Startwert $x_0 \in \mathbb{R}^n$, wenn*

$$\rho(G) < 1,$$

wobei $\rho(G) = \max_j |\lambda_j(G)|$ der Spektralradius von G ist.

Beweis. Wir beschränken uns wieder auf den einfachen Fall einer symmetrischen Matrix $G = G^T$, den wir im folgenden ausschließlich benötigen. Dann gibt es eine orthogonale Matrix $Q \in \mathrm{O}(n)$, so dass

$$QGQ^T = \Lambda = \mathrm{diag}(\lambda_1, \ldots, \lambda_n)$$

die Diagonalmatrix der Eigenwerte von G ist. Da $|\lambda_i| \le \rho(G) < 1$ für alle i und $D^k = \mathrm{diag}(\lambda_1^k, \ldots, \lambda_n^k)$, gilt $\lim_{k\to\infty} D^k = 0$ und daher auch

$$\lim_{k\to\infty} G^k = \lim_{k\to\infty} Q^T D^k Q = 0. \qquad \square$$

Da $\rho(G) \le \|G\|$ für jede zugeordnete Matrixnorm, ist $\|G\| < 1$ hinreichend für $\rho(G) < 1$. In diesem Fall können wir die Fehler $x_k - x = G^k(x_0 - x)$ durch

$$\|x_k - x\| \le \|G\|^k \|x_0 - x\|$$

abschätzen. Neben der Konvergenz verlangen wir, dass sich $\phi(y) = Gy + c$ leicht berechnen lässt. Dazu muss die Matrix Q einfach zu invertieren sein. Die am besten zu invertierende Matrix ist zweifellos die Identität $Q = I$. Das so entstehende Verfahren mit der Iterationsfunktion $G = I - A$,

$$x_{k+1} = x_k - Ax_k + b,$$

ist das sogenannte *Richardson-Verfahren*. Gehen wir von einer spd-Matrix A aus, so ergibt sich für den Spektralradius von G gerade

$$\rho(G) = \rho(I - A) = \max\left\{|1 - \lambda_{\max}(A)|, |1 - \lambda_{\min}(A)|\right\}.$$

Eine notwendige Bedingung für die Konvergenz der Richardson-Iteration ist daher $\lambda_{\max}(A) < 2$. Für sich genommen ist diese Iteration demnach nur selten verwendbar. Wir werden jedoch unten Möglichkeiten besprechen, die Konvergenz zu verbessern. Die nächst komplizierteren Matrizen sind die Diagonalmatrizen, so dass als zweite Möglichkeit für Q die Diagonale D von

$$A = L + D + R,$$

in Frage kommt, wobei $D = \operatorname{diag}(a_{11}, \ldots, a_{nn})$ und

$$L := \begin{bmatrix} 0 & \cdots & \cdots & 0 \\ a_{21} & \ddots & & \vdots \\ \vdots & \ddots & \ddots & \vdots \\ a_{n1} & \cdots & a_{n,n-1} & 0 \end{bmatrix}, \quad R := \begin{bmatrix} 0 & a_{12} & \cdots & a_{11} \\ \vdots & \ddots & \ddots & \vdots \\ \vdots & \ddots & \ddots & a_{n-1,n} \\ 0 & \cdots & \cdots & 0 \end{bmatrix}.$$

Das zugehörige Verfahren

$$x_{k+1} = (I - D^{-1}A)x_k + D^{-1}b = -D^{-1}(L + R)x_k + D^{-1}b$$

heißt *Jacobi-Verfahren*. Eine hinreichende Bedingung für seine Konvergenz ist die strikte Diagonaldominanz von A.

Satz 8.2. *Die Jacobi-Iteration* $x_{k+1} = -D^{-1}(L + R)x_k + D^{-1}b$ *konvergiert für jeden Startwert* x_0 *gegen die Lösung* $x = A^{-1}b$, *falls* A *strikt diagonaldominant ist, d. h.*

$$|a_{ii}| > \sum_{i \neq j} |a_{ij}| \quad \textit{für alle } i = 1, \ldots, n.$$

Beweis. Die Aussage folgt aus Satz 8.1, da

$$\rho(D^{-1}(L+R)) \leq \|D^{-1}(L+R)\|_\infty = \max_i \sum_{j \neq i} |\frac{a_{ij}}{a_{ii}}|.$$

□

Nach den diagonalen haben sich die gestaffelten Gleichungssysteme im ersten Kapitel als einfach lösbar erwiesen. Für vollbesetzte untere oder obere Dreiecksmatrizen liegt der Aufwand bei $O(n^2)$ pro Lösung, für dünnbesetzte häufig bei $O(n)$, d. h. in der von uns als akzeptabel angesehenen Größenordnung. Setzen wir für Q die untere Dreieckshälfte $Q := D + L$ an, so erhalten wir das *Gauß-Seidel-Verfahren*

$$\begin{aligned} x_{k+1} &= (I - (D+L)^{-1}A)x_k + (D+L)^{-1}b \\ &= -(D+L)^{-1}Rx_k + (D+L)^{-1}b. \end{aligned}$$

Es konvergiert für jede spd-Matrix A. Um dies nachzuweisen, leiten wir eine einfach zu überprüfende hinreichende Bedingung für die Kontraktionseigenschaft $\rho(G) < 1$ von $G = I - Q^{-1}A$ her. Dazu beachten wir, dass jede spd-Matrix A ein Skalarprodukt $(x, y) := \langle x, Ay \rangle$ auf dem $\mathbb{R}^n$ induziert. Für jede Matrix $B \in \mathrm{Mat}_n(\mathbb{R})$ ist $B^* := A^{-1}B^TA$ die bezüglich dieses Skalarproduktes *adjungierte Matrix*, d. h.

$$(Bx, y) = (x, B^*y) \quad \text{für alle } x, y \in \mathbb{R}^n.$$

Eine selbstadjungierte Matrix $B = B^*$ heißt dann *positiv* bezüglich $(\cdot, \cdot)$, falls

$$(Bx, x) > 0 \quad \text{für alle } x \neq 0.$$

Lemma 8.3. *Sei $G \in \mathrm{Mat}_n(\mathbb{R})$ und G^* die bzgl. eines Skalarproduktes $(\cdot, \cdot)$ adjungierte Matrix von G. Ist dann $B := I - G^*G$ eine positive Matrix bzgl. $(\cdot, \cdot)$, so folgt $\rho(G) < 1$.*

Beweis. Da B positiv ist, gilt für alle $x \neq 0$

$$(Bx, x) = (x, x) - (G^*Gx, x) = (x, x) - (Gx, Gx) > 0$$

und daher mit der aus $(\cdot, \cdot)$ abgeleiteten Norm $\|x\| := \sqrt{(x, x)}$, dass $\|x\| > \|Gx\|$ für alle $x \neq 0$. Daraus folgt

$$\rho(G) \leq \|G\| := \sup_{\|x\|=1} \frac{\|Gx\|}{\|x\|} < 1,$$

da das Supremum wegen der Kompaktheit der Kugeloberfläche für ein x_0 mit $\|x_0\| = 1$ angenommen wird. □

Satz 8.4. *Das Gauß-Seidel-Verfahren konvergiert für jede spd-Matrix A.*

Beweis. Wir müssen zeigen, dass $B := I - G^*G$ mit $G = I - (D+L)^{-1}A$ eine positive Matrix bzgl. $(\cdot,\cdot) := \langle \cdot, A\cdot \rangle$ ist. Nun ist wegen $R^T = L$

$$G^* = I - A^{-1}A^T(D+L)^{-T}A = I - (D+R)^{-1}A$$

und daher

$$B = I - G^*G = (D+R)^{-1}D(D+L)^{-1}A. \tag{8.2}$$

Der Trick bei der letzten Umformung besteht darin, nach dem Ausmultiplizieren die Gleichung

$$(D+M)^{-1} = (D+M)^{-1}(D+M)(D+M)^{-1}$$

für $M = R, L$ einzusetzen und dann auszuklammern. Aus (8.2) folgt für alle $x \neq 0$, dass

$$\begin{aligned}(Bx, x)_A &= \langle (D+R)^{-1}D(D+L)^{-1}Ax, Ax \rangle \\ &= \langle D^{1/2}(D+L)^{-1}Ax, D^{1/2}(D+L)^{-1}Ax \rangle > 0,\end{aligned}$$

d. h. B ist positiv und $\rho(G) < 1$. □

Die Konvergenzgeschwindigkeit einer Fixpunktiteration $x_{k+1} = Gx_k + c$ hängt stark von dem Spektralradius $\rho(G)$ ab. Für jedes konkret gewählte G gibt es jedoch ein einfaches Mittel, diesen zu verbessern, nämlich die sogenannte *Extrapolation* oder besser *Relaxation*. Dazu betrachten wir Konvexkombinationen der jeweils „alten" und „neuen" Iterierten,

$$\begin{aligned}x_{k+1} &= \omega(Gx_k + c) + (1-\omega)x_k \\ &= G_\omega x_k + \omega c \quad \text{mit } G_\omega := \omega G + (1-\omega)I,\end{aligned}$$

wobei $\omega \in [0, 1]$ ein sogenannter *Dämpfungsparameter* ist. Auf diese Weise gewinnen wir aus einer Fixpunktiteration $x_{k+1} = Gx_k + c$ eine ganze Schar von *relaxierten Fixpunktiterationen* mit der ω-abhängigen Iterationsfunktion

$$\phi_\omega(x) = \omega\phi(x) + (1-\omega)x = G_\omega x + \omega c.$$

Die Kunst besteht nun darin, den Dämpfungsparameter ω so zu wählen, dass $\rho(G_\omega)$ möglichst klein wird. Tatsächlich ist es für eine Klasse von Fixpunktverfahren sogar möglich, durch geeignete Wahl von ω Konvergenz zu erzwingen, obwohl die Ausgangsiteration i.a. nicht konvergiert.

Definition 8.5. Ein Fixpunktverfahren $x_{k+1} = Gx_k + c$, $G = G(A)$, heißt *symmetrisierbar*, falls $I - G$ für jede spd-Matrix A ähnlich zu einer spd-Matrix ist, d. h. es eine reguläre Matrix $W \in \mathrm{GL}(n)$ gibt, so dass

$$W(I-G)W^{-1}$$

eine spd-Matrix ist.

Beispiel 8.6. Das Richardson-Verfahren $G = I - A$ ist trivialerweise symmetrisierbar. Das gleiche gilt auch für das Jacobi-Verfahren $G = I - D^{-1}A$: Mit $W := D^{\frac{1}{2}}$ ist

$$D^{\frac{1}{2}}(I - G)D^{-\frac{1}{2}} = D^{\frac{1}{2}}D^{-1}AD^{-\frac{1}{2}} = D^{-\frac{1}{2}}AD^{-\frac{1}{2}}$$

eine spd-Matrix.

Die Iterationsmatrizen G symmetrischer Fixpunktverfahren haben folgende Eigenschaft.

Lemma 8.7. *Sei $x_{k+1} = Gx_k + c$, $G = G(A)$ ein symmetrisierbares Fixpunktverfahren und A eine spd-Matrix. Dann sind alle Eigenwerte von G reell und kleiner als* 1, *d. h. für das Spektrum $\sigma(G)$ von G gilt*

$$\sigma(G) \subset \,]-\infty, 1[.$$

Beweis. Da $I - G$ ähnlich zu einer spd-Matrix ist, sind die Eigenwerte von $I - G$ reell und positiv und daher die Eigenwerte von G reell und < 1. □

Seien nun $\lambda_{\min} \le \lambda_{\max} < 1$ die extremen Eigenwerte von G. Dann sind die Eigenwerte von G_ω gerade

$$\lambda_i(G_\omega) = \omega\lambda_i(G) + 1 - \omega = 1 - \omega(1 - \lambda_i(G)) < 1,$$

d. h.

$$\rho(G_\omega) = \max\{|1 - \omega(1 - \lambda_{\min}(G))|,\ |1 - \omega(1 - \lambda_{\max}(G))|\}.$$

Für den *optimalen Dämpfungsparameter* $\bar{\omega}$ mit

$$\rho(G_{\bar{\omega}}) = \min_{0<\omega\le 1} \rho(G_\omega) = 1 - \bar{\omega}(1 - \lambda_{\min}(G))$$

gilt dann wegen $0 < 1 - \lambda_{\max}(G) \le 1 - \lambda_{\min}(G)$, dass

$$1 - \bar{\omega}(1 - \lambda_{\max}(G)) = -1 + \bar{\omega}(1 - \lambda_{\min}(G))$$

(siehe Abbildung 8.1). Wir erhalten so das folgende Resultat.

Lemma 8.8. *Mit den obigen Bezeichnungen ist*

$$\bar{\omega} = \frac{2}{2 - \lambda_{\max}(G) - \lambda_{\min}(G)}$$

der optimale Dämpfungsparameter für das symmetrisierbare Iterationsverfahren $x_{k+1} = Gx_k + c$. Für den Spektralradius der Iterationsmatrix des relaxierten Verfahrens gilt

$$\rho(G_{\bar{\omega}}) = 1 - \bar{\omega}(1 - \lambda_{\min}(G)) < 1.$$

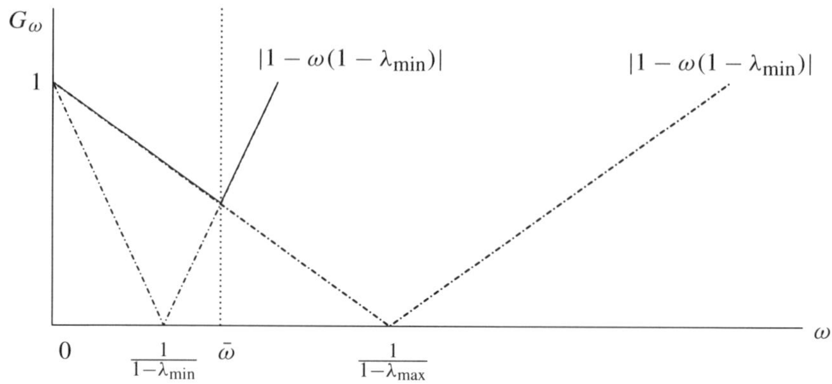

Abbildung 8.1. Spektralradius in Abhängigkeit vom Dämpfungsparameter ω

Mit anderen Worten: Wir haben gerade gezeigt, dass sich für jedes symmetrisierbare Iterationsverfahren durch geeignete Wahl des Dämpfungsparameters Konvergenz erzwingen lässt. Dabei geht in die Bestimmung von $\bar\omega$ Information über die Matrix A ein, so dass sich extrapolierte Verfahren nur für bestimmte Klassen von Matrizen angeben lassen.

Beispiel 8.9. Die relaxierte Iteration hat für das Richardson-Verfahren mit $G = I - A$ eine besonders einfache Form:

$$G_\omega = \omega G + (1-\omega)I = I - \omega A.$$

Für eine spd-Matrix A gilt gerade

$$\lambda_{\min}(G) = 1 - \lambda_{\max}(A) \quad \text{und} \quad \lambda_{\max}(G) = 1 - \lambda_{\min}(A)$$

und daher

$$\bar\omega = \frac{2}{2 - \lambda_{\max}(G) - \lambda_{\min}(G)} = \frac{2}{\lambda_{\max}(A) + \lambda_{\min}(A)}.$$

Der Spektralradius des optimal gedämpften Richardson-Verfahrens ist somit

$$\rho(G_{\bar\omega}) = \rho(I - \bar\omega A) = \frac{\lambda_{\max}(A) - \lambda_{\min}(A)}{\lambda_{\max}(A) + \lambda_{\min}(A)} = \frac{\kappa_2(A) - 1}{\kappa_2(A) + 1} < 1$$

mit der Kondition $\kappa_2(A)$ von A bezüglich der Euklidischen Norm.

Für weitergehende Ausführungen zu optimalen Relaxationsverfahren sei auf das Buch von L.A. Hageman und D.M. Young [47] verwiesen. Wir verlassen hier dieses Thema, weil die heute wichtigste Anwendung von Relaxationsverfahren, nämlich die sogenannten *Mehrgitterverfahren* (engl.: *multigrid methods*), tatsächlich *nicht* den oben berechneten optimalen Dämpfungsparameter $\bar{\omega}$ benutzen. Stattdessen wird das Kontraktionsverhalten genauer aufgeschlüsselt, und zwar bezüglich der Frequenzanteile der Iterierten. Interpretiert man die Lösungen eines linearen Gleichungssystems als Überlagerung „stehender Wellen", so zeigt sich, dass bei geeigneter (problemangepasster) Wahl des Relaxationsparameters sowohl das relaxierte Jacobi- als auch das relaxierte Gauß-Seidel-Verfahren bevorzugt die hochfrequenten Anteile des Fehlers dämpfen. Diese Eigenschaft heißt *Glättungseigenschaft* und wird bei der Konstruktion von Mehrgitterverfahren zur iterativen Lösung diskretisierter partieller Differentialgleichungen genutzt. Die Grundidee dabei ist, die hochfrequenten Anteile des Fehlers mit einem Relaxationsverfahren über einem feinen Diskretisierungsgitter zu dämpfen und anschließend auf das nächstgröbere Gitter überzugehen, welches der Elimination der niederfrequenten Anteile dient. Durch die rekursive Anwendung dieser Vorschrift entsteht ein Iterationsverfahren, das die *direkte* Lösung eines linearen Gleichungssystems lediglich auf dem *gröbsten* Gitter, also mit *wenigen* Unbekannten erfordert. Da wir auf die Frage der Diskretisierung in dieser elementaren Einführung nicht eingehen, müssen wir es hier bei einer kurzen Andeutung belassen. Für weitere Einzelheiten empfehlen wir den allgemeinverständlichen Artikel von G. Wittum [90] oder das Lehrbuch von W. Hackbusch [46].

8.2 Tschebyscheff-Beschleunigung

Bei den im letzten Abschnitt vorgestellten Verfahren handelt es sich ausnahmslos um Fixpunktverfahren, $x_{k+1} = \phi(x_k) = Gx_k + c$. Zur Berechnung von x_{k+1} wird dabei nur Information des letzten Iterationsschrittes herangezogen und die bereits berechneten Werte $x_0, \dots, x_{k-1}$ nicht berücksichtigt. Im folgenden stellen wir eine Technik vor, ein gegebenes Fixpunktverfahren zu verbessern, indem wir eine Linearkombination

$$y_k = \sum_{j=0}^{k} v_{kj} x_j$$

aus sämtlichen Werten $x_0, \dots, x_k$ konstruieren. Bei geeigneter Wahl der Koeffizienten v_{kj} soll die Ersatzfolge $\{y_0, y_1, \dots\}$ rascher konvergieren als die Ausgangsfolge $\{x_0, x_1, \dots\}$. Wie sind nun die v_{kj} zu bestimmen? Falls $x_0 = \dots = x_k = x$ bereits die Lösung ist, so fordern wir, dass auch $y_k = x$, woraus sofort folgt, dass

$$\sum_{j=0}^{k} v_{kj} = 1.$$

Damit gilt insbesondere für den Fehler $y_k - x$, dass

$$y_k - x = \sum_{j=0}^{k} v_{kj}(x_j - x). \tag{8.3}$$

Wir suchen also einen Vektor y_k aus dem affinen Unterraum

$$V_k := \left\{ y_k = \textstyle\sum_{j=0}^{k} v_{kj} x_j : v_{kj} \in \mathbb{R} \text{ mit } \sum_{j=0}^{k} v_{kj} = 1 \right\} \subset \mathbb{R}^n,$$

welcher die exakte Lösung möglichst gut approximiert, d. h.

$$\|y_k - x\| = \min_{y \in V_k} \|y - x\| \tag{8.4}$$

mit einer geeigneten Norm $\|\cdot\|$. Bezüglich der Euklidischen Norm $\|y\| = \sqrt{\langle y, y\rangle}$ ist nach Bemerkung 3.6 y_k die (affine) orthogonale Projektion von x auf V_k und das Minimierungsproblem äquivalent zu dem *Variationsproblem*

$$\langle y_k - x, y - x_0\rangle = 0 \quad \text{für alle } y \in V_k.$$

Ist dann $q_1, \ldots, q_k$ eine Orthogonalbasis des zu V_k parallelen linearen Unterraums U_k, d. h. $V_k = x_0 + U_k$, so können wir die affine orthogonale Projektion $Q_k : \mathbb{R}^n \longrightarrow V_k$ explizit angeben:

$$y_k = Q_k x = x_0 + \sum_{j=1}^{k} \frac{\langle q_j, x - x_0\rangle}{\langle q_j, q_j\rangle} q_j. \tag{8.5}$$

In (8.5) taucht jedoch die noch unbekannte Lösung x auf, d. h. die Formel ist nicht auswertbar und damit das Minimierungsproblem (8.4) so nicht lösbar. Aus dieser Situation gibt es zwei Auswege: Zum einen können wir statt des Euklidischen ein anderes, problemangepasstes Skalarprodukt wählen. Diesen Ansatz werden wir in Kapitel 8.3 verfolgen. Hier wollen wir versuchen, anstelle des Minimierungsproblems (8.4) ein *lösbares Ersatzproblem* zu konstruieren.

Die Iterierten x_k der gegebenen Fixpunktiteration sind $x_k = \phi^k(x_0)$, wobei $\phi(y) = Gy + c$ die Iterationsvorschrift ist. Daher gilt

$$y_k = \sum_{j=0}^{k} v_{kj} x_j = P_k(\phi) x_0,$$

wobei $P_k \in \boldsymbol{P}_k$ ein Polynom vom Grad k ist mit

$$P_k(\lambda) = \sum_{j=0}^{k} v_{kj} \lambda^j \quad \text{und} \quad P_k(1) = \sum_{j=0}^{k} v_{kj} = 1.$$

Für den Fehler $y_k - x$ erhalten wir nach (8.3) entsprechend

$$y_k - x = P_k(G)(x_0 - x).$$

Um die zunächst unbekannte Lösung abzuspalten, machen wir die (i.a. relativ grobe) Abschätzung

$$\|y_k - x\| \leq \|P_k(G)\| \; \|x_0 - x\|.$$

Anstelle der Lösung des Minimierungsproblems (8.4) suchen wir nun ein Polynom P_k mit $P_k(1) = 1$ derart, dass

$$\|P_k(G)\| = \min .$$

Dazu setzen wir voraus, dass die zugrundeliegende Fixpunktiteration symmetrisierbar ist und setzen

$$a := \lambda_{\min}(G) \quad \text{und} \quad b := \lambda_{\max}(G).$$

Damit gilt für die 2-Norm von $P_k(G)$, dass

$$\|P_k(G)\|_2 = \max_i |P_k(\lambda_i)| \leq \max_{\lambda \in [a,b]} |P_k(\lambda)| =: \bar{\rho}(P_k(G)).$$

Der Wert $\bar{\rho}(P_k(G))$ heißt auch *virtueller Spektralradius* von G. Wir kommen so schließlich zu dem *Minimaxproblem*

$$\max_{\lambda \in [a,b]} |P_k(\lambda)| = \min \qquad \text{mit } \deg P_k = k \text{ und } P_k(1) = 1.$$

Dieses Minimaxproblem haben wir bereits in Kapitel 7.1.4 kennengelernt und gelöst. Nach Satz 7.21 ergeben sich die P_k als speziell normierte Tschebyscheff-Polynome

$$P_k(\lambda) = \frac{T_k(t(\lambda))}{T_k(t(1))} \quad \text{mit } t(\lambda) = 2\frac{\lambda - a}{b - a} - 1.$$

Für die Berechnung von y_k können wir die Drei-Term-Rekursion

$$T_k(t) = 2t T_{k-1}(t) - T_{k-2}(t), \quad T_0(t) = 1, \quad T_1(t) = t$$

nutzen. Man beachte, dass wir im ersten Verbesserungsschritt aus

$$P_1(\lambda) = \frac{t(\lambda)}{t(1)} = \bar{\omega}\lambda + 1 - \bar{\omega}$$

das in Kapitel 8.1 beschriebene Relaxationsverfahren zum optimalen Dämpfungsparameter $\bar{\omega} = 2/(2 - b - a)$ zurückgewinnen. Setzen wir

$$\bar{t} := t(1) = \frac{2 - b - a}{b - a} \quad \text{und} \quad \rho_k := 2\bar{t}\frac{T_{k-1}(\bar{t})}{T_k(\bar{t})},$$

so folgt

$$\begin{aligned} P_k(\lambda) &= 2t\frac{T_{k-1}(\bar{t})}{T_k(\bar{t})}P_{k-1}(\lambda) - \frac{T_{k-2}(\bar{t})}{T_k(\bar{t})}P_{k-2}(\lambda) \\ &= \rho_k(1-\bar{\omega}+\bar{\omega}\lambda)P_{k-1}(\lambda) + (1-\rho_k)P_{k-2}(\lambda). \end{aligned} \tag{8.6}$$

Dabei beachte man, dass

$$-\frac{T_{k-2}(\bar{t})}{T_k(\bar{t})} = \frac{T_k(\bar{t}) - 2\bar{t}T_{k-1}(\bar{t})}{T_k(\bar{t})} = 1 - \rho_k$$

und

$$2t\frac{T_{k-1}(\bar{t})}{T_k(\bar{t})} = \rho_k\frac{t}{\bar{t}} = \rho_k\frac{2\lambda - b - a}{2 - b - a} = \rho_k(1-\bar{\omega}+\bar{\omega}\lambda).$$

Setzen wir (8.6) in $y_k = P_k(\phi)x_0$ für das Fixpunktverfahren $\phi(y) = Gy + c$ ein, so erhalten wir die Rekursion

$$\begin{aligned} y_k &= P_k(\phi)x_0 \\ &= \big(\rho_k\big((1-\bar{\omega})P_{k-1}(\phi) + \bar{\omega}\phi P_{k-1}(\phi)\big) + (1-\rho_k)P_{k-2}(\phi)\big)x_0 \\ &= \rho_k\big((1-\bar{\omega})y_{k-1} + \bar{\omega}(Gy_{k-1}+c)\big) + (1-\rho_k)y_{k-2}. \end{aligned}$$

Für ein Fixpunktverfahren der Form $G = I - Q^{-1}A$ und $c = Q^{-1}b$ gilt insbesondere

$$y_k = \rho_k(y_{k-1} - y_{k-2} + \bar{\omega}Q^{-1}(b - Ay_{k-1})) + y_{k-2}.$$

Diese Iteration für die y_k heißt *Tschebyscheff-Iteration* oder auch *Tschebyscheff-Beschleunigung* für das Fixpunktverfahren $x_{k+1} = Gx_k + c$ mit $G = I - Q^{-1}A$ und $c = Q^{-1}b$.

Algorithmus 8.10. Tschebyscheff-Iteration (zum Startwert $y_0 = x_0$ auf eine verlangte relative Genauigkeit tol).

$\bar{t} := \dfrac{2 - \lambda_{\max}(G) - \lambda_{\min}(G)}{\lambda_{\max}(G) - \lambda_{\min}(G)}$; $\quad \bar{\omega} := \dfrac{2}{2 - \lambda_{\max}(G) - \lambda_{\min}(G)}$;

$T_0 := 1, T_1 := \bar{t}$;

$y_1 := \bar{\omega}(Gy_0 + c) + (1-\bar{\omega})y_0$;

for $k := 2$ **to** $k_{\max}$ **do**

$T_k := 2\bar{t}T_{k-1} - T_{k-2}$;

$\rho_k := 2\bar{t}\dfrac{T_{k-1}}{T_k}$;

Löse das Gleichungssystem $Qz = b - Ay_{k-1}$ in z;

$y_k := \rho_k(y_{k-1} - y_{k-2} + \bar{\omega} z) + y_{k-2};$

if $\|y_k - y_{k-1}\| \leq \mathrm{tol}\,\|y_k\|$ **then exit**;

end for

Die Konvergenzgeschwindigkeit der Tschebyscheff-Beschleunigung für ein symmetrisierbares Fixpunktverfahren lässt sich wie folgt abschätzen:

Satz 8.11. *Sei $G = G(A)$ die Iterationsmatrix eines symmetrisierbaren Fixpunktverfahrens $x_{k+1} = \phi(x_k) = Gx_k + c$ für die spd-Matrix A und $x_0 \in \mathbb{R}^n$ ein beliebiger Startwert. Dann gilt für die zugehörige Tschebyscheff-Iteration $y_k = P_k(\phi)x_0$, dass*

$$\|y_k - x\| \leq \frac{1}{|T_k(\bar{t})|}\|x_0 - x\| \quad mit\ \bar{t} = \frac{2-\lambda_{\max}(G)-\lambda_{\min}(G)}{\lambda_{\max}(G)-\lambda_{\min}(G)}.$$

Beweis. Nach Konstruktion des Verfahrens gilt

$$\|y_k - x\| \leq \|P_k(G)\|\,\|x_0 - x\| \leq \max_{\lambda\in[a,b]} \frac{|T_k(t(\lambda))|}{|T_k(t(1))|}\|x_0 - x\|,$$

wobei $t(\lambda)$ wie oben die Transformation

$$t(\lambda) = 2\,\frac{\lambda - \lambda_{\min}(G)}{\lambda_{\max}(G) - \lambda_{\min}(G)} - 1 = \frac{2\,\lambda - \lambda_{\max}(G) - \lambda_{\min}(G)}{\lambda_{\max}(G) - \lambda_{\min}(G)}$$

ist. Da $|T_k(t)| \leq 1$ für $t \in [-1, 1]$ folgt die Behauptung. □

Beispiel 8.12. Für die Tschebyscheff-Beschleunigung der Richardson-Iteration ergibt sich speziell:

$$\bar{t} = \frac{2 - \lambda_{\max}(G) - \lambda_{\min}(G)}{\lambda_{\max}(G) - \lambda_{\min}(G)} = \frac{\lambda_{\max}(A) + \lambda_{\min}(A)}{\lambda_{\max}(A) - \lambda_{\min}(A)} = \frac{\kappa_2(A) + 1}{\kappa_2(A) - 1} > 1.$$

Lemma 8.13. *Für die Tschebyscheff-Polynome T_k und $\kappa > 1$ gilt die Abschätzung*

$$\left|T_k\left(\frac{\kappa+1}{\kappa-1}\right)\right| \geq \frac{1}{2}\left(\frac{\sqrt{\kappa}+1}{\sqrt{\kappa}-1}\right)^k.$$

Beweis. Man rechnet leicht nach, dass für $z := (\kappa + 1)/(\kappa - 1)$ gilt

$$z \pm \sqrt{z^2 - 1} = \frac{\sqrt{\kappa} \pm 1}{\sqrt{\kappa} \mp 1}$$

und daher nach Formel (7.15)

$$T_k\left(\frac{\kappa+1}{\kappa-1}\right)=\frac{1}{2}\left[\left(\frac{\sqrt{\kappa}+1}{\sqrt{\kappa}-1}\right)^k+\left(\frac{\sqrt{\kappa}-1}{\sqrt{\kappa}+1}\right)^k\right]\geq\frac{1}{2}\left(\frac{\sqrt{\kappa}+1}{\sqrt{\kappa}-1}\right)^k,$$

wie behauptet. □

Nach Satz 8.11 und Lemma 8.13 gilt daher

$$\|y_k-x\|\leq 2\left(\frac{\sqrt{\kappa(A)}-1}{\sqrt{\kappa(A)}+1}\right)^k\|x_0-x\|.$$

Abschließend wollen wir darauf hinweisen, dass die Realisierung der Tschebyscheff-Iteration möglichst gute Kenntnis der Grenzen $\lambda_{\min}$ und $\lambda_{\max}$ des (reellen) Spektrums von A verlangt. Moderne Verfahren kombinieren deshalb diese Methoden mit einer Vektoriteration, aus der sich nach wenigen Schritten in der Regel zumindest brauchbare Schätzungen von $\lambda_{\min}$ und $\lambda_{\max}$ ergeben.

Bemerkung 8.14. Die hier vorgestellte Idee der Tschebyscheff-Beschleunigung lässt sich auch auf nicht symmetrische Matrizen übertragen. Anstelle der Intervalle, die im symmetrischen Fall das reelle Spektrum umfassen, treten dann Ellipsen, welche das im allgemeinen komplexe Spektrum einschließen. Näheres dazu findet sich in der Arbeit von T. A. Manteuffel [58].

8.3 Verfahren der konjugierten Gradienten

Wir hatten im letzten Abschnitt versucht, die Lösung des linearen Problems $Ax=b$ durch Vektoren y_k aus einem affinen Teilraum V_k zu approximieren. Die Verwendung der Euklidischen Norm $\|y\|=\sqrt{\langle y,y\rangle}$ hatte uns dort zunächst in eine Sackgasse geführt, aus der wir schließlich durch den Übergang zu einem lösbaren Ersatzproblem herausfinden konnten. Hier wollen wir nun unsere ursprüngliche Idee weiterverfolgen, indem wir zu einem problemangepassten Skalarprodukt übergehen. In der Tat definiert jede spd-Matrix A in natürlicher Weise ein Skalarprodukt

$$(x,y):=\langle x,Ay\rangle$$

mit der zugeordneten Norm

$$\|y\|_A=\sqrt{(y,y)},$$

der sogenannten *Energienorm* von A. Beide sind uns schon in Kapitel 8.1 begegnet. Wir wiederholen nun nochmals den Gedankengang von Kapitel 8.2, nur mit der Energienorm anstelle der Euklidischen Norm des Iterationsfehlers. Sei $V_k=x_0+$

$U_k \subset \mathbb{R}^n$ ein k-dimensionaler affiner Unterraum, wobei U_k der zu V_k parallele lineare Unterraum ist. Die Lösung x_k des Minimierungsproblems

$$\|x_k - x\|_A = \min_{y \in V_k} \|y - x\|_A$$

oder kurz

$$\|x_k - x\|_A = \min_{V_k}$$

heißt auch *Ritz-Galerkin-Approximation* von x in V_k. Nach Satz 3.4 ist x_k die orthogonale Projektion von x auf V_k bzgl. $(\cdot, \cdot)$, d. h. das Minimierungsproblem $\|x_k - x\|_A = \min$ ist äquivalent zu dem Variationsproblem

$$(x - x_k, u) = 0 \quad \text{für alle } u \in U_k. \tag{8.7}$$

Statt „orthogonal bzgl. $(\cdot, \cdot) = \langle \cdot, A \cdot \rangle$" sagen wir im folgenden auch einfach „A-orthogonal" (historisch auch *A-konjugiert*), d. h. gemäß (8.7) müssen der Fehler $x - x_k$ A-orthogonal zu U_k sein. Bezeichnen wir die Residuen wieder mit $r_k := b - Ax_k$, so gilt gerade

$$(x - x_k, u) = \langle A(x - x_k), u \rangle = \langle r_k, u \rangle.$$

Das Variationsproblem (8.7) ist daher äquivalent zu der Forderung, dass die Residuen r_k orthogonal (bezüglich des Euklidischen Skalarproduktes) zu U_k sein müssen, d. h.

$$\langle r_k, u \rangle = 0 \quad \text{für alle } u \in U_k. \tag{8.8}$$

Sei nun $p_1, \dots, p_k$ eine A-Orthogonalbasis von U_k, d. h.

$$(p_k, p_j) = \delta_{kj}(p_k, p_k).$$

Dann folgt für die A-orthogonale Projektion $P_k : \mathbb{R}^n \to V_k$ gerade

$$\begin{aligned} x_k = P_k x &= x_0 + \sum_{j=1}^{k} \frac{(p_j, x - x_0)}{(p_j, p_j)} p_j = x_0 + \sum_{j=1}^{k} \frac{\langle p_j, Ax - Ax_0 \rangle}{(p_j, p_j)} p_j \\ &= x_0 + \sum_{j=1}^{k} \underbrace{\frac{\langle p_j, r_0 \rangle}{(p_j, p_j)}}_{:= \alpha_j} p_j. \end{aligned} \tag{8.9}$$

Im Unterschied zu Kapitel 8.2 stellen wir hier fest, dass die zunächst unbekannte Lösung x auf der rechten Seite nicht mehr auftaucht, d. h. wir können die A-orthogonale Projektion x_k von x auf V_k explizit berechnen, ohne x zu kennen. Aus (8.9) ergeben sich für x_k und r_k sofort die Rekursionen

$$x_k = x_{k-1} + \alpha_k p_k \quad \text{und} \quad r_k = r_{k-1} - \alpha_k A p_k, \tag{8.10}$$

da

$$r_k = A(x - x_k) = A(x - x_{k-1} - \alpha_k p_k) = r_{k-1} - A\alpha_k p_k.$$

Zur Konstruktion eines Approximationsverfahrens fehlen uns daher nur noch geeignete Unterräume $V_k \subset \mathbb{R}^n$, für die sich eine A-Orthogonalbasis $p_1, \dots, p_k$ leicht berechnen lässt. Nach dem Satz von Cayley-Hamilton (siehe z. B. [11]) gibt es ein Polynom $P_{n-1} \in \boldsymbol{P}_{n-1}$, so dass

$$A^{-1} = P_{n-1}(A),$$

und daher

$$x - x_0 = A^{-1} r_0 = P_{n-1}(A) r_0 \in \operatorname{span}\{r_0, Ar_0, \dots, A^{n-1} r_0\}.$$

Wählen wir für die Approximationsräume $V_k = x_0 + U_k$ mit $U_0 := \{0\}$ und

$$U_k := \operatorname{span}\{r_0, Ar_0, \dots, A^{k-1} r_0\} \quad \text{für } k = 1, \dots, n,$$

so gilt $x \in V_n$, d. h. spätestens die n-te Approximation x_n ist die Lösung selbst. Die Räume $U_k = U_k(A, x_0)$ heißen *Krylov-Räume*. Sie ergeben sich auch automatisch aus unserer Forderung, pro Iterationsschritt im wesentlichen nur eine Matrix-Vektor-Multiplikation $(A, y) \mapsto Ay$ durchzuführen. Erinnern wir uns ferner an Satz 6.4, so zeigt sich, dass wir eine A-Orthogonalbasis $p_1, \dots, p_k$ von U_k mit der Drei-Term-Rekursion 6.4 konstruieren können. Wir können die p_k jedoch direkt aus den Residuen berechnen.

Lemma 8.15. *Sei $r_k \neq 0$. Dann sind die Residuen $r_0, \dots, r_k$ paarweise orthogonal, d. h.*

$$\langle r_i, r_j \rangle = \delta_{ij} \langle r_i, r_i \rangle \quad \textit{für } i, j = 0, \dots, k,$$

und spannen U_{k+1} auf, d. h.

$$U_{k+1} = \operatorname{span}\{r_0, \dots, r_k\}.$$

Beweis. Der Beweis erfolgt durch vollständige Induktion über k. Der Fall $k = 0$ ist wegen $U_1 = \operatorname{span}(r_0)$ trivial. Sei die Behauptung für $k - 1$ richtig. Aus (8.10) folgt sofort, dass $r_k \in U_{k+1}$. Ferner haben wir in (8.8) gesehen, dass r_k orthogonal zu U_k ist. Da nach Induktionsvoraussetzung

$$U_k = \operatorname{span}\{r_0, \dots, r_{k-1}\},$$

gilt also $\langle r_k, r_j \rangle = 0$ für $j < k$. Schließlich folgt damit aus $r_k \neq 0$, dass $U_{k+1} = \operatorname{span}\{r_0, \dots, r_k\}$. □

Wir konstruieren die A-orthogonalen Basisvektoren p_k daher wie folgt: Falls $r_0 \neq 0$ (sonst ist x_0 die Lösung), setzen wir $p_1 := r_0$. Lemma 8.15 besagt nun für

$k > 1$, dass r_k entweder verschwindet oder aber die Vektoren $p_1, \ldots, p_{k-1}$ und r_k linear unabhängig sind und U_{k+1} aufspannen. Im ersten Fall ist $x = x_k$, und wir sind fertig. Im zweiten Fall erhalten wir durch die Wahl von

$$p_{k+1} = r_k - \sum_{j=1}^{k} \frac{(r_k, p_j)}{(p_j, p_j)} p_j = r_k - \underbrace{\frac{(r_k, p_k)}{(p_k, p_k)}}_{=: \beta_{k+1}} p_k, \tag{8.11}$$

eine Orthogonalbasis von U_{k+1}. Durch Einsetzen von (8.11) lässt sich die Auswertung von α_k und β_k weiter vereinfachen. Da

$$(x - x_0, p_k) = (x - x_{k-1}, p_k) = \langle r_{k-1}, p_k \rangle = \langle r_{k-1}, r_{k-1} \rangle,$$

folgt

$$\alpha_k = \frac{\langle r_{k-1}, r_{k-1} \rangle}{(p_k, p_k)},$$

und wegen

$$-\alpha_k (r_k, p_k) = \langle -\alpha_k A p_k, r_k \rangle = \langle r_k - r_{k-1}, r_k \rangle = \langle r_k, r_k \rangle$$

gilt

$$\beta_{k+1} = \frac{\langle r_k, r_k \rangle}{\langle r_{k-1}, r_{k-1} \rangle}.$$

Zusammen erhalten wir das von M.R. Hestenes und E. Stiefel [51] im Jahre 1952 vorgestellte sogenannte *Verfahren der konjugierten Gradienten* (engl.: *conjugate gradients*) oder kurz *cg-Verfahren.*

Algorithmus 8.16. cg-Verfahren (zum Startwert x_0).

$p_1 := r_0 := b - A x_0;$

for $k := 1$ **to** $k_{\max}$ **do**

$\quad \alpha_k := \dfrac{\langle r_{k-1}, r_{k-1} \rangle}{(p_k, p_k)} = \dfrac{\langle r_{k-1}, r_{k-1} \rangle}{\langle p_k, A p_k \rangle};$

$\quad x_k := x_{k-1} + \alpha_k p_k;$

$\quad$ **if** accurate **then exit**;

$\quad r_k := r_{k-1} - \alpha_k A p_k;$

$\quad \beta_{k+1} := \dfrac{\langle r_k, r_k \rangle}{\langle r_{k-1}, r_{k-1} \rangle};$

$\quad p_{k+1} := r_k + \beta_{k+1} p_k;$

end for

Man beachte, dass tatsächlich pro Iterationsschritt im wesentlichen nur eine Matrix-Vektor-Multiplikation, nämlich Ap_k, durchgeführt werden muss, und damit das Verfahren unseren Forderungen bzgl. des Aufwands voll entspricht. Das Abbruchkriterium „accurate" haben wir oben zunächst nicht näher spezifiziert. Am liebsten hätte man natürlich ein Kriterium der Art

$$\|x - x_k\| \quad \text{„hinreichend klein"}, \tag{8.12}$$

das jedoch so nicht ausführbar ist. Deswegen wird (8.12) in der Praxis durch die Abfrage

$$\|r_k\|_2 = \|x - x_k\|_{A^2} \quad \text{„hinreichend klein"} \tag{8.13}$$

ersetzt. Wie wir bereits in Kapitel 2.4.3 ausführlich dargelegt haben, ist jedoch die Residuennorm kein geeignetes Maß für die Konvergenz: Gerade bei schlecht konditionierten Systemen, d. h. für $\kappa(A) \gg 1$, können sich die Iterierten drastisch verbessern, obwohl die Normen der Residuen wachsen. Wir werden zu diesem Thema nochmals in Kapitel 8.4 zurückkehren. Zu beantworten bleibt die Frage, wie es um die Konvergenzeigenschaften bestellt ist. Da das cg-Verfahren nach endlich vielen Schritten die Lösung $x_n = x$ liefert, fehlt uns nur noch eine Aussage über die Konvergenzgeschwindigkeit.

Satz 8.17. *Der Approximationsfehler $x - x_k$ des cg-Verfahrens lässt sich in der Energienorm $\|y\|_A = \sqrt{\langle y, Ay\rangle}$ abschätzen durch*

$$\|x - x_k\|_A \le 2\left(\frac{\sqrt{\kappa_2(A)} - 1}{\sqrt{\kappa_2(A)} + 1}\right)^k \|x - x_0\|_A, \tag{8.14}$$

wobei $\kappa_2(A)$ die Kondition von A bezüglich der Euklidischen Norm ist.

Beweis. Da x_k die Lösung des Minimierungsproblems $\|x - x_k\|_A = \min_{V_k}$ ist, gilt

$$(x - x_k, x - x_k) \le (x - y, x - y) \quad \text{für alle } y \in V_k.$$

Die Elemente von V_k sind von der Form

$$y = x_0 + P_{k-1}(A)r_0 = x_0 + P_{k-1}(A)(b - Ax_0) = x_0 + AP_{k-1}(A)(x - x_0)$$

mit einem Polynom $P_{k-1} \in \boldsymbol{P}_{k-1}$, so dass

$$x - y = x - x_0 - AP_{k-1}(A)(x - x_0) = \underbrace{(I - AP_{k-1}(A))}_{=: Q_k(A)}(x - x_0),$$

wobei $Q_k \in \boldsymbol{P}_k$ ein Polynom mit $Q_k(0) = 1$ ist. Eingesetzt in die Minimierungsbedingung folgt

$$\|x - x_k\|_A \le \min_{Q_k(0)=1} \|Q_k(A)(x - x_0)\|_A \le \min_{Q_k(0)=1} \max_{\lambda \in \sigma(A)} |Q_k(\lambda)| \, \|x - x_0\|_A.$$

Dabei haben wir benutzt, dass

$$\|Q_k(A)\|_A = \max_{\lambda \in \sigma(A)} |Q_k(\lambda)|$$

gilt, was sich aus

$$\|Q_k(A)\|_A = \sup_{z \neq 0} \frac{\|Q_k(A)z\|_A}{\|z\|_A}$$

durch Einsetzen von $z = A^{\frac{1}{2}} w$ ergibt. Uns bleibt daher zu zeigen, dass sich die Lösung des Minimax-Problems durch

$$\alpha := \min_{Q_k(0)=1} \max_{\lambda \in \sigma(A)} |Q_k(\lambda)| \leq 2 \left(\frac{\sqrt{\kappa_2(A)} - 1}{\sqrt{\kappa_2(A)} + 1} \right)^k$$

abschätzen lässt. Seien dazu

$$0 < a = \lambda_1 \leq \lambda_2 \leq \cdots \leq \lambda_n = b$$

die Eigenwerte der spd-Matrix A. Da $0 \notin [a, b]$ ist Satz 7.21 anwendbar, und es gilt

$$\alpha \leq \min_{Q_k(0)=1} \max_{\lambda \in [a,b]} |Q_k(\lambda)| \leq \frac{1}{c},$$

wobei $c := |T_k(\lambda(0))|$ der maximale Betrag des zugehörigen modifizierten Tschebyscheff-Polynoms auf $[a, b]$ ist. Dabei ist

$$\lambda(0) = 2\frac{0-a}{b-a} - 1 = -\frac{b+a}{b-a} = -\frac{\kappa_2(A)+1}{\kappa_2(A)-1},$$

da $\kappa_2(A) = \lambda_n/\lambda_1 = b/a$, so dass wir die Behauptung wie in Beispiel 8.12 aus Lemma 8.13 erhalten. □

Korollar 8.18. *Um den Fehler in der Energienorm um einer Faktor ε zu reduzieren, d. h.*

$$\|x - x_k\|_A \leq \varepsilon \|x - x_0\|_A,$$

benötigt man höchstens k cg-Iterationen, wobei k die kleinste ganze Zahl ist mit

$$k \geq \frac{1}{2}\sqrt{\kappa_2(A)}\,\ln(2/\varepsilon).$$

Beweis. Nach Satz 8.14 haben wir zu zeigen, dass

$$2 \left(\frac{\sqrt{\kappa_2(A)} - 1}{\sqrt{\kappa_2(A)} + 1} \right)^k \leq \varepsilon,$$

oder äquivalent

$$\theta^k \leq \frac{2}{\varepsilon} \quad \text{mit } \theta := \left(\frac{\sqrt{\kappa_2(A)}+1}{\sqrt{\kappa_2(A)}-1}\right) > 1,$$

Der Reduktionsfaktor wird also erreicht, falls

$$k \geq \log_\theta(2/\varepsilon) = \frac{\ln(2/\varepsilon)}{\ln\theta}.$$

Nun gilt für den natürlichen Logarithmus, dass

$$\ln\left(\frac{a+1}{a-1}\right) > \frac{2}{a} \quad \text{für } a > 1.$$

(Leitet man beide Seiten nach a ab, so sieht man, dass ihre Differenz streng monoton fallend ist für $a > 1$. Im Grenzfall $a \to \infty$ verschwinden beide Seiten.) Also gilt nach Voraussetzung

$$k \;\geq\; \frac{1}{2}\sqrt{\kappa_2(A)}\ln(2/\varepsilon) \;\geq\; \frac{\ln(2/\varepsilon)}{\ln\theta}$$

und daher die Behauptung. □

Bemerkung 8.19. Wegen der bestechenden Eigenschaften des cg-Verfahrens für spd-Matrizen ist natürlich die Frage von Interesse, welche Eigenschaften sich auf nicht symmetrische Matrizen übertragen lassen. Zunächst ist darauf hinzuweisen, dass eine beliebige, lediglich invertierbare Matrix A im allgemeinen *kein* Skalarprodukt induziert. Zwei prinzipielle Möglichkeiten wurden bisher verfolgt:

Interpretiert man das cg-Verfahren für spd-Matrizen als orthogonale Ähnlichkeitstransformation auf Tridiagonalgestalt (vgl. Kapitel 6.1.1), so wird man eine beliebige, nicht notwendig symmetrische Matrix auf *Hessenberggestalt* zu transformieren haben (vgl. Bemerkung 5.13). Dies bedeutet, dass anstelle einer Drei-Term-Rekursion eine k-Term-Rekursion mit wachsendem k treten wird. Diese Variante heißt auch *Arnoldi-Verfahren* (vgl. [5]). Es ist, unabhängig vom vergrößerten Speicherbedarf, nicht besonders robust.

Falls man auf jeden Fall die Drei-Term-Rekursion als Strukturelement erhalten will (geringer Speicherbedarf), so geht man im allgemeinen zu den Normalgleichungen

$$A^T A x = A^T b$$

über und realisiert ein cg-Verfahren für die spd-Matrix $A^T A$. Dieses Vorgehen hat jedoch wegen $\kappa_2(A^T A) = \kappa_2(A)^2$ (siehe Lemma 3.10) zur Folge, dass in der Abschätzung (8.14) zur Konvergenzgeschwindigkeit der Faktor $\sqrt{\kappa_2(A)}$ durch $\kappa_2(A)$ zu ersetzen ist. Im allgemeinen ist dies eine signifikante Verschlechterung. Einen schönen Überblick über dieses wissenschaftliche Feld bietet die umfangreiche Darstellung von J. Stoer [81]. An Algorithmen auf dieser Basis haben sich im wesentlichen zwei Varianten etabliert, nämlich das *cgs-Verfahren* (engl.: *conjugate gradient squared method*) von P. Sonneveld [78] und das *bi-cg-Verfahren*, das ursprünglich von R. Fletcher [32] vorgeschlagen wurde. Das cgs-Verfahren vermeidet obendrein noch die zusätzliche Auswertung der Abbildung $y \mapsto A^T y$, die in bestimmten Anwendungen etwas aufwendig zu programmieren ist.

Bemerkung 8.20. Wir sind bei der Herleitung des cg-Verfahrens nicht der historischen Entwicklung gefolgt, sondern haben den übersichtlicheren Weg mit Hilfe von Galerkin-Approximationen eingeschlagen, der gleichzeitig ein allgemeineres Konzept veranschaulichen sollte. Dabei bleibt die Bedeutung der Bezeichnung „konjugierte Gradienten" zunächst im dunkeln. Der ursprüngliche Zugang geht von einem anderen Iterationsverfahren, der *Methode des steilsten Abstiegs* aus. Dabei wird versucht, die Lösung x des Minimierungsproblems

$$\phi(x) = \frac{1}{2}\langle x, Ax\rangle - \langle x, b\rangle = \min$$

sukzessive zu approximieren, indem man ϕ in Richtung des steilsten Abstiegs

$$-\Delta\phi(x_k) = b - Ax_k = r_k$$

minimiert. Wir zerlegen das Minimierungsproblem $\phi(x) = \min$ in eine Reihe eindimensionaler Minimierungsprobleme

$$\phi_k(\alpha_{k+1}) = \phi(x_k + \alpha_{k+1} r_k) = \min_{\alpha_{k+1}},$$

deren Lösung, die sogenannte *optimale Schrittlänge* (engl.: *optimal line search*) gerade

$$\alpha_{k+1} = \frac{\langle r_k, r_k\rangle}{\langle r_k, Ar_k\rangle}$$

ist. Wir erwarten nun, dass die Folge der so konstruierten Approximationen $x_{k+1} = x_k + \alpha_{k+1} r_k$ gegen x konvergieren. Dies tun sie auch, da

$$|\phi(x_k) - \phi(x)| \leq \left(1 - \frac{1}{\kappa_2(A)}\right) |\phi(x_{k-1}) - \phi(x)|,$$

allerdings für eine große Kondition $\kappa_2(A) = \lambda_n(A)/\lambda_1(A)$ sehr langsam. Aus geometrischer Anschauung existiert dabei das Problem, dass die Niveauflächen $\{x : \phi(x) = c\}$ für $c \geq 0$ von ϕ Ellipsoide mit sehr unterschiedlichen Halbachsen sind, wobei $\lambda_1(A)$ und $\lambda_n(A)$ gerade die Längen der kleinsten bzw. größten Halbachse von $\{\phi(x) = 1\}$ sind (siehe Abbildung 8.2). Die Größe $\kappa_2(A)$ beschreibt also

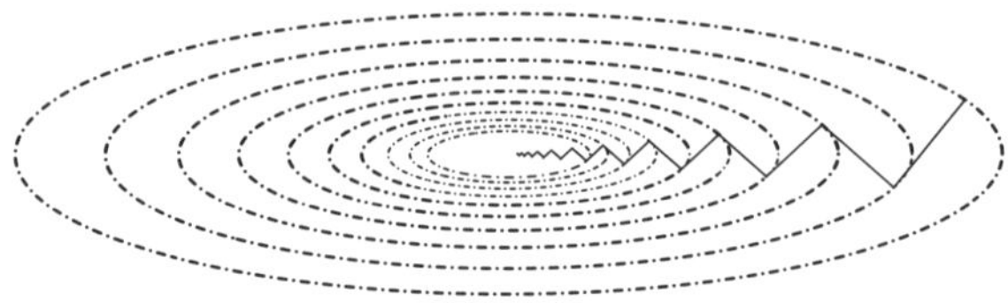

Abbildung 8.2. Verfahren des steilsten Abstiegs für große $\kappa_2(A)$

die geometrische „Verzerrung" der Ellipsoide im Vergleich zu Kugelflächen. Das Verfahren des steilsten Abstiegs konvergiert aber am besten, wenn die Niveauflächen annähernd Kugeloberflächen sind. Eine Verbesserung kann erreicht werden, wenn man die Suchrichtungen r_k durch andere „Gradienten" ersetzt. Dabei haben die A-orthogonalen (oder A-*konjugierten*) Vektoren p_k mit $p_1 = r_0 = b$ besonders günstige Eigenschaften, was die historische Namensgebung erklärt.

Abschließend wollen wir noch betonen, dass das cg-Verfahren, anders als das Tschebyscheff-Verfahren, keinerlei Anpassung von Parametern benötigt.

8.4 Vorkonditionierung

Die Abschätzungen der Konvergenzgeschwindigkeit sowohl für die Tschebyscheff-Beschleunigung als auch für das cg-Verfahren hängen monoton von der Kondition $\kappa_2(A)$ bezüglich der Euklidischen Norm ab. Unsere nächste Frage wird deshalb lauten: Wie kann man die Kondition der Matrix A verringern? Oder genauer: Wie lässt sich das Problem $Ax = b$ so transformieren, dass die entstehende Matrix von möglichst kleiner Kondition ist? Diese Fragestellung ist das Thema der sogenannten *Vorkonditionierung*. Geometrisch gesprochen bedeutet dies: Wir wollen das Problem derart transformieren, dass die Niveauflächen, die ja im allgemeinen Ellipsoide sind, der Kugelgestalt möglichst nahe kommen.

Anstelle der Gleichung $Ax = b$ mit einer spd-Matrix $A \in \mathrm{Mat}_n(\mathbb{R})$ können wir auch das für jede invertierbare Matrix $B \in \mathrm{GL}(n)$ äquivalente Problem

$$\bar{A}\bar{x} = b \quad \text{mit } \bar{x} := B^{-1}x \text{ und } \bar{A} := AB$$

lösen. Dabei müssen wir darauf achten, dass die Symmetrie des Problems nicht zerstört wird, damit unsere Iterationsverfahren anwendbar bleiben. Ist B ebenfalls symmetrisch positiv definit, so ist die Matrix $\bar{A} = AB$ zwar nicht mehr bezüglich des Euklidischen Skalarproduktes $\langle \cdot, \cdot \rangle$ selbstadjungiert, wohl aber bezüglich des von B induzierten Produktes

$$(\cdot, \cdot)_B := \langle \cdot, B\cdot \rangle,$$

da

$$(x, ABy)_B = \langle x, BABy\rangle = \langle ABx, By\rangle = (ABx, y)_B.$$

Daher ist das cg-Verfahren wieder anwendbar, wenn wir die Skalarprodukte geeignet übertragen: $(\cdot,\cdot)_B$ übernimmt die Rolle des Euklidischen Produktes $\langle\cdot,\cdot\rangle$ und das zugehörige „Energieprodukt"

$$(\cdot,\cdot)_{AB} = (AB\cdot,\cdot)_B = \langle AB\cdot, B\cdot\rangle$$

von $\bar{A} = AB$ die Rolle von $(\cdot,\cdot)$. Daraus ergibt sich unmittelbar die folgende Iteration $\bar{x}_0, \bar{x}_1, \ldots$ zur Lösung von $\bar{A}\bar{x} = b$:

$p_1 := r_0 := b - AB\bar{x}_0;$

for $k := 1$ **to** $k_{\max}$ **do**

$$\alpha_k := \frac{(r_{k-1}, r_{k-1})_B}{(p_k, p_k)_{AB}} = \frac{\langle r_{k-1}, Br_{k-1}\rangle}{\langle ABp_k, Bp_k\rangle};$$

$$\bar{x}_k := \bar{x}_{k-1} + \alpha_k p_k;$$

if accurate **then exit**;

$$r_k := r_{k-1} - \alpha_k ABp_k;$$

$$\beta_{k+1} := \frac{(r_k, r_k)_B}{(r_{k-1}, r_{k-1})_B} = \frac{\langle r_k, Br_k\rangle}{\langle r_{k-1}, Br_{k-1}\rangle};$$

$$p_{k+1} := r_k + \beta_{k+1} p_k;$$

end for

Wir sind natürlich an einer Iteration für die eigentliche Lösung $x = B\bar{x}$ interessiert und ersetzen daher die Zeile für die $\bar{x}_k$ durch

$$x_k = x_{k-1} + \alpha_k Bp_k.$$

Es fällt auf, dass nun die p_k nur in der letzten Zeile explizit auftauchen. Führen wir aus diesem Grund die (A-orthogonalen) Vektoren $q_k := Bp_k$ ein, so offenbart sich folgende sparsame Version des Verfahrens, das *vorkonditionierte cg-Verfahren* oder kurz *pcg-Verfahren* (engl.: *preconditioned conjugate gradient method*).

Algorithmus 8.21. pcg-Verfahren zum Startwert x_0.

$r_0 := b - Ax_0;$

$q_1 := Br_0;$

for $k := 1$ **to** $k_{\max}$ **do**

$\alpha_k \ := \dfrac{\langle r_{k-1}, Br_{k-1}\rangle}{\langle q_k, Aq_k\rangle};$

$x_k \ := x_{k-1} + \alpha_k q_k;$

if accurate **then exit**;

$r_k \ := r_{k-1} - \alpha_k Aq_k;$

$\beta_{k+1} := \dfrac{\langle r_k, Br_k\rangle}{\langle r_{k-1}, Br_{k-1}\rangle};$

$q_{k+1} := Br_k + \beta_{k+1} q_k;$

end for

Pro Iterationsschritt benötigen wir jeweils nur eine Multiplikation mit der Matrix A (für Aq_k) bzw. mit B (für Br_k), also gegenüber dem ursprünglichen cg-Verfahren nur die Multiplikation mit B mehr.

Wenden wir uns nun dem Fehler $x - x_k$ des pcg-Verfahrens zu. Satz 8.17 stellt uns für den Fehler $\|\bar{x} - \bar{x}_k\|_{AB}$ der transformierten Iterierten $\bar{x}_k$ in der „neuen" Energienorm

$$\|\bar{y}\|_{AB} := \sqrt{(\bar{y}, \bar{y})_{AB}} = \sqrt{\langle AB\bar{y}, B\bar{y}\rangle}$$

die Abschätzung

$$\|\bar{x} - \bar{x}_k\|_{AB} \leq 2\left(\frac{\sqrt{\kappa_B(AB)} - 1}{\sqrt{\kappa_B(AB)} + 1}\right)^k \|\bar{x} - \bar{x}_0\|_{AB},$$

bereit, wobei $\kappa_B(AB)$ die Kondition von AB bezüglich der Energienorm $\|\cdot\|_B$ ist. Nun ist aber die Kondition

$$\kappa_B(AB) = \frac{\lambda_{\max}(AB)}{\lambda_{\min}(AB)} = \kappa_2(AB)$$

unabhängig vom zugrundeliegenden Skalarprodukt und die Norm $\|\cdot\|_{AB}$ wegen

$$\|\bar{y}\|_{AB} = \sqrt{\langle AB\bar{y}, B\bar{y}\rangle} = \sqrt{\langle Ay, y\rangle} = \|y\|_A$$

nichts anderes als die transformierte Energienorm $\|\cdot\|_A$, so dass wir folgendes Analogon zu Satz 8.17 erhalten.

Satz 8.22. *Der Approximationsfehler $x - x_k$ des mit der spd-Matrix B vorkonditionierten cg-Verfahrens* 8.21 *lässt sich in der Energienorm $\|y\|_A = \sqrt{\langle y, Ay\rangle}$ abschätzen durch*

$$\|x - x_k\|_A \leq 2\left(\frac{\sqrt{\kappa_2(AB)} - 1}{\sqrt{\kappa_2(AB)} + 1}\right)^k \|x - x_0\|_A.$$

Wir suchen deshalb eine spd-Matrix B, einen sogenannten *Vorkonditionierer*, mit den Eigenschaften

a) Die Abbildung $(B, y) \mapsto By$ ist „einfach" auszuführen

b) Die Kondition $\kappa_2(AB)$ von AB ist „klein",

wobei wir bei den Begriffen „einfach" und „klein" zunächst vage bleiben müssen. Die ideale Matrix um b) zu erfüllen, $B = A^{-1}$, ist leider mit dem Nachteil verbunden, dass die Auswertung der Abbildung $y \mapsto By = A^{-1}y$ die Komplexität des gesamten Problems besitzt und daher der Forderung a) widerspricht. Das folgende Lemma besagt jedoch, dass es ausreicht, wenn die von B und A^{-1} induzierten Energienormen $\|\cdot\|_B$ und $\|\cdot\|_{A^{-1}}$ sich (möglichst scharf) nach oben und unten abschätzen lassen (vgl. [92]).

Lemma 8.23. *Falls für zwei positive Konstanten $\mu_0, \mu_1 > 0$ eine der folgenden drei äquivalenten Bedingungen*

(i) $\mu_0\langle A^{-1}y, y\rangle \le \langle By, y\rangle \le \mu_1\langle A^{-1}y, y\rangle$ *für alle* $y \in \mathbb{R}^n$

(ii) $\mu_0\langle By, y\rangle \le \langle BABy, y\rangle \le \mu_1\langle By, y\rangle$ *für alle* $y \in \mathbb{R}^n$

(iii) $\lambda_{\min}(AB) \ge \mu_0$ *und* $\lambda_{\max}(AB) \le \mu_1$ (8.15)

erfüllt ist, so gilt für die Kondition von AB

$$\kappa_2(AB) \le \frac{\mu_1}{\mu_0}.$$

Beweis. Setzen wir $y = Au$ in i) ein, so ergibt sich wegen

$$\langle A^{-1}y, y\rangle = \langle Au, u\rangle \quad \text{und} \quad \langle By, by\rangle = \langle BAu, Au\rangle = \langle ABAu, u\rangle$$

die Äquivalenz von i) und ii). Letztere Bedingung ist wegen

$$\lambda_{\min}(AB) = \min_{y\neq 0} \frac{(ABy, y)_B}{(y, y)_B} = \min_{x\neq 0} \frac{\langle BABy, y\rangle}{\langle By, y\rangle}$$

und

$$\lambda_{\max}(AB) = \min_{y\neq 0} \frac{(ABy, y)_B}{(y, y)_B} = \max_{x\neq 0} \frac{\langle BABy, y\rangle}{\langle By, y\rangle}.$$

(vgl. Lemma 8.29) äquivalent zu iii), woraus auch sofort die Behauptung

$$\kappa_2(AB) = \frac{\lambda_{\max}(AB)}{\lambda_{\min}(AB)} \le \frac{\mu_1}{\mu_0}$$

folgt. □

Sind die beiden Normen $\|\cdot\|_B$ und $\|\cdot\|_{A^{-1}}$ annähernd gleich, d. h. $\mu_0 \approx \mu_1$, so heißen B und A^{-1} *spektraläquivalent*, in Kurzform auch $B \dot{\sim} A^{-1}$. In diesem Fall gilt nach Lemma 8.23, dass $\kappa_2(AB) \approx 1$.

Bemerkung 8.24. Die drei Bedingungen von Lemma 8.23 sind tatsächlich symmetrisch in A und B. Dies sieht man am einfachsten an der Bedingung für die Eigenwerte, da

$$\lambda_{\min}(AB) = \lambda_{\min}(BA) \quad \text{und} \quad \lambda_{\max}(AB) = \lambda_{\max}(BA).$$

(Dies folgt zum Beispiel aus $\langle ABy, y\rangle = \langle BAy, y\rangle$.) Wenn wir davon ausgehen, dass die vage Relation $\approx$ transitiv ist, kann man die Spektraläquivalenz mit Fug und Recht eine „Äquivalenz" im Sinne von Äquivalenzrelation nennen.

Eine wichtige Folgerung aus Lemma 8.23 betrifft das Abbruchkriterium.

Lemma 8.25. *Unter den Voraussetzungen von Lemma* 8.23 *gilt bezüglich der Energienormen* $\|\cdot\|_A := \sqrt{\langle A\cdot, \cdot\rangle}$ *und* $\|\cdot\|_B := \sqrt{\langle B\cdot, \cdot\rangle}$, *dass*

$$\frac{1}{\sqrt{\mu_1}}\|r_k\|_B \le \|x - x_k\|_A \le \frac{1}{\sqrt{\mu_0}}\|r_k\|_B,$$

d. h. die auswertbare Norm $\|r_k\|_B$ *des Residuums ist ein guter Schätzer für die Energienorm* $\|x - x_k\|_A$ *des Fehlers, falls* B *und* A^{-1} *spektraläquivalent sind.*

Beweis. Nach Lemma 8.23 und Bemerkung 8.24 folgt aus (8.15) mit vertauschten A und B, dass

$$\mu_0\langle Ay, y\rangle \le \langle ABAy, y\rangle \le \mu_1\langle Ay, y\rangle,$$

oder äquivalent

$$\frac{1}{\mu_1}\langle ABAy, y\rangle \le \langle Ay, y\rangle \le \frac{1}{\mu_0}\langle ABAy, y\rangle.$$

Für das Residum $r_k = b - Ax_k = A(x - x_k)$ gilt aber

$$\langle Br_k, r_k\rangle = \langle BA(x - x_k), A(x - x_k)\rangle = \langle ABA(x - x_k), x - x_k\rangle$$

und daher wie behauptet

$$\frac{1}{\sqrt{\mu_1}}\|r_k\|_B \le \|x - x_k\|_A \le \frac{1}{\sqrt{\mu_0}}\|r_k\|_B.$$ □

Als Abbruchkriterium für das pcg-Verfahren nutzen wir daher anstelle von (8.13) die wesentlich sinnvollere Bedingung

$$\|r_k\|_B = \sqrt{\langle Br_k, r_k\rangle} \quad \text{„hinreichend klein"}.$$

Beispiel 8.26. Eine sehr einfache, aber häufig schon wirkungsvolle Vorkonditionierung ist die Inverse $B := D^{-1}$ der Diagonale D von A, die sogenannte *diagonale Vorkonditionierung*. Varianten davon benutzen *Blockdiagonalmatrizen* (siehe (8.1)), wobei die Einzelblöcke invertierbar sein müssen.

Beispiel 8.27. Wendet man die Cholesky-Zerlegung $A = LL^T$ aus Kapitel 1.4 auf eine symmetrische dünnbesetzte Matrix an, so beobachtet man, dass außerhalb der Besetzungsstruktur von A meist nur „verhältnismäßig kleine" Elemente l_{ij} entstehen. Diese Beobachtung führte zu der Idee der *unvollständigen Cholesky-Zerlegung* (engl.: *incomplete Cholesky decomposition*, kurz IC): Sie besteht darin, diese Elemente einfach wegzulassen. Bezeichnen wir mit

$$P(A) := \{(i, j) : a_{ij} \neq 0\}$$

die Indexmenge der nicht verschwindenden Elemente einer Matrix A, so konstruieren wir also anstelle von L eine Matrix $\tilde{L}$ mit

$$P(\tilde{L}) \subset P(A),$$

indem wir wie bei der Cholesky-Zerlegung vorgehen und $\tilde{l}_{ij} := 0$ setzen für alle $(i, j) \notin P(A)$. Dabei erwarten wir, dass

$$A \approx \tilde{A} := \tilde{L}\tilde{L}^T.$$

In [59] wurde ein Beweis der Existenz und numerischen Stabilität eines solchen Verfahrens geführt für den Fall, dass A eine sogenannte *M-Matrix* ist, d. h.

$$a_{ii} > 0, \; a_{ij} \leq 0 \quad \text{für } i \neq j \text{ und } A^{-1} \geq 0 \text{ (elementweise)}.$$

Solche Matrizen treten bei der Diskretisierung einfacher partieller Differentialgleichungen auf (siehe [86]). In jedem Eliminationsschritt entsteht in diesem Fall wieder eine M-Matrix. Für B setzen wir dann

$$B := \tilde{A}^{-1} = \tilde{L}^{-T}\tilde{L}^{-1}.$$

Dadurch erhält man in vielen Fällen eine drastische Beschleunigung des cg-Verfahrens, weit über die Beweisen zugängliche Klasse der M-Matrizen hinaus.

Bemerkung 8.28. Für Gleichungssysteme, die aus der Diskretisierung partieller Differentialgleichungen herrühren, gestattet das Zusatzwissen über die Herkunft der Gleichungssysteme die Konstruktion wesentlich raffinierterer und wirkungsvollerer Vorkonditionierer. Als Beispiele verweisen wir auf die Arbeiten von H. Yserentant [93], J. Xu [92] und (für zeitabhängige partielle Differentialgleichungen) die Dissertation von F.A. Bornemann [9]. Eigentlich hat man es beim Lösen von partiellen

Differentialgleichungen durch Diskretisierung nicht nur mit *einem einzigen* linearen Gleichungssystem fester, wenn auch eventuell hoher Dimension zu tun. Eine adäquatere Beschreibung erfolgt durch eine *Folge* von kaskadenartig geschachtelten linearen Gleichungssystemen, deren Dimension mit sukzessiver Verfeinerung der Diskretisierung wächst. Diese Folge wird mit einer Kaskade von cg-Verfahren wachsender Dimension gelöst. Verfahren dieses Typs sind eine echte Alternative zu klassischen Mehrgitterverfahren – für Einzelheiten siehe z. B. die grundlegende Arbeit von P. Deuflhard, P. Leinen und H. Yserentant [26]. Bei diesem Verfahren wird jedes lineare Gleichungssystem nur bis auf die Genauigkeit der zugehörigen Diskretisierung gelöst. Darüberhinaus gestattet es simultan den Aufbau problemangepasster Diskretisierungsgitter. Diese Vorgehensweise werden wir in Kapitel 9.7 am einfacheren Beispiel der numerischen Quadratur erläutern. In Aufgabe 8.4 illustrieren wir einen Aspekt des Kaskadenprinzips, der sich für dieses einführende Lehrbuch eignet.

8.5 Lanczos-Methoden

In Kapitel 5.3 haben wir die Eigenwerte einer symmetrischen Matrix mit Hilfe des QR-Algorithmus und vorhergehender Transformation auf Tridiagonalgestalt berechnet. In diesem Abschnitt wenden wir uns erneut dem Eigenwertproblem

$$Ax = \lambda x \tag{8.16}$$

mit einer reellen symmetrischen Matrix A zu. Wir richten unser Augenmerk nun auf große dünnbesetzte Matrizen A, wie sie in den meisten Anwendungen auftreten. Für diese Probleme sind die in Kapitel 5 vorgestellten Verfahren zu aufwendig. Wir wollen daher im folgenden iterative Verfahren zur Approximation der Eigenwerte einer symmetrischen Matrix entwickeln, die pro Iterationsschritt im wesentlichen mit einer Matrix-Vektor-Multiplikation auskommen. Die Idee dieser Verfahren geht auf den ungarischen Mathematiker C. Lanczos (ausgesprochen „Lanzosch") in einer Arbeit aus dem Jahr 1950 zurück [57]. In Analogie zur Herleitung des cg-Verfahrens in Kapitel 8.3 formulieren wir das Eigenwertproblem (8.16) zunächst als eine Extremwertaufgabe.

Lemma 8.29. *Seien $\lambda_{\min}$ und $\lambda_{\max}$ der kleinste bzw. größte Eigenwert der reellen symmetrischen Matrix $A \in \mathrm{Mat}_n(\mathbb{R})$. Dann gilt*

$$\lambda_{\min} = \min_{x \neq 0} \frac{\langle x, Ax \rangle}{\langle x, x \rangle} \quad \textit{und} \quad \lambda_{\max} = \max_{x \neq 0} \frac{\langle x, Ax \rangle}{\langle x, x \rangle}.$$

Beweis. Da A symmetrisch ist, gibt es eine orthogonale Matrix $Q \in \mathrm{O}(n)$, so dass

$$QAQ^T = \Lambda = \mathrm{diag}(\lambda_1, \ldots, \lambda_n).$$

Mit $y := Qx$ gilt $\langle x, x\rangle = \langle y, y\rangle$ und

$$\langle x, Ax\rangle = \langle Q^T y, AQ^T y\rangle = \langle y, QAQ^T y\rangle = \langle y, \Lambda y\rangle.$$

Damit reduziert sich die Aussage auf den Fall einer Diagonalmatrix, für den die Behauptung offensichtlich ist. □

Die Funktion $\mu : \mathbb{R}^n \to \mathbb{R}$,

$$\mu(x) := \frac{\langle x, Ax\rangle}{\langle x, x\rangle}$$

heißt *Rayleigh-Quotient* von A.

Korollar 8.30. *Seien $\lambda_1 \le \cdots \le \lambda_n$ die Eigenwerte der symmetrischen Matrix $A \in \mathrm{Mat}_n(\mathbb{R})$ und $\eta_1, \ldots, \eta_n$ zugehörige Eigenvektoren. Dann gilt*

$$\lambda_i = \min_{\substack{x \in \operatorname{span}(\eta_i, \ldots, \eta_n)\\ x \neq 0}} \mu(x) = \max_{\substack{x \in \operatorname{span}(\eta_1, \ldots, \eta_i)\\ x \neq 0}} \mu(x).$$

Vergleichen wir die Formulierung des Eigenwertproblems als Extremwertaufgabe im Lemma 8.29 mit der Herleitung des cg-Verfahrens in Kapitel 8.3, so liegt es nahe, die Eigenwerte $\lambda_{\min}$ und $\lambda_{\max}$ zu approximieren, indem wir die zugehörige Extremwertaufgabe auf einer Folge von Teilräumen $V_1 \subset V_2 \subset \cdots \subset \mathbb{R}^n$ lösen.

Da sich die Krylov-Räume in Kapitel 8.3 bewährt haben, wählen wir als Teilräume

$$V_k(x) := \operatorname{span}\{x, Ax, \ldots, A^{k-1}x\}$$

für einen Startwert $x \neq 0$ und $k = 1, 2, \ldots$ Wir erwarten, dass die Extrema

$$\lambda_{\min}^{(k)} := \min_{\substack{y \in V_k(x)\\ y \neq 0}} \frac{\langle y, Ay\rangle}{\langle y, y\rangle} \ge \lambda_{\min}, \quad \lambda_{\max}^{(k)} := \max_{\substack{y \in V_k(x)\\ y \neq 0}} \frac{\langle y, Ay\rangle}{\langle y, y\rangle} \le \lambda_{\max}$$

die Eigenwerte $\lambda_{\min}$ und $\lambda_{\max}$ für wachsende k gut approximieren.

Nach Satz 6.4 können wir eine Orthonormalbasis $v_1, \ldots, v_k$ von $V_k(x)$ durch die folgende Drei-Term-Rekursion konstruieren:

$$\begin{aligned} v_0 &:= 0, \quad v_1 := \frac{x}{\|x\|_2} \\ \alpha_k &:= \langle v_k, Av_k\rangle \\ w_{k+1} &:= Av_k - \alpha_k v_k - \beta_k v_{k-1} \\ \beta_{k+1} &:= \|w_{k+1}\|_2 \\ v_{k+1} &:= \frac{w_{k+1}}{\beta_{k+1}} \quad \text{falls } \beta_{k+1} \neq 0. \end{aligned} \tag{8.17}$$

Diese Iteration heißt *Lanczos-Algorithmus*. Damit ist $Q_k := [v_1, \dots, v_k]$ eine spaltenorthonormale Matrix und

$$Q_k^T A Q_k = \begin{bmatrix} \alpha_1 & \beta_2 & & & \\ \beta_2 & \alpha_2 & \beta_3 & & \\ & \ddots & \ddots & \ddots & \\ & & \beta_{k-1} & \alpha_{k-1} & \beta_k \\ & & & \beta_k & \alpha_k \end{bmatrix}$$

eine symmetrische Tridiagonalmatrix. Nun gilt mit $y = Q_k v$ für ein $v \in \mathbb{R}^k$, dass $\langle y, y\rangle = \langle v, v\rangle$ und

$$\langle y, Ay\rangle = \langle Q_k v, A Q_k v\rangle = \langle v, Q_k^T A Q_k v\rangle = \langle v, T_k v\rangle.$$

Daraus ergibt sich, dass

$$\lambda_{\min}^{(k)} = \min_{\substack{y \in V_k(x)\\ y \neq 0}} \frac{\langle y, Ay\rangle}{\langle y, y\rangle} = \min_{\substack{v \in \mathbf{R}^k\\ v \neq 0}} \frac{\langle v, T_k v\rangle}{\langle v, v\rangle} = \lambda_{\min}(T_k)$$

und analog $\lambda_{\max}^{(k)} = \lambda_{\max}(T_k)$. Aus der Minimaleigenschaft folgt wegen $V_{k+1} \supset V_k$ sofort auch

$$\lambda_{\min}^{(k+1)} \leq \lambda_{\min}^{(k)} \quad \text{und} \quad \lambda_{\max}^{(k+1)} \geq \lambda_{\max}^{(k)}.$$

Die Approximationen $\lambda_{\min}^{(k)}$ und $\lambda_{\max}^{(k)}$ sind daher die extremen Eigenwerte der symmetrischen Tridiagonalmatrix T_k und lassen sich als solche leicht berechnen. Allerdings ist im Gegensatz zum cg-Verfahren nicht garantiert, dass $\lambda_{\min}^{(n)} = \lambda_{\min}$, da im allgemeinen $V_n(x) \neq \mathbb{R}^n$. In der Drei-Term-Rekursion (8.17) zeigt sich dies dadurch, dass β_{k+1} für ein $k < n$ verschwindet. In diesem Fall muss die Berechnung mit einem $\tilde{x} \in V_k(x)^\perp$ neu gestartet werden.

Die Konvergenzgeschwindigkeit des Verfahrens lässt sich wieder mit Hilfe der Tschebyscheff-Polynome abschätzen.

Satz 8.31. *Sei A eine symmetrische Matrix mit den Eigenwerten $\lambda_1 \leq \cdots \leq \lambda_n$ und zugehörigen orthonormalen Eigenvektoren $\eta_1, \dots, \eta_n$. Seien weiter $\mu_1 \leq \cdots \leq \mu_k$ die Eigenwerte der Tridiagonalmatrix T_k des Lanczos-Verfahrens zum Startwert $x \neq 0$ mit der Orthonormalbasis $v_1, \dots, v_k$ von $V_k(x)$ wie in* (8.17). *Dann gilt*

$$\lambda_n \geq \mu_k \geq \lambda_n - \frac{(\lambda_n - \lambda_1)\tan^2(\sphericalangle(v_k, \eta_n))}{T_{k-1}^2(1 + 2\rho_n)},$$

wobei $\rho_n := (\lambda_n - \lambda_{n-1})/(\lambda_{n-1} - \lambda_1)$.

Beweis. Da $V_k(x) = \{P(A)x : P \in \boldsymbol{P}_{k-1}\}$ gilt

$$\mu_k = \max_{\substack{y \in V_k(x) \\ y \neq 0}} \frac{\langle y, Ay \rangle}{\langle y, y \rangle} = \max_{P \in \mathbf{P}_{k-1}} \frac{\langle P(A)v_1, AP(A)v_1 \rangle}{\langle P(A)v_1, P(A)v_1 \rangle}.$$

Stellen wir v_1 bzgl. der Orthonormalbasis $\eta_1, \dots, \eta_n$ dar, $v_1 = \sum_{j=1}^n \xi_j \eta_j$ mit $\xi_j = \langle v_1, \eta_j \rangle = \cos(\sphericalangle(v_1, \eta_j))$, so folgt

$$\langle P(A)v_1, AP(A)v_1 \rangle = \sum_{j=1}^n \xi_j^2 P^2(\lambda_j)\lambda_j$$

$$\langle P(A)v_1, P(A)v_1 \rangle = \sum_{j=1}^n \xi_j^2 P^2(\lambda_j).$$

Wir erhalten so

$$\begin{aligned} \frac{\langle P(A)v_1, AP(A)v_1 \rangle}{\langle P(A)v_1, P(A)v_1 \rangle} &= \lambda_n + \frac{\sum_{j=1}^{n-1} \xi_j^2 P^2(\lambda_j)(\lambda_j - \lambda_n)}{\sum_{j=1}^n \xi_j^2 P^2(\lambda_j)} \\ &\geq \lambda_n + (\lambda_1 - \lambda_n) \frac{\sum_{j=1}^{n-1} \xi_j^2 P^2(\lambda_j)}{\xi_n^2 P^2(\lambda_n) + \sum_{j=1}^{n-1} \xi_j^2 P^2(\lambda_j)}. \end{aligned}$$

Um eine möglichst scharfe Abschätzung zu erhalten, müssen wir ein Polynom $P \in \boldsymbol{P}_{n-1}$ einsetzen, das innerhalb des Intervalles $[\lambda_1, \lambda_{n-1}]$ möglichst klein ist. Nach Satz 7.19 empfiehlt sich das transformierte Tschebyscheff-Polynom

$$P(\lambda) := T_{k-1}(t(\lambda)) \quad \text{mit } t(\lambda) = 2\tfrac{\lambda - \lambda_1}{\lambda_{n-1} - \lambda_1} - 1 = 1 + 2\tfrac{\lambda - \lambda_{n-1}}{\lambda_{n-1} - \lambda_1}$$

mit der Eigenschaft $|P(\lambda_j)| \leq 1$ für $j = 1, \dots, n-1$. Damit gilt dann wegen $\sum_{j=1}^n \xi_j^2 = \|v_1\|_2^2 = 1$, dass

$$\mu_k \geq \lambda_n - (\lambda_n - \lambda_1) \frac{1 - \xi_n^2}{\xi_n^2} \frac{1}{T_{k-1}^2(1 + 2\rho_n)},$$

und die Behauptung folgt aus der Tatsache, dass

$$\frac{1 - \xi_n^2}{\xi_n^2} = \tan^2(\sphericalangle(v_1, \eta_n)).$$

□

In vielen Anwendungen (z. B. Strukturmechanik) trifft man auf das sogenannte *verallgemeinerte symmetrische Eigenwertproblem*,

$$Ax = \lambda Bx, \tag{8.18}$$

wobei die Matrizen $A, B \in \mathrm{Mat}_n(\mathbb{R})$ beide symmetrisch sind und B zusätzlich positiv definit. Setzen wir die Cholesky-Zerlegung $B = LL^T$ von B in (8.18) ein, so gilt

$$Ax = \lambda Bx \iff Ax = \lambda LL^T x \iff \underbrace{(L^{-1}AL^{-T})}_{=:\,\bar{A}} \underbrace{L^T x}_{=:\,\bar{x}} = \lambda L^T x.$$

Da $\bar{A} = L^{-1}AL^{-T}$ wieder symmetrisch ist, ist das verallgemeinerte Eigenwertproblem $Ax = \lambda Bx$ äquivalent zu dem symmetrischen Eigenwertproblem $\bar{A}\bar{x} = \lambda\bar{x}$. Also sind alle Eigenwerte λ_i reell. Ferner gibt es eine Orthonormalbasis $\eta_1, \dots, \eta_n$ von verallgemeinerten Eigenvektoren $A\eta_i = \lambda_i B\eta_i$. Definieren wir daher den *verallgemeinerten Rayleigh-Quotienten* von (A, B) durch

$$\mu(x) := \frac{\langle x, Ax\rangle}{\langle x, Bx\rangle},$$

so erhalten wir folgende zu Lemma 8.29 analoge Aussage.

Lemma 8.32. *Seien $\lambda_{\min}$ und $\lambda_{\max}$ der kleinste bzw. größte Eigenwert des verallgemeinerten Eigenwertproblems $Ax = \lambda Bx$, wobei $A, B \in \mathrm{Mat}_n(\mathbb{R})$ symmetrisch und B positiv definit. Dann gilt*

$$\lambda_{\min} = \min_{x \neq 0} \frac{\langle x, Ax\rangle}{\langle x, Bx\rangle} \quad \textit{und} \quad \lambda_{\max} = \max_{x \neq 0} \frac{\langle x, Ax\rangle}{\langle x, Bx\rangle}.$$

Beweis. Mit den obigen Bezeichnungen gilt

$$\langle x, Bx\rangle = \langle x, LL^T x\rangle = \langle \bar{x}, \bar{x}\rangle$$

und

$$\langle x, Ax\rangle = \langle L^{-T}\bar{x}, AL^{-T}\bar{x}\rangle = \langle \bar{x}, \bar{A}\bar{x}\rangle.$$

Die Behauptung folgt aus $Ax = \lambda Bx \Leftrightarrow \bar{A}\bar{x} = \lambda\bar{x}$ und Lemma 8.29. □

Der Lanczos-Algorithmus (8.17) überträgt sich analog, indem wir $\langle x, Ax\rangle$ beibehalten, aber $\langle x, x\rangle$ durch $\langle x, Bx\rangle$ und $\|x\|_2$ durch $\langle x, Bx\rangle^{1/2}$ ersetzen. Eine ausführliche Darstellung findet sich in dem Buch von J. Cullum und R. Willoughby [14].

Abschließend wollen wir noch den Fall diskutieren, dass nicht nur randständige Eigenwerte, sondern Eigenwerte in einem vorgegebenen Intervall oder sogar sämtliche Eigenwerte gesucht sind. In diesem Fall greifen wir auf die *Grundidee der inversen Vektoriteration* zurück. Sei $\bar{\lambda}$ ein gegebener Schätzwert in der Nähe der gesuchten Eigenwerte. Dann hat (für das verallgemeinerte Eigenwertproblem) die Matrix

$$C := (\bar{A} - \bar{\lambda}I)^{-1} = L^T(A - \bar{\lambda}B)^{-1}L$$

gerade die Eigenwerte

$$\nu_i := (\lambda_i - \bar{\lambda})^{-1} \quad \text{für } i = 1, 2, \ldots \,. \tag{8.19}$$

Die Anwendung des Lanczos-Verfahrens auf die Matrix C liefert dann gerade dominante Eigenwerte ν_i, also über (8.19) Eigenwerte λ_i in einer Umgebung von $\bar{\lambda}$. Bei Variation des *Shiftparameters* $\bar{\lambda}$ in einem vorgegebenen Intervall kann man so sämtliche Eigenwerte erhalten. Diese Variante des Algorithmus heißt *Spektral-Lanczos* und wurde 1980 von T. Ericsson und Å. Ruhe [30] beschrieben.

Übungsaufgaben

Aufgabe 8.1. Zeigen Sie, dass die bei der Tschebyscheff-Beschleunigung auftretenden Koeffizienten $\rho_k = 2\bar{t}\,T_{k-1}(\bar{t})/T_k(\bar{t})$ der Zwei-Term-Rekursion

$$\rho_1 = 2, \quad \rho_{k+1} = \frac{1}{1 - \frac{1}{4}\sigma^2 \rho_k}$$

genügen, wobei $\sigma := 1/\bar{t}$. Zeigen Sie ferner für den Grenzwert der Folge $\{\rho_k\}$, dass

$$\lim_{k\to\infty} \rho_k =: \rho = \frac{2}{1 + \sqrt{1 - \sigma^2}}.$$

Aufgabe 8.2. Gegeben seien Sparse-Matrizen folgender Struktur (Bandmatrizen, Blockdiagonalmatrizen, Pfeilmatrizen, blockzyklische Matrizen).

$$\begin{bmatrix} * & * & * & * & & \\ * & \ddots & \ddots & \ddots & \ddots & \\ * & \ddots & \ddots & \ddots & \ddots & * \\ & \ddots & \ddots & \ddots & \ddots & * \\ & & \ddots & \ddots & \ddots & * \\ & & & * & * & * \end{bmatrix} \begin{bmatrix} * & * & * & & & \\ * & * & * & & & \\ * & * & * & & & \\ & & & * & & \\ & & & & * & * \\ & & & & * & * \end{bmatrix}$$

$$\begin{bmatrix} * & * & * & * & * & * \\ * & * & & & & \\ * & & * & & & \\ * & & & * & & \\ * & & & & * & \\ * & & & & & * \end{bmatrix} \begin{bmatrix} * & * & * & * & & \\ * & * & * & * & & \\ & & * & * & * & * \\ & & * & * & * & * \\ * & * & & & * & * \\ * & * & & & * & * \end{bmatrix}$$

Überlegen Sie sich Speicherplatzbedarf und Rechenaufwand (Anzahl der Operationen) bei

a) LR-Zerlegung mit Gauß-Elimination ohne Pivoting bzw. mit Spaltenpivotsuche und Zeilentausch.

b) QR-Zerlegung mit Householder-Transformationen ohne bzw. mit Spaltentausch.

c) QR-Zerlegung mit Givens-Transformationen.

Aufgabe 8.3. Sei $B \dot{\sim} A^{-1}$ eine spektraläquivalente Vorkonditionierungsmatrix. Für den Spezialfall, dass B in der Form $B = CC^T$ vorliegt, lässt sich ein vorkonditioniertes cg-Verfahren auch in anderer Weise herleiten. Dazu geht man formal von dem System $Ax = b$ über zu dem äquivalenten System

$$\hat{A}\hat{x} = \hat{b} \quad \text{mit } \hat{A} = CAC^T,\ \hat{x} = C^{-T}x \text{ und } \hat{b} = Cb.$$

Dabei ist $\hat{A}$ wieder eine spd-Matrix. Auf dieses transformierte System wendet man das klassische cg-Verfahren an. Leiten Sie aus dieser Idee ein Konvergenzresultat her, welches die (bekanntlich nicht direkt zugängliche) Energienorm des Fehlers zugrundelegt. Es ergeben sich aus diesem Ansatz zwei unterschiedliche effektive Varianten des pcg-Verfahrens, von denen eine mit unserem Algorithmus 8.21 übereinstimmt. Leiten Sie beide Varianten her und überlegen Sie, unter welchen Bedingungen die eine oder andere vorzuziehen ist. Implementieren Sie beide Varianten für den Spezialfall der unvollständigen Cholesky-Zerlegung, und führen Sie Rechenvergleiche durch.

Aufgabe 8.4. Kurze Einführung ins Kaskadenprinzip. Wir betrachten eine Folge von linearen Gleichungssystemen

$$A_j x_j = b_j, \quad j = 1, \ldots, m$$

der Dimension n_j wie sie durch sukzessive feinere (uniforme) Diskretisierung einer (elliptischen) partiellen Differentialgleichung entstehen könnte. Die Dimension der Gleichungssysteme wachse geometrisch, d. h.

$$n_{j+1} = K n_j \quad \text{für ein } K > 1.$$

Gesucht ist eine Näherungslösung $\tilde{x}_m$ des größten Gleichungssystems (entsprechend der feinsten Diskretisierung), so dass für den Fehler in der Energienorm

$$\|\tilde{x}_m - x_m\|_{A_m} \leq \varepsilon^m \delta$$

für gegebene $\varepsilon, \delta > 0$ gilt. Der Zusammenhang zu den Diskretisierungen zeige sich in den linearen Gleichungssystemen durch folgende Eigenschaften:

i) Die Matrizen A_j sind symmetrisch positiv definit und ihre Konditionen gleichmäßig beschränkt durch

$$\kappa_2(A_j) \leq C \quad \text{für } j = 1, \ldots, m.$$

(Dies gilt nur bei einer entsprechenden Vorkonditionierung.)

ii) Ist $\tilde{x}_j$ eine Näherung von x_j mit

$$\|\tilde{x}_j - x_j\|_{A_j} \leq \varepsilon^j \delta,$$

so ist der mit Nullen erweiterte Vektor $\tilde{x}_{j+1} := (\tilde{x}_j, 0)$ eine Näherung von x_{j+1} mit

$$\|\tilde{x}_{j+1} - x_{j+1}\|_{A_{j+1}} \leq \varepsilon^j \delta,$$

iii) Der Aufwand für eine cg-Iteration für A_j beträgt

$$C_j = \sigma n_j \quad \text{für ein } \sigma > 0.$$

Wir vergleichen zwei Algorithmen zur Berechnung von $\tilde{x}_m$:

a) *Standard cg-Verfahren:* Wieviele cg-Iterationen sind notwendig, um $\tilde{x}_m$ ausgehend von einer Startlösung x_m^0 mit

$$\|x_m^0 - x_m\|_{A_m} \leq \delta$$

zu berechnen? Wie hoch ist der Aufwand?

b) *Kaskaden cg-Verfahren:* Sei x_1^0 eine Näherung von x_1 mit

$$\|x_1^0 - x_1\|_{A_1} \leq \delta.$$

Wir berechnen daraus sukzessive Näherungen $\tilde{x}_1, \ldots, \tilde{x}_m$ mit

$$\|\tilde{x}_j - x_j\|_{A_j} \leq \varepsilon^j \delta,$$

indem wir jeweils die mit Null erweiterten Näherungslösungen des vorhergehenden Gleichungssystems als Startlösung

$$x_j^0 := (\tilde{x}_{j-1}, 0) \quad \text{für } j = 2, \ldots, m$$

des cg-Verfahrens für das Gleichungssystem $A_j x_j = b_j$. Zeigen Sie, dass die so berechnete Näherungslösung $\tilde{x}_m$ die gewünschte Genauigkeit hat. Wieviele cg-Iterationen sind für jedes j nötig und wie hoch ist dabei der Aufwand? Wie hoch ist der Gesamtaufwand zur Berechnung von $\tilde{x}_m$?

Das Verfahren b) eröffnet sogar die Möglichkeit, den Startwert x_1^0 aus einem direkten Verfahren, z. B. der Gauß-Elimination, zu berechnen, falls die Dimension n_1 hinreichend klein ist.

Aufgabe 8.5. Arbeiten Sie den Spektral-Lanczos-Algorithmus im Detail aus. Ersetzen Sie dabei insbesondere die explizite Berechnung von $\bar{A}$ durch die Produktdarstellung $L^{-1}AL^{-T}$.

9 Bestimmte Integrale

Ein relativ häufiges Problem ist die Berechnung des Riemann-Integrals

$$I(f) := I_a^b(f) := \int_a^b f(t)\, dt.$$

Dabei ist f eine stückweise stetige Funktion auf dem Intervall $[a, b]$, die jedoch in den Anwendungen im allgemeinen stückweise glatt ist. (Eine stückweise stetige und nicht glatte Funktion ist auf einem Rechner nicht implementierbar.) In der Analysis

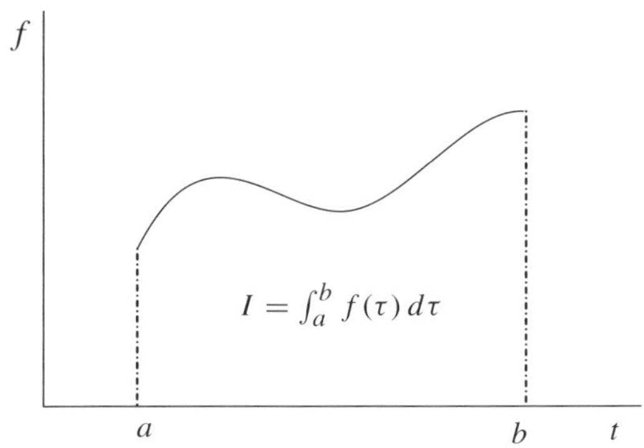

Abbildung 9.1. Aufgabe der Quadratur

lernt man zahlreiche Techniken kennen, ein derartiges Integral zu „lösen“ in dem Sinne, dass ein „einfacherer“ Ausdruck für $I(f)$ gefunden wird. Ist dies möglich, so sagt man, das Integral sei *analytisch* oder *in geschlossener Form* lösbar. Diese beiden Begriffe besagen jedoch nicht viel mehr, als dass die „analytischen Ausdrücke“ mathematisch besser bekannt und deswegen dem ursprünglichen Integralausdruck vorzuziehen sind. In vielen Fällen existiert jedoch keine geschlossene analytische Darstellung des Integrals. Dann bleibt nur die rein numerische Bestimmung. Sie ist häufig selbst dann günstiger, wenn eine Lösung in geschlossener Form vorliegt. Davon kann man sich leicht durch einen Blick in eine Integralsammlung (z. B. [44]) überzeugen.

Die zahlenmäßige (numerische) Berechnung von $I(f)$ bezeichnet man auch als *numerische Quadratur*. Dieser Begriff lässt uns unwillkürlich an die *Quadratur des Kreises* denken, das wegen der Transzendenz von π nicht lösbare Problem, mit Zirkel und Lineal ein Quadrat mit dem Flächeninhalt des Einheitskreises zu konstruieren. Die heutige Bedeutung von Quadratur ist aus dieser Konstruktion eines Quadrates gleichen Flächeninhalts erwachsen. Häufig findet man auch den Begriff *numerische Integration*, der jedoch allgemeiner zugleich die Lösung von Differentialgleichungen beschreibt. Tatsächlich entspricht ja die Berechnung des Integrals $I(f)$ formal dem Lösen der *Anfangswertaufgabe*

$$y'(t) = f(t), \quad y(a) = 0, \quad t \in [a, b],$$

da $y(b) = I(f)$. Wir werden auf diese Formulierung noch im Verlauf des Kapitels zurückkommen.

9.1 Quadraturformeln

Zunächst stellen wir aus der Analysis einige Eigenschaften des Riemann-Integrals zusammen. Wir nehmen dabei im folgenden an, dass $b > a$. Das bestimmte Integral

$$I_a^b = I : C[a,b] \longrightarrow \mathbb{R}, \quad f \longmapsto I(f) = \int_a^b f(x)\,dx$$

ist eine *positive Linearform* auf dem Raum $C[a, b]$ der stetigen Funktionen auf dem Intervall $[a, b]$. Mit anderen Worten:

a) I ist *linear*, d. h. für alle stetigen Funktionen f, g und $\alpha, \beta \in \mathbb{R}$ gilt

$$I(\alpha f + \beta g) = \alpha I(f) + \beta I(g).$$

b) I ist *positiv*, d. h. falls f nicht negativ ist, dann auch das Integral $I(f)$,

$$f \geq 0 \implies I(f) \geq 0.$$

Zusätzlich ist das Integral *additiv* bezüglich einer Zerlegung des Integrationsintervalls, d. h. für alle $\tau \in [a, b]$ gilt

$$I_a^\tau + I_\tau^b = I_a^b.$$

Bevor wir mit der Berechnung beginnen, sollten wir die Frage nach der Kondition des Integrals stellen. Dazu müssen wir uns zunächst darüber klar werden, wie wir Störungen δf des Integranden messen wollen. Falls wir die Supremumnorm (als

Standardnorm auf C^0) wählen, so können bei unendlichem Integrationsintervall die Störungen unendlich werden. Deswegen entscheiden wir uns hier für die sogenannte L^1-Norm

$$\|f\|_1 := \int_a^b |f(t)|\,dt = I(|f|).$$

Lemma 9.1. *Die absolute und relative Kondition der Quadraturaufgabe* (I, f), $I(f) = \int_a^b f$, *bezüglich der* L^1*-Norm* $\|\cdot\|_1$ *sind*

$$\kappa_{\text{abs}} = 1 \quad \textit{bzw.} \quad \kappa_{\text{rel}} = \frac{I(|f|)}{|I(f)|}.$$

Beweis. Für jede Störung $\delta f \in L^1[a, b]$ lässt sich die Störung des Integrals durch

$$\left| \int_a^b (f + \delta f) - \int_a^b f \right| = \left| \int_a^b \delta f \right| \leq \int_a^b |\delta f| = \|\delta f\|_1$$

abschätzen, wobei Gleichheit bei positiver Störung auftritt. □

Im absoluten Konzept ist die Integration also ein harmloses Problem. In der relativen Betrachtungsweise müssen wir mit Schwierigkeiten rechnen, wenn das Integral über den Betrag der Funktion im Verhältnis zum Betrag des Integrals sehr groß und demnach das Problem schlecht konditioniert ist. Offenbar liegt hier eine vollkommene Analogie zur Kondition der Addition (bzw. Subtraktion) vor (vgl. Beispiel 2.3). Eine Gefahr für die relative Kondition geht von *stark oszillierenden* Integranden aus, die in zahlreichen Anwendungen tatsächlich auftreten. Bereits die Integration einer einzigen Sinusschwingung über eine Periode ist bezüglich des relativen Fehlerkonzeptes schlecht konditioniert.

Natürlich erwarten wir von einem Verfahren zur Berechnung des Integrals, dass es dessen Struktureigenschaften erhält. Ziel der numerischen Quadratur ist somit die Konstruktion von *positiven Linearformen*

$$\hat{I} : C[a, b] \longrightarrow \mathbb{R}, \quad f \longmapsto \hat{I}(f),$$

die das Integral I möglichst gut approximieren, d. h.

$$\hat{I}(f) - I(f) \quad \text{„klein"}.$$

Beispiel 9.2. Eine erste und aufgrund der Definition des Riemannschen Integrals naheliegende Methode zur Berechnung von $I_a^b(f)$ ist die sogenannte *Trapezsumme* (siehe Abbildung 9.2). Wir zerlegen das Intervall in n Teilintervalle $[t_{i-1}, t_i]$

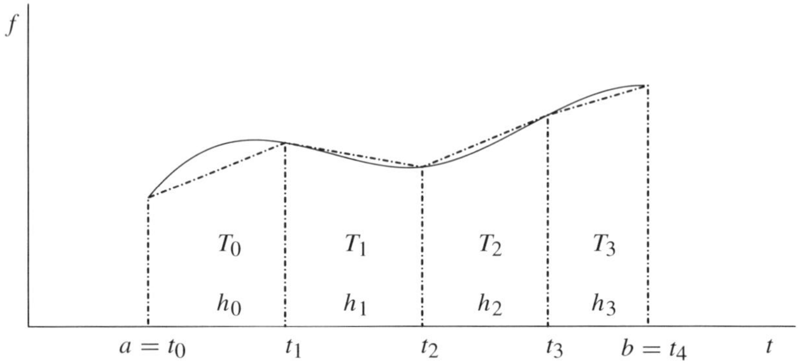

Abbildung 9.2. Trapezsumme mit äquidistanten Stützstellen

$(i = 1, \dots, n)$ der Länge $h_i := t_i - t_{i-1}$

$$a = t_0 < t_1 < \cdots < t_n = b$$

und approximieren das Integral $I(f)$ durch die Summe der Trapezflächen

$$T^{(n)} := \sum_{i=1}^{n} T_i, \quad T_i := \frac{h_i}{2}(f(t_{i-1}) + f(t_i)).$$

Die Trapezsumme $T^{(n)}$ ist offensichtlich eine positive Linearform. Wir können sie auch interpretieren als Anwendung der *Trapezregel* (siehe Kapitel 9.2)

$$T := \frac{b-a}{2}(f(a) + f(b)) \tag{9.1}$$

auf die Teilintervalle $[t_{i-1}, t_i]$. Vergleichen wir die Trapezsumme $T^{(n)}$ mit den Riemannschen Unter- bzw. Obersummen,

$$R_U^{(n)} = \sum_{i=1}^{n} h_i \min_{t \in [t_{i-1}, t_i]} f(t) \quad \text{und} \quad R_O^{(n)} = \sum_{i=1}^{n} h_i \max_{t \in [t_{i-1}, t_i]} f(t),$$

so ist offensichtlich, dass

$$R_U^{(n)} \leq T^{(n)} \leq R_0^{(n)}.$$

Für stetiges $f \in C^0[a,b]$ folgt daher aus der Konvergenz der Riemannschen Summen auch die der Trapezsumme:

$$\begin{array}{ccccc} R_U^{(n)} & \leq & T^{(n)} & \leq & R_O^{(n)} \\ \downarrow & & \downarrow & & \downarrow \\ I(f) & & I(f) & & I(f) \end{array} \qquad \text{für } n \to \infty,\ h_i \leq h \to 0.$$

Wir werden unten (siehe Lemma 9.8) den Approximationsfehler genauer angeben.

Die Trapezsumme ist ein einfaches Beispiel für eine *Quadraturformel*, die wir wie folgt definieren.

Definition 9.3. Unter einer *Quadraturformel* $\hat{I}$ zur Berechnung des bestimmten Integrals verstehen wir eine Summe

$$\hat{I}(f) = (b-a)\sum_{i=0}^{n} \lambda_i f(t_i),$$

mit den *Knoten* $t_0, \ldots, t_n$ und den *Gewichten* $\lambda_0, \ldots, \lambda_n$, so dass

$$\sum_{i=0}^{n} \lambda_i = 1. \tag{9.2}$$

Die Bedingung (9.2) an die Gewichte garantiert uns, dass eine Quadraturformel konstante Funktionen exakt integriert, d. h. $\hat{I}(1) = I(1) = b - a$. Ferner liegt auf der Hand, dass eine Quadraturformel genau dann positiv ist, wenn es alle ihre Gewichte sind, d. h.

$$\hat{I} \text{ positiv} \iff \lambda_k \geq 0 \quad \text{für alle } k = 0, \ldots, n.$$

Wir lernen daraus, dass eigentlich nur Quadraturformeln mit positiven Gewichten interessant sind. Ist dies nicht der Fall, so misst die Summe der Beträge der Gewichte

$$\sum_{i=0}^{n} |\lambda_i| \geq 1, \tag{9.3}$$

wie stark die Quadraturformel von der Positivitätsforderung abweicht. Über die Stabilität der Auswertung einer Quadraturformel müssen wir uns aufgrund der Ergebnisse für das Skalarprodukt (siehe Lemma 2.30) keine Sorgen machen.

9.2 Newton-Cotes-Formeln

Die Idee bei der Trapezsumme besteht darin, die Funktion f durch eine Approximation $\hat{f}$, hier die linear Interpolierende, zu ersetzen, für die sich die Quadratur einfach ausführen lässt, und $I(\hat{f})$ als Approximation von $I(f)$ anzusehen, also

$$\hat{I}(f) := I(\hat{f}).$$

Dabei können natürlich nicht nur die lineare Approximation, wie bei der Trapezregel (9.1), sondern beliebige Approximationen benutzt werden, wie sie z. B. im letzten Kapitel vorgestellt wurden. Insbesondere ist für gegebene Knoten $t_0, \ldots, t_n$

$$\hat{f}(t) := P(f \mid t_0, \ldots, t_n) = \sum_{i=0}^{n} f(t_i) L_{in}(t),$$

das Interpolationspolynom von f, wobei $L_{in} \in \boldsymbol{P}_n$ das i-te Lagrange-Polynom zu den Knoten t_j ist, d. h. $L_{in}(t_j) = \delta_{ij}$. Dieser Ansatz liefert die Quadraturformeln

$$\hat{I}(f) := I(P(f \mid t_0, \ldots, t_n)) = (b-a) \sum_{i=0}^{n} \lambda_{in} f(t_i),$$

wobei die Gewichte

$$\lambda_{in} := \frac{1}{b-a} \int_a^b L_{in}(t)\, dt$$

nur von der Wahl der Knoten $t_0, \ldots, t_n$ abhängen.

Per Konstruktion ist klar, dass die so definierten Quadraturformeln für Polynome $P \in \boldsymbol{P}_n$ vom Grad kleiner oder gleich n exakt sind,

$$\hat{I}(P) = I(P_n(P)) = I(P) \quad \text{für } P \in \boldsymbol{P}_n.$$

Für vorgegebene Knoten t_i ist die Quadraturformel durch diese Eigenschaft sogar bereits eindeutig bestimmt.

Lemma 9.4. *Zu $n+1$ paarweise verschiedene Knoten $t_0, \ldots, t_n$ gibt es genau eine Quadraturformel*

$$\hat{I}(f) = (b-a) \sum_{i=0} \lambda_i f(t_i),$$

die für alle Polynome $P \in \boldsymbol{P}_n$ vom Grad kleiner oder gleich n exakt ist.

Beweis. Wir setzen die zu den Knoten t_i gehörenden Lagrange-Polynome $L_{in} \in \boldsymbol{P}_n$, die nach Voraussetzung exakt integriert werden, in die Quadraturformel ein

$$I(L_{in}) = \hat{I}(L_{in}) = (b-a) \sum_{j=0}^{n} \lambda_{jn} L_{in}(t_j) = (b-a) \sum_{j=0}^{n} \lambda_j \delta_{ij} = (b-a)\lambda_i$$

und erhalten dadurch die Gewichte $\lambda_i = (b-a)^{-1} I(L_{in}) = \lambda_{in}$ auf eindeutige Weise zurück. □

Für den Spezialfall *äquidistanter Knoten*

$$h_i = h = \frac{b-a}{n}, \quad t_i = a + ih, \; i = 0, \ldots, n$$

heißen die so konstruierten Quadraturformeln *Newton-Cotes-Formeln*. Der Ausdruck für die zugehörigen *Newton-Cotes-Gewichte* λ_{in} vereinfacht sich der Ausdruck durch Substitution $s := (t-a)/h$ zu

$$\lambda_{in} = \frac{1}{b-a} \int_a^b \prod_{\substack{j=0 \\ j \neq i}}^{n} \frac{t - t_j}{t_i - t_j} \, dt = \frac{1}{n} \int_0^n \prod_{\substack{j=0 \\ j \neq i}}^{n} \frac{s - j}{i - j} \, ds .$$

Die von den Intervallgrenzen unabhängigen Gewichte λ_{in} müssen nur einmal berechnet bzw. eingegeben werden. Wir haben sie in Tabelle 9.1 bis zur Ordnung $n = 4$ zusammengestellt. Für die Ordnungen $n = 1, \ldots, 7$ sind die Gewichte und damit auch die Quadraturformel stets positiv. Höhere Ordnungen sind wenig attraktiv, da ab $n = 8$ auch negative Gewichte auftreten können. In diesem Fall ist die charakterisierende Größe (9.3) bis auf den Normierungsfaktor $(b-a)^{-1}$ die Lebesgue-Konstante, die wir in Kapitel 7.1 als Kondition der Polynominterpolation kennengelernt hatten.

n	$\lambda_{0n}, \ldots, \lambda_{nn}$	Fehler	Name
1	$\frac{1}{2}\ \frac{1}{2}$	$\frac{h^3}{12} f''(\tau)$	Trapezregel
2	$\frac{1}{6}\ \frac{4}{6}\ \frac{1}{6}$	$\frac{h^5}{90} f^{(4)}(\tau)$	Simpson-Regel, Keplersche Faßregel
3	$\frac{1}{8}\ \frac{3}{8}\ \frac{3}{8}\ \frac{1}{8}$	$\frac{3h^5}{80} f^{(4)}(\tau)$	Newtonsche $3/8$-Regel
4	$\frac{7}{90}\ \frac{32}{90}\ \frac{12}{90}\ \frac{32}{90}\ \frac{7}{90}$	$\frac{8h^7}{945} f^{(6)}(\tau)$	Milne-Regel

Tabelle 9.1. Newton-Cotes-Gewichte λ_{in} für $n = 1, \ldots, 4$

Wir haben in Tabelle 9.1 den Newton-Cotes-Formeln bereits die jeweiligen Approximationsfehler (für hinreichend oft differenzierbare Integranden) zugeordnet, ausgedrückt in einer Potenz der Schrittweite h und einer Ableitung an einer Zwischenstelle $\tau \in [a, b]$. Zu beachten ist, dass die Potenz von h und der Grad der Ableitung bei den geraden Ordnungen $n = 2, 4$ jeweils um 2 springen. Für die ersten beiden Formeln werden wir diese Abschätzungen im folgenden verifizieren, woran sich bereits das Prinzip für gerade bzw. ungerade n erkennen lässt (siehe Aufgabe 9.3).

Bevor wir damit beginnen, wiederholen wir eine nicht ganz offensichtliche Variante des Mittelwertsatzes, die uns beim Beweis der Approximationsaussagen immer wieder begegnen wird.

Lemma 9.5. *Seien $g, h \in C[a,b]$ stetige Funktionen auf $[a,b]$, wobei g nur ein Vorzeichen habe, d. h. entweder $g(t) \geq 0$ oder $g(t) \leq 0$ für alle $t \in [a,b]$. Dann gilt*

$$\int_a^b h(t)g(t)\,dt = h(\tau)\int_a^b g(t)\,dt$$

für ein $\tau \in [a,b]$.

Beweis. Ohne Einschränkung sei g nicht negativ. Dann gilt

$$\min_{t\in[a,b]} h(t)\int_a^b g(s)\,ds \leq \int_a^b h(s)g(s)\,ds \leq \max_{t\in[a,b]} h(t)\int_a^b g(s)\,ds.$$

Daher gibt es für die stetige Funktion

$$F(t) := \int_a^b h(s)g(s)\,ds - h(t)\int_a^b g(s)\,ds$$

Stellen $t_0, t_1 \in [a,b]$ mit $F(t_0) \geq 0$ und $F(t_1) \leq 0$, also aufgrund des Zwischenwertsatzes auch ein $\tau \in [a,b]$, so dass $F(\tau) = 0$, oder mit anderen Worten

$$\int_a^b h(t)g(t)\,dt = h(\tau)\int_a^b g(t)\,dt,$$

wie verlangt. □

Lemma 9.6. *Für jede zweimal stetig differenzierbare Funktion $f \in C^2([a,b])$ lässt sich der Approximationsfehler der Trapezregel*

$$T = \frac{b-a}{2}(f(a) + f(b))$$

mit der Schrittweite $h := b - a$ ausdrücken durch

$$T - \int_a^b f = \frac{h^3}{12} f''(\tau)$$

für ein $\tau \in [a,b]$.

Beweis. Mit dem Newtonschen Restglied gilt nach Satz 7.10 für die linear Interpolierende $P = P_1(f)$, dass

$$f(t) = P(t) + [t, a, b]f \cdot (t-a)(t-b),$$

wobei sich die zweite dividierte Differenz nach Folgerung 7.13 durch

$$[t, a, b]f = \frac{f''(\tau)}{2}$$

für ein von t abhängigen $\tau = \tau(t) \in [a, b]$ ausdrücken lässt. Eingesetzt in die Quadraturformel folgt aus Lemma 9.5, dass

$$\begin{aligned}\int_a^b f &= \int_a^b P(t)\,dt + \int_a^b [t,a,b]f \cdot \underbrace{(t-a)(t-b)}_{\leq 0}\,dt \\ &= T + \frac{f''(\tau)}{2} \underbrace{\int_a^b (t-a)(t-b)\,dt}_{= -\frac{(b-a)^3}{6}}\end{aligned}$$

für ein $\tau \in [a, b]$, also

$$T - \int_a^b f = \frac{h^3}{12} f''(\tau).$$

□

Lemma 9.7. *Die Keplersche Faßregel*

$$S = \frac{b-a}{6}\left(f(a) + 4f\left(\frac{a+b}{2}\right) + f(b)\right)$$

ist auch für Polynome $Q \in \boldsymbol{P}_3$ vom Grad 3 exakt. Der Approximationsfehler lässt sich für $f \in C^4([a, b])$ mit der Schrittweite $h := \frac{b-a}{2}$ ausdrücken durch

$$S - \int_a^b f = \frac{f^{(4)}(\tau)}{90} h^5$$

für ein $\tau \in [a, b]$.

Beweis. Sei $Q \in \boldsymbol{P}_3$. Dann gilt gemäß der Newtonschen Restgliedformel für die quadratische Interpolierende $P = P_2(Q)$ an den Knoten a, b und $(a + b)/2$, dass

$$Q(t) = P(t) + \gamma \underbrace{(t-a)\left(t - \frac{a+b}{2}\right)(t-b)}_{= \omega_3(t)},$$

wobei $\gamma = Q'''(t)/6 \in \mathbb{R}$ eine Konstante ist. Für das Integral folgt daraus

$$\int_a^b Q = \int_a^b P + \gamma \int_a^b \omega_3(t)\,dt = S,$$

da das Integral $\int_a^b \omega_k$ über die Newtonschen Basisfunktionen für ungerade k verschwindet. Also ist die Keplersche Faßregel auch für Polynome vom Grad 3 exakt. Für $f \in C^4([a,b])$ bilden wir nun die kubische Hermite-Interpolierende $Q = P_3(f) \in \boldsymbol{P}_3$ zu den vier Knoten

$$t_0 = a, \quad t_1 = \frac{a+b}{2}, \qquad t_2 = \frac{a+b}{2}, \qquad t_3 = b.$$

Zur Beschreibung des Approximationsfehlers von Q benutzen wir wiederum das Newtonsche Restglied,

$$f(t) = Q(t) + \left[t, a, \frac{a+b}{2}, \frac{a+b}{2}, b\right] f \underbrace{(t-a)\left(x - \frac{a+b}{2}\right)^2 (t-b)}_{= \omega_4(t) \le 0}.$$

Abschätzung des Restglieds gemäß Folgerung 7.13, Einsetzen in das Integral und die Anwendung des Mittelwertsatzes

$$\int_a^b f = S + \frac{f^{(4)}(\tau)}{4!} \underbrace{\int_a^b \omega_4(t)\,dt}_{= -\frac{4}{15}h^5} = S - \frac{f^{(4)}(\tau)}{90} h^5$$

ergeben nun wieder die Behauptung. □

Wie wir bereits in dem einführenden Beispiel 9.2 der Trapezsumme gesehen haben, lassen sich weitere Quadraturformeln konstruieren, indem man das Intervall unterteilt und eine Quadraturformel jeweils auf die Teilintervalle anwendet. Wir zerlegen das Intervall wieder in n Teilintervalle $[t_{i-1}, t_i]$ mit $i = 1, \dots, n$,

$$a = t_0 < t_1 < \dots < t_n = b,$$

so dass aufgrund der Additivität des Integrals

$$\int_a^b f = \sum_{i=1}^n \int_{t_{i-1}}^{t_i} f.$$

Demnach ist

$$\hat{I}(f) := \sum_{i=1}^n \hat{I}_{t_{i-1}}^{t_i}(f)$$

eine (eventuell bessere) Approximation des Integrals, wobei $\hat{I}_{t_i}^{t_{i+1}}$ eine beliebige Quadraturformel auf dem Intervall $[t_i, t_{i+1}]$ bezeichne. Im folgenden leiten wir für die Trapezsumme den Approximationsfehler aus dem der Trapezregel ab.

Lemma 9.8. *Sei $h := (b-a)/n$ und seien t_i die äquidistanten Knoten $t_i = a + ih$ für $i = 0, \dots, n$. Ferner bezeichne T_i die Trapezregel*

$$T_i := \frac{h}{2}(f(t_{i-1}) + f(t_i))$$

auf dem Intervall $[t_{i-1}, t_i]$, wobei $i = 1, \dots, n$. Dann lässt sich der Approximationsfehler der Trapezsumme

$$T(h) := \sum_{i=1}^{n} T_i = h\left(\frac{1}{2}(f(a) + f(b)) + \sum_{i=1}^{n-1} f(a+ih)\right)$$

für $f \in C^2([a,b])$ ausdrücken durch

$$T(h) - \int_a^b f = \frac{(b-a)h^2}{12} f''(\tau)$$

für ein $\tau \in [a,b]$.

Beweis. Nach Lemma 9.6 gibt es $\tau_i \in [t_{i-1}, t_i]$, so dass

$$T_i - \int_{t_{i-1}}^{t_i} f = \frac{h^3}{12} f''(\tau_i),$$

also

$$T(h) - \int_a^b f = \sum_{i=1}^{n}\left(T_i - \int_{t_{i-1}}^{t_i} f\right) = \sum_{i=1}^{n} \frac{h^3}{12} f''(\tau_i) = \frac{(b-a)h^2}{12} \frac{1}{n} \sum_{i=1}^{n} f''(\tau_i).$$

Da

$$\min_{t\in[a,b]} f''(t) \le \frac{1}{n}\sum_{i=1}^{n} f''(\tau_i) \le \max_{t\in[a,b]} f''(t)$$

gibt es aufgrund des Zwischenwertsatzes ein $\tau \in [a,b]$, so dass

$$\frac{1}{n}\sum_{i=1}^{n} f''(\tau_i) = f''(\tau),$$

und daher

$$T(h) - \int_a^b f = \frac{(b-a)h^2}{12} f''(\tau),$$

wie behauptet. □

9.3 Gauß-Christoffel-Quadratur

Bei der Konstruktion der Newton-Cotes-Formeln haben wir ausgehend von $n+1$ vorgegebenen Integrationsknoten t_i die Gewichte λ_i so bestimmt, dass die Quadraturformel Polynome bis zum Grad n exakt integriert. Könnten wir vielleicht mehr erreichen, wenn wir auch die Knoten zur Disposition stellen? Wir wollen diese Frage in diesem Abschnitt für die allgemeinere Aufgabe *gewichteter* Integrale

$$I(f) := \int_a^b \omega(t)\, f(t)\, dt$$

beantworten, wie wir sie bereits bei der Einführung der Orthogonalpolynome in Kapitel 6.1.1 kennengelernt haben. Dabei sei ω wieder eine positive Gewichtsfunktion, $\omega(t) > 0$ für alle $t \in]a, b[$, so dass die Normen

$$\|P\| := (P, P)^{\frac{1}{2}} = \left(\int_a^b \omega(t) P(t)^2\, dt\right)^{\frac{1}{2}} < \infty$$

für alle Polynome $P \in \boldsymbol{P}_k$ und alle $k \in \mathbb{N}$ wohldefiniert und endlich sind. Im Unterschied zu Kapitel 9.2 darf hierbei das Intervall unendlich sein. Wichtig ist lediglich, dass die zugehörigen Momente

$$\mu_k := \int_a^b t^k \omega(t)\, dt$$

beschränkt sind. Zur Definition der absoluten Kondition messen wir in natürlicher Weise die Störungen δf über die gewichtete L^1-Norm

$$\|f\|_1 = \int_a^b \omega(t)\, |f(t)|\, dt = I(|f|).$$

Damit behalten die Resultate von Lemma 9.1 auch für gewichtete Integrale ihre Gültigkeit, nur die Interpretation von $I(f)$ ändert sich.

In Tabelle 9.2 sind die häufigsten Gewichtsfunktionen zusammen mit den zugehörigen Intervallen aufgeführt.

9.3.1 Konstruktion der Quadraturformeln

Unser Ziel ist die Konstruktion von Quadraturformeln der Form

$$\hat{I}_n(f) := \sum_{i=0}^{n} \lambda_{in} f(\tau_{in}),$$

$\omega(t)$	Intervall $[a, b]$
$\frac{1}{\sqrt{1-x^2}}$	$[-1, 1]$
e^{-t}	$[0, \infty]$
e^{-x^2}	$[-\infty, \infty]$
1	$[-1, 1]$

Tabelle 9.2. Typische Gewichtsfunktionen

die das Integral $I(f)$ möglichst gut approximieren. Genauer suchen wir zu einem vorgegebenen n die $n+1$ *Knoten* $\tau_{0n}, \ldots, \tau_{nn}$ und $n+1$ *Gewichte* $\lambda_{0n}, \ldots, \lambda_{nn}$, so dass Polynome bis zu einem möglichst hohen Grad N exakt integriert werden, d. h.

$$\hat{I}_n(P) = I(P) \quad \text{für alle } P \in \boldsymbol{P}_N .$$

Versuchen wir zunächst einmal abzuschätzen, welcher Grad N sich bei vorgegebenem n erreichen lässt, so stellen wir fest, dass wir $2n+2$ Parameter (je $n+1$ Knoten und Gewichte) zur Verfügung haben gegenüber $N+1$ Koeffizienten eines Polynoms vom Grad N. Das beste, was wir erwarten können, ist daher, dass Polynome bis zu einem Grad $N \leq 2n+1$ exakt integriert werden. Da die Integrationsknoten nichtlinear in die Quadraturformel eingehen, reicht das Abzählen der Freiheitsgrade jedoch nicht aus. Wir versuchen stattdessen, aus unserem Wunschdenken Schlüsse zu ziehen, die uns bei der Lösung des Problems hilfreich sein können.

Lemma 9.9. *Ist $\hat{I}_n$ für alle Polynome $P \in \boldsymbol{P}_{2n+1}$ exakt, so sind die Polynome $\{P_k\}$, definiert durch*

$$P_{n+1}(t) := (t - \tau_{0n}) \ldots (t - t_{nn}) \in \boldsymbol{P}_{n+1},$$

orthogonal bezüglich des von ω induzierten Skalarproduktes

$$(f, g) = \int_a^b \omega(t) f(t) g(t)\, dt .$$

Beweis. Für $j < n+1$ ist $P_{n+1}P_j \in \boldsymbol{P}_{2n+1}$, so dass

$$(P_j, P_{n+1}) = \int_a^b \omega P_j P_{n+1} = \hat{I}_n(P_j P_{n+1}) = \sum_{i=0}^{n} \lambda_{in} P_j(\tau_{in}) \underbrace{P_{n+1}(\tau_{in})}_{=0} = 0.$$

□

Die gesuchten Knoten τ_{in} müssen also die Nullstellen zueinander orthogonaler Polynome $\{P_j\}$ vom Grad $\deg P_j = j$ sein. Solche Orthogonalpolynome sind uns nicht unbekannt. Nach Satz 6.2 gibt es genau eine Familie $\{P_j\}$ von Polynomen $P_j \in \boldsymbol{P}_j$ mit führendem Koeffizienten eins, d. h. $P_j(t) = t^j + \cdots$, so dass

$$(P_k, P_j) = \delta_{kj}(P_k, P_k).$$

Wir wissen sogar schon nach Satz 6.5, dass die Nullstellen dieser Orthogonalpolynome reell sind und im Intervall $[a, b]$ liegen. Folglich haben wir auf eindeutige Weise Kandidaten für die Integrationsknoten τ_{in} der Quadraturformel $\hat{I}_n$ konstruiert: Die Nullstellen des Orthogonalpolynoms P_{n+1}. Sind die Knoten aber erst festgelegt, bleibt den Gewichten keine Wahl: Damit zumindest Polynome $P \in \boldsymbol{P}_n$ bis zum Grad n exakt integriert werden, sind nach Lemma 9.4 die Gewichte

$$\lambda_{in} := \frac{1}{b-a} \int_a^b L_{in}(t)\, dt$$

zu wählen mit den Lagrange-Polynomen $L_{in}(\tau_{jn}) = \delta_{ij}$. Damit ist aber zunächst nur die Exaktheit für Polynome bis zum Grad n garantiert. Tatsächlich reicht das schon.

Lemma 9.10. *Seien $\tau_{0n}, \ldots, \tau_{nn}$ die Nullstellen des $(n+1)$-ten Orthogonalpolynoms P_{n+1}. Dann gilt für jede Quadraturformel $\hat{I}_n(f) = \sum_{i=0}^n \lambda_i f(\tau_{in})$:*

$$\hat{I}_n \text{ exakt auf } \boldsymbol{P}_n \iff \hat{I}_n \text{ exakt auf } \boldsymbol{P}_{2n+1}.$$

Beweis. Sei $\hat{I}_n$ exakt auf $\boldsymbol{P}_n$ und $P \in \boldsymbol{P}_{2n+1}$. Dann gibt es Polynome $Q, R \in \boldsymbol{P}_n$ (Euklidischer Algorithmus), so dass

$$P = QP_{n+1} + R.$$

Da P_{n+1} senkrecht auf $\boldsymbol{P}_n$ steht, folgt für das gewichtete Integral

$$\int_a^b \omega P = \underbrace{\int_a^b \omega Q P_{n+1}}_{=0} + \int_a^b \omega R = \int_a^b \omega R = \hat{I}_n(R).$$

Andererseits gilt

$$\hat{I}_n(R) = \sum_{i=0}^n \lambda_{in} R(\tau_{in}) = \sum_{i=0}^n \lambda_{in}\big(Q(\tau_{in}) \underbrace{P_{n+1}(\tau_{in})}_{=0} + R(\tau_{in})\big) = \hat{I}_n(P),$$

d. h. $\hat{I}$ ist exakt auf $\boldsymbol{P}_{2n+1}$. □

Wir fassen das Erreichte in folgendem Satz zusammen.

Satz 9.11. *Es existieren eindeutig bestimmte Knoten* $\tau_{0n}, \dots, \tau_{nn}$ *und Gewichte* $\lambda_{0n}, \dots, \lambda_{nn}$*, so dass die Quadraturformel*

$$\hat{I}_n(f) = \sum_{i=0}^{n} \lambda_{in} f(\tau_{in})$$

Polynome bis zum Grad $2n+1$ *exakt integriert, d. h.*

$$\hat{I}_n(P) = \int_a^b \omega P \quad \textit{für } P \in \boldsymbol{P}_{2n+1}.$$

Die Knoten τ_{in} *sind die Nullstellen des* $(n+1)$*-ten Orthogonalpolynoms* $\{P_{n+1}\}$ *bezüglich der Gewichtsfunktion* ω *und die Gewichte*

$$\lambda_{in} := \frac{1}{b-a} \int_a^b L_{in}(t)\, dt$$

mit den Lagrange-Polynomen $L_{in}(\tau_{jn}) = \delta_{ij}$*. Ferner sind die Gewichte alle positiv,* $\lambda_{in} > 0$*, d. h.* $\hat{I}_n$ *ist eine positive Linearform, und sie erfüllen die Gleichung*

$$\lambda_{in} = \frac{1}{P'_{n+1}(\tau_{in}) P_n(\tau_{in})} (P_n, P_n). \tag{9.4}$$

Beweis. Wir müssen nur noch die Positivität der Gewichte und ihre Darstellung (9.4) nachweisen. Sei $Q \in \boldsymbol{P}_{2n+1}$ ein Polynom, dass nur an einem Knoten τ_{kn} nicht verschwindet, d. h. $Q(\tau_{in}) = 0$ für $i \neq k$ und $Q(\tau_{kn}) \neq 0$. Dann gilt offensichtlich

$$\int_a^b \omega Q = \lambda_{kn} Q(\tau_{kn}), \quad \text{also } \lambda_{kn} = \frac{1}{Q(\tau_{kn})} \int_a^b \omega Q.$$

Setzen wir zum Beispiel

$$Q(t) := \left(\frac{P_{n+1}(t)}{(t-\tau_{kn})} \right)^2$$

so hat $Q \in \boldsymbol{P}_{2n}$ die geforderten Eigenschaften, wobei $Q(\tau_{kn}) = P'_{n+1}(\tau_{kn})^2$. Also gilt für die Gewichte

$$\lambda_{kn} = \frac{1}{Q(\tau_{kn})} \int_a^b \omega Q = \int_a^b \omega \left(\frac{P_{n+1}(t)}{P'_{n+1}(\tau_{kn})(t-\tau_{kn})} \right)^2 dt > 0,$$

d. h. alle Gewichte sind positiv. Zum Nachweis der Formel (9.4) setzen wir

$$Q(t) := \frac{P_{n+1}(t)}{t-\tau_{kn}} P_n(t).$$

Wieder hat $Q \in \boldsymbol{P}_{2n}$ die geforderten Eigenschaften und es folgt

$$\lambda_{kn} = \frac{1}{P'_{n+1}(\tau_{kn})P_n(\tau_{kn})} \int_a^b \omega(t) \frac{P_{n+1}(t)}{t - \tau_{kn}} P_n(t)\, dt.$$

Das Polynom $P_{n+1}(t)/(t - \tau_{kn})$ hat wieder führenden Koeffizienten 1, so dass

$$\frac{P_{n+1}(t)}{t - \tau_{kn}} = P_n(t) + Q_{n-1}(t)$$

für ein $Q_{n-1} \in \boldsymbol{P}_{n-1}$. Da P_n senkrecht auf $\boldsymbol{P}_{n-1}$ steht, folgt schließlich die Behauptung

$$\lambda_{kn} = \frac{1}{P'_{n+1}(\tau_{kn})P_n(\tau_{kn})}(P_n, P_n).$$

□

Diese Quadraturformeln $\hat{I}_n$ sind die *Gauß-Christoffel-Formeln* für die Gewichtsfunktion ω. Wie bei den Newton-Cotes-Formeln ist es leicht, von der Exaktheit für einen gewissen Polynomgrad auf den Approximationsfehler zu schließen.

Satz 9.12. *Der Approximationfehler der Gauß-Christoffel-Quadratur lässt sich für jede Funktion $f \in C^{2n+2}$ ausdrücken durch*

$$\int_a^b \omega f - \hat{I}_n(f) = \frac{f^{(2n+2)}(\tau)}{(2n+2)!}(P_{n+1}, P_{n+1})$$

für ein $\tau \in [a, b]$.

Beweis. Wie nicht anders zu erwarten benutzen wir das Newtonsche Restglied für die Hermite-Interpolierende $P \in \boldsymbol{P}_{2n+1}$ zu den $2n+2$ Knoten $\tau_{0n}, \tau_{0n}, \dots, \tau_{nn}, \tau_{nn}$:

$$f(t) = P(t) + [t, \tau_{0n}, \tau_{0n}, \dots, \tau_{nn}, \tau_{nn}]f \cdot \underbrace{(t - \tau_{0n})^2 \dots (t - \tau_{nn})^2}_{= P_{n+1}(t)^2 \geq 0}$$

Da $\hat{I}_n$ die Interpolierende P exakt integriert, folgt

$$\begin{aligned} \int_a^b \omega f &= \int_a^b \omega P + \frac{f^{(2n+2)}(\tau)}{(2n+2)!} \int_a^b \omega P_{n+1}^2 \\ &= \sum_{i=0}^n \lambda_{in} \underbrace{P(\tau_{in})}_{= f(\tau_{in})} + \frac{f^{(2n+2)}(\tau)}{(2n+2)!}(P_{n+1}, P_{n+1}). \end{aligned}$$

□

Beispiel 9.13. *Gauß-Tschebyscheff-Quadratur.* Für die Gewichtsfunktion $\omega(t) = 1/\sqrt{1-t^2}$ auf dem Intervall $[-1, 1]$ sind die uns wohlvertrauten Tschebyscheff-Polynome T_k orthogonal, da

$$\int_{-1}^{1} \frac{T_k(t)T_j(t)}{\sqrt{1-t^2}}\,dt = \begin{cases} \pi, & \text{falls } k = j = 0, \\ \pi/2, & \text{falls } k = j > 0, \\ 0, & \text{falls } k \neq j. \end{cases}$$

Daher sind $P_n(t) = 2^{1-n}T_n(t)$ die Orthogonalpolynome mit führendem Koeffizienten 1. Die Nullstellen von P_{n+1} (bzw. T_{n+1}) sind die Tschebyscheff-Knoten

$$\tau_{in} = \cos\frac{2i+1}{2n+2}\pi \quad \text{für } i = 0, \dots, n.$$

Mit Hilfe von (9.4) rechnet man leicht nach, dass die Gewichte für $n > 0$ gegeben sind durch

$$\lambda_{in} = \frac{1}{2^{-n}T'_{n+1}(\tau_{in})2^{1-n}T_n(\tau_{in})} \int_{-1}^{1} \frac{2^{2-2n}T_n^2}{\sqrt{1-t^2}}\,dt = \frac{2\pi/2}{T'_{n+1}(\tau_{in})T_n(\tau_{in})} = \frac{\pi}{n+1}.$$

Die Gauß-Tschebyscheff-Quadratur hat also die einfache Form

$$\hat{I}_n(f) = \frac{\pi}{n+1}\sum_{i=0}^{n} f(\tau_{in}) \quad \text{mit } \tau_{in} = \cos\tfrac{2i+1}{2n+2}\pi.$$

Für ihren Approximationfehler gilt nach Satz 9.12 wegen $(T_{n+1}, T_{n+1}) = \pi/2$, dass

$$\int_{-1}^{1} \frac{f(t)}{\sqrt{1-t^2}}\,dt - \hat{I}_n(f) = \frac{\pi}{2^{2n+1}(2n+2)!} f^{(2n+2)}(\tau)$$

für ein $\tau \in [-1, 1]$.

Wir haben in Tabelle 9.3 die Bezeichnungen für orthogonale Polynomsysteme zu den gängigsten Gewichtsfunktionen zusammengestellt. Die zugehörigen Quadraturverfahren tragen jeweils den mit Gauß gepaarten Namen des Polynomsystems. Die Gauß-Legendre-Quadratur ($\omega \equiv 1$) wird nur noch selten verwandt. Für reguläre Integranden ist ihr die Trapezsummenextrapolation, die wir im nächsten Abschnitt kennenlernen werden, meistens überlegen. Die Gewichtsfunktion der Gauß-Tschebyscheff-Quadratur ist jedoch bei $t = \pm 1$ schwach singulär, so dass die Trapezregel nicht anwendbar ist. Besonders interessant sind die Gauß-Hermite und die Gauß-Laguerre-Quadratur, die es erlauben, Integrale über unendlichen Intervallen zu approximieren (für Polynome $P \in \boldsymbol{P}_{2n+1}$ sogar exakt zu lösen).

Ein wesentliches Merkmal der Gauß-Quadratur für Gewichtsfunktionen $\omega \not\equiv 1$ sei jedoch abschließend hier festgehalten: Die Güte der Approximation kann nur durch Erhöhung der Ordnung gesteigert werden. Eine Zerlegung in Teilintegrale ist dagegen nur bei der Gauß-Legendre-Quadratur (bzw. der Gauß-Lobatto-Quadratur, vgl. Aufgabe 9.11) möglich.

$\omega(t)$	Intervall $I = [a, b]$	orthogonales Polynomsystem
$\frac{1}{\sqrt{1-x^2}}$	$[-1, 1]$	Tschebyscheff-Polynome T_n
e^{-t}	$[0, \infty]$	Laguerre-Polynome L_n
e^{-x^2}	$[-\infty, \infty]$	Hermite-Polynome H_n
1	$[-1, 1]$	Legendre-Polynome P_n

Tabelle 9.3. Häufig auftretende orthogonale Polynomsysteme

9.3.2 Berechnung der Knoten und Gewichte

Für die effektive Berechnung der Gewichte λ_{in} benötigen wir noch eine weitere Darstellung. Sei dazu $\{\bar{P}_k\}$ eine Familie von *orthonormalen* Polynomen $\bar{P}_k \in \boldsymbol{P}_k$, d. h.

$$(\bar{P}_i, \bar{P}_j) = \delta_{ij}.$$

Für diese gilt die sogenannte *Christoffel-Darboux-Formel* (siehe z. B. [82] oder [64]).

Lemma 9.14. *Sind k_n die führenden Koeffizienten der orthonormalen Polynome $\bar{P}_n(t) = k_n t^n + O(t^{n-1})$, so gilt für alle $s, t \in \mathbb{R}$*

$$\frac{k_n}{k_{n+1}} \left(\frac{\bar{P}_{n+1}(t)\bar{P}_n(s) - \bar{P}_n(t)\bar{P}_{n+1}(s)}{t - s} \right) = \sum_{j=0}^{n} \bar{P}_j(t)\bar{P}_j(s).$$

Daraus lässt sich die folgende Formel für die Gewichte λ_{in} ableiten.

Lemma 9.15. *Für die Gewichte λ_{in} gilt*

$$\lambda_{in} = \Big(\sum_{j=0}^{n} \bar{P}_j^2(\tau_{in}) \Big)^{-1}. \tag{9.5}$$

Beweis. Aus der Christoffel-Darboux-Formel folgt mit $s = \tau_{in}$, dass

$$\frac{k_n}{k_{n+1}} \frac{\bar{P}_{n+1}(t)}{t - \tau_{in}} \bar{P}_n(\tau_{in}) = \sum_{j=0}^{n} \bar{P}_j(t)\bar{P}_j(\tau_{in}) \tag{9.6}$$

und im Grenzfall $t \to \tau_{in}$

$$\frac{k_n}{k_{n+1}} \bar{P}'_{n+1}(\tau_{in})\bar{P}_n(\tau_{in}) = \sum_{j=0}^{n} \bar{P}_j(\tau_{in})^2. \tag{9.7}$$

Setzen wir dies in die Formel (9.4) für die Gewichte λ_{in} ein, so folgt

$$\begin{aligned}
\lambda_{in} &= \int_a^b \omega(t) \frac{P_{n+1}(t)}{(t-\tau_{in})P'_{n+1}(\tau_{in})}\, dt \\
&\overset{(9.6)}{=} \frac{k_{n+1}}{k_n \bar{P}_n(\tau_{in}) \bar{P}'_{n+1}(\tau_{in})} \sum_{j=0}^{n} \bar{P}_j(\tau_{in}) \underbrace{\int_a^b \omega(t) \bar{P}_j(t)\, dt}_{=0 \text{ für } j \neq 0} \\
&= \frac{k_{n+1}}{k_n \bar{P}_n(\tau_{in}) \bar{P}'_{n+1}(\tau_{in})} \underbrace{\int_a^b \omega(t) \bar{P}_0(\tau_{in}) \bar{P}_0(t)\, dt}_{=(\bar{P}_0, \bar{P}_0)=1} \\
&\overset{(9.7)}{=} \Big(\sum_{j=0}^{n} \bar{P}_j^2(\tau_{in}) \Big)^{-1}.
\end{aligned}$$

□

Die tatsächliche Bestimmung der Gewichte λ_{in} und Knoten τ_{in} stützt sich auf Techniken, die auf dem Stoff von Kapitel 6 aufbauen. Dazu erinnern wir daran, dass die Orthogonalpolynome P_k zur Gewichtsfunktion ω nach Satz 6.2 einer Drei-Term-Rekursion

$$P_k(t) = (t - \beta_k) P_{k-1}(t) - \gamma_k^2 P_{k-2}(t) \tag{9.8}$$

genügen, wobei

$$\beta_k = \frac{(t P_{k-1}, P_{k-1})}{(P_{k-1}, P_{k-1})}, \qquad \gamma_k^2 = \frac{(P_{k-1}, P_{k-1})}{(P_{k-2}, P_{k-2})}.$$

Wir nehmen daher an, dass die Orthogonalpolynome durch ihre Drei-Term-Rekursion 9.8 gegeben sind, die wir für $k = 0, \ldots, n$ als lineares Gleichungssystem $Tp = tp + r$ mit

$$T := \begin{bmatrix} \beta_1 & 1 & & & \\ \gamma_2^2 & \beta_2 & 1 & & \\ & \ddots & \ddots & \ddots & \\ & & \gamma_n^2 & \beta_n & 1 \\ & & & \gamma_{n+1}^2 & \beta_{n+1} \end{bmatrix}$$

und

$$p := (P_0(t), \ldots, P_n(t))^T, \quad r := (0, \ldots, 0, -P_{n+1}(t))^T$$

schreiben können. Damit gilt

$$P_{n+1}(t) = 0 \iff Tp = tp,$$

d. h. die Nullstellen von P_{n+1} sind gerade die Eigenwerte von T, wobei zu einem Eigenwert τ der Eigenvektor $p(\tau)$ gehört.

Da die Nullstellen τ_{in} von P_{n+1} alle reell sind, könnte man auf die Idee kommen, dass sich das Einwertproblem $Tp = tp$ in ein symmetrisches Eigenwertproblem transformieren lässt. Die einfachste Möglichkeit wäre die der Skalierung mit einer Diagonalmatrix $D = \mathrm{diag}(d_0, \ldots, d_n)$ zu

$$\hat{T}\hat{p} = t\hat{p} \quad \text{mit } \hat{p} = Dp, \hat{T} = DTD^{-1},$$

wobei wir hoffen, $\hat{T} = \hat{T}^T$ erreichen zu können. Explizit gilt für die diagonale Skalierung angewandt auf eine Matrix $A \in \mathrm{Mat}_{n+1}(\mathbb{R})$, dass

$$A \mapsto \hat{A} := DAD^{-1} \quad \text{mit } \hat{a}_{ij} = \tfrac{d_i}{d_j} a_{ij}.$$

Damit $\hat{T}$ symmetrisch ist, muss daher

$$\gamma_i^2 \frac{d_i}{d_{i-1}} = \frac{d_{i-1}}{d_i}, \quad \text{d. h. } d_i^2 = d_{i-1}^2 / \gamma_i^2$$

gelten, was wir ohne Probleme z. B. durch

$$d_0 := 1 \quad \text{und} \quad d_i := (\gamma_2 \ldots \gamma_{i+1})^{-1} \quad \text{für } i = 1, \ldots, n$$

erfüllen können. Bei dieser Wahl von D ist $\hat{T}$ die symmetrische Tridiagonalmatrix

$$\hat{T} = \begin{bmatrix} \beta_1 & \gamma_2 & & & \\ \gamma_2 & \beta_2 & \gamma_3 & & \\ & \ddots & \ddots & \ddots & \\ & & \gamma_1 & \beta_n & \gamma_{n+1} \\ & & & \gamma_{n+1} & \beta_n \end{bmatrix} = \hat{T}^T,$$

deren Eigenwerte $\tau_{0n}, \ldots, \tau_{nn}$ wir mit Hilfe des QR-Algorithmus berechnen können (vgl. Kapitel 5.3). Die Gewichte λ_{in} lassen sich dann mit (9.5) ebenfalls über die Drei-Term-Rekursion (9.8) berechnen. Sobald die $(\lambda_{in}, \tau_{in})$ vorliegen, ist die Gauß-Quadratur ausführbar (siehe auch [43]).

9.4 Klassische Romberg-Quadratur

Im folgenden wollen wir eine andere Art von Integrationsverfahren kennenlernen, die auf der Trapezsumme basiert. Die bisher besprochenen Quadraturformeln bezogen sich alle auf ein einziges festes Gitter $t_0, \ldots, t_n$ von Knoten, an denen die Funktion ausgewertet wurde. Im Gegensatz dazu nutzen wir bei der Romberg-Quadratur eine Folge von Gittern und versuchen, aus den dazu gehörenden Trapezsummen eine bessere Approximation des Integrals zu konstruieren.

9.4.1 Asymptotische Entwicklung der Trapezsumme

Bevor wir das Verfahren beschreiben können, müssen wie die Struktur des Approximationsfehlers der Trapezregel näher analysieren. Wir bezeichnen mit $T(h)$ für eine *Schrittweite* $h = (b-a)/n$, $n = 1, 2, \dots$, die Trapezsumme

$$T(h) := T^n := h\left(\frac{1}{2}(f(a) + f(b)) + \sum_{i=1}^{n-1} f(a+ih)\right)$$

für die äquidistanten Knoten $t_i = a + ih$. Der folgende Satz zeigt, dass sich die Trapezsumme $T(h)$ als Funktion von h in eine sogenannte *asymptotische Entwicklung in* h^2 entwickeln lässt.

Satz 9.16. *Sei* $f \in C^{2m+1}[a,b]$ *und* $h = \frac{b-a}{n}$ *für ein* $n \in \mathbb{N} \setminus \{0\}$. *Dann besitzt die Trapezsumme* $T(h)$ *folgende asymptotische Entwicklung des Approximationsfehlers*

$$T(h) = \int_a^b f(t)\,dt + \tau_2 h^2 + \tau_4 h^4 + \cdots + \tau_{2m} h^{2m} + R_{2m+2}(h) h^{2m+2} \qquad (9.9)$$

mit den Koeffizienten

$$\tau_{2k} = \frac{B_{2k}}{(2k)!}\big(f^{(2k-1)}(b) - f^{(2k-1)}(a)\big),$$

wobei B_{2k} *die Bernoulli-Zahlen sind, und dem Restterm*

$$R_{2m+2}(h) = -\int_a^b K_{2m+2}(t,h) f^{(2m)}(t)\,dt.$$

Der Restterm R_{2m+2} *ist gleichmäßig in* h *beschränkt, d. h. es gibt eine von* h *unabhängige Konstante* $C_{2m+2} \geq 0$, *so dass*

$$|R_{2m+2}(h)| \leq C_{2m+2}|b-a| \quad \textit{für alle } h = (b-a)/n.$$

Der Beweis dieses klassischen Satzes beruht auf der sogenannte *Eulerschen Summenformel*. Wir verweisen dazu auf [55]. Im allgemeineren Kontext der Lösung von Anfangswertproblemen bei gewöhnlichen Differentialgleichungen ergibt sich die h^2-Entwicklung ebenfalls, jedoch auf einfachere Weise (siehe [48]).

Bemerkung 9.17. Die im Restterm auftretenden Funktionen K_{2m+2} hängen eng mit den Bernoulli-Funktionen B_{2k+2} zusammen.

Für periodische Funktionen f mit Periode $b-a$ verschwinden alle τ_{2k}, d. h. der gesamte Fehler bleibt im Restterm. In diesem Fall kann mit der Romberg-Integration, wie wir sie im folgenden beschreiben, keine Verbesserung erzielt werden. Tatsächlich liefert in diesem Fall die einfache Trapezsumme bereits das Resultat der trigonometrischen Interpolation (vgl. Kapitel 7.2).

Für große k gilt für die Bernoulli-Zahlen B_{2k}, dass

$$B_{2k} \approx (2k)!,$$

so dass die Reihe (9.9) im allgemeinen auch für analytische Funktionen $f \in C^{\omega}[a, b]$ *divergiert* für $m \to \infty$, d. h. im Gegensatz zu den aus der Analysis bekannten Reihenentwicklungen (Taylor-, Fourier-Reihen) wird die Funktion in Satz 9.16 in eine *divergente Reihe* entwickelt. Dies scheint zunächst wenig Sinn zu haben; tatsächlich können jedoch häufig die endlichen Partialsummen genutzt werden, um einen Funktionswert hinlänglich genau zu berechnen, obwohl die zugehörige unendliche Reihe divergiert. Zur Illustration, dass eine derartige Entwicklung in eine divergente Reihe numerisch nützlich sein kann, betrachten wir folgendes Beispiel (vgl. [55]).

Beispiel 9.18. Sei $f(h)$ eine Funktion mit einer asymptotischen Entwicklung in h, so dass für alle $h \in \mathbb{R}$ und $n \in \mathbb{N}$

$$f(h) = \sum_{k=0}^{n} (-1)^k k! \cdot h^k + \theta(-1)^{n+1}(n+1)!\, h^{n+1} \quad \text{für ein } 0 < \theta = \theta(h) < 1.$$

Die Reihe $\sum(-1)^k k!\, h^k$ divergiert für alle $h \neq 0$. Betrachtet man die Partialsummenfolge

$$s_n(h) := \sum_{k=0}^{n} (-1)^k k!\, h^k$$

für kleine h, $0 \neq h \ll 1$, so scheint diese zunächst zu konvergieren, da die Glieder $(-1)^k k!\, h^k$ der Reihe zunächst stark abnehmen. Ab einem gewissen Index überwiegt jedoch $k!$, die Glieder werden beliebig groß und die Partialsummenfolge divergiert. Da

$$|f(h) - s_n(h)| = |(-1)^{n+1}\theta(n+1)!\, h^{n+1}| < |(n+1)!\, h^{n+1}|,$$

ist der Fehler, den wir bei der Approximation von f durch s_n machen, stets kleiner als das erste weggelassene Glied. Um $f(h)$ auf eine (absolute) Genauigkeit von tol zu bestimmen, müssen wir ein n finden, so dass

$$|(n+1)!\, h^{n+1}| < \mathrm{tol}\,.$$

Ganz konkret erhalten wir z. B. $f(10^{-3})$ auf zehn Dezimalstellen genau für $n = 3$ durch

$$f(10^{-3}) \approx s_3(10^{-3}) = 1 - 10^{-3} + 2 \cdot 10^{-6} - 6 \cdot 10^{-9}.$$

Wegen ihres „fast konvergenten" Verhaltens nannte Legendre solche Reihen auch *semi-konvergent*. Euler machte sich das Leben etwas einfacher, indem er für alle Reihen dieselbe Schreibweise benutzte, ob sie nun konvergierten oder nicht.

9.4.2 Idee der Extrapolation

Wir haben in Kapitel 9.2 das Integral

$$I(f) := \int_a^b f(t)\, dt$$

approximiert durch die Trapezsumme

$$T(h) = T^{(n)} = h\left(\frac{1}{2}(f(a) + f(b)) + \sum_{i=1}^{n-1} f(a + ih)\right) \quad \text{mit } h = \tfrac{b-a}{n},$$

wobei die Güte der Approximation von der Schrittweite h abhängt. Der Ausdruck $T(h)$ konvergiert für $h \to 0$ gegen das Integral $I(f)$; genauer müssten wir sagen „für $n \to \infty$ und $h = (b - a)/n$“, da $T(h)$ nur für die diskreten Werte $h = (b - a)/n$, $n = 1, 2, \ldots$, erklärt ist. Wir schreiben dafür

$$\lim_{h \to 0} T(h) := \lim_{n \to \infty} T^{(n)} = I(f).$$

Zur Veranschaulichung der Grundidee der Romberg-Quadratur gehen wir zunächst davon aus, dass wir $T(h)$ für zwei Schrittweiten

$$h_i := \frac{b - a}{n_i}, \quad i = 1, 2$$

berechnet haben und betrachten die denkbar einfache Funktion $f(t) = t^2$ über dem Einheitsintervall $[a, b] = [0, 1]$ und $n_i = i$ (siehe Abbildung 9.3). Da die zweite

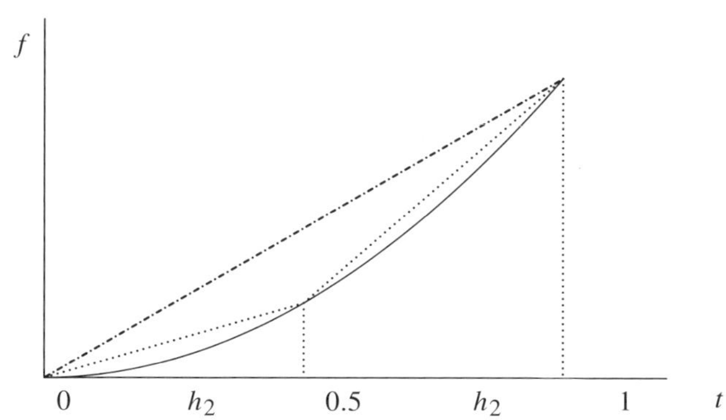

Abbildung 9.3. Trapezsummen $T(h_1)$ und $T(h_2)$ für $f(t) = t^2$

Ableitung $f^{(2)}$ konstant 2 ist, gilt $R_4(h) = 0$, so dass

$$T(h) = I(f) + \tau_2 h^2 + R_4(h)h^4 = I(f) + \tau_2 h^2. \tag{9.10}$$

Den Koeffizienten τ_2 können wir aus den Trapezsummen

$$T(h_1) = T(1) = I(f) + \tau_2 h_1^2 = 1/2,$$

$$T(h_2) = T(1/2) = I(f) + \tau_2 h_2^2 = 3/8$$

bestimmen als

$$\tau_2 = \frac{T(h_1) - T(h_2)}{h_1^2 - h_2^2} = \frac{1}{6}.$$

Wieder eingesetzt in (9.10) erhalten wir das Integral

$$I(f) = T(h_1) - \tau_2 h_1^2 = T(h_1) - \frac{T(h_2) - T(h_1)}{h_2^2 - h_1^2} h_1^2 = \frac{1}{3} \tag{9.11}$$

aus den beiden Trapezsummen (siehe Abbildung 9.4). Wir können die Formel (9.11)

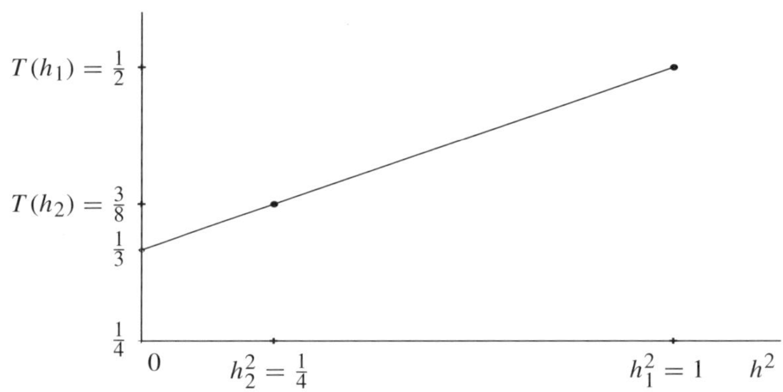

Abbildung 9.4. (Lineare) Extrapolation

auch wie folgt erklären: Auf der Basis der asymptotischen Entwicklung der Trapezregel bestimmen wir das Interpolationspolynom in h^2 zu den Punkten $(h_1^2, T(h_1))$ und $(h_2^2, T(h_2)$,

$$P(T(h) \mid h_1^2, h_2^2)(h^2) = T(h_1) + \frac{T(h_2) - T(h_1)}{h_2^2 - h_1^2}(h^2 - h_1^2),$$

und extrapolieren für $h^2 = 0$, d. h.

$$P(T(h) \mid h_1^2, h_2^2)(0) = T(h_1) - \frac{T(h_2) - T(h_1)}{h_2^2 - h_1^2} h_1^2.$$

Als extrapolierten Wert $P(T(h) \mid h_1^2, h_2^2)(0)$ für $h^2 = 0$ erwarten wir eine bessere Näherung von $I(f)$.

Diese Grundidee überträgt sich natürlich auch auf höhere Ordnungen bei entsprechend wiederholter Auswertung von $T(h)$ für sukzessive kleinere $h = h_i$. Insbesondere kann sie in allgemeinerem Zusammenhang immer dann benutzt werden, wenn ein Verfahren eine asymptotische Entwicklung des Approximationsfehlers zulässt. Dies führt zur Klasse der sogenannten *Extrapolationsmethoden*. Um den Gedankengang zu präzisieren, gehen wir aus von einem Verfahren $T(h)$, welches in Abhängigkeit von einer „Schrittweite“ h einen gesuchten Wert τ_0 berechnet. Dabei lassen wir zu, dass $T(h)$ nur für diskrete Werte h definiert ist (s.o.). Zusätzlich verlangen wir, dass das Verfahren für $h \to 0$ gegen τ_0 konvergiert, d. h.

$$\lim_{h \to 0} T(h) = \tau_0. \tag{9.12}$$

Definition 9.19. Das Verfahren $T(h)$ zur Berechnung von τ_0 besitzt eine *asymptotische Entwicklung in h^p bis zur Ordnung pm*, falls es Konstanten $\tau_p, \tau_{2p}, \ldots, \tau_{mp}$ in $\mathbb{R}$ gibt, so dass

$$T(h) = \tau_0 + \tau_p h^p + \tau_{2p} h^{2p} + \cdots + \tau_{mp} h^{mp} + O(h^{(m+1)p}) \quad \text{für } h \to 0. \tag{9.13}$$

Bemerkung 9.20. Die Trapezregel besitzt für Funktionen $f \in C^{2m+1}[a,b]$ nach Satz 9.16 eine asymptotische Entwicklung in h^2 bis zur Ordnung $2m$.

Haben wir $T(h)$ für k verschiedene Schrittweiten

$$h = h_{i-k+1}, \ldots, h_i$$

berechnet, so können wir das Interpolationspolynom in h^p

$$P_{ik}(h^p) = P(h^p; h_{i-k+1}^p, \ldots, h_i^p) \in \boldsymbol{P}_{k-1}(h^p)$$

zu den Stützpunkten

$$(h_{i-k+1}^p, T(h_{i-k+1})), \ldots, (h_i^p, T(h_i))$$

bestimmen und durch Auswertung an der Stelle $h = 0$ extrapolieren. Wir erhalten so die Näherungen T_{ik},

$$T_{ik} := P_{ik}(0) \quad \text{für } 1 \le k \le i,$$

von τ_0. Nach Kapitel 7.1.2 verwenden wir zur Berechnung von T_{ik} natürlich den Algorithmus von Aitken und Neville. Die Rekursionsformel (7.4) transformiert sich dabei wie folgt in die jetzige Situation.

$$\begin{aligned} T_{i1} &:= T(h_i) \quad \text{für } i = 1, 2, \ldots \\ T_{ik} &:= T_{i,k-1} + \frac{T_{i,k-1} - T_{i-1,k-1}}{\left(\dfrac{h_{i-k+1}}{h_i}\right)^p - 1} \quad \text{für } 2 \leq k \leq i \end{aligned}$$

Das Schema von Neville geht dabei über in das sogenannte *Extrapolationstableau*.

$$\begin{array}{lllllll} T_{11} & & & & & & \\ & \searrow & & & & & \\ T_{21} & \rightarrow & T_{22} & & & & \\ \vdots & & & \ddots & & & \\ T_{k-1,1} & \rightarrow & \cdots & \rightarrow & T_{k-1,k-1} & & \\ & \searrow & & \searrow & & \searrow & \\ T_{k1} & \rightarrow & \cdots & \rightarrow & T_{k,k-1} & \rightarrow & T_{kk} \end{array}$$

Bemerkung 9.21. In Anlehnung an [20] zählen wir bei den Extrapolationsmethoden von 1 an. Dies führt, wie wir unten sehen werden, zu einem angenehmeren Zusammenhang zwischen der Ordnung der Approximation T_{kk} und der Anzahl k der berechneten Werte $T(h_1)$ bis $T(h_k)$.

Bezeichnen wir die Approximationsfehler der durch Extrapolation gewonnenen Näherungen T_{ik} von τ_0 mit

$$\varepsilon_{ik} := |T_{ik} - \tau_0| \quad \text{für } 1 \leq k \leq i,$$

so können wir diese entsprechend in einem *Fehlertableau* anordnen.

$$\begin{array}{lllllll} \varepsilon_{11} & & & & & & \\ & \searrow & & & & & \\ \varepsilon_{21} & \rightarrow & \varepsilon_{22} & & & & \\ \vdots & & & \ddots & & & \\ \varepsilon_{k-1,1} & \rightarrow & \cdots & \rightarrow & \varepsilon_{k-1,k-1} & & \\ & \searrow & & \searrow & & \searrow & \\ \varepsilon_{k1} & \rightarrow & \cdots & \rightarrow & \varepsilon_{k,k-1} & \rightarrow & \varepsilon_{kk} \end{array} \tag{9.14}$$

Der folgende auf R. Bulirsch [12] zurückgehende Satz gibt Auskunft darüber, wie sich diese Fehler verhalten.

Satz 9.22. *Sei $T(h)$ ein Verfahren mit einer asymptotischen Entwicklung* (9.13) *in h^p bis zur Ordnung pm und $h_1, \ldots, h_m$ verschiedene Schrittweiten. Dann gilt für die Approximationsfehler ε_{ik} der Extrapolationswerte T_{ik}*

$$\varepsilon_{ik} \doteq |\tau_{kp}| \underbrace{h_{i-k+1}^p \cdots h_i^p}_{k \text{ Faktoren}} \quad \text{für } 1 \leq k \leq i \leq m \text{ und } h_j \leq h \to 0.$$

Genauer gilt

$$\varepsilon_{ik} = |\tau_{kp}| \, h_{i-k+1}^p \cdots h_i^p + \sum_{j=i-k+1}^{i} O(h_j^{(k+1)p}) \quad \text{für } h_j \leq h \to 0.$$

Der Satz besagt, dass wir im wesentlichen pro Spalte des Extrapolationstableaus p Ordnungen gewinnen können. Da wir es jedoch mit asymptotischen und nicht mit Reihenentwicklungen zu tun haben, ist diese Sichtweise zu optimistisch. Die hohe Ordnung nützt wenig, wenn die Restterme der asymptotischen Entwicklung, die sich hinter dem $O(h_j^{(k+1)p})$ verbergen, sehr groß werden. Zum Beweis des Satzes verwenden wir folgende Hilfsaussage.

Lemma 9.23. *Für die Lagrange-Funktionen $L_0, \ldots, L_n$ zu Stützstellen $t_0, \ldots, t_n$ gilt*

$$\sum_{j=0}^{n} L_j(0) t_j^m = \begin{cases} 1 & \text{für } m = 0, \\ 0 & \text{für } 1 \leq m \leq n, \\ (-1)^n t_0 \cdot \cdots \cdot t_n & \text{für } m = n+1. \end{cases}$$

Beweis. Für $0 \leq m \leq n$ ist $P(t) = t^m$ das Interpolationspolynom zu den Punkten (t_j, t_j^m) für $j = 0, \ldots, n$ und daher

$$P(t) = t^m = \sum_{j=0}^{n} L_j(t) P(t_j) = \sum_{j=0}^{n} L_j(t) t_j^m.$$

Setzen wir $t = 0$, so folgt die Behauptung für die ersten beiden Fälle. Für den Fall $m = n + 1$ betrachten wir das Polynom

$$Q(t) := t^{n+1} - \sum_{j=0}^{n} L_j(t) t_j^{n+1}.$$

Dies ist ein Polynom vom Grad $n+1$ mit führendem Koeffizienten 1 und den Nullstellen $t_0, \ldots, t_n$, also

$$Q(t) = (t - t_0) \cdots (t - t_n)$$

und speziell

$$\sum_{j=0}^{n} L_j(0) t_j^{n+1} = -Q(0) = (-1)^n t_0 \ldots t_n.$$

□

Wir kommen nun zum Beweis von Satz 9.22.

Beweis von Satz 9.22. Da $T(h)$ eine asymptotische Entwicklung in h^p bis zur Ordnung pm besitzt, gilt für $1 \le k \le m$

$$T_{j1} = T(h_j) = \tau_0 + \tau_p h_j^p + \cdots + \tau_{(k+1)p} h_j^{kp} + O(h_j^{(k+1)p}).$$

Es reicht aus, die Behauptung für $i = k$ zu zeigen (der Fall $i \neq k$ folgt daraus durch Verschieben der Indizes der h_j). Sei also

$$P_{kk} = P(h^p; h_1^p, \ldots, h_k^p)$$

das Interpolationspolynom in h^p zu den Stützpunkten $(h_j^p, T(h_j))$ für $j = 1, \ldots, k$, und seien ferner $L_1(h^p), \ldots, L_k(h^p)$ die Lagrange-Polynome zu den Stützstellen $h_1^p, \ldots, h_k^p$. Dann gilt

$$P_{kk}(h^p) = \sum_{j=1}^{k} L_j(h^p) T_{j1}.$$

Daher ist wegen (9.4.2) und Lemma 9.23

$$\begin{aligned} T_{kk} &= P_{kk}(0) = \sum_{j=1}^{k} L_j(0) T_{j1} \\ &= \sum_{j=1}^{k} L_j(0) \left[\tau_0 + \tau_p h_j^p + \cdots + \tau_{kp} h_j^{k_p} + O(h_j^{(k+1)p}) \right] \\ &= \tau_0 + \tau_{kp} (-1)^{k-1} h_1^p \cdot \cdots \cdot h_k^p + \sum_{j=1}^{k} O(h_j^{(k+1)p}), \end{aligned}$$

also

$$\varepsilon_{kk} = |T_{kk} - \tau_0| = |\tau_{kp}|\, h_1^p \cdot \cdots \cdot h_k^0 + \sum_{j=1}^{k} O(h_j^{(k+1)p}).$$

□

Die dargestellte Theorie legt für ein Verfahren $T(h)$ mit asymptotischer Entwicklung den folgenden *Extrapolationsalgorithmus* nahe. Wir gehen aus von einer *Grundschrittweite* (engl.: *basic stepsize*) H und bilden die Schrittweiten h_i durch Teilen von H, also $h_i = H/n_i$ mit $n_i \in \mathbb{N}$.

Algorithmus 9.24. Extrapolationsverfahren.

1. Wähle für eine gegebene Grundschrittweite H eine Folge von Schrittweiten $h_1, h_2 \dots$ mit $h_j = H/n_j$, $n_{j+1} > n_j$ und setze $i := 1$.
2. Bestimme $T_{i1} = T(h_i)$.
3. Berechne T_{ik} für $k = 2, \dots, i$ mit dem Schema von Neville
$$T_{ik} = T_{i,k-1} + \frac{T_{i,k-1} - T_{i-1,k-1}}{\left(\dfrac{n_i}{n_{i-k+1}}\right)^p - 1}.$$
4. Falls T_{ii} genau genug oder i zu groß, beende den Algorithmus. Ansonsten erhöhe i um 1 und gehe zurück zu 2.

Diese grobe Beschreibung lässt natürlich noch viele Fragen offen. So ist nicht klar, was „T_{ii} genau genug“ oder „i zu groß“ heißen soll. Auch ist nicht klar, wie die Schrittweiten h_j gewählt werden sollen. Am Beispiel der Romberg-Quadratur werden wir in den nächsten Abschnitten darauf näher eingehen.

9.4.3 Details des Algorithmus

Wie wir oben gesehen haben, ist die Trapezsumme ein Verfahren mit einer asymptotischen Entwicklung in h^2, wobei die Ordnung, bis zu der wir entwickeln können, von der Glattheit des Integranden abhängt. Daher können wir alles im letzten Abschnitt beschriebene auf die Trapezregel anwenden und erhalten als Extrapolationsverfahren die von W. Romberg eingeführte klassische *Romberg-Quadratur*.

Der *Aufwand* A_i zur Berechnung von T_{ii} lässt sich im wesentlichen durch die Anzahl der benötigten Funktionsauswertungen von f messen,

$$A_i := \text{Anzahl der zur Berechnung von } T_{ii} \text{ benötigten } f\text{-Auswertungen.}$$

Diese Zahlen hängen natürlich von der gewählten Folge $n_1, n_2, \dots$ ab. Wir ordnen daher jeder aufsteigenden Folge

$$\mathcal{F} = \{n_1, n_2, \dots\}, \quad n_i \in \mathbb{N} \setminus \{0\},$$

die zugehörige Aufwandsfolge

$$\mathcal{A} = \{A_1, A_2, \dots\}$$

zu. Für die sogenannte *Romberg-Folge*

$$\mathcal{F}_R = \{1, 2, 4, 8, 16, \dots\}, \quad n_i = 2^{i-1},$$

ergibt sich

$$\mathcal{A}_R = \{2, 3, 5, 9, 17, \dots\}, \quad A_i = n_i + 1.$$

Für diese Folge lassen sich die Trapezsummen besonders einfach rekursiv berechnen (siehe Abbildung 9.5).

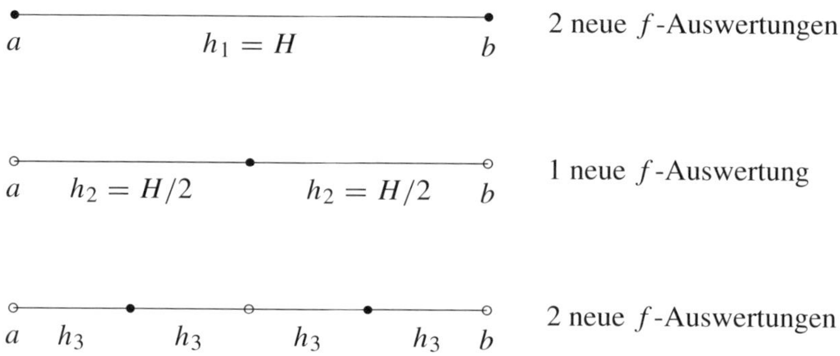

Abbildung 9.5. Berechnung der Trapezsummen bei der Romberg-Folge

Für $h = H/n$ erhalten wir

$$\begin{aligned} T(h/2) &= \frac{h}{4}\Big(f(a) + 2\sum_{i=1}^{2n-1} f(a + ih/2) + f(b)\Big) \\ &= \underbrace{\frac{h}{4}\Big(f(a) + 2\sum_{k=1}^{n-1} f(a + kh) + f(b)\Big)}_{= T(h)/2} + \frac{h}{2}\sum_{k=1}^{n} f\left(a + \frac{2k-1}{2}h\right) \end{aligned}$$

und daher für die *Romberg-Folge* $h_i = H/2^{i-1}$

$$T_{i1} = \frac{1}{2}T_{i-1,1} + h_i \sum_{k=1}^{n_{i-1}} f(a + (2k-1)h_i).$$

Stellt man die Extrapolationswerte T_{ii} der Romberg-Quadratur als Quadraturformel mit Gewichten λ_j dar,

$$T_{ii} = H \sum_{j=1}^{A_i} \lambda_j f_j,$$

wobei f_j der j-te berechnete Funktionswert ist, so lässt sich zeigen (siehe Aufgabe 9.6), dass sich für die Romberg-Folge $\mathcal{F}_R$ nur positive Gewichte λ_j ergeben. Vom Aufwand her wurde bereits von Romberg in seiner Originalarbeit [72] eine noch günstigere Folge vorgeschlagen; sie heißt heute *Bulirsch-Folge*:

$$\mathcal{F}_B := \{1, 2, 3, 4, 6, 8, 12, 16, 24, \ldots\}, \qquad n_i = \begin{cases} 2^{k-1}, & \text{falls } i = 2k, \\ 3 \cdot 2^k, & \text{falls } i = 2k+1, \\ 1, & \text{falls } i = 1. \end{cases}$$

Die zugehörige Aufwandsfolge ist

$$\mathcal{A}_B = \{2, 3, 5, 7, 9, 13, 17, \ldots\}.$$

Allerdings hat die Folge $\mathcal{F}_B$ den Nachteil, dass die zugehörige Quadraturformel nun auch negative Gewichte enthalten kann (siehe Tabelle 9.4). Im Rahmen eines Verfahrens *variabler* Ordnung ist diese Eigenschaft nicht ganz so dramatisch, da solche Verfahren in kritischen Bereichen auf niedrige Ordnung (mit positiven Gewichten) zurückschalten können (siehe Kapitel 9.5).

	0	$\frac{1}{6}$	$\frac{1}{4}$	$\frac{1}{3}$	$\frac{1}{2}$	$\sum \lvert\lambda_i\rvert$
$T_{1,1}$	$\frac{1}{2}$					1
$T_{2,1}$	$\frac{1}{4}$				$\frac{1}{2}$	1
$T_{2,2}$	$\frac{1}{6}$				$\frac{2}{3}$	1
$T_{3,2}$	$\frac{1}{10}$		$\frac{3}{5}$		$\frac{2}{3}$	1
$T_{3,3}$	$\frac{11}{120}$		$\frac{27}{40}$		$-\frac{8}{15}$	2.067
$T_{4,3}$	$\frac{13}{210}$	$\frac{16}{21}$	$-\frac{27}{35}$	$\frac{94}{105}$		4.086
$T_{4,4}$	$\frac{151}{2520}$	$\frac{256}{315}$	$-\frac{243}{280}$	$\frac{104}{105}$		4.471

Tabelle 9.4. Gewichte λ_j zu den Diagonal- und Nebendiagonalelementen des Extrapolationstableaus an den Knoten t_j für die Bulirsch-Folge (Beachte $\lambda_j = \lambda_{n-j}, t_j = t_{n-j}$)

Bemerkung 9.25. Bei der Lösung von Anfangswertproblemen gewöhnlicher Differentialgleichungen tritt auch die denkbar einfache *harmonische Folge*

$$\mathcal{F}_H = \{1, 2, 3, \dots\}, \quad n_i = i$$

auf. In unserem Zusammenhang der Quadratur ist sie jedoch wesentlich ungünstiger als die Romberg-Folge, da zum einen der Aufwand größer ist,

$$\mathcal{A}_H = \{2, 3, 5, 7, 11, 13, 19, 23, 29, \dots\},$$

zum anderen die Trapezsummen T_{i1} nicht rekursiv berechnet werden können.

Die Berechnung des Extrapolationstableaus wird *zeilenweise* durchgeführt. Es wird abgebrochen, falls genügend viele Ziffern „stehen" oder falls keine Verbesserung der Konvergenz beobachtet wird.

Beispiel 9.26. *Nadelimpuls*: Zu berechnen sei das Integral

$$\int_{-1}^{1} \frac{dt}{10^{-4} + x^2} \tag{9.15}$$

(vgl. Abbildung 9.10) auf die relative Genauigkeit tol $= 10^{-8}$. Die Werte T_{kk} des Extrapolationstableaus sind in Tabelle 9.5 angegeben.

k	T_{kk}	ε_{kk}	A_k
1	1.999800	$9.9 \cdot 10^{-1}$	2
2	13333.999933	$4.2 \cdot 10^{1}$	3
3	2672.664361	$7.6 \cdot 10^{0}$	5
4	1551.888793	$4.0 \cdot 10^{0}$	9
5	792.293096	$1.5 \cdot 10^{0}$	17
6	441.756664	$4.2 \cdot 10^{-1}$	33
7	307.642217	$1.4 \cdot 10^{-2}$	65
8	293.006708	$6.1 \cdot 10^{-2}$	129
9	309.850398	$7.4 \cdot 10^{-3}$	257
10	312.382805	$7.2 \cdot 10^{-4}$	513
11	312.160140	$2.6 \cdot 10^{-6}$	1025
12	312.159253	$2.5 \cdot 10^{-7}$	2049
13	312.159332	$1.1 \cdot 10^{-9}$	4097

Tabelle 9.5. Romberg-Quadratur für den Nadelimpuls $f(t) = 1/(10^{-4} + x^2)$, ε_{kk}: relative Genauigkeit, A_k: Aufwand in f-Auswertungen

9.5 Adaptive Romberg-Quadratur

Bisher haben wir als Grundschrittweite die Länge des gesamten Intervalls $H = b-a$ zugrunde gelegt. Denken wir an den Nadelimpuls (9.10), so leuchtet sofort ein, dass in diesem Beispiel die entscheidenden Beiträge zum Gesamtintegral häufig nur über einem oder mehreren kleinen Teilintervallen liegen. Gehen wir von der Grundschrittweite $H = b - a$ aus, so sind alle Bereiche des Grundintervalls $[a, b]$ gleichberechtigt, wir wenden überall das gleiche Verfahren an. Dies kann nicht der beste Weg sein, um Funktionen zu integrieren. Vielmehr sollten wir das Integrationsintervall so unterteilen, dass wir in jedem Bereich ein der Funktion angepasstes Verfahren wählen und so mit möglichst wenig Aufwand das Integral bis auf eine vorgegebene relative Genauigkeit bestimmen. Derartige Verfahren, die sich selbst steuernd *problemangepasst* eine Lösung berechnen, nennt man *adaptive Verfahren*. Ihr wesentlicher Vorteil liegt darin, dass eine große Klasse von Problemen mit ein und demselben Programm bearbeitet werden kann, ohne dass der Benutzer Anpassungen vorzunehmen hat, d. h. ohne dass a-priori-Wissen über das Problem in das Verfahren investiert werden muss. Das Programm selbst versucht sich dem Problem anzupassen. Um dies zu erreichen, werden die im Laufe des Algorithmus berechneten Teilergebnisse ständig überprüft. Dies dient zweierlei: Zum einen kann der Algorithmus dadurch automatisch eine bezüglich des Aufwandes optimale Lösungsstrategie auswählen und so die gestellte Aufgabe *effektiv* lösen. Zum anderen wird dadurch gewährleistet, dass das Programm *sicherer* arbeitet und möglichst keine Scheinlösungen abliefert, die in Wirklichkeit wenig mit dem gestellten Problem zu tun haben. Ziel sollte auch sein, dass das Programm seine eigenen Grenzen erkennt und z. B. angibt, dass eine vorgegebene Genauigkeit nicht erreicht werden kann. Dieses adaptive Konzept ist im allgemeinen nur durchführbar, wenn eine vernünftige Schätzung für den auftretenden Approximationsfehler zur Verfügung steht, die zudem bezüglich des Rechenaufwandes vergleichsweise billig berechnet werden kann.

9.5.1 Adaptives Prinzip

In der Quadratur lautet die Aufgabenstellung genauer formuliert: Approximiere das Integral $I = \int_a^b f(t)\, dt$ auf eine vorgegebene relative Genauigkeit tol, d. h. berechne eine Näherung $\hat{I}$ von I, so dass

$$|\hat{I} - I| \leq |I| \text{ tol}\,. \tag{9.16}$$

Da wir I nicht kennen, ersetzen wir (9.16) durch die Forderung

$$|\hat{I} - I| \leq I_{\text{skal}} \text{ tol} \tag{9.17}$$

wobei I_{skal} („skal“ wie „Skalierung“) in der Größenordnung von $|I|$ liegen soll. Dieser Wert wird entweder vom Benutzer zusammen mit tol vorgegeben oder aus den ersten Approximationen gewonnen.

Während die klassische Romberg-Quadratur lediglich die Ordnung des Verfahrens adaptiert, um eine gewünschte Genauigkeit zu erreichen, wird bei der adaptiven Romberg-Quadratur zusätzlich noch die Grundschrittweite H angepasst. Dabei gibt es zwei prinzipielle Möglichkeiten, das Problem anzupacken: die *Anfangswertmethode* (dieser Abschnitt) und die *Randwertmethode* (übernächster Abschnitt).

Die folgenden Überlegungen stützen sich auf [20] und [22]. Wir gehen aus von der Formulierung des Quadraturproblems als *Anfangswertaufgabe*

$$y'(t) = f(t), \quad y(a) = 0, \quad y(b) = \int_a^b f(t)\, dt$$

und versuchen, das Integral von links nach rechts fortschreitend zu berechnen (siehe Abbildung 9.6). Dabei zerlegen wir das Grundintervall in geeignete, der Funktion f angepasste Teilintervalle $[t_i, t_{i+1}]$ der Länge $H_i := t_{i+1} - t_i$ und wenden auf die so

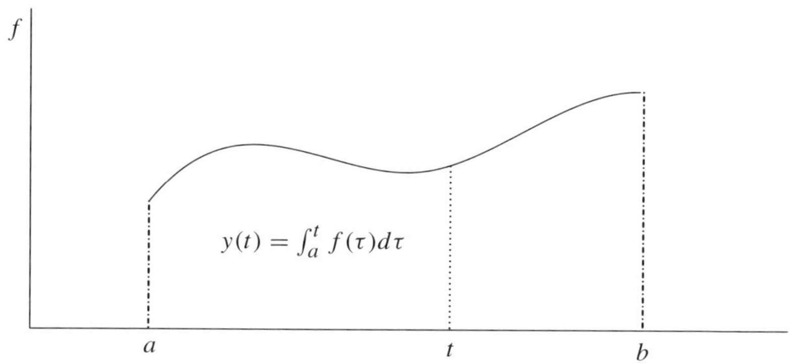

Abbildung 9.6. Quadratur als Anfangswertproblem

entstehenden Teilprobleme

$$I_i \int_{t_i}^{t_{i+1}} f(t)\, dt$$

die Romberg-Quadratur bis zu einem bestimmten Grad q_i an.

Bemerkung 9.27. Bei diesem Anfangswertzugang wird leider die Symmetrie

$$I_a^b(f) = -I_b^a(f)$$

zerstört, da wir eine Richtung (von links nach rechts) auszeichnen. Bei dem Randwertzugang (siehe Kapitel 9.7) wird dies nicht der Fall sein.

Diese erste oberflächliche Beschreibung gibt Anlass zu etlichen Fragen. Welche Schrittweiten soll der Algorithmus wählen? Bis zu welcher Ordnung soll die Romberg-Quadratur bezüglich eines Teilintervalls ausgeführt werden? Wie lässt sich das Ergebnis (lokal) überprüfen?

Wir konstruieren im folgenden ein Verfahren, welches ausgehend von einer eingegebenen Schrittweite H und Ordnung q das Integral des nächsten Teilintervalls berechnet und Vorschläge für die Schrittweite $\tilde{H}$ und die Ordnung $\tilde{q}$ für den folgenden Schritt macht. Ist die Berechnung des Teilintegrals $I_t^{t+H}(f)$ auf die gewünschte

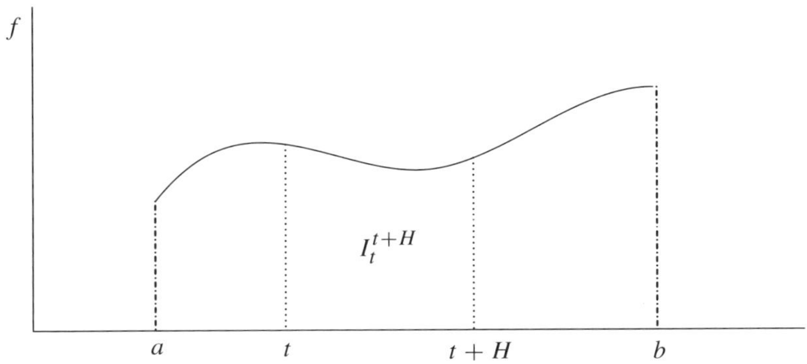

Abbildung 9.7. Ein Schritt der adaptiven Romberg-Quadratur

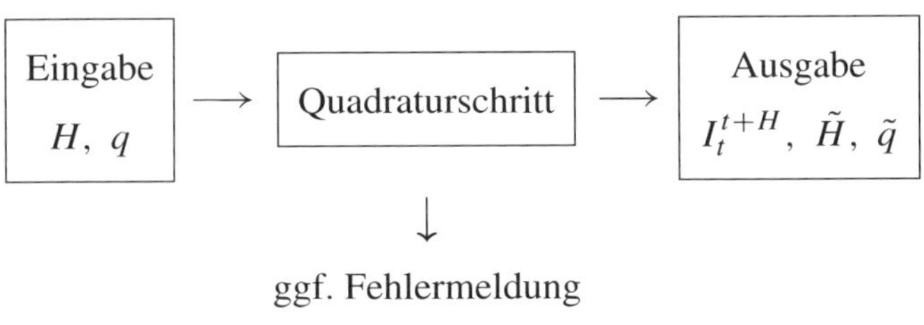

Abbildung 9.8. Schematische Darstellung eines Quadraturschrittes

Genauigkeit mit der vorgegebenen Ordnung nicht möglich, so soll das Verfahren eine neue Ordnung q und/oder eine reduzierte Schrittweite H wählen. Nach „allzu häufiger“ Reduktion von H soll das Verfahren abbrechen.

9.5.2 Schätzung des Approximationsfehlers

Um das oben skizzierte adaptive Konzept bezüglich Ordnung und Grundschrittweite realisieren zu können, benötigen wir eine vernünftige und billige Technik, den Approximationsfehler zu schätzen. Dies ist besonders einfach bei Extrapolationsmethoden, da im Extrapolationstableau eine ganze Reihe verschiedener Approximationen vorliegt. Auf dieses Tableau von Näherungen wird sich die Schätztechnik stützen. Allgemein heißt eine Größe $\bar{\varepsilon}$ *Schätzer* (engl.: *estimator*) für einen unzugänglichen Approximationsfehler ε, kurz $\bar{\varepsilon} = [\varepsilon]$, falls sich $\bar{\varepsilon}$ durch ε nach oben und unten abschätzen lässt, d. h. falls es Konstanten $\kappa_1 \leq 1 \leq \kappa_2$ gibt, so dass

$$\kappa_1 \varepsilon \ \leq \ \bar{\varepsilon} \ \leq \ \kappa_2 \varepsilon. \tag{9.18}$$

Die Konstruktion eines effektiven Fehlerschätzers gehört zu den schwierigsten Aufgaben bei der Entwicklung eines adaptiven Algorithmus. Eine übliche Methode besteht darin, eine Approximation niedrigerer Ordnung mit einer höherer Ordnung zu vergleichen. Alle Fehlerschätzer, die wir in diesem Buch kennenlernen werden, basieren auf diesem Bauprinzip.

Lokal, d. h. bezüglich eines Teilintervalls $[t, t+H]$ mit der Grundschrittweite H, wird in unserem Fall die Approximationsgüte durch das bereits früher eingeführte Fehlertableau (9.14) der ε_{ik} beschrieben. Im Rückgriff auf Satz 9.22 wissen wir bereits, dass

$$\varepsilon_{ik} = \left| T_{ik} - \int_t^{t+H} f(t)\, dt \right| \doteq |\tau_{2k}|\, h_{i-k+1}^2 \cdots h_i^2 \quad \text{für } h_j \leq H \to 0. \tag{9.19}$$

Die Koeffizienten der asymptotischen Entwicklung der Trapezregel lassen sich zudem für $H \to 0$ abschätzen durch

$$\tau_{2k} = \frac{B_{2k}}{(2k)!}(f^{(2k-1)}(t+H) - f^{(2k-1)}(t)) \doteq \underbrace{\frac{B_{2k}}{(2k)!} f^{(2k)}(t)}_{=:\, \bar{\tau}_{2k}} \ H.$$

Die Konstanten $\bar{\tau}_{2k}$ hängen dabei vom Integranden f, also vom Problem ab. Eingesetzt in (9.19) folgt

$$\varepsilon_{ik} \doteq |\bar{\tau}_{2k}|\, h_{i-k+1}^2 \cdots h_i^2 \cdot H \doteq |\bar{\tau}_{2k}|\, \gamma_{ik}\, H^{2k+1} \quad \text{für } H \to 0,$$

wobei

$$\gamma_{ik} := (n_{i-k+1} \cdots n_i)^{-2}.$$

Die Ordnung $2k+1$ bzgl. H ist nur abhängig vom Spaltenindex k des Extrapolationstableaus. Insbesondere gilt für zwei aufeinanderfolgende Fehler in einer Spalte k, unabhängig vom Problem, dass

$$\frac{\varepsilon_{i+1,k}}{\varepsilon_{ik}} \doteq \frac{\gamma_{i+1,k}}{\gamma_{ik}} = \left(\frac{n_{i-k+1}}{n_{i+1}} \right)^2 \ll 1.$$

Mit anderen Worten, unabhängig vom Problem und unabhängig von H werden die Approximationsfehler innerhalb einer Spalte k mit wachsendem Zeilenindex i schnell kleiner.

$$\varepsilon_{i+1,k} \ll \varepsilon_{ik} \tag{9.20}$$

Für die Beziehung zwischen den Spalten benötigt man noch eine weitere Annahme, nämlich: *höhere Approximationsordnungen liefern kleinere Approximationsfehler*, d. h. für $1 \leq k < i$ gilt

$$\varepsilon_{i,k+1} \ll \varepsilon_{ik}. \tag{9.21}$$

Diese Annahme ist zwar plausibel, aber nicht zwingend: Sie gilt sicher für „hinreichend kleine" Schrittweiten H, muss aber für konkretes H in geeigneter Weise im Programm überprüft werden. Eine Möglichkeit zu testen, ob unser Modell mit der gegebenen Situation übereinstimmt, werden wir in Kapitel 9.5.3 angeben. Notieren wir diese Relationen im Fehlertableau mit einem Pfeil,

$$\varepsilon \to \delta \quad :\Longleftrightarrow \quad \varepsilon \ll \delta,$$

so ergibt sich mit den Annahmen (9.20) und (9.21) folgendes Bild.

$$\begin{array}{ccccc}
\varepsilon_{11} & & & & \\
\uparrow & & & & \\
\varepsilon_{21} & \leftarrow & \varepsilon_{22} & & \\
\uparrow & & \uparrow & & \\
\varepsilon_{31} & \leftarrow & \varepsilon_{32} & \leftarrow & \varepsilon_{33} \\
\uparrow & & \uparrow & & \uparrow \\
\vdots & & \vdots & & \vdots
\end{array}$$

Die genaueste Approximation innerhalb der Zeile k ist demnach das Diagonalelement T_{kk}. Ideal wäre daher, wenn wir den Fehler ε_{kk} abschätzen könnten. An dieser Stelle geraten wir jedoch in ein Dilemma. Um den Fehler von T_{kk} abschätzen zu können, benötigen wir eine genauere Approximation $\hat{I}$ des Integrals, z. B. $T_{k+1,k}$. Mit dieser ließe sich ε_{kk} etwa durch

$$\bar{\varepsilon}_{kk} \;:=\; |T_{k+1,k} - T_{k,k}| = [\varepsilon_{kk}]$$

abschätzen. Haben wir jedoch $T_{k+1,k}$ berechnet, so können wir auch direkt die (bessere) Approximation $T_{k+1,k+1}$ angeben. Für diese liegt aber keine Abschätzung des Fehlers $\varepsilon_{k+1,k+1}$ vor, es sei denn, wir berechnen wiederum eine noch genauere Approximation. Aus diesem Dilemma befreit uns nur die Einsicht, dass auch die zweitbeste

Lösung nützlich sein kann. Die zweitbeste Approximation, die uns bis einschließlich Zeile k zur Verfügung steht, ist das *subdiagonale Element* $T_{k,k-1}$. Der Approximationsfehler $\varepsilon_{k,k-1}$ lässt sich mit bis zu dieser Zeile bekannten Daten wie folgt abschätzen.

Lemma 9.28. *Unter der Annahme* (9.21) *ist*

$$\bar{\varepsilon}_{k,k-1} := |T_{k,k-1} - T_{kk}| = [\varepsilon_{k,k-1}]$$

ein Fehlerschätzer für $\varepsilon_{k,k-1}$ *im Sinn von* (9.18).

Beweis. Es ist mit $I := \int_t^{t+H} f(t)\,dt$

$$\bar{\varepsilon}_{k,k-1} = |(T_{k,k-1} - I) - (T_{k,k} - I)| \leq \varepsilon_{k,k-1} + \varepsilon_{kk}$$

und mit Annahme (9.21)

$$\bar{\varepsilon}_{k,k-1} = |(T_{k,k-1} - I) - (T_{k,k} - I)| \geq \varepsilon_{k,k-1} - \varepsilon_{kk}$$

und daher

$$\Big(1 - \underbrace{\frac{\varepsilon_{kk}}{\varepsilon_{k,k-1}}}_{\ll 1}\Big)\varepsilon_{k,k-1} \leq \bar{\varepsilon}_{k,k-1} \leq \Big(1 + \underbrace{\frac{\varepsilon_{kk}}{\varepsilon_{k,k-1}}}_{\ll 1}\Big)\varepsilon_{k,k-1}$$

□

Um die folgende Notation zu erleichtern, gehen wir davon aus, dass $I_{\text{skal}} = 1$. Dann ersetzen wir das Abbruchkriterium

$$|I - \hat{I}| \leq \text{tol}$$

durch die im Algorithmus überprüfbare Bedingung, dass

$$\bar{\varepsilon}_{k,k-1} \leq \rho\,\text{tol}, \tag{9.22}$$

wobei $\rho < 1$ (typischerweise $\rho := 0.25$) ein Sicherheitsfaktor ist. Das Diagonalelement T_{kk} wird also genau dann als Lösung akzeptiert, wenn die Abbruchbedingung (9.22) erfüllt ist. Diese Bedingung nennt man auch das *subdiagonale Fehlerkriterium*.

Bemerkung 9.29. Es hat lange Zeit heftige Debatten darüber gegeben, ob man die „beste" Lösung (hier: das Diagonalelement T_{kk}) als Näherung ausgeben darf, obwohl nur der Fehler der „zweitbesten" Lösung (hier: des Subdiagonalelements $T_{k,k-1}$) geschätzt wurde. Tatsächlich ist der verwendete Fehlerschätzer für die Lösung $T_{k,k-1}$ nur dann brauchbar, wenn T_{kk} die „beste" Lösung ist, so dass es inkonsequent wäre, diese genauere Lösung zu verschenken.

9.5.3 Herleitung des Algorithmus

Ziel des adaptiven Algorithmus ist es, mit möglichst wenig Aufwand das Integral auf eine verlangte Genauigkeit zu approximieren. Uns stehen zwei Parameter des Algorithmus zur Anpassung an das Problem zur Verfügung, nämlich die Grundschrittweite H und die Ordnung $p = 2k$, also die maximal benutze Spalte k des Extrapolationstableaus. Wir gehen zunächst aus von einem Verfahren $\hat{I}$ bei gegebener fester Ordnung p, d. h.

$$\varepsilon = \varepsilon(t, H) = \left| \hat{I}_t^{t+H}(f) - \int_t^{t+H} f(\tau)\, d\tau \right| \doteq \gamma(t) H^{p+1}$$

mit einer vom linken Rand t und vom Problem abhängigen Zahl $\gamma(t)$. Mit den Daten ε und H des aktuellen Integrationsschrittes können wir $\gamma(t)$ durch

$$\gamma(t) \doteq \varepsilon H^{-(p+1)} \tag{9.23}$$

abschätzen. Sei $\tilde{H}$ die Schrittweite, für welche wir die verlangte Genauigkeit

$$\mathrm{tol} = \varepsilon(t, \tilde{H}) \doteq \gamma(t) \tilde{H}^{(p+1)} \tag{9.24}$$

erreicht hätten. Mit Hilfe von (9.23) können wir $\tilde{H}$ im nachhinein aus ε und H näherungsweise berechnen, da

$$\tilde{H} \doteq \sqrt[p+1]{\frac{\mathrm{tol}}{\varepsilon}}\, H. \tag{9.25}$$

Wir nennen $\tilde{H}$ auch die *optimale Schrittweite* im Sinn von (9.24). Ist $\tilde{H}$ sehr viel kleiner als die tatsächlich benutzte Schrittweite H, so ist dies ein Anzeichen dafür, dass H zu groß war und wir evtl. eine schwierige Stelle (z. B. eine schmale Spitze) übersprungen haben. Wir sollten in diesem Fall den Integrationsschritt mit $\tilde{H}$ als Grundschrittweite wiederholen. Andernfalls können wir $\tilde{H}$ als *Schrittweitenvorschlag* für den nächsten Integrationsschritt verwenden. Denn für hinreichend glatte Integranden f und kleine Grundschrittweiten H ändert sich die Zahl $\gamma(t)$ über das Integrationsintervall $[t, t + H]$ nur wenig, d. h.

$$\gamma(t) \doteq \gamma(t + H) \quad \text{für } H \to 0, \tag{9.26}$$

Daraus folgt

$$\varepsilon(t + H, \tilde{H}) \doteq \gamma(t + H) \tilde{H}^{p+1} \doteq \gamma(t) \tilde{H}^{p+1} \doteq \mathrm{tol},$$

so dass wir davon ausgehen können, dass $\tilde{H}$ auch die optimale Schrittweite für den nächsten Schritt ist. Wie die Annahme (9.21) so muss der Algorithmus natürlich auch die Annahme (9.26) überprüfen und gegebenenfalls die Schrittweite korrigieren.

Bisher haben wir nur eine feste Ordnung p betrachtet und eine optimale Schrittweite $\tilde{H}$ für diese Ordnung bestimmt. Die Romberg-Quadratur stellt uns als Extrapolationsverfahren eine ganze Reihe von Approximationen T_{ik} verschiedener Ordnungen $p = 2k$ zum Spaltenindex k zur Verfügung, die wir ebenfalls variieren können, wobei für die Approximationsfehler gilt:

$$\varepsilon_{ik} \doteq |\bar{\tau}_{2k}|\ \gamma_{ik} H^{2k+1} \quad \text{für } f \in C^{2k}[t, t+H].$$

Im Zuge der Untersuchungen des vorigen Abschnittes haben wir den Fehlerschätzer $\varepsilon_{k,k-1}$ für die subdiagonale Approximation $T_{k,k-1}$ der Ordnung $p = 2k - 2$ herausgearbeitet. Ersetzen wir nun den unbekannten Fehler $\bar{\varepsilon} = \varepsilon_{k,k-1}$ in (9.25) durch $\bar{\varepsilon}_{k,k-1}$, so erhalten wir den Schrittweitenvorschlag

$$\tilde{H}_k := \sqrt[2k-1]{\frac{\rho \text{ tol}}{\bar{\varepsilon}_{k,k-1}}}\, H,$$

wobei wir wiederum den Sicherheitsfaktor $\rho < 1$ eingeführt haben, um die Variation von $\gamma(t)$ im Intervall $[t, t+h]$ abzufangen, vgl. Annahme (9.26).

Obige Vorschrift liefert nun für jede Spalte k einen Schrittweitenvorschlag $\tilde{H}_k$, dessen Realisierung mit dem zur Unterteilungsfolge $\mathcal{F}$ gehörenden Aufwand A_k verbunden ist. Es fehlt noch ein Kriterium, um aus den Tripeln

$$(k, \tilde{H}_k, A_k) = (\text{Spalte, Schrittweitenvorschlag, Aufwand})$$

für $k = 1, \ldots, k_{\max} = q/2$ in jedem Einzelschritt $j = 1, \ldots, J$ das beste $(k_j, \tilde{H}_{k_j}, A_{k_j})$ auszuwählen. Abstrakt gesehen haben wir das folgende *Optimierungsproblem* zu lösen: minimiere den Gesamtaufwand

$$A_{\text{total}} = \sum_{j=1}^{J} A_{k_j} = \min$$

unter der Nebenbedingung des vorgegebenen Integrationsintervalles der Länge T, also

$$\sum_{j=1}^{J} \tilde{H}_{k_j} = T = \text{const}\,.$$

Die Gesamtzahl J der Schritte ist hierbei abhängig von der gewählten Indexfolge $\{k_j\}$, also zunächst unbekannt. Wir haben es demnach mit einem *diskreten* Minimierungsproblem zu tun. Speziell für diesen Problemtyp existiert eine recht effiziente etablierte Heuristik, der sogenannte *Greedy-Algorithmus* – siehe etwa Kapitel 9.3 in dem einführenden Lehrbuch [3] von M. Aigner. Im aktuellen Schritt j verlangt dieser Algorithmus die Minimierung des *Aufwands pro Schrittweite* (engl.: *work per unit step*)

$$W_k := \frac{A_k}{\tilde{H}_k}.$$

Die Spalte $\tilde{k} = k_j$ mit

$$W_{\tilde{k}} = \min_{k=1,\ldots,k_{\max}} W_k$$

ist in diesem Sinn „optimal", ebenso wie die Ordnung $\tilde{q} = 2\tilde{k}$. Wir haben damit eine passende Ordnung $\tilde{q}$ und Grundschrittweite $\tilde{H} = H_{\tilde{k}}$ unter Ausnutzung der Daten des aktuellen Integrationsschrittes gefunden.

Fassen wir alle Überlegungen der letzten Abschnitte zusammen, so gelangen wir zu dem folgenden Algorithmus für einen Schritt der adaptiven Romberg-Quadratur.

Algorithmus 9.30. Ein Schritt der adaptiven Romberg-Quadratur.Als Eingabe erhält die Prozedur *step* den Beginn des aktuellen Intervalls t, die vorgeschlagene Spalte k und die Schrittweite H. Zurückgegeben werden neben der etwaigen Erfolgsmeldung *done* die entsprechenden Werte $\tilde{t}$, $\tilde{k}$ und $\tilde{H}$ für den nächsten Schritt sowie die Approximation I für das Integral $I_t^{\tilde{t}}$ über dem Intervall $[t, \tilde{t}]$.

function $[done, I, \tilde{t}, \tilde{k}, \tilde{H}] = step(t, k, H)$
  $done :=$ **false**;
  $i = 1$;
  while not $done$ **and** $i < i_{\max}$ **do**
    Berechne die Approximationen $T_{11}, \ldots, T_{kk}$ von I_t^{t+H};
    while $k < k_{\max}$ **and** $\bar{\varepsilon}_{k,k-1} > \text{tol}$ **do**
      $k := k + 1$;
      Berechne T_{kk};
    end
    Berechne $\tilde{H}_1, \ldots, \tilde{H}_k$ und $W_1, \ldots, W_k$;
    Wähle $\tilde{k} \leq k$ mit minimalem Aufwand $W_{\tilde{k}}$;
    $\tilde{H} := H_{\tilde{k}}$;
    if $k < k_{\max}$ **then**
      if $H > \tilde{H}$ **then**
        $H := \tilde{H}$; (wiederhole den Schritt sicherheitshalber)
      else
        $\tilde{t} := t + H$;
        $I = T_{kk}$;
        $done :=$ **true**; (fertig)
      end
    end
    $i := i + 1$;
  end

Programmiert man diesen adaptiven Algorithmus, so muss man die leidvolle Erfahrung machen, dass er in dieser Form (noch) nicht so funktioniert, wie man dies erwartet hätte. Gerade das Beispiel der Nadelfunktion macht ihm schwer zu schaffen. Zwar ziehen sich die Schrittweiten bei abnehmenden Ordnungen zur Mitte der Nadel hin wie vermutet zusammen, doch bleibt dies auch nach Überschreiten der Nadelspitze erhalten; die Ordnung bleibt niedrig und die Schrittweiten klein. Zusammen mit zwei weiteren Schwierigkeiten des bisherigen Algorithmus wollen wir diese Situation kurz analysieren.

Nachteile des Algorithmus:

1) *Stehenbleiben der Ordnung* (engl.: *trapping of order*), wie oben angesprochen. Hat sich einmal eine niedrige Ordnung $q = 2k$ eingestellt und ist die Bedingung $\bar{\varepsilon}_{k,k-1} \leq \text{tol}$ immer erfüllt, so testet der Algorithmus keine höhere Ordnung, obwohl diese günstiger sein könnte. Die Ordnung bleibt niedrig und damit die Schrittweiten kurz, wie es bei der Integration der Nadel zu beobachten war.

2) Der Algorithmus bemerkt erst sehr spät, nämlich nach Überschreiten von $k_{\max}$, dass eine vorgeschlagene Schrittweite H zu groß war und für keine Spalte k zum Ziel ($\bar{\varepsilon}_{k,k-1} \leq \text{tol}$) führt.

3) Falls unsere Annahmen nicht erfüllt sind, funktioniert der Fehlerschätzer nicht. Daher kann es passieren, dass der Algorithmus eine falsche Lösung als richtig erachtet und ausgibt. Man spricht in diesem Fall von *Pseudokonvergenz*.

Für die beiden letztgenannten Probleme wäre es gut, wenn man bereits frühzeitig erkennen könnte, ob sich die Approximationen „vernünftig", d. h. ganz im Sinne unserer theoretischen Annahmen, verhalten. Man benötigt also einen sogenannten *Konvergenz-Monitor* (engl.: *convergence monitor*). Die Hauptschwierigkeit bei der Konstruktion eines solchen Monitors ist, dass man algorithmische Entscheidungen zu treffen hätte auf der Basis von Informationen, die (noch) nicht zur Verfügung stehen. Aus diesem Grund verschafft man sich ein Modell, von dem man hofft, dass es im statistischen Mittel über eine große Anzahl von Problemen die Situation richtig beschreibt. Mit diesem Modell kann man dann die tatsächlich erhaltenen Werte vergleichen. Wir wollen hier nur eine solche Möglichkeit kurz diskutieren, welche auf der Informationstheorie von C.E. Shannon fußt (siehe etwa [75]) und verweisen für Einzelheiten auf die Arbeit [20] von P. Deuflhard. In diesem Modell wird der Quadratur-Algorithmus als *Codiermaschine* (engl.: *encoding device*) interpretiert: Sie wandelt die Information, die man durch Auswertung der Funktion erhält, um in Information über das Integral (siehe die schematische Abbildung 9.9). Die Informationsmenge auf der Eingabeseite, die *Eingabeentropie* $E_{ik}^{(\text{in})}$, messen wir durch die Anzahl der zur Berechnung von T_{ik} benötigten f-Auswertungen. Dies setzt voraus,

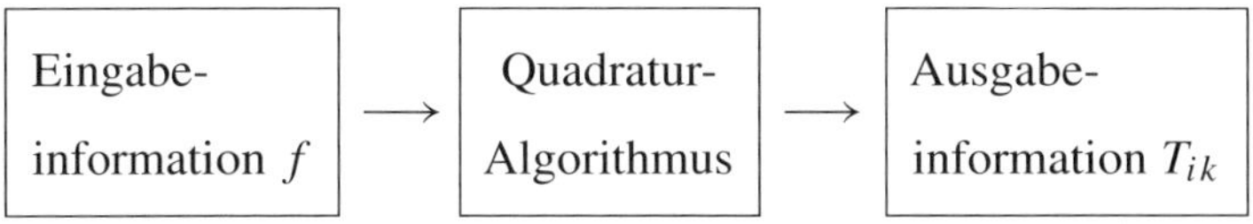

Abbildung 9.9. Quadraturalgorithmus als Codiermaschine

dass keine redundanten f-Auswertungen vorliegen, d. h. dass alle Ziffern von f unabhängig voneinander sind. Da zur Berechnung von T_{ik} die Werte $T_{i-k+1,1}, \ldots, T_{i,1}$ als Eingabe benötigt werden, erhalten wir

$$E_{ik}^{(\text{in})} = \alpha(A_i - A_{i-k} + 1)$$

für eine Konstante $\alpha > 0$. Die Informationsmenge auf der Ausgabeseite, die *Ausgabeentropie* $E_{ik}^{(\text{out})}$, lässt sich durch die Anzahl der gültigen Binärziffern der Approximation T_{ik} charakterisieren. Dies führt auf

$$E_{ik}^{(\text{out})} = \log_2\left(\frac{1}{\varepsilon_{ik}}\right).$$

Wir gehen nun davon aus, dass unser Informationskanal mit einem konstanten *Rauschfaktor* $0 < \beta \leq 1$ arbeitet,

$$E_{ik}^{(\text{out})} = \beta E_{ik}^{(\text{in})},$$

d. h., dass Ein- und Ausgabeentropie proportional zueinander sind. (Falls $\beta = 1$, so liegt gerade ein *rauschfreier* Kanal vor; es geht keine Information verloren.) In unserem Fall heißt das mit $c := \alpha\beta$

$$\log_2(\varepsilon_{ik}^{-1}) = c(A_i - A_{i-k} + 1). \tag{9.27}$$

Um den Proportionalitätsfaktor c bestimmen zu können, benötigen wir nur ein Paar von Eingabe- und Ausgabeentropie. Wir haben oben verlangt, dass für eine vorgegebene Spalte k der subdiagonale Fehler $\varepsilon_{k,k-1}$ gleich der vorgeschriebenen Genauigkeit tol ist, also $\varepsilon_{k,k-1} = \text{tol}$. Setzen wir diese Beziehung in (9.27) ein, so folgt

$$-\log_2 \varepsilon_{k,k-1} = -\log_2 \text{tol} = c(A_k - A_1 + 1).$$

Haben wir c daraus bestimmt, so können wir für *alle* i, j angeben, welche Fehler ε_{ij} nach unserem Modell zu erwarten sind. Bezeichnen wir diese Fehler, die das informationstheoretische Modell impliziert, mit $\alpha_{ij}^{(k)}$ (wobei k die Zeile ist, mit der wir den Proportionalitätsfaktor gewonnen haben), so folgt

$$\log_2 \alpha_{ij}^{(k)} = -c(A_i - A_{i-j} + 1) = \frac{A_i - A_{i-j} + 1}{A_k - A_1 + 1} \log_2 \text{tol}.$$

Damit haben wir tatsächlich auf recht elementare Weise ein statistisches Vergleichsmodell konstruiert, mit dem wir das Konvergenzverhalten unseres Algorithmus im konkreten Problem überprüfen können, indem wir die geschätzten Fehler $\bar{\varepsilon}_{i,i-1}$ mit den Werten $\alpha_{i,i-1}^{(k)}$ des Konvergenzmodells vergleichen. Wir erhalten so zum einen den gewünschten Konvergenz-Monitor, zum anderen können wir auch abschätzen, wie sich höhere Ordnungen verhalten würden. Weitergehende Details wollen wir hier weglassen. Sie sind für eine große Klasse von Extrapolationsverfahren in [20] ausgearbeitet. Für die adaptive Romberg-Quadratur sind sie in dem Programm TRAPEX (siehe [22] und Softwareverzeichnis am Ende des Buches) implementiert.

Erzielte globale Genauigkeit. Ignorieren wir den Sicherheitsfaktor ρ, so approximiert obiger Algorithmus das Integral $I = I(f)$ mit einer *globalen Genauigkeit*

$$|I - \hat{I}| \leq I_{\text{skal}} \cdot m \cdot \text{tol},$$

wobei m die Anzahl der Grundschritte ist, die sich bei der adaptiven Quadratur ergeben haben (a-posteriori-Fehlerschätzung). Die gewählte Strategie führt offensichtlich zu einer *Gleichverteilung des lokalen Diskretisierungsfehlers*. Dieses Prinzip ist auch für wesentlich allgemeinere adaptive Diskretisierungsverfahren wichtig (vgl. Kapitel 9.7). Falls man einen von m unabhängigen globalen Diskretisierungsfehler

$$|I - \hat{I}| \leq I_{\text{skal}} \cdot E$$

vorschreiben will, so ist, einem Vorschlag von C. de Boor [15] folgend, in der Herleitung der Ordnungs- und Schrittweitensteuerung die Genauigkeit tol durch

$$\text{tol} \longrightarrow \frac{H}{b-a} E$$

zu ersetzen. Dies führt zu kleineren Änderungen der Ordnungs- und Schrittweitensteuerung, aber auch zu zusätzlichen Schwierigkeiten und einer geringeren Robustheit des Algorithmus.

Beispiel 9.31. Wir kehren nochmals zu dem Beispiel des Nadelimpulses zurück, dessen Behandlung mit der klassischen Romberg-Quadratur wir in Kapitel 9.4.3, Tabelle 9.5 dokumentiert haben. Dort waren 4097 f-Aufrufe nötig bei einer erzielten Genauigkeit von ca. 10^{-9}. Mit der adaptiven Romberg-Quadratur benötigen wir bei einer verlangten Genauigkeit von $\text{tol} = 10^{-9}$ nur 321 f-Auswertungen (bei 27 Grundschritten) mit einer erzielten Genauigkeit von $\varepsilon = 1.4 \cdot 10^{-9}$. In Abbildung 9.10 ist die automatische Unterteilung in Grundschritte durch das Programm TRAPEX dargestellt.

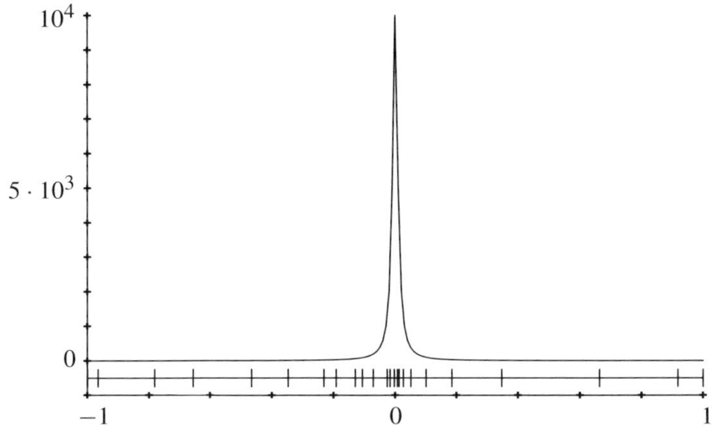

Abbildung 9.10. Automatische Unterteilung in Grundschritte durch das Programm TRAPEX

9.6 Schwierige Integranden

Natürlich kann auch die adaptive Romberg-Quadratur nicht alle Probleme der numerischen Quadratur lösen. In diesem Kapitel wollen wir einige Schwierigkeiten diskutieren.

Unstetige Integranden. Ein häufiges Problem der numerischen Quadratur sind Unstetigkeiten des Integranden f oder seiner Ableitungen (siehe Abbildung 9.11). Solche Integranden tauchen z. B. auf, wenn ein physikalisch-technisches System in

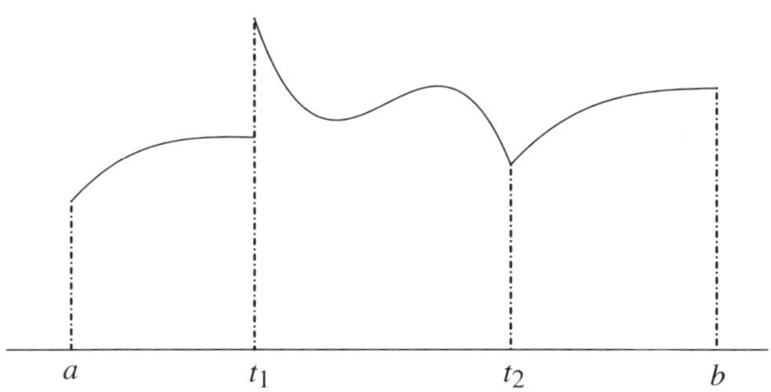

Abbildung 9.11. Sprungstelle von f bei t_1, Sprungstelle von f' bei t_2

verschiedenen Bereichen mit unterschiedlichen Modellen beschrieben wird, die an den Nahtstellen nicht ganz zusammenpassen. Sind die Sprungstellen bekannt, so sollte man das Integrationsintervall an diesen Stellen zerlegen und die so entstehenden Teilprobleme separat lösen. Im anderen Fall reagieren die Quadraturprogramme sehr unterschiedlich. Ohne Vorbehandlung liefert ein *nicht-adaptives* Quadraturprogramm falsche Ergebnisse oder konvergiert nicht. Die Sprungstellen können nicht lokalisiert werden. Ein *adaptives* Quadraturprogramm wie das adaptive Romberg-Verfahren frisst sich an Sprungstellen fest. Die Sprungstellen können so lokalisiert und extra behandelt werden.

Nadelimpulse. Mit diesem Problem haben wir uns weiter oben wiederholt beschäftigt. Prinzipiell ist jedoch festzuhalten, dass jedes Quadratur-Programm versagt, wenn die Spitzen nur schmal genug sind (vgl. Aufgabe 9.8). Andererseits sind solche Integranden recht häufig, man denke z. B. an das Spektrum eines Sterns, dessen Gesamtstrahlung berechnet werden soll. Ist bekannt, an welchen Stellen die Spitzen liegen, so sollte man das Intervall geeignet unterteilen und wieder die Teilintegrale einzeln berechnen. Sonst bleibt nur die Hoffnung, dass das adaptive Quadratur-Programm sie nicht „übersieht".

Stark oszillierende Integranden. Wir haben bereits in Kapitel 9.1 festgestellt, dass stark oszillierende Integranden in der relativen Betrachtungsweise schlecht kon-

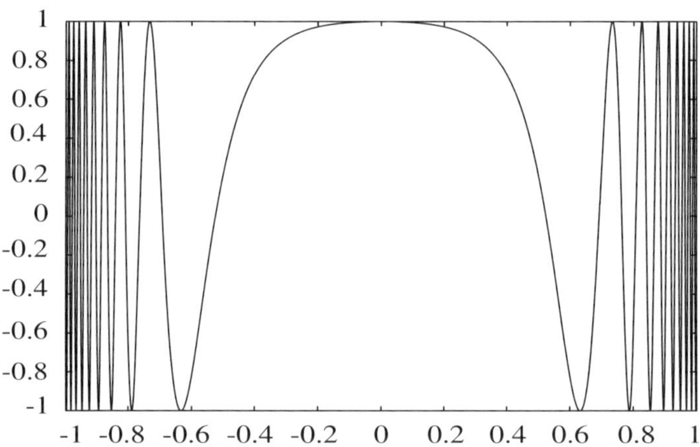

Abbildung 9.12. Hochoszillatorischer Integrand $f(t) = \cos\left(te^{4t^2}\right)$

ditioniert sind. Als Beispiel haben wir in Abbildung 9.12 die Funktion

$$f(t) = \cos\left(te^{4t^2}\right)$$

für $t \in [-1, 1]$ aufgetragen. Gegenüber solchen Integranden ist die numerische Quadratur machtlos, sie müssen durch analytische Mittelung über Teilintervalle vorbehandelt werden (Vorabklärung der Nullstellenstruktur des Integranden).

Schwach singuläre Integranden. Eine über dem Intervall $[a, b]$ integrierbare Funktion f ist *schwach singulär*, falls eine ihrer Ableitungen $f^{(k)}$ in $[a, b]$ nicht existiert. Dazu gehören zum Beispiel die Funktionen $f(t) = t^\alpha g(t)$, wobei $g \in C^\infty[a, b]$ eine beliebige glatte Funktion ist und $\alpha > -1$.

Beispiel 9.32. Als Beispiel betrachten wir das Integral

$$\int_{t=0}^{\pi} \underbrace{\sqrt{t}\cos t}_{f(t)}\ dt.$$

Die Ableitung $f'(t) = (\cos t)/(2\sqrt{t}) - \sqrt{t}\sin t$ hat bei 0 einen Pol.

Im Fall schwach singulärer Integranden ziehen adaptive Quadraturprogramme meist Schrittweite und Ordnung zu, werden also extrem langsam. Nicht adaptive Quadraturalgorithmen hingegen werden nicht langsam, aber in der Regel falsch. Häufig können die Singularitäten durch Substitution beseitigt werden.

Beispiel 9.33. In obigem Beispiel erhalten wir mit der Substitution $s = \sqrt{t}$

$$\int_{t=0}^{\pi} \sqrt{t}\ \cos t\ dt = 2\int_{s=0}^{\sqrt{\pi}} s^2\ \cos s^2\ ds.$$

Dies wird allerdings ineffizient, wenn die Substitution zu schwer auszuwertenden Funktionen führt (z. B. t^α statt $\sqrt{t}$ für ein $0 < \alpha < 1$). Eine zweite Möglichkeit besteht in der rekursiven Auflösung des zu berechnenden Integrals (Miller-Trick), auf die wir hier nicht eingehen wollen (siehe Aufgabe 9.10).

Parameterabhängige Integranden. Oft hängt der Integrand f von einem zusätzlichen Parameter $\lambda \in \mathbb{R}$ ab:

$$f(t, \lambda), \qquad \lambda \in \mathbb{R} \text{ Parameter}.$$

Wir haben somit eine ganze Schar von Problemen

$$I(\lambda) := \int_a^b f(t, \lambda)\ dt$$

zu lösen. Die wichtigste Beispielklasse für solche parameterabhängigen Integrale ist die mehrdimensionale Quadratur. Zumeist ist der Integrand nach λ differenzierbar und damit auch das Integral $I(\lambda)$. Natürlich wünscht man sich, dass die Approximation $\hat{I}(\lambda)$ diese Eigenschaft erbt. Leider stellt es sich heraus, dass gerade unsere besten Methoden, die adaptiven Quadratur-Verfahren, diese Eigenschaft nicht haben – im Gegensatz zu den einfachen nicht-adaptiven Quadratur-Formeln. Es gibt im wesentlichen drei Möglichkeiten, den adaptiven Ansatz bei parameterabhängigen Problemen zu retten.

Die erste Möglichkeit besteht darin, die Quadratur für einen Parameterwert auszuführen, dabei die benutzten Ordnungen und Schrittweiten abzuspeichern und diese für alle weiteren Parameterwerte zu verwenden. Man spricht auch von einem *Einfrieren der Ordnungen und Schrittweiten*. Dies kann nur gutgehen, wenn sich der Integrand in Abhängigkeit des Parameters qualitativ nicht stark verändert.

Wandert jedoch z. B. eine Spitze mit dem Parameter und ist diese Abhängigkeit bekannt, so kann man *parameterabhängige Gitter* benutzen. Man transformiert das Integral in Abhängigkeit von λ derart, dass der Integrand qualitativ stehenbleibt (die Wanderung der Spitze wird z. B. gerade wieder rückgängig gemacht) oder verschiebt in Abhängigkeit von λ die adaptive Zerlegung des Integrationsintervalls.

Die letzte Möglichkeit erfordert viel Einsicht in das jeweilige Problem. Man wählt für das jeweilige Problem ein festes, *dem Problem angepasstes Gitter* und integriert über diesem Gitter mit einer *festen Quadraturformel* (Newton-Cotes oder Gauß-Christoffel). Dazu müssen die qualitativen Eigenschaften des Integranden natürlich weitgehend bekannt sein.

Diskrete Integranden. In vielen Anwendungen liegt der Integrand nicht als Funktion f, sondern nur in Form von endlich vielen diskreten Punkten

$$(t_i, f_i), \quad i = 0, \ldots, N,$$

vor (z. B. Kernspinspektrum, digitalisierte Messdaten). Die einfachste und beste Möglichkeit, damit umzugehen, besteht darin, die Trapezsumme über diese Punkte zu bilden. Die Trapezsumme hat den Vorteil, dass sich Messfehler bei der Berechnung des Integrals bei äquidistantem Gitter häufig ausmitteln; falls die Messfehler δf_i den Erwartungswert 0 haben, d. h. $\sum_{i=0}^{N} \delta f_i = 0$, so gilt dies auch für den dadurch verursachten Fehler der Trapezsumme. Diese Eigenschaft gilt nur für Verfahren mit lauter gleichen Gewichten und geht insbesondere bei Verfahren höherer Ordnung verloren. Eine effektive Methode zur Lösung derartiger Probleme werden wir im nächsten Abschnitt behandeln.

9.7 Adaptive Mehrgitter-Quadratur

In diesem Abschnitt befassen wir uns mit einem zweiten Zugang zur adaptiven Quadratur, der auf Ideen beruht, die ursprünglich für die Lösung wesentlich komplizierterer Fragen bei partiellen Differentialgleichungen entwickelt wurden (siehe [6]). Dieser sogenannte *Mehrgitter-Zugang* oder allgemeiner *Multilevel-Zugang* (deutsch etwa: Mehrstufen-Zugang) basiert auf dem *Randwertansatz*. Bei der adaptiven Romberg-Quadratur, die auf dem Anfangswertansatz aufbaut, hatten wir das Intervall in einer willkürlich gewählten Richtung durchlaufen, dabei problemangepasst in Teilintervalle unterteilt und über diesen mit *lokalen Feingittern* (der Romberg-Quadratur) integriert. Im Gegensatz dazu geht die Mehrgitter-Quadratur vom gesamten Grundintervall oder einer groben Ausgangsunterteilung Δ^0 aus und erzeugt Schritt für Schritt eine Folge von feineren *globalen* Unterteilungen Δ^i des Intervalls und genaueren Approximationen $I(\Delta^i)$ des Integrals. Dabei werden die Gitter nur dort verfeinert, wo es für die geforderte Genauigkeit notwendig ist, d. h. das qualitative Verhalten des Integranden wird bei der Verfeinerung der Gitter sichtbar. Die Knoten sammeln sich dort, wo „viel passiert". Um dies zu erreichen, benötigt man zweierlei, einen *lokalen Fehlerschätzer* und *lokale Verfeinerungsregeln*.

Der lokale Fehlerschätzer wird typischerweise durch den Vergleich von Verfahren niedrigerer und höherer Ordnung realisiert, wie wir es bereits beim subdiagonalen Fehlerkriterium in Kapitel 9.5.3 gesehen haben. Dabei geht die Theorie des jeweiligen Approximationsverfahrens ein. Bei der Aufstellung von Verfeinerungsregeln spielen Aspekte der *Datenstrukturen* die entscheidende Rolle. Tatsächlich wird so ein Teil der Komplexität des mathematischen Problems auf die Seite der Informatik (in Form komplexerer Datenstrukturen) verlagert.

9.7.1 Lokale Fehlerschätzung und Verfeinerungsregeln

Als Beispiel einer Mehrgitter-Quadratur stellen wir hier ein spezielles Verfahren vor, bei dem die *Trapezregel* (lokal linear) als Verfahren niedrigerer und die *Simpsonsche Regel* (lokal quadratisch) als Verfahren höherer Ordnung benutzt wird. Als Verfeinerungsmethode beschränken wir uns auf die *lokale Zweiteilung* (*Bisektion*) eines Intervalls.

Wir gehen aus von einem Teilintervall $[t_l, t_r] \subset [a, b]$ (l: links, r: rechts). Da wir für die Simpson-Regel drei Knoten benötigen, nehmen wir noch den Mittelpunkt $t_m := (t_l + t_r)/2$ hinzu und beschreiben das Intervall durch das Tripel $J := (t_l, t_m, t_r)$. Die Länge des Intervalls bezeichnen wir mit $h = h(J) := t_r - t_l$. Ein *Gitter* Δ ist eine Familie $\Delta = \{J_i\}$ solcher Intervalle, die zusammen eine Partition des ursprünglichen Intervalls $[a, b]$ bilden.

Mit $T(J)$ und $S(J)$ bezeichnen wir die Ergebnisse der Trapezregel angewandt auf die Teilintervalle $[t_l, t_m]$ und $[t_m, t_r]$ bzw. der Simpson-Regel bezüglich der Knoten t_l, t_m und t_r. Die Formeln haben wir in Abbildung 9.13 angegeben. Man beachte, dass sich die Simpson-Regel aus der Romberg-Quadratur als $S(J) = T_{22}(J)$ ergibt (siehe Aufgabe 9.6). Für hinreichend oft differenzierbare Funktionen f sind $T(J)$ und $S(J)$ Approximationen des Integrals $\int_{t_l}^{t_r} f(t)\,dt$ der Ordnung $O(h^3)$ bzw. $O(h^5)$. Für den

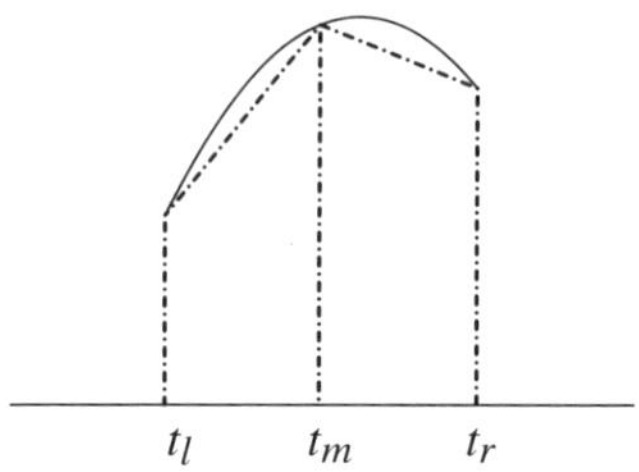

$$T(J) = \frac{h}{4}\,(f(t_l) + 2f(t_m) + f(t_r))$$

$$S(J) = \frac{h}{6}\,(f(t_l) + 4f(t_m) + f(t_r))$$

Abbildung 9.13. Trapez- und Simpson-Regel für ein Interval $J := (t_l, t_m, t_r)$

Fehler der Simpson-Approximation gilt also

$$\varepsilon(J) := \left| \int_{t_l}^{t_r} f(t)\,dt - S(J) \right| = O(h^5).$$

Durch Aufsummieren über alle Teilintervalle $J \in \Delta$ erhalten wir die Approximation

$$T(\Delta) = \sum_{J\in\Delta} T(J) \quad \text{und} \quad S(\Delta) = \sum_{J\in\Delta} S(J)$$

des gesamten Intergrals $\int_a^b f(t)\,dt$.

Wie bei der Romberg-Quadratur setzen wir (zunächst ungeprüft) voraus, dass das Verfahren höherer Ordnung, die Simpson-Regel, lokal besser ist, d. h.

$$\left| T(J) - \int_{t_l}^{t_r} f(t)\,dt \right| \gg \left| S(J) - \int_{t_l}^{t_r} f(t)\,dt \right|. \tag{9.28}$$

Unter dieser Annahme ist

$$\bar{\varepsilon}(J) := |T(J) - S(J)| = [\varepsilon(J)]$$

der subdiagonale Schätzer des lokalen Approximationsfehlers und wir können das Simpson-Resultat als genauere Approximation verwenden.

Bei der Konstruktion von lokalen Verfeinerungsregeln folgen wir im wesentlichen einem abstrakten Vorschlag von I. Babuška und W.C. Rheinboldt [6], den sie in allgemeinerem Zusammenhang bei Randwertproblemen für partielle Differentialgleichungen gemacht haben. Die bei der Bisektion eines Intervalles $J := (t_l, t_m, t_r)$ entstehenden Teilintervalle bezeichnen wir mit J_l und J_r, wobei

$$J_l := \left(t_l, \frac{t_l + t_m}{2}, t_m\right) \quad \text{und} \quad J_r := \left(t_m, \frac{t_r + t_m}{2}, t_r\right).$$

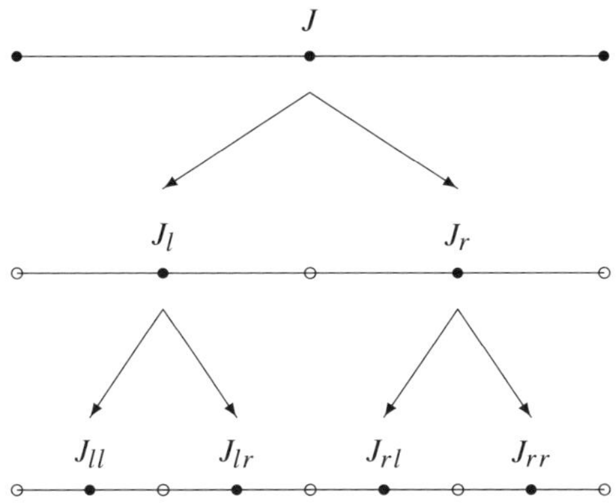

Abbildung 9.14. Zweimalige Verfeinerung des Intervalles $J := (t_l, t_m, t_r)$

Bei zweimaliger Verfeinerung erhalten wir so den in Abbildung 9.14 dargestellten *Binärbaum*. Ist J durch Unterteilung entstanden, so bezeichnen wir mit J^- das Ausgangsintervall der letzten Stufe, d. h. $J_r^- = J_l^- = J$.

Das Prinzip, nach dem wir bei der Aufstellung der Verfeinerungsregeln vorgehen wollen, ist die *Gleichverteilung des lokalen Diskretisierungsfehlers*, vgl. Kapitel 9.5.3. Das bedeutet, dass das Gitter Δ so zu verfeinern ist, dass die geschätzten lokalen Approximationsfehler des verfeinerten Gitters Δ^+ möglichst gleich sind, d. h.

$$\bar{\varepsilon}(J) \approx \text{const} \quad \text{für alle } J \in \Delta^+.$$

Für den geschätzten Fehler der Trapezregel machen wir die theoretische Annahme (siehe (9.28))

$$\bar{\varepsilon}(J) \doteq Ch^\gamma \quad \text{wobei } h = h(J) \tag{9.29}$$

mit einer lokalen Ordnung γ und einer lokalen problemabhängigen Konstante C.

Bemerkung 9.34. Die Trapezregel hat eigentlich die Ordnung $\gamma = 3$. In der Konstante versteckt sich jedoch die zweite Ableitung des Integranden, so dass eine Ordnung $\gamma \leq 3$ das Verfahren realistischer charakterisiert, wenn wir C als lokal konstant voraussetzen. In den folgenden Überlegungen kürzt sich die Ordnung γ wieder heraus, so dass sich daraus keine Probleme ergeben.

Damit können wir einen zweiten Fehlerschätzer $\varepsilon^+(J)$ definieren, der uns Information über den Fehler $\varepsilon(J_l)$ der nächsten Stufe liefert für den Fall, dass wir das Intervall J unterteilen. Aus (9.29) folgt

$$\bar{\varepsilon}(J^-) \doteq C(2h)^\gamma = 2^\gamma Ch^\gamma \doteq 2^\gamma \bar{\varepsilon}(J) \quad \text{mit } h = h(J),$$

also $2^\gamma \doteq \bar{\varepsilon}(J^-)/\bar{\varepsilon}(J)$ und daher

$$\varepsilon(J_l) \doteq Ch^\gamma 2^{-\gamma} \doteq \bar{\varepsilon}(J)\bar{\varepsilon}(J)/\bar{\varepsilon}(J^-).$$

Wir haben also durch *lokale Extrapolation* (siehe Abbildung 9.15) einen Fehlerschätzer

$$\varepsilon^+(J) := \frac{\bar{\varepsilon}(J)^2}{\bar{\varepsilon}(J^-)} = [\varepsilon(J_l)]$$

für den unbekannten Fehler $\varepsilon(J_l)$ gewonnen. Daher können wir im voraus abschät-

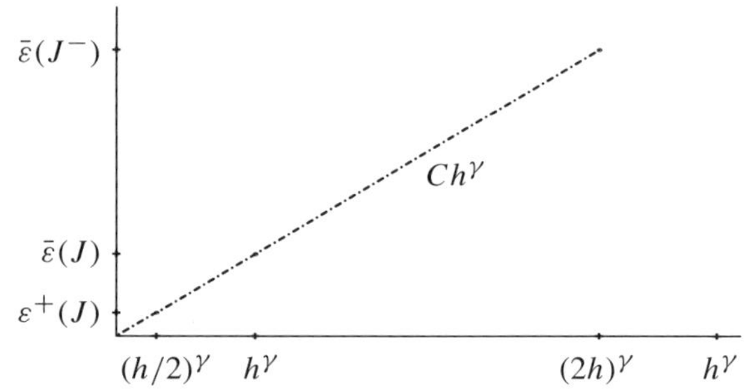

Abbildung 9.15. Lokale Extrapolation für den Fehlerschätzer $\varepsilon^+(J)$

zen, wie sich eine Verfeinerung eines Intervalls $J \in \Delta$ auswirken würde. Wir müssen nur noch einen *Schwellwert* (engl.: *threshold value*) für die lokalen Fehler festlegen, oberhalb dessen wir ein Intervall verfeinern. Dazu ziehen wir den maximalen lokalen Fehler heran, den wir bei *globaler Verfeinerung*, also Verfeinerung *sämtlicher* Intervalle $J \in \Delta$, erhalten würden und definieren

$$\kappa(\Delta) := \max_{J\in\Delta} \varepsilon^+(J). \tag{9.30}$$

Zur Veranschaulichung der Situation tragen wir die geschätzten Fehler $\bar{\varepsilon}(J)$ und $\varepsilon^+(J)$ in einem Histogramm auf (siehe Abbildung 9.16). Am rechten und linken Rand liegt der Fehler bereits vor der Verfeinerung unter dem bei vollständiger Verfeinerung bestenfalls erreichbaren maximalen lokalen Fehler $\kappa(\Delta)$. Folgen wir dem Prinzip der Gleichverteilung des lokalen Fehlers, so brauchen wir dort nicht zu verfeinern. Nur im mittleren Bereich zahlt sich die Unterteilung aus. Wir kommen so zu folgender *Verfeinerungsregel*: Verfeinere nur solche Intervalle $J \in \Delta$, für die

$$\bar{\varepsilon}(J) \geq \kappa(\Delta).$$

Damit ergibt sich die in Abbildung 9.16 dargestellte Fehlerverteilung. Sie ist der angestrebten Gleichverteilung der Approximationsfehler offensichtlich einen Schritt näher gekommen.

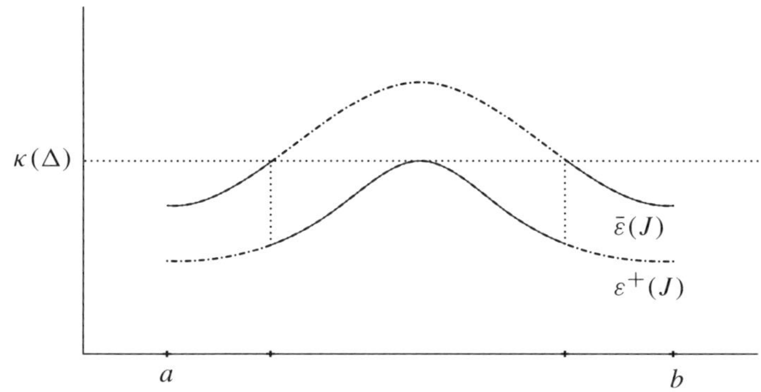

Abbildung 9.16. Geschätzte Fehlerverteilungen vor und nach globaler und lokaler Verfeinerung

Bemerkung 9.35. Bei lokaler Verfeinerung geht der Anteil des Intervalls J über in die beiden Anteile der entstehenden Teilintervalle J_l und J_r:

$$\bar{\varepsilon}(J) \to \bar{\varepsilon}(J_l) + \bar{\varepsilon}(J_r) \doteq 2\varepsilon^{+}(J) \doteq 2^{1-\gamma}\bar{\varepsilon}(J)$$

Damit die Unterteilung also tatsächlich eine Verbesserung erbringt, muss lokal für die Ordnung γ die Bedingung $\gamma > 1$ erfüllt sein.

9.7.2 Globale Fehlerschätzung und Details des Algorithmus

Eine Schwierigkeit bei der Mehrgitter-Quadratur ist die Abschätzung des *globalen Approximationsfehlers*

$$\varepsilon(\Delta) := \left| \int_a^b f(t)\,dt - S(\Delta) \right| .$$

Die Summe $\sum_{J\in\Delta} \bar{\varepsilon}(J)$ ist nicht das geeignete Maß, da sich die Integrationsfehler gegenseitig ausmitteln können. Besser geeignet ist der Vergleich mit der Approximation des letzten Gitters Δ^-. Falls

$$\varepsilon(\Delta) \ll \varepsilon(\Delta^-), \tag{9.31}$$

so ist

$$\bar{\varepsilon}(\Delta) := |S(\Delta^-) - S(\Delta)| = [\varepsilon(\Delta)]$$

ein Schätzer des globalen Approximationsfehlers $\varepsilon(\Delta)$. Damit die Bedingung (9.31) erfüllt ist, müssen von Stufe zu Stufe hinreichend viele Intervalle verfeinert werden.

Um das zu garantieren, hat es sich als hilfreich erwiesen, den Schwellwert $\kappa(\Delta)$ aus (9.30) durch

$$\tilde{\kappa}(\Delta) := \min\left(\max_{J\in\Delta} \varepsilon^+(J), \frac{1}{2}\max_{J\in\Delta} \bar{\varepsilon}(J)\right)$$

zu ersetzen. Der vollständige Algorithmus der adaptiven Mehrgitter-Quadratur zur Berechnung von $\int_a^b f(t)\,dt$ auf eine relative Genauigkeit tol sieht nun wie folgt aus:

Algorithmus 9.36. Einfache Mehrgitter-Quadratur

Wähle ein Startgitter, z. B. $\Delta := \{(a, (a+b)/2, b)\}$;
for $i = 0$ **to** $i_{\max}$ **do**
  Berechne $T(J)$, $S(J)$ und $\bar{\varepsilon}(\Delta)$ für alle $J \in \Delta$;
  Berechne $\bar{\varepsilon}(\Delta)$;
  if $\bar{\varepsilon}(\Delta) \leq \text{tol}\,|S(J)|$ **then**
    break; (fertig, Lösung $S(\Delta)$)
  else
    Berechne $\varepsilon^+(J)$ und $\bar{\varepsilon}(J)$ für alle $J \in \Delta$;
    Berechne $\tilde{\kappa}(\Delta)$;
    Ersetze alle $J \in \Delta$ mit $\bar{\varepsilon}(J) \geq \tilde{\kappa}(\Delta)$ durch J_l und J_r;
  end
end

Offensichtlich führt der Mehrgitter-Zugang zu einem wesentlich einfacheren adaptiven Quadratur-Algorithmus als dies bei der adaptiven Romberg-Quadratur der Fall war. Die einzige Schwierigkeit besteht in der Speicherung der Gitterfolge. Sie lässt sich jedoch bei Verwendung einer strukturierten Programmiersprache (wie C oder Pascal) relativ leicht meistern. Bei der eindimensionalen Quadratur können wir die Folge als Binärbaum abspeichern (wie in Abbildung 9.14 angedeutet). Bei Problemen in mehr als einer Raumdimension birgt die Frage der Datenstrukturen oft eine weit höhere Komplexität in sich, man denke etwa an die Verfeinerung von Tetraedernetzen in drei Raumdimensionen.

Der hier dargestellte adaptive Mehrgitter-Algorithmus überwindet auch Schwierigkeiten bei speziellen Integranden, die wir im letzten Abschnitt (Kapitel 9.6) diskutiert haben. So sammeln sich etwa bei unstetigen oder schwach singulären Integranden die Knoten automatisch an den kritischen Stellen, ohne dass sich der Integrator an diesen Stellen „festfrisst“, wie dies bei dem Anfangswertzugang von Kapitel 9.5.3 der Fall wäre. Die Verfeinerungsstrategie funktioniert für diese Stellen immer noch lokal, da sie für allgemeine lokale Ordnungen $\gamma > 1$ hergeleitet wurde.

Beispiel 9.37. *Nadelimpuls.* Dieses Beispiel (9.15) hatten wir schon wiederholt (bei klassischer und adaptiver Romberg-Quadratur) zur Illustration herangezogen. In Abbildung 9.17 ist das Resultat für die Toleranz $\text{tol} = 10^{-3}$ dargestellt für den Fall, dass das Grundgitter Δ^0 bereits die Spitze der Nadel enthält. Das letzte Gitter Δ^9 hat 61 Knoten, benötigt also 121 f-Auswertungen. Der geschätzte Gesamtfehler beträgt $\bar{\varepsilon}(\Delta^9) = 2.4 \cdot 10^{-4}$ bei einem tatsächlichen Fehler von $\varepsilon(\Delta^9) = 2.1 \cdot 10^{-4}$. Bei asymmetrischer Verschiebung des Intervalls, d. h. die Spitze der Nadel liegt nicht von Beginn an in einem Gitterpunkt, ergibt sich kein schlechteres Verhalten.

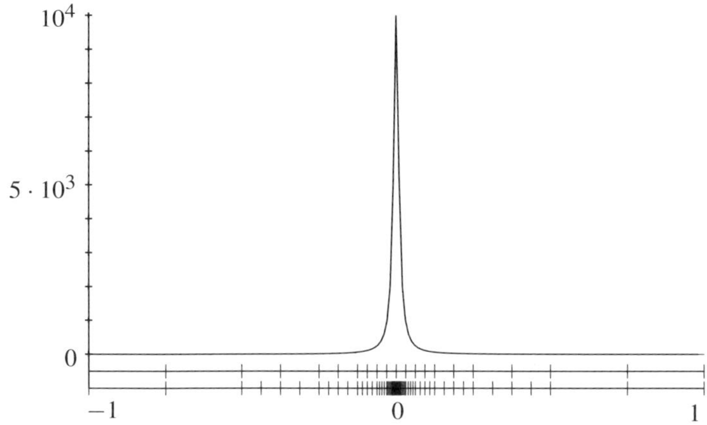

Abbildung 9.17. Adaptiertes Gitter für den Nadelimpuls $f(t) = 1/(10^{-4} + x^2)$ der fünften und neunten Stufe für die Toleranz 10^{-3}

Das Programm lässt sich auch an *diskrete Integranden* anpassen (ursprünglich wurde es gerade dafür in [91] als sogenannter SUMMATOR entwickelt). Dazu muss man sich nur eine Strategie überlegen für den Fall, dass für einen Halbierungspunkt kein Wert vorliegt. Wie immer tun wir das nächstliegende, diesmal sogar im wörtlichen Sinn, indem wir statt des Halbierungspunktes den nächstliegenden gegebenen Punkt nehmen und so die Bisektion leicht modifizieren. Ist die gewünschte Genauigkeit erreicht, so nehmen wir bei diskreten Integranden aus den in Kapitel 9.6 diskutierten Gründen die *Trapezsumme* als beste Näherung.

Beispiel 9.38. *Summation der harmonischen Reihe*. Zu berechnen sei

$$S = \sum_{j=1}^{n} \frac{1}{j} \quad \text{für } n = 10^7,$$

also eine Summe von 10^7 Termen. Bei einer verlangten relativen Genauigkeit von $\text{tol} = 10^{-2}$ bzw. $\text{tol} = 10^{-4}$ benötigt das Programm SUMMATOR nur 47 bzw. 129 Terme! Zur Illustration sind in Abbildung 9.18 die automatisch gewählten Gitter dargestellt. (Man beachte die logorithmische Skala.)

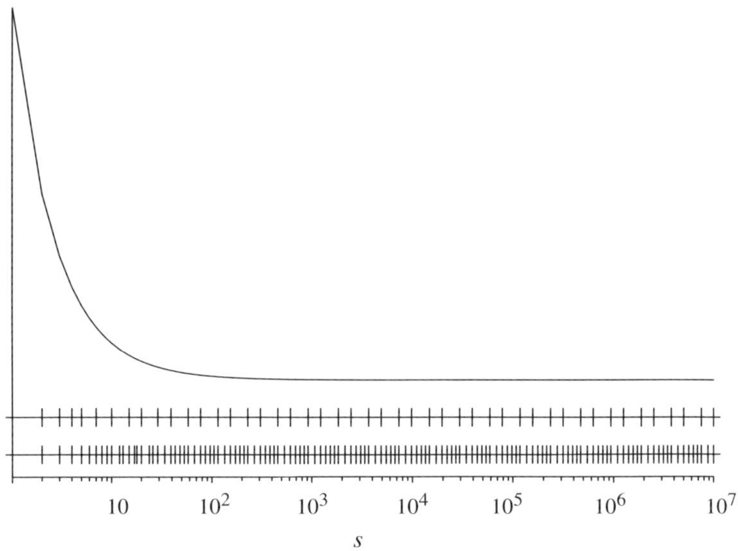

Abbildung 9.18. Summation der harmonischen Reihe mit dem Programm SUMMATOR

Abschließend kehren wir nochmals zum parameterabhängigen Fall zurück. Er macht auch im adaptiven Mehrgitter-Zugang ähnliche Schwierigkeiten wie in den anderen Zugängen, d. h. er benötigt Zusatzüberlegungen, wie in Kapitel 9.6 beschrieben. Alles in allem hat sich jedoch das adaptive Mehrgitter-Konzept, auch für wesentlich allgemeinere Randwertaufgaben (etwa bei partiellen Differentialgleichungen), als einfach, schnell und zuverlässig erwiesen.

Übungsaufgaben

Aufgabe 9.1. Zeigen Sie für die Konstanten

$$\lambda_{in} = \frac{1}{n} \int_0^n \prod_{\substack{j=0 \\ j \neq i}}^{n} \frac{s-j}{i-j} \, ds$$

der Newton-Cotes-Formeln, dass

$$\lambda_{n-i,n} = \lambda_{in} \quad \text{und} \quad \sum_{i=0}^{n} \lambda_{in} = 1.$$

Aufgabe 9.2. Berechnen Sie näherungsweise das Integral

$$\int_0^2 x^2 e^{3x}\, dx$$

mit fünffacher Verwendung der Simpson-Formel und äquidistanten Knoten.

Aufgabe 9.3. Die n-te Newton-Cotes-Formel ist so konstruiert, dass sie für Polynome vom Grad $\leq n$ den exakten Integralwert liefert. Zeigen Sie, dass für *gerades* n sogar Polynome vom Grad $n+1$ exakt integriert werden.

Hinweis: Verwende die Restgliedformel der Polynominterpolation und nutze die Symmetrie bzgl. $(a+b)/2$ aus.

Aufgabe 9.4 (R. van Veldhuizen). Zu berechnen ist die Periode

$$P = 2\int_{-1}^{1} \frac{f(t)}{\sqrt{1-t^2}} dt,$$

der radialen Bewegung eines Satelliten auf einer Bahn in der Äquatorebene (Apogäumshöhe 492 km) unter dem Einfluss der Abplattung der Erde. Dabei ist

a) $f(t) = \dfrac{1}{\sqrt{2g(r(t))}}, \quad r(t) = 1 + (1+t)\dfrac{p_2 - 1}{2},$

b) $g(x) = 2\omega^2(1 - p_1/x),$

c) $\omega^2 = \dfrac{1}{4}(1-\varepsilon) + \dfrac{k}{6}, \quad p_1 = \dfrac{k}{6\omega^2 p_2},$

mit den Konstanten $\varepsilon = 0.5$ (elliptische Exzentrität der Satellitenbahn), $p_2 = 2.991\,924\,505\,9286$ und $k = 1.4 \cdot 10^{-3}$ (Konstante, die den Einfluss der Erdabplattung beschreibt). Schreiben Sie ein Programm, welches das Integral mit Hilfe der Gauß-Tschebyscheff-Quadratur

$$I_n := \frac{\pi}{n+1}\sum_{i=0}^{n} f(\tau_{in}), \quad \tau_{in} := \cos\left(\frac{2i+1}{n+1}\cdot\frac{\pi}{2}\right), \quad n = 3, 4, \ldots 7$$

berechnet.

Hinweis zur Kontrolle: $P = 2 \cdot 4.4395\,41318\,6376.$

Aufgabe 9.5. Leiten Sie die Formel

$$T_{ik} = T_{i,k-1} + \frac{T_{i,k-1} - T_{i-1,k-1}}{\left(\frac{n_i}{n_{i-k+1}}\right)^2 - 1}$$

für das Extrapolationstableau aus der des Aitken-Neville-Algorithmus ab.

Aufgabe 9.6. Jedes Element T_{ik} im Extrapolationstableau der extrapolierten Trapezregel lässt sich als Ergebnis einer Quadraturformel auffassen. Zeigen Sie, dass bei Verwendung der Romberg-Folge und Polynomextrapolation gilt:

a) T_{22} ist gleich dem durch Anwendung der Simpson-Regel erhaltenen Wert, T_{33} entspricht der Milneregel.

b) T_{ik}, $i > k$ erhält man durch 2^{i-k}-malige Anwendung der zu T_{kk} gehörigen Quadraturformel auf entsprechend gewählte Teilintervalle.

c) Für jedes T_{ik} sind die Gewichte der zugehörigen Quadraturformel positiv.

Hinweis: Zeigen Sie unter Verwendung von b), dass für die Gewichte $\lambda_{i,n}$ der zu T_{kk} gehörigen Quadraturformel gilt

$$\max_i \lambda_{i,n} \leq 4^k \cdot \min_i \lambda_{i,n}.$$

Aufgabe 9.7. Programmieren Sie den Romberg-Algorithmus unter Verwendung nur *eines* Feldes der Länge n (dabei muss jeweils ein Wert des Tableaus zwischengespeichert werden).

Aufgabe 9.8. Versuchen Sie sich an einem adaptiven Romberg-Quadratur-Programm, testen Sie dieses mit der „Nadelfunktion"

$$I(n) := \int_{-1}^{1} \frac{2^{-n}}{4^{-n} + t^2}\, dt \qquad \text{für } n = 1, 2, \ldots,$$

und geben Sie dasjenige n an, für das Ihr Programm bei einer vorgegebenen Genauigkeit von $\text{eps} = 10^{-3}$ den Wert Null liefert.

Aufgabe 9.9. Zu berechnen seien die Integrale

$$I_n = \int_1^2 (\ln x)^n dx, \qquad n = 1, 2, \ldots .$$

a) Zeigen Sie, dass die I_n der Rekursion (R) genügen.

$$I_n = 2(\ln 2)^n - n I_{n-1}, \qquad n \geq 2. \qquad \text{(R)}$$

b) Es ist $I_1 = 0.3863\ldots$ und $I_7 = 0.0124\ldots$. Untersuchen Sie die Verstärkung des Eingabefehlers bei der Berechnung von

1) I_7 aus I_1 mittels (R) (Vorwärtsrekursion),
2) I_1 aus I_7 mittels (R) (Rückwärtsrekursion).

Dabei werde eine vierstellige Rechnung vorausgesetzt. Rundungsfehler können vernachlässigt werden.

c) Benutzen Sie (R) als Rückwärtsrekursion zur Berechnung von I_n aus I_{n+k} mit Startwert

$$I_{n+k} = 0.$$

Wie hat man k zu wählen, um mit diesem Verfahren I_7 auf 8 Stellen genau zu berechnen?

Aufgabe 9.10. Seien Integrale der folgenden Form definiert:

$$I_n(\alpha) := \int_0^1 t^{2n+\alpha} \sin(\pi t) dt \quad \text{wobei } \alpha > -1 \text{ und } n = 0, 1, 2, \ldots .$$

a) Leiten Sie für I_n die folgende inhomogene Zwei-Term-Rekursion her:

$$I_n(\alpha) = \frac{1}{\pi} - \frac{(2n+\alpha)(2n+\alpha-1)}{\pi^2} I_{n-1}(\alpha).$$

b) Zeigen Sie:

$$\lim_{n \to \infty} I_n(\alpha) = 0 \quad \text{und} \quad 0 \leq I_{n+1}(\alpha) \leq I_n(\alpha) \quad \text{für } n \geq 1.$$

c) Geben Sie einen informellen Algorithmus zur Berechnung von $I_0(\alpha)$ an (vgl. Kapitel 6.2-3). Schreiben Sie ein Programm, um $I_0(\alpha)$ auf vorgegebene relative Genauigkeit zu berechnen.

Aufgabe 9.11. Zu berechnen sei ein bestimmtes Integral über dem Intervall $[-1, +1]$. Entwickeln Sie, ausgehend von der Idee der Gauß-Christoffel-Quadratur, eine Quadraturformel

$$\int_{-1}^{+1} f(t) dt \approx \mu_0 f(-1) + \mu_n f(1) + \sum_{i=1}^{n-1} \mu_i f(t_i)$$

möglichst hoher Ordnung mit variablen Knoten, die jedoch die Knoten -1 und $+1$ jeweils festhält (Gauß-Lobatto-Quadratur).

Software

Zu den in diesem Buch beschriebenen Algorithmen existiert meist ausgereifte Software, die über das Internet öffentlich zugänglich (engl. *public domain*) ist. Von zentraler Bedeutung ist dabei die *netlib*, eine Bibliothek für mathematische Software, Daten, Dokumente, ... Ihre Adresse ist

`http://www.netlib.org/`

Lineare Algebra (LAPACK):

`http://www.netlib.org/lapack`

Speziell lineare Eigenwertprobleme (EISPACK):

`http://www.netlib.org/eispack`

Studieren Sie bitte die jeweils vorhandenen Hinweise (z. B. in README o.ä.) genau, um auch wirklich alle benötigten Unterroutinen zusammenstellen zu können. Zuweilen ist auch ein „Stöbern" innerhalb der Verzeichnisse erforderlich.

Das kommerzielle Programmpaket MATLAB bietet ebenfalls verschiedene Verfahren zu Themen dieses Buches.

Darüberhinaus sind im Buch eine Reihe von Algorithmen als informelle Programme angegeben, die einfach nachzuprogrammieren sind, wie etwa die schnelle Summation von Kugelfunktionen.

Zahlreiche weitere Programme (nicht nur der Autoren) können auch von der Bibliothek *Elib* des ZIB heruntergeladen werden, entweder unter der ftp-orientierten Adresse

`http://elib.zib.de/pub/elib/codelib/`

oder unter der web-orientierten Adresse

`http://www.zib.de/SciSoft/CodeLib/`

Alle dort bereitgestellten Programme sind bei ausschließlichem Einsatz in Forschung und Lehre kostenlos.

Literatur

[1] Abdulle, A., und Wanner, G., 200 Years of Least Squares Method. *Elemente der Mathematik*, 2002.

[2] Abramowitz, M., und Stegun, I.A. (Ed.), *Pocketbook of Mathematical Functions*. Verlag Harri Deutsch, Thun, Frankfurt/Main, 1984.

[3] Aigner, M., *Diskrete Mathematik*. Vieweg, Braunschweig, Wiesbaden, 4. durchgesehene Auflage, 2001.

[4] Anderson, E., Bai, Z., Bischof, C., Demmel, J., Dongarra, J., DuCroz, J., Greenbaum, A., Hammarling, S., McKenney, A., Ostruchov, S., und Sorensen, D., *LAPACK Users' Guide*. SIAM, Philadelphia, 1999.

[5] Arnoldi, W.E., The Principle of Minimized Iterations in the Solution of the Matrix Eigenvalue Problem. *Quart. Appl. Math.* 9 (1951), 17–29.

[6] Babuška, I., und Rheinboldt, W.C.., Error Estimates for Adaptive Finite Element Computations. *SIAM J. Numer. Anal.* 15 (1978), 736–754.

[7] Bjørck, Å., Iterative Refinement of Linear Least Squares Solutions I. *BIT* 7 (1967), 257–278.

[8] Bock, H.G., *Randwertproblemmethoden zur Parameteridentifizierung in Systemen nichtlinearer Differentialgleichungen*. Dissertation, Universität zu Bonn, 1985.

[9] Bornemann F.A., *An Adaptive Multilevel Approach to Parabolic Equations in two Dimensions*. Dissertation, Freie Universität Berlin, 1991.

[10] Brent, R.P., *Algorithms for minimization without derivatives*. Prentice Hall, Englewood Cliffs, N. J., 1973.

[11] Brieskorn, E., *Lineare Algebra und analytische Geometrie, Band I und II*. Vieweg, Braunschweig, Wiesbaden, 1983.

[12] Bulirsch, R., Bemerkungen zur Romberg-Integration. *Numer. Math.* 6 (1964), 6–16.

[13] Businger, P., und Golub, G.H., Linear least squares solutions by Householder transformations. *Numer. Math.* 7 (1965), 269–276.

[14] Cullum, J., und Willoughby, R., *Lanczos Algorithms for Large Symmetric Eigenvalue Computations, Vol I, II*. Birkhäuser, Boston, 1985.

[15] de Boor, C., An Algorithm for Numerical Quadrature. In *Mathematical Software* (J. Rice, Hg.). Academic Press, London, 1971.

[16] de Boor, C., *A Practical Guide to Splines*. Springer-Verlag, Berlin, Heidelberg, New York, 1978.

[17] Deuflhard, P., On Algorithms for the Summation of Certain Special Functions. *Computing* 17 (1976), 37–48.

[18] Deuflhard, P., A Summation Technique for Minimal Solutions of Linear Homogeneous Difference Equations. *Computing* 18 (1977), 1–13.

[19] Deuflhard, P., A Stepsize Control for Continuation Methods and its Special Application to Multiple Shooting Techniques. *Numer. Math.* 33 (1979), 115–146.

[20] Deuflhard, P., Order and Stepsize Control in Extrapolation Methods. *Numer. Math.* 41 (1983), 399–422.

[21] Deuflhard, P., *Newton Methods for Nonlinear Problems. Affine Invariance and Adaptive Algorithms*. Springer International, 2002.

[22] Deuflhard, P., und Bauer, H.J., A Note on Romberg Quadrature. Preprint 169, Universität Heidelberg, 1982.

[23] Deuflhard, P., und Bornemann, F., *Numerische Mathematik II. Integration gewöhnlicher Differentialgleichungen.* 2., vollständig überarbeitete Auflage, Walter de Gruyter, Berlin, New York, 2002.

[24] Deuflhard, P., Fiedler, B., und Kunkel, P., Efficient numerical pathfollowing beyond critical points. *SIAM J. Numer. Anal.* 18 (1987), 949–987.

[25] Deuflhard, P., Huisinga, W., Fischer, A., und Schütte, C., Identification of almost invariant aggregates in reversible nearly uncoupled Markov chains. *Linear Algebra Appl.* 315 (2000), 39–59.

[26] Deuflhard, P., Leinen, P., und Yserentant, H., Concept of an Adaptive Hierarchical Finite Element Code. *Impact Comput. Sci. Eng.* 1 (3) (1989), 3–35.

[27] Deuflhard, P., und Potra, F.A., A Refined Gauss-Newton-Mysovskii Theorem. ZIB Report SC 91–4, ZIB, Berlin, 1991.

[28] Deuflhard, P., und Potra, F.A., Asymptotic Mesh Independence for Newton-Galerkin Methods via a Refined Mysovskii Theorem. *SIAM J. Numer. Anal.* 29 (5) (1992), 1395–1412.

[29] Deuflhard, P., und Sautter, W., On Rank-Deficient Pseudoinverses. *Linear Algebra Appl.* 29 (1980), 91–111.

[30] Ericsson, T., und Ruhe, Å., The Spectral Transformation Lanczos Method for the Numerical Solution of Large Sparse Generalized Symmetric Eigenvalue Problems. *Math. Comp.* 35 (1980), 1251–1268.

[31] Farin, G., *Curves and Surfaces for Computer Aided Geometric Design: A Practical Guide*. Academic Press, New York, 1988.

[32] Fletcher, R., Conjugate Gradient methods. In *Proc. Dundee Biennial Conference on Numerical Analysis*. Springer Verlag, New York, 1975.

[33] Forsythe, G.E., und Moler, C., *Computer Solution of Linear Algebra Systems*. Prentice Hall, Englewood Cliffs, N. J., 1967.

[34] Francis, J.G.F., The QR-Transformation. A Unitary Analogue to the LR Transformation – Part 1 and 2. *Comput. J.* 4 (1961/62), 265–271 und 332–344.

[35] Gatermann, K., und Hohmann, A., Symbolic Exploitation of Symmetry in Numerical Pathfollowing. *Impact Comput. Sci. Eng.* 3 (4) (1991), 330–365.

[36] Gauß, C.F., *Theoria Motus Corporum Coelestium. Vol. 7.* Perthes et Besser, 1809.

[37] Gautschi, W., Computational aspects of three-term recurrence relations. *SIAM Rev.* 9 (1967), 24–82.

[38] Gentleman, W.M., Least Squares Computations by Givens Transformations Without Square Roots. *J. Inst. Math. Appl.* 12 (1973), 189–197.

[39] Georg, K., On tracing an implicitly defined curve by quasi-Newton steps and calculating bifurcation by local perturbations. *SIAM J. Sci. Stat. Comput.* 2 (1) (1981), 35–50.

[40] George, A., und Liu, J.W., *Computer Solution of Large Sparse Positive Definite Systems.* Prentice Hall, Englewood Cliffs, N. J., 1981.

[41] Goertzel, G.,. An Algorithm for the Evaluation of Finite Trigonometric Series. *Amer. Math. Monthly* 65 (1958), 34–35.

[42] Golub, G.H., und van Loan, C.F., *Matrix Computations.* The Johns Hopkins University Press, 2. Auflage, 1989.

[43] Golub, G.H., und Welsch, J.H., Calculation of Gauss Quadrature Rules. *Math. Comp.* 23 (1969), 221–230.

[44] Gradshteyn, I.S., und Ryzhik, I.W., *Table of Integral Series and Produkts.* Academic Press, New York, San Francisco, London, 1965.

[45] Griewank, A., und Corliss, G.F., *Automatic Differentiation of Algorithms: Theory, Implementation, and Application.* SIAM Publications, Philadelphia, PA, 1991.

[46] Hackbusch, W., *Multi-Grid Methods and Applications.* Springer Verlag, Berlin, Heidelberg, New York, Tokyo, 1985.

[47] Hageman, L.A., und Young, D.M., *Applied Iterative Methods.* Academic Press, Orlando, San Diego, New York et. al., 1981.

[48] Hairer, E., Nørsett, S.P., und Wanner, G., *Solving Ordinary Differential Equations I, Nonstiff Problems.* Springer Verlag, Berlin, Heidelberg, New York, Tokyo, 1987.

[49] Hall, C.A., und Meyer, W.W., Optimal error bounds for cubic spline interpolation. *J. Approx. Theory* 16 (1976), 105–122.

[50] Hammarling, S., A Note on Modifications to the Givens Plane Rotations. *J. Inst. Math. Appl.* 13 (1974), 215–218.

[51] Hestenes, M.R., und Stiefel, E., Methods of Conjugate Gradients for Solving Linear Systems. *J. Res. Nat. Bur. Stand.* 49 (1952), 409–436.

[52] Higham, N.J., How accurate is Gaussian elimination? In *Numerical Analysis, Proc. 13th Biennial Conf., Dundee / UK 1989*, Pitman Res. Notes Math. Ser. 228, Longman Scientific & Technical, New York; John Wiley & Sons, Inc., 1990, pp. 137–154.

[53] Householder, A.S., *The Theory of Matrices in Numerical Analysis.* Blaisdell, New York, 1964.

[54] Kato, T., *Perturbation Theory for Linear Operators.* Springer Verlag, Berlin, Heidelberg, New York, Tokyo, 1984.

[55] Knopp, K., *Theorie und Anwendung der unendlichen Reihen.* Springer Verlag, Berlin, Heidelberg, New York, (5. Auflage) 1964.

[56] Kublanovskaya, V.N., On Some Algorithms for the Solution of the Complete Eigenvalue Problem. *USSR Comp. Math. Phys.* 3 (1961), 637–657.

[57] Lanczos, C., An iteration method for the solution of the eigenvalue problem of linear differential and integral operators. *J. Res. Nat. Bur. Stand* 45 (1950), 255–282.

[58] Manteuffel, T.A., The Tchebychev Iteration for Nonsymmetric Linear Systems. *Numer. Math.* 28 (1977), 307–327.

[59] Meijerink, J.A., und van der Vorst, H.A., An iterative solution method for linear systems of which the coefficient matrix is a symmetric M-matrix. *Math. Comp.* 31 (1977), 148–162.

[60] Meixner, J., und Schäffke, W., *Mathieusche Funktionen und Sphäroidfunktionen*. Springer Verlag, Berlin, Göttingen, Heidelberg, 1954.

[61] Meyer, C.D., *Matrix Analysis and Applied Linear Algebra*. SIAM Publications, Philadelphia, PA, 2000.

[62] Miller, J.C.P., *Bessel Functions, Part II (Math. Tables X)*. Cambridge University Press, 1952.

[63] Nashed, M.Z., *Generalized Inverses and Applications*. Academic Press, New York, 1976.

[64] Nikiforov, A.F., und Uvarov, V.B., *Special Functions of Mathematical Physics*. Birkhäuser, Basel, Boston, 1988.

[65] Perron, O., Über Matrizen. *Math. Ann.* 64 (1907), 248–263.

[66] Poincaré, H., *Les Méthodes Nouvelles de la Mécanique Céleste*. Gauthier-Villars, Paris, 1892.

[67] Pöppe, Ch., Pelliciari, C., und Bachmann, K., Computer Analysis of Feulgen Hydrolysis Kinetics. *Histochemistry* 60 (1979), 53–60.

[68] Prager, W., und Oettli, W., Compatibility of approximate solutions of linear equations with given error bounds for coefficients and right hand sides. *Numer. Math.* 6 (1964), 405–409.

[69] Prigogine, I., und Lefever, R., Symmetry breaking instabilities in dissipative systems II. *J. Chem. Phys.* 48 (1968), 1695–1701.

[70] Reinsch, C., A Note on Trigonometric Interpolation. Manuskript, 1967.

[71] Rigal, J.L., und Gaches, J., On the compatibility of a given solution with the data of a linear system. *J. Assoc. Comput. Mach.* 14 (1967), 543–548.

[72] Romberg, W., Vereinfachte Numerische Integration. *Norske Vid. Selsk. Forhdl.* 28 (7) (1955), 30–36.

[73] Sauer, R., und Szabó, I., *Mathematische Hilfsmittel des Ingenieurs*. Springer Verlag, Berlin, Heidelberg, New York, 1968.

[74] Sautter, W., *Fehlerfortpflanzung und Rundungsfehler bei der verallgemeinerten Inversion von Matrizen*. Dissertation, TU München, Fakultät für Allgemeine Wissenschaften, 1971.

[75] Shannon, C.E., *The Mathematical Theory of Communication*. The University of Illinois Press, Urbana, Chicago, London, 1949.

[76] Skeel, R.D., Scaling for Numerical Stability in Gaussian Elimination. *J. ACM* 26(3) (1979), 494–526.

[77] Skeel, R.D., Iterative Refinement Implies Numerical Stability for Gaussian Elimination. *Math. Comp.* 35 (151) (1980), 817–832.

[78] Sonneveld, P., A fast Lanczos-type solver for nonsymmetric linear systems. *SIAM J. Sci. Stat. Comput.* 10 (1989), 36–52.

[79] Stewart, G.W., On the structure of nearly uncoupled Markov chains. In *Mathematical Computer Performance and Reliability* (G. Iazeolla, P. J. Courtois, und A. Hordijk, Hg.). Elsevier, New York, 1984.

[80] Stewart, G.W., *Introduction to Matrix Computations*. Academic Press, New York, San Francisco, London, 1973.

[81] Stoer, J., Solution of large systems of linear equations by conjugate gradient type methods. In *Mathematical Programming, the State of the Art* (A. Bachem, M. Grötschel, und B. Korte, Hg.) Springer Verlag, Berlin, Heidelberg, New York, 1983.

[82] Szegö, G., *Orthogonal Polynomials*. Amer. Math. Soc., Providence, RI, 4. Auflage, 1975.

[83] Traub, J., und Wozniakowski, H., *General Theory of Optimal Algorithms*. Academic Press, Orlando, San Diego, San Francisco et al., 1980.

[84] Trefethen, L.N., und Schreiber, R.S., Average-case stability of gaussian elimination. *SIAM J. Matrix Anal. Appl.* 11(3) (1990), 335–360.

[85] Tukey, J.W., und Cooley, J.W., An Algorithm for the Machine Calculation of Complex Fourier Series. *Math. Comp.* 19 (1965), 197–301.

[86] Varga, J., *Matrix Iterative Analysis*. Prentice Hall, Englewood Cliffs, N. J., 1962.

[87] Wilkinson, J.H., *The Algebraic Eigenvalue Problem*. Oxford University Press, 1965.

[88] Wilkinson, J.H., *Rundungsfehler*. Springer-Verlag, Berlin, Heidelberg, New York, 1969.

[89] Wilkinson, J.H., und Reinsch, C., *Handbook for Automatic Computation, Volume II, Linear Algebra*. Springer Verlag, New York, Heidelberg, Berlin, 1971.

[90] Wittum, G., Mehrgitterverfahren. *Spektrum der Wissenschaft*, April 1990, 78–90.

[91] Wulkow, M., Numerical Treatment of Countable Systems of Ordinary Differential Equations. ZIB Report TR 90–8, ZIB, Berlin, 1990.

[92] Xu, J., *Theory of Multilevel Methods*. Dissertation, Pennstate University, 1989.

[93] Yserentant, H., On the Multi-Level Splitting of Finite Element Spaces. *Numer. Math.* 49 (1986), 379–412.

Index